“十二五”职业教育国家规划教材

经全国职业教育教材审定委员会审定

矿山固定机械使用与维护

（第 2 版）

主　编　陈　虎　　黄丽燕

副主编　吴连连　　周巍松

　　　　赵火英　　杨海森

主　审　舒斯洁

北　京

冶 金 工 业 出 版 社

2018

内 容 提 要

本书在简要介绍流体力学基础知识的基础上，分5个教学情境，22个典型工作任务，系统地介绍了矿井排水设备、矿井通风设备、矿井压气设备、矿井提升设备的用途、类型、结构、工作原理、性能特点、操作与使用、维护与保养、安装与调试、检修、故障分析与处理等技能知识，为便于讲授和自学，本书以任务为导向，内容融知识目标、技能目标、情境描述、任务描述、知识准备、任务实施、技能拓展、任务考评和能力自测为一体，突出实践性和实用性。

本书为高等职业院校矿山机电、煤矿开采技术、煤矿电气化等专业的教学用书，也可作为工矿企业机电管理人员、技术人员和职工的培训教材，还可供从事矿山固定机械设备相关工作的工程技术人员、管理人员参考。

图书在版编目（CIP）数据

矿山固定机械使用与维护／陈虎，黄丽燕主编．—2版．—北京：
冶金工业出版社，2018.10

"十二五"职业教育国家规划教材

经全国职业教育教材审定委员会审定

ISBN 978-7-5024-6636-7

Ⅰ.①矿…　Ⅱ.①陈…　②黄…　Ⅲ.①矿山机械—使用方法—高等职业教育—教材　②矿山机械—机械维修—高等职业教育—教材　Ⅳ.①TD44

中国版本图书馆 CIP 数据核字（2018）第 167528 号

出 版 人　谭学余
地　　址　北京市东城区嵩祝院北巷 39 号　邮编　100009　电话　（010）64027926
网　　址　www.cnmip.com.cn　电子信箱　yjcbs@cnmip.com.cn
责任编辑　张耀辉　赵亚敏　宋　良　美术编辑　杨　帆　彭子赫
版式设计　葛新霞　责任校对　李　娜　责任印制　牛晓波
ISBN 978-7-5024-6636-7
冶金工业出版社出版发行；各地新华书店经销；三河市双峰印刷装订有限公司印刷
2011 年 3 月第 1 版，2018 年 10 月第 2 版，2018 年 10 月第 1 次印刷
787 mm×1092 mm　1/16；21.25 印张；511 千字；323 页
51.00 元

冶金工业出版社　投稿电话　（010）64027932　投稿信箱　tougao@cnmip.com.cn
冶金工业出版社营销中心　电话　（010）64044283　传真　（010）64027893
冶金书店　地址　北京市东四西大街46号（100010）　电话　（010）65289081（兼传真）
冶金工业出版社天猫旗舰店　yjgycbs.tmall.com

（本书如有印装质量问题，本社营销中心负责退换）

第 2 版前言

本书是根据教育部高职高专矿业工程类教指委矿山机电分委会编写的矿山机电专业《专业规范》和江西工业工程职业技术学院矿山机电专业教学指导委员会编写的《矿山固定机械使用与维护课程标准》，由江西工业工程职业技术学院矿山机电专业双师教师、兼职教师、校外实习基地技术专家等共同编写的一本基于"现代师徒制"和基于"工作过程"的工学结合教材。

本书是高职高专院校矿山机电专业所用的专业核心技能课程教材，在内容的选择上突出实践性和实用性，便于教师采用"教、学、做"一体化的教学模式教学。

本书由江西工业工程职业技术学院陈虎、黄丽燕担任主编，江西工业工程职业技术学院吴连连、赵火英、周巍松和兰州现代职业技术学院杨海森担任副主编。具体编写分工如下：江西工业工程职业技术学院陈虎编写教学情境Ⅴ的任务18~20，江西工业工程职业技术学院的黄丽燕编写教学情境Ⅲ的任务8~13，江西工业工程职业技术学院的吴连连编写教学情境Ⅱ的任务2~4，江西工业工程职业技术学院赵火英编写教学情境Ⅳ的任务14~17，江西工业工程职业技术学院周巍松编写教学情境Ⅰ的任务1和教学情境Ⅴ的任务21~22，兰州现代职业技术学院杨海森编写教学情境Ⅱ的任务5~7。全书由陈虎统稿并最终定稿，由江西工业工程职业技术学院的舒斯洁教授担任主审。

本书在编写过程中，得到了江西省煤炭行业管理办公室、江西省煤矿安全监察局、江西工业工程职业技术学院、江西煤矿安全培训中心和江西工业工程职业技术学院矿山机电专业校外实训基地（企业）领导和专家的大力支持；在编写本书过程中，利用和参考了许多文献资料。我们谨向这些文献资料的编著者和支持编写工作的单位和个人表示衷心的感谢。

本书是中国高等教育学会"十二五"高等教育科学研究课题（课题名称：高职矿山机电专业"现代师徒制"研究与实践）的研究成果之一，研究成果获江西省教学成果"二等奖"。"矿山固定机械使用与维护"课程已被江西省教育厅批准为省级精品课程和省级精品资源共享课程，配套的多媒体课件获江西省第五届高校多媒体课件比赛"二等奖",该课程所有的教学资源(多媒体课件、特色讲义、授课录像、虚拟动画等)都已在网上公开,有需要的读者可直接在江西工业工程职业技术学院精品课程网站观看或者向本书主编(电子邮箱是 94641046@ qq. com)索取。

由于作者水平所限,书中不妥之处,恳望读者提出宝贵意见和建议,以便本书在以后的修订中更加完善。

编　者

2014 年 4 月

第1版前言

本书是根据教育部高职高专矿业类教指委矿山机电分委会制订的矿山机电专业规范和江西工业工程职业技术学院矿山机电专业教学指导委员会编写的矿山固定机械使用与维护课程标准，由江西工业工程职业技术学院矿山机电专业双师教师、兼职教师、校外实习基地技术专家等共同编写而成的一本工学结合的教材。

本书系统地介绍了流体力学基础，矿山排水，矿山通风，矿山压气，矿山提升等机械的类型、用途、工作原理、主要结构、性能特点和操作、使用、安装、维护和维修知识，共22个项目。为方便师生教学和自学，本书以项目为导向，内容融入知识目标、技能目标、项目分析、相关知识、项目实施、拓展知识和能力自测体系。

本书是高职高专矿山机电专业所用的专业核心技能课程教材，内容选择突出实践性和实用性，便于教师采用项目法教学和"教、学、做"一体化教学。

本书由江西工业工程职业技术学院万佳萍、陈虎担任主编，王永生、黄丽燕、李海和许涛担任副主编，参与本书编写的还有傅源春、刘文倩。具体编写分工如下：江西工业工程职业技术学院万佳萍编写项目三、八、九；江西工业工程职业技术学院陈虎编写项目一、二、十八；江西工业工程职业技术学院王永生编写项目十、十一、十二、十三；江西工业工程职业技术学院黄丽燕编写项目十四、十五、十六、十七；兰州交通职业技术学院李海编写项目十九、二十；山东兖矿设计院许涛编写项目四、五；江西工业工程职业技术学院刘文倩编写项目六、七、二十一；江西煤矿安全监察局的傅源春编写项目二十二。全书由万佳萍、陈虎统稿并最终定稿，由江西工业工程职业技术学院舒斯洁担任主审。

在编写过程中，得到江西省煤炭行业管理办公室领导、江西煤矿安全监察局领导、江西工业工程职业技术学院的领导和学院煤矿安全培训基地教师的大力支持，在此表示感谢。另外在整个教材的编写过程中，引用和参考了许多文献资料，我们谨向这些文献资料的编著者和支持编写工作的单位和个人表示衷心的感谢。为了方便教学，本书还专门制作了电子教学课件，请有需要的读者向本书主编索取。本书主编的电子邮箱是94641046@qq.com。

由于水平所限，书中如有不妥之处，希望读者提出宝贵意见和建议，以便本书在以后的修订中更加完善。

编　者

2011 年 1 月

目　录

教学情境Ⅰ　流体力学基础

教学情境Ⅱ　矿井排水设备使用与维护

教学情境 Ⅳ　矿山空气压缩设备使用与维护

教学情境Ⅴ　矿井提升设备使用与维护

教学情境 I 流体力学基础

知识目标

掌握流体的主要物理性质；流体静力学基本概念及基本方程的应用；流体动力学基本概念及方程的应用（连续性方程、伯努利方程）；流体在流动时的能量损失计算。

了解小孔中的流量计算；缝隙中的流量计算；水击现象；气蚀现象。

技能目标

会利用流体静力学基本方程、流体动力学连续性方程和伯努利方程等进行相关计算；理解流体在流动时的能量损失原因并能进行相关计算。

知道小孔中流体的流量计算方法、缝隙中流体的流量计算方法、水击现象和气蚀现象等。

情境描述

流体包括气体和液体。流体力学是研究流体静止和运动时的力学规律，以及流体和固体之间的相互作用的一门应用型科学。流体在矿山生产中应用非常广泛，如矿井通风、排水、压气、液压传动等，都是以流体作为工作介质，通过流体的各种物理作用以及对流体的流动进行有效的组织来实现的。流体机械包括矿井通风、排水、压气等机械。流体力学分析是学习流体机械的基础，将为学习流体机械的工矿分析、设备选型、设计等奠定重要的理论基础。本教学情境涉及概念、公式、理论分析较多，理论计算有一定的难度，学习者可重点掌握结论，多作练习，加以巩固。

任务 1 流体力学分析

任务描述

学习利用流体静力学基本方程、流体动力学连续性方程和伯努利方程等进行相关计算；理解流体在流动时的能量损失原因及相关计算等；知道小孔中的流量计算方法、缝隙中的流量计算方法、水击现象和气蚀现象等。

知识准备

一、流体的主要物理性质

流体具有流动性，其形状始终同容器保持一致。它几乎不能抗拉、抗剪，但能够承受较大的压力。流体的物理性质是决定其平衡和运动规律的内在原因。

（一）密度与重度

1. 密度

流体的密度是指单位体积流体的质量，用 ρ 表示，单位是 kg/m^3。

$$\rho = \frac{m}{V} \tag{1-1}$$

式中　m——流体的质量，kg；

　　　V——流体的体积，m^3。

2. 重度

流体的重度是指单位体积流体的重力，用 γ 表示，单位是 N/m^3。

$$\gamma = \frac{G}{V} \tag{1-2}$$

式中　G——流体的重力，N；

　　　V——流体的体积，m^3。

因 $G = mg$，则由式（1-1）和式（1-2）可得出流体的重度与密度的关系式为：

$$\gamma = \rho \cdot g \tag{1-3}$$

式中　g——当地的重力加速度，m/s^2，一般取 $g = 9.8 m/s^2$。

需要说明的是：流体的密度与它在地球上的位置无关，而流体的重度与它所处的位置有关，因为地球上不同地点的重力加速度不同，所以重度也不一样。另外，外界压力和温度对流体的密度和重度也影响，当指出某种流体的密度或重度时，必须指明所处的外界压力和温度条件。

表 1-1 给出了几种常见流体在不同温度下的密度和重度，可供参考选用。

表 1-1　几种常见流体在标准大气压（101325Pa）和不同温度下的密度和重度

流体名称	密度/$kg \cdot m^{-3}$	重度/$kN \cdot m^{-3}$	测量温度/℃	流体名称	密度/$kg \cdot m^{-3}$	重度/$kN \cdot m^{-3}$	测量温度/℃
空气	1.293	12.68×10^{-3}	0	水	1000	9.810	5
	1.247	12.23×10^{-3}	10		999.72	9.807	10
	1.205	11.82×10^{-3}	20		998.2	9.792	20
乙炔	1.091	10.70×10^{-3}	20	水蒸气	1.205	11.82×10^{-3}	20
氧气	1.332	13.06×10^{-3}	20	水银	13550	132.926	20
一氧化碳	1.160	11.37×10^{-3}	20	酒精	790	7.742	20
二氧化碳	1.840	18.03×10^{-3}	20	氮气	1.160	11.37×10^{-3}	20
水	999.87	9.809	0	液压矿油	845~900	8.29~8.83	20

（二）压缩性和膨胀性

流体的压缩性是指流体的体积随压力的增加而缩小的性质。流体的膨胀性是指流体的体积随温度的升高而增大的性质。

1. 液体的压缩性与膨胀性

液体的压缩性与膨胀性很小，当压力和温度变化不大时，可以认为液体的体积不发生变化，既不可压缩又不会膨胀。但是，在一些特殊情况（如水击现象）下，就必须考虑其影响，否则液体的压缩性与膨胀性引起的影响，将会造成很大的误差。

2. 气体的压缩性与膨胀性

气体与液体不同，温度和压力的变化都将使气体体积发生很大变化。但是具体问题也要具体分析，气体在流动过程中压力和温度的变化较小（如矿井通风系统）时，可以忽略气体的压缩性和膨胀性。若压力或温度变化较大（如空气压缩机）时，气体的压缩性和膨胀性不能忽略。

（三）黏性

1. 黏性的概念

平时，我们看到的河水的流动速度是不同的，河心水的流动速度大，靠近河岸水的流动速度小，这是什么原因呢？下面以圆管中水的流动为例，分析水在流动时同一断面上流速不同的原因。

图 1-1 所示为水在圆管内做层状流动（层流）时的速度分布情况。当水的流速较低，管路的直径较小时，水的内部质点做与轴线平行的直线流动，此时可以把水流分成无数管状薄层，各层分别沿各自的路线流动，这种流动称为层状流动，即层流。

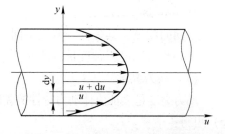

图 1-1 水在圆管中的流速分布

从图中可以看出，在同一断面上，各层的流动速度不同，紧贴管壁的流层（或质点）的流速为零，轴线处流层的（或质点）流速最大。这是因为，紧贴管壁的流层受管壁的影响最大，由于它与管壁的附着力，使紧贴管壁的流层（或质点）附着在管壁上，流动速度为零；轴线处流层（或质点）受管壁的影响最小，流速最大。由于外层流动速度小，内层流动速度大，外层阻碍其相邻内层的流动，相邻流层之间产生摩擦阻力，阻碍流层间的相对运动。由于这种阻力产生在流体内部，所以称为流体的内摩擦力。

流体在流动中，要克服内摩擦力，必定消耗一定的能量，这就是流体在运动过程中产生能量损失的重要原因之一。

黏性是指流体流动时，各流层（或内部质点）间因相对运动产生内摩擦力而阻碍相对运动的性质。

黏性是流体本身的物理性质，但静止时流体不显示黏性，只有流体运动时才有内摩擦力，才显示其黏性。

2. 牛顿内摩擦力定律

流体的内摩擦力大小受哪些因素的影响呢？对此，牛顿做了大量的实验。通过实验，牛顿确定了层流流体内摩擦力的影响因素，并于 1686 年提出了层流流体的内摩擦力数学表达式，即牛顿内摩擦力定律。

层流流体的内摩擦力大小与下列因素有关：

（1）与两流层之间的速度差 du 成正比，与两流层之间的距离 dy 成反比；

（2）与两流层之间的接触面积 A 成正比；

（3）与流体的种类有关，即在上述条件相同时，流体不同，内摩擦力也不同；

（4）与流体所受的压力无关。

牛顿内摩擦力定律数学表达式为：

$$F=\mu A\frac{\mathrm{d}u}{\mathrm{d}y} \tag{1-4}$$

式中　F——流层间的内摩擦力，N；

μ——表征流体黏性大小的比例因数，称为动力黏度，Pa·s；

A——流层间的接触面积，m^2；

du/dy——流体流动速度沿垂直于流动方向 y 的变化率，即速度梯度，1/s。

单位面积上的内摩擦力（切应力）τ 为：

$$\tau=\frac{F}{A}=\mu\frac{\mathrm{d}u}{\mathrm{d}y} \tag{1-5}$$

式中　τ——单位面积上的内摩擦力（切应力），N/m^2。

3. 流体黏性的度量

不同的流体，其黏性一般也不同。黏性的大小用黏度表示。黏度通常有动力黏度、运动黏度和相对黏度三种度量方法。

（1）动力黏度。

动力黏度是表征流体动力特性的黏度，表征流体抵抗变形的能力，用 μ 表示。由式（1-5）可得：

$$\mu=\frac{\tau}{\mathrm{d}u/\mathrm{d}y} \tag{1-6}$$

μ 是表征流体本身物理性质（即黏性大小）的一个因数，法定单位是 Pa·s 或 $N·s/m^2$。流体的动力黏度 μ 越大，其黏性越大，抵抗变形的能力就越强。动力黏度 μ 的物理意义可以理解为，在数值上，其大小等于速度梯度 du/dy=1 时的切应力，即 $\mu=\tau$。因 μ 的单位含有力的因次，是一个动力学要素，反映了流体黏性的动力特征，因此称 μ 为动力黏度，也叫动力黏滞因数或绝对黏度。

（2）运动黏度。

运动黏度是指在一个标准大气压和某一温度下，流体的动力黏度与其密度的比值，也称运动黏滞因数，用 ν 表示。

$$\nu=\frac{\mu}{\rho} \tag{1-7}$$

运动黏度 ν 的法定单位是 m^2/s 或 mm^2/s。运动黏度 ν 没有特殊的物理意义，只因在计算和分析流体运动问题时，经常要考虑 μ 和 ρ 及其比值，所以才引用运动黏度 ν 这个物理量。但是，从运动黏度的单位中可以看出，它的单位只含有时间和长度两个运动要素，能够反映流体的运动特性，即运动黏度越小，流体的流动性越好。

润滑油的牌号就是用运动黏度 ν（mm^2/s）的大小来表示的。我国用 40℃时运动黏度

ν（$\mathrm{mm^2/s}$）值表示润滑油的牌号。例如，32 号 L–HH 液压油，就是指这种油在 40℃时运动黏度为 32$\mathrm{mm^2/s}$。

水和空气的动力黏度和运动黏度分别列于表 1-2 和表 1-3。

表 1-2 标准大气压和不同温度下水的动力黏度和运动黏度

温度/℃	$\mu/\mathrm{Pa \cdot s}$	$\nu/\mathrm{m^2 \cdot s^{-1}}$	温度/℃	$\mu/\mathrm{Pa \cdot s}$	$\nu/\mathrm{m^2 \cdot s^{-1}}$
0	1.781×10^3	1.785×10^{-6}	40	0.653×10^3	0.658×10^{-6}
5	1.518×10^3	1.519×10^{-6}	50	0.547×10^3	0.553×10^{-6}
10	1.307×10^3	1.306×10^{-6}	60	0.466×10^3	0.474×10^{-6}
15	1.139×10^3	1.139×10^{-6}	70	0.404×10^3	0.413×10^{-6}
20	1.002×10^3	1.007×10^{-6}	80	0.354×10^3	0.364×10^{-6}
25	0.890×10^3	0.893×10^{-6}	90	0.315×10^3	0.326×10^{-6}
30	0.798×10^3	0.800×10^{-6}	100	0.282×10^3	0.294×10^{-6}

表 1-3 标准大气压和不同温度下空气的动力黏度和运动黏度

温度/℃	$\mu/\mathrm{Pa \cdot s}$	$\nu/\mathrm{m^2 \cdot s^{-1}}$	温度/℃	$\mu/\mathrm{Pa \cdot s}$	$\nu/\mathrm{m^2 \cdot s^{-1}}$
0	17.16×10^3	13.27×10^{-6}	40	19.42×10^3	17.16×10^{-6}
5	17.46×10^3	13.75×10^{-6}	60	20.10×10^3	18.96×10^{-6}
10	17.75×10^3	14.23×10^{-6}	80	20.99×10^3	20.99×10^{-6}
15	18.00×10^3	14.69×10^{-6}	100	21.77×10^3	23.01×10^{-6}
20	18.20×10^3	15.13×10^{-6}	120	22.60×10^3	25.20×10^{-6}
25	18.49×10^3	15.61×10^{-6}	140	23.44×10^3	27.40×10^{-6}
30	18.73×10^3	16.08×10^{-6}	200	25.82×10^3	34.60×10^{-6}

（3）相对黏度。相对黏度又称为条件黏度，是指在规定的条件下用特定的黏度计直接测定的黏度。根据测定条件不同，有恩氏黏度、赛氏黏度和雷氏黏度等。各国采用的相对黏度也不同，我国采用恩氏黏度。

恩氏黏度是把加热并保持恒定温度（一般为 50℃）的 200$\mathrm{cm^3}$ 被测液体，靠自重从恩氏黏度计中流出需要的时间 t'，与同体积 20℃蒸馏水从该恩氏黏度计中流出的时间 t（约为 51s）的比值，用 $°E_t$ 表示。

$$°E_t = \frac{t'}{t} \tag{1-8}$$

恩氏黏度与运动黏度的换算关系为：

$$\nu_t = 7.31°E_t - \frac{6.31}{°E_t} \tag{1-9}$$

式中 ν_t，$°E_t$——分别为试验温度为 t 时的运动黏度和恩氏黏度。ν_t 的单位为 $\mathrm{mm^2/s}$。

4. 压力、温度对流体黏性的影响

压力和温度对流体的黏性都有影响，流体的黏性随压力的升高而增大，但在压力不很高时，其黏性变化很小，可以忽略。温度的变化对流体的黏性影响较大，液体的黏性随温度的升高而降低，流动性增强。这是因为，温度升高时，液体分子之间的内聚力减弱，而液体的黏性主要是由液体分子之间的内聚力引起的。气体则相反，温度升高时，气体的黏性增大。这是因为，气体分子之间的距离较大，其黏性主要是由气体分子的热运动使分子之间产生碰撞引起的，温度越高，气体分子的热运动加剧，分子之间的碰撞加剧，黏性增大。

二、流体静力学

流体静力学研究的是流体在静止和相对静止状态下的力学规律以及这些规律在工程上的应用。在静力学研究中，由于流体是静止的，质点间无相对运动，流体不显示黏性，因此流体静力学规律和流体的黏性无关。

（一）流体静压力及其特征

作用于流体上的力按其性质分为表面力和质量力两类。表面力是指作用在静止流体表面上的力，它是由与静止流体相互接触的物体产生的，如大气对井水的压力、空压机活塞对空气的压力等；质量力是作用于流体每一质点上，并与流体质量成正比的力，如重力、惯性力等。

1. 流体静压力

流体静压力是指流体处于静止状态时，单位面积上所受的法向作用力。若法向作用力 F 均匀地作用在面积 A 上，则静压力 p 为：

$$p = \frac{F}{A} \tag{1-10}$$

若在静止流体中围绕某点取一面积 ΔA，设作用在这小块面积 ΔA 上的法向力为 ΔF。当面积 ΔA 无限缩小到一点时，这个比值的极限称为该点的静压力，即：

$$p = \lim_{\Delta A \to 0} \frac{\Delta F}{\Delta A} \tag{1-11}$$

2. 流体静压力的特性

流体静压力有两个重要特性：

（1）流体静压力的作用方向总是沿作用面的内法线方向，即垂直指向作用面。

（2）静止流体内任一点各方向的静压力均相等。说明在静止流体中，任一点的流体静压力的大小与其作用方向无关，只与该点的位置有关。

（二）流体静力学基本方程

流体静力学基本方程描述了流体静压力的分布规律，下面是基本方程推导过程。

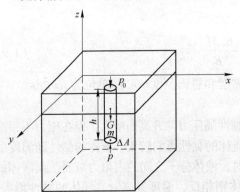

图 1-2　流体静力学基本方程式推导

如图 1-2 所示，在静止流体中任取一点 m，m 点在液面以下的深度为 h，为求出 m 点的静压力 p，围绕 m 点作一微小圆柱，底面积为 ΔA，上底面的压力为自由面上压力 p_0。分析所取的底面为 ΔA、高度为 h 的微小圆柱的受力情况：

（1）作用在顶面上的力：$F_0 = p_0 \Delta A$，方向垂直向下。

（2）作用在底面上的力：$F = p \Delta A$，方向垂直向上。

（3）重力：$G = \gamma h \Delta A$，方向垂直向下。

（4）作用在微小圆柱侧面上的力：由于微小圆柱是静止的，作用在侧面上的力垂直于侧面，即垂直于 z 轴，在 z 轴上没有分力，在 F_x、F_y 方向上对称平衡，合力都为零，所以，不考虑侧面的压力。

z 轴方向力的平衡方程式为：

$$F - F_0 - G = 0$$
$$p\Delta A - p_0 \Delta A - \gamma h \Delta A = 0$$

化简、移项得：

$$p = p_0 + \gamma h \tag{1-12}$$

式中　p——流体内某点的静压力，N/m^2（Pa）；

　　　p_0——液面上的压力，N/m^2（Pa）；

　　　γ——液体的重度，N/m^3；

　　　h——某点在液面下的深度，m。

式（1-12）即为流体静力学基本方程式。该方程式表明：

（1）在重力作用下，液体内的静压力随着深度的增加而增大。

（2）静压力由两部分组成，即液面压力 p_0 和单位面积上的重力 γh。

（3）$h =$ 常数时，$p =$ 常数，即同一容器内深度相同的各点静压力也相等。

在静止液体中，由压力相等的各点组成的面称为等压面。在静止、同种、连续的流体中，水平面就是等压面，如果不能同时满足这三个条件，水平面就不是等压面。

（三）流体静压力的度量

1. 静压力的计算基准

压力的计算基准有两种：一是以绝对真空为基准；二是以大气压力为基准。

绝对压力：以绝对真空为基准（零点）算起的压力称为绝对压力，用 p 表示。

相对压力：以大气压力 p_a 为基准（零点）算起的压力称为相对压力，用 p_b 表示。

绝对压力、相对压力和大气压力三者之间的关系为：

$$p = p_a + p_b \tag{1-13}$$

绝对压力只能是正值，但相对压力可能是正值，也可能是负值。相对压力为正值时称为正压；相对压力为负值时称为负压。负压的绝对值称为真空度，用 p_z 表示。常用的压力表测量的压力为正压，真空表测量的压力为真空度。

$$p_z = |-p_b| = p_a - p \tag{1-14}$$

图 1-3 为上述几种压力之间的关系。

2. 静压力的度量单位

（1）应力单位。

应力单位用单位面积上的作用力表示。其国际单位是帕（Pa 或 N/m^2），也常用千帕（kPa 或 kN/m^2）和兆帕（MPa 或 MN/m^2）表示。有时，工程上也用 kgf/cm^2 表示。

（2）液柱高度。

由静力学基本方程可知，流体一定时，重度 γ 一定，液柱高度 h 和压力 p 有确定的关系，因此可以用液柱高度表示压力的大小。用液柱高度表示液体的压力时，常用的单位有米水柱（mH₂O），毫米水柱（mmH₂O），毫米汞柱（mmHg）等。

（3）大气压单位。

大气压单位用标准大气压（atm）或工程大气压（at）表示。标准大气压是在北纬45°海平面上、温度为15℃时测定的大气压数值。工程大气压是1kgf/cm²或10m水柱产生的压力。几种度量单位之间的换算关系：

1atm＝101325Pa＝10.33mH₂O＝760mmHg

1at＝98100Pa＝10mH₂O＝735mmHg

3. 液柱式测压计

工程上常常要测量流体的压力，如水

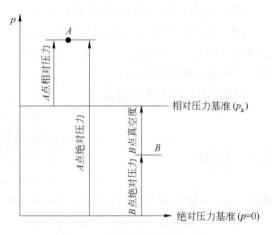

图1-3　几种压力之间的关系

泵、空压机、通风机、锅炉等都要装压力测量仪器、仪表。常用的测压计有液柱式、弹簧金属式、电测式三种。液柱式测压计一般以水、水银或酒精等为工作液体，用于测量低压、真空度和压力差，具有直观、可靠、方便等特点，在工程上应用广泛。

（1）测压管。

如图1-4所示，测压管是最简单的一种液柱式测压计。一般为一直径不小于5mm的直玻璃管，管的上端与大气相通，管的下端与被测液体连接。管内液体受容器A内的流体静压力的作用，液面会沿测压管上升至某一高度。该高度就表示容器中被测点的相对压力。由测压管内液面上升的高度，根据流体静力学基本方程，可计算出被测点的相对静压力。

（2）U形管测压计。

U形管测压计一般为直径不小于5mm的U形玻璃管，一端连接被测管路或容器，另一端通大气。其应用较广泛，既可测液体或气体内部压力，也可用来测量真空度。当U形管内的工作液体为水银时，可测液体或气体内部较大的压力。

图1-5所示为一U形管测压计，工作介质是重度为γ_g的水银。U形管一端连接被测

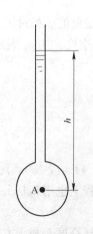

图1-4　测压管

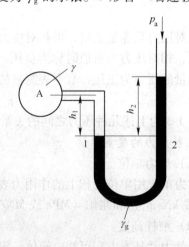

图1-5　U形管测压计

容器 A，另一端开口通大气，A 容器中装有重度为 γ 的水，则 A 容器中心的压力为：

$$p_1 = p_A + \gamma h_1$$

$$p_2 = p_a + \gamma_g h_2$$

显然 1 和 2 为等压面，则

$$p_1 = p_2$$

所以，A 点绝对压力为：

$$p_A = p_a + \gamma_g h_2 - \gamma h_1$$

A 点的相对压力为：

$$p_{bA} = \gamma_g h_2 - \gamma h_1$$

如图 1-6 所示，用 U 形测压计测量容器 B 中心的真空度。以大气压力 p_a 为基准，显然 1 和 2 为等压面，则有：

$$p_{b1} = p_{b2} = 0$$

$$p_{b1} = p_{bB} + \gamma h_1 + \gamma_g h_2$$

$$p_{bB} = -(\gamma h_1 + \gamma_g h_2)$$

所以，B 点的真空度为：

$$p_{zB} = \gamma h_1 + \gamma_g h_2 \tag{1-15}$$

当被测容器内为气体时，因为气体的重度很小，γh_1 可以忽略，上式可写为：

$$p_{zB} = \gamma_g h_2 \tag{1-16}$$

（3）U 形压差计。

将 U 形管的两端分别与被测两容器相连，即可测量两容器的压力差。如图 1-7 所示，测量容器 A 和 B 的压力差。

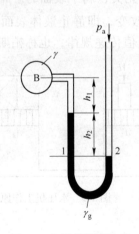

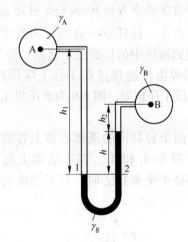

图 1-6　U 形管测真空度　　　　图 1-7　U 形管压差计

根据静力学基本方程，1 和 2 点的压力分别为：

$$p_1 = p_A + \gamma_A h_1$$

$$p_2 = p_B + \gamma_B h_2 + \gamma_g h$$

显然，1 和 2 为等压面，则有：

$$p_1 = p_2$$

所以 $$p_A - p_B = \gamma_g h + \gamma_B h_2 - \gamma_A h_1 \qquad (1\text{-}17)$$

如果两容器均为气体，由于气体重度很小，$\gamma_B h_2 - \gamma_A h_1$ 可以忽略，式（1-17）又可写为：

$$p_A - p_B = \gamma_g h \qquad (1\text{-}18)$$

4. 金属测压计

金属测压计共有两种：弹簧式和薄膜式。管状测压计是最普通的一种弹簧式压力计，其构造如图1-8（a）所示。压力计的主要零件为一弯成圆形的黄铜管1（断面为中空椭圆形），其一端密封，与细链2固结，另一端为开口，与被测对象连通。施压时，黄铜管内表面受到压力而欲伸展，并通过细链2、扇形齿轮3及传动齿轮4而使指针5

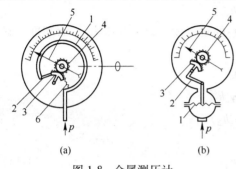

转动。指针转动的角度（角位移）与被测压力成正比例。指针复位靠弹簧6来完成。薄膜式测压计亦可以做成测量真空度的真空表。这种真空表的构造如图1-8（b）所示，图中1是波形断面薄膜，2是传动杆，3是扇形齿轮，4是传动齿轮，5是指针。被测对象的真空度是通过波形断面的薄膜传到指针的。

图 1-8 金属测压计
（a）弹簧式；（b）薄膜式

在使用压力计时，为了保证读数和仪表的安全可靠，使用压力通常不宜超过压力表测量上限的2/3；但是，为了减小读数误差，使用压力也不宜小于测量上限的1/3。这点，是选择压力表量程的依据。

（四）流体静压力的传递（帕斯卡定律）

由流体静力学基本方程 $p = p_0 + \gamma h$ 可知，p_0 与 γh 无关，属于表面力。p_0 会等值传递到液体内的各点上，使任意一点的压力发生相应的改变，即静止液体表面上的压力变化将等值传递到液体中的任意点。这就是静压力的等值传递规律，也称帕斯卡定律。

静压力的等值传递规律在工程上应用广泛，如水压机、油压千斤顶等。图1-9为水压机工作原理图。

在连通的两个容器内的液体表面上各置一个活塞，面积分别为 A_1 和 A_2，在小活塞上施加力 F_1，当小活塞处于平衡状态时，其下液体的压力应为：

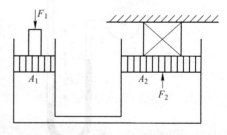

图 1-9 水压机工作原理图

$$p = \frac{F_1}{A_1}$$

根据帕斯卡定律，p 将等值传递到大活塞下的液体中，使大活塞产生的作用力为：

$$F_2 = pA_2 = F_1 \frac{A_2}{A_1} \qquad (1\text{-}19)$$

由于 $A_2 > A_1$，所以作用在大活塞上的力 F_2 要比小活塞上的力 F_1 大很多。

三、流体动力学

流体动力学研究的是流体运动时的力学规律及这些规律在工程上的应用。

运动是绝对的，静止是相对的。在实际中，流体的流动才是其普遍性，静止只是运动的一种特殊形式。静止流体不表现黏性，而运动流体由于黏性存在，会使内部产生摩擦力，阻滞流体运动，并给流体运动的研究带来困难。为此，先假定流体为理想流体，即不存在黏性和压缩性的流体，研究出理想流体的运动规律，再根据对实际流体运动的实验分析，对理想流体的运动规律进行修正，使其符合实际流体运动规律，最后运用于实际工程。

（一）基本概念

1. 稳定流和非稳定流

流动流体具有一定的速度、压力、密度、温度等运动要素，一般密度和温度可看成常数，所以，运动要素主要有速度和压力。流体在流动时，各质点的运动要素是随时间和空间位置的变化而变化的。当流体质点在流经某一空间坐标点时，若它的运动要素不随时间改变，则称这种运动为稳定流，否则称之为非稳定流。

实际中，稳定流较少，但只要各运动要素变化较小，或者在较长时间内平均值是稳定不变的，便视为稳定流，如矿井通风、矿井排水、水暖工程中等流体的流动都可以看成是稳定流。稳定流是我们研究的对象。

2. 过流断面

过流断面是指与流体流动方向垂直的横断面，用符号 A 表示，单位是 m^2。

3. 流量与断面平均流速

流量是指单位时间内通过过流断面的流体的体积，用 Q 表示，单位是 m^3/s。

断面平均流速是指流量除以过流断面得到的商，如图 1-10 所示，用 v 表示，单位是 m/s。

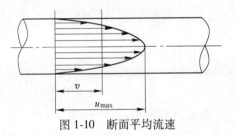

$$v = \frac{Q}{A}$$

图 1-10　断面平均流速

（二）流体流动的连续性方程

流体流动的连续性方程是质量守恒定律在流体力学中的一种应用形式。如图 1-11 所示，在单位时间内流入断面 1—1 的流体质量应等于流出断面 2—2 的流体质量，即：

$$\rho A_1 v_1 = \rho A_2 v_2 = 常数$$

两边同除 ρ 得：

$$A_1 v_1 = A_2 v_2 = Q = 常数 \qquad (1-20)$$

或

$$\frac{v_1}{v_2} = \frac{A_2}{A_1}$$

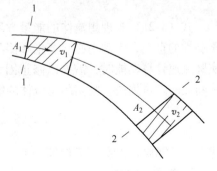

图 1-11　连续性方程式的推证

式（1-20）即为连续性方程式。

此处任务实施见后面任务训练 1。

（三）流体的能量方程（伯努利方程）

自然界中能量是守恒的，流体的能量也是守恒的。流体在流动中内部能量可以相互转换，但总的能量保持不变。流体内部的能量转换规律称为能量方程，又叫伯努利方程，它是能量守恒与转换定律在流体力学中的具体应用，是流体力学中重要的基本方程。

1. 能量方程的推导

如图 1-12 所示，重力作用下的流体做稳定流动，在其上任取两断面 1—1 和 2—2。两断面的面积分别为 A_1、A_2，流速分别为 v_1、v_2，压力分别为 p_1、p_2，距离基准面 0—0 的高度分别为 z_1、z_2。经过 dt 时间后，流段由 1—2 位置流到 1′—2′位置。根据动能定理，外力在 dt 时间内所做的功等于该时间段的动能的增量。

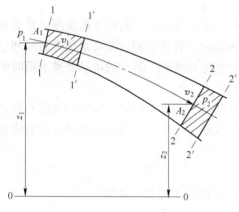

图 1-12　能量方程的推证

压力所做的功：

$$p_1 A_1 v_1 dt - p_2 A_2 v_2 dt = (p_1 - p_2) Q dt$$

重力所做的功：

$$mgz_1 - mgz_2 = \rho A_1 v_1 dt g z_1 - \rho A_2 v_2 dt g z_2$$
$$= \gamma Q (z_1 - z_2) dt$$

动能的增量：

$$\frac{mv_2^2}{2} - \frac{mv_1^2}{2} = \frac{v_2^2 - v_1^2}{2} \rho Q dt$$

所以有：

$$(p_1 - p_2) Q dt + \gamma Q (z_1 - z_2) dt = \frac{v_2^2 - v_1^2}{2} \rho Q dt$$

整理并移项得：

$$z_1 + \frac{p_1}{\gamma} + \frac{v_1^2}{2g} = z_2 + \frac{p_2}{\gamma} + \frac{v_2^2}{2g} \tag{1-21}$$

式（1-21）为理想流体的能量方程，即理想流体的伯努利方程式。对于实际流体，由于黏性的存在，流动中必然产生摩擦阻力，消耗一部分能量。另外，以断面平均流速代替实际流速计算动能时，需乘以修正因素 α，如果用 h_w 表示单位重力流体从一断面流到另一断面的能量损失，则实际总流体的能量方程为：

$$z_1 + \frac{p_1}{\gamma} + \frac{\alpha_1 v_1^2}{2g} = z_2 + \frac{p_2}{\gamma} + \frac{\alpha_2 v_2^2}{2g} + h_w \tag{1-22}$$

式中，动能修正因素 α 近似等于 1。

2. 能量方程的意义

从物理学的观点来看，能量方程中的各项表示流体的某种能量，其单位是焦耳/牛顿（J/N）或米（m）。

z 是单位重力流体所具有的位置势能，简称单位位能。

p/γ 是单位重力流体所具有的压力能，简称单位压能。

$\alpha v^2/2g$ 是单位重力流体所具有的速度能，简称单位动能。

h_w 单位重力流体从一断面流至另一断面因克服各种阻力所引起的能量损失，简称单位能量损失。

$z+p/\gamma+\alpha v^2/2g$ 是指单位重力流体所具有的总能量。

如果用 E_1 和 E_2 分别表示两个断面的总能量，则式（1-22）可写成：

$$E_1 = E_2 + h_w$$

可见，流体总是从高能量断面流向低能量断面。

3. 能量方程的应用条件

能量方程的应用条件为：

（1）流体的流动必须是稳定流。实际上稳定流很少，但只要各运动要素变化较小，或者在较长时间内平均值是稳定不变的，便可视为稳定流。

（2）流体不可压缩。适用于压缩性很小的液体，也适用于无压缩性或压缩性很小的气体。

（3）所选的两过流断面为缓变流。

（4）两断面间没有能量输入或输出。如果有能量输入或输出，能量方程应写为：

$$z_1+\frac{p_1}{\gamma}+\frac{\alpha_1 v_1^2}{2g}\pm H = z_2+\frac{p_2}{\gamma}+\frac{\alpha_2 v_2^2}{2g}+h_w$$

式中　$\pm H$——单位重力流体获得或失去的能量，m。

（5）所选两断面之间应没有分流或合流情况，即符合连续性方程，$Q=$ 常数。

（6）两断面的压力可取为绝对压力，亦可取为相对压力，但二者的基准应统一。

（四）能量方程应用举例

此处任务实施见后面任务训练 2~4。

四、流动状态与能量损失

能量损失是流体力学中的一个重要部分。由于黏性的存在，流体在流动过程中要克服各种阻力，必然产生能量损失。但流体在流动过程中，流动状态不同，产生的能量损失也不同。

（一）流体的流动状态

雷诺通过大量试验发现：流体流动时存在层流和紊流两种不同的状态，并产生不同的能量损失。下面简要介绍雷诺实验。

图 1-13 为雷诺实验装置，主要由水箱 B、液杯 K 及其上阀门 L、玻璃管 C 及其上的两根细玻璃管 1 与 2 和阀门 D、量杯 E 等组成。

实验时，用溢流管保持水箱 B 中的水面稳定，打开液杯 K（内装色水）的阀门 L，色水经 C 管喇叭口流入 C 管，与无色的水一起流动。当阀门 D 开起度很小时，色水在 C 管中是一条与轴线平行的平稳细流，如图 1-13（a）所示，这说明 C 管内水的流动也是呈平稳的直线流动状态，也就是说每个流层沿自己的路线稳定流动，流体质点不相互混杂，这种状态称为层流。当阀门 D 逐渐开大，色水的平稳细流开始变为波浪形，个别地方出现中断，但仍然与清水不相混杂，这种状态称为过渡状态。过渡状态在工程上没有实际应用价值。如果当阀门继续开大，色水细流波动加剧、破碎并与清水相互混杂，这说明此时流体内部各质点相互碰撞、混杂，流动杂乱无章、紊乱，这种状态称为紊流。

当阀门 D 逐渐关小，按相反的顺序变化，即紊流→过渡状态→层流。

临界流速是指流动状态发生变化时的流速。由层流转变为紊流时的流速称为上临界流速，用 v'_k 表示；由紊流转变为层流时的流速称为下临界流速，用 v_k 表示。实践证明，$v'_k >v_k$。通常把下临界流速 v_k 作为判别流态的界限。

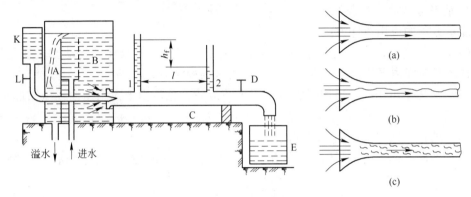

图 1-13　雷诺实验装置
（a）层流；（b）过渡状态；（c）紊流

雷诺通过大量的实验发现，流体的流动状态不仅与流速有关，而且与流体的黏性、密度及管路的直径有关。雷诺根据研究结果建立了上述几个因数之间的关系，提出了一个无因次系数，这个系数称为雷诺数，用 Re 表示，数学表达式为：

$$Re = \frac{vd}{\nu} \tag{1-23}$$

式中　Re——雷诺数；

　　　v——流速，m/s；

　　　ν——运动黏度，m^2/s；

　　　d——管径，m。

雷诺发现，不论圆管的直径、流体的种类及流动速度如何不同，但只要雷诺数 Re 相等，流体的流动状态就相同。所以，可以用雷诺数 Re 来判定流体的流动状态。

流动状态发生变化时的雷诺数称为临界雷诺数。由层流转变为紊流时的雷诺数称为上临界雷诺数，用 Re'_k 表示；由紊流转变为层流时的雷诺数称为下临界雷诺数，用 Re_k 表示。根据实验资料，压力管道的上临界雷诺数约等于 12000 或更大，下临界雷诺数约为 2320。下临界雷诺数比较稳定，而上临界雷诺数很不稳定，常随试验条件、流动起始状态等的变化而变化。因此，上临界雷诺数在工程上没有实用意义。工程上一般用下临界雷诺数来判别流体的流动状态，即

$$Re_k \leqslant 2320，层流$$

$$Re_k > 2320，紊流$$

在实际流体中，层流很少，如在液压传动中，当管径很小、流速很小时，可能为层流；但大多数情况下为紊流，如矿井排水、通风、水暖、城市供水等。

此处任务实施见后面任务训练 5。

（二）能量损失

能量损失是指流体从一位置（断面）流动到另一位置（断面），单位重力流体克服各种阻力而消耗的能量。由于黏性的存在，流体在流动过程中产生内摩擦力，又由于与管壁等的作用产生阻力，这些统称为流动阻力。流动阻力是能量损失或能量消耗的根本原因。

能量损失有两种形式：一是沿程阻力损失；二是局部阻力损失。

沿程阻力损失是指流体流经管路直线部分因克服流动阻力而产生的能量损失，用 h_f 表示，单位是 m。

局部阻力损失是指流体流经管路的局部管件如弯头、闸阀等因克服流动阻力而产生的能量损失，用 h_j 表示，单位是 m。

1. 沿程阻力损失

沿程阻力损失与管路的长度成正比、与管路的直径成反比，与单位动能 $v^2/2g$ 成正比，并与流体的流动状态、管路材料及表面粗糙度等有关，其数学表达式为：

$$h_f = \lambda \frac{L}{d} \times \frac{v^2}{2g} \tag{1-24}$$

式中　h_f——沿程阻力损失，m；

　　　L——同直径管路的长度，m；

　　　d——管路的直径，m；

　　　λ——沿程阻力因数。

由于流体流动状态不同，流体流动时，沿程阻力因数也不同。下面为常见的层流、紊流及不同管路下流动的沿程阻力因数。

层流状态下，沿程阻力因数为：

$$\lambda = \frac{64}{Re} \tag{1-25}$$

液压系统中，考虑各种因素的影响，阻力因数为：

金属管 $$\lambda = \frac{75}{Re}$$

软管 $$\lambda = \frac{75 \sim 85}{Re}$$

弯软管 $$\lambda = \frac{108}{Re}$$

紊流状态下的阻力因数：

布拉修斯公式 $$\lambda = \frac{0.3164}{d^{0.25}} \tag{1-26}$$

适用于 $4 \times 10^3 < Re < 10^5$ 的情况。

谢维列夫公式 $$\lambda = \frac{0.021}{d^{0.3}} \tag{1-27}$$

适用于管内平均流速 $v \geqslant 1.2\mathrm{m/s}$ 的情况。

实际粗略计算中 $\lambda = 0.02 \sim 0.03$。

此处任务实施见后面任务训练 6。

2. 局部阻力损失

局部阻力损失主要产生在弯头、阀门、三通及异径管等局部管件处。局部阻力损失数学表达式为：

$$h_{\mathrm{j}} = \xi \frac{v^2}{2g} \qquad (1\text{-}28)$$

式中　h_{j}——局部阻力损失，m；

　　　v——断面的平均流速，除特殊说明外，一般指局部管件的平均流速，m/s；

　　　ξ——局部阻力因数，局部管件不同，ξ 不同，常见局部管件 ξ 见表 1-4。

表 1-4　常见局部管件的局部阻力因数

名　称	简　图	局部阻力因数 ξ							
闸板阀		h/d	1	7/8	6/8 *	5/8	4/8	3/8	2/8	1/8
		ξ	0.10	0.15	0.26	0.81	2.06	5.52	17.0	97.8
逆止阀		7.5							
滤水器 （带底阀）		d/mm	40	50	75	100	150	200	250	300
		ξ	12	10	8.5	7.0	6.0	5.2	4.4	3.7
		无底阀时 $\xi = 2 \sim 3$							
90°弯头		d/R	0.5	0.6	0.7	0.8	0.9	1.0 *	1.1	1.2
		ξ	0.154	0.157	0.177	0.204	0.241	0.291	0.355	0.434
三　通		类别	直　流		合　流		分　流		转　弯
		流向	②→③ ②→③		②　③ ↓ ①		②←③ ↑ ①		②→① ③→①
		ξ	0.1		3.0		1.5		1.5
异径管		α	7°以下		10°~15°		20°~30°		45°~55°
		ξ	0.2		0.5		0.6~0.7		0.8~0.9
		当水由大头流向小头时 $\xi = 0.1$							
折管		α	20°	40°		60°		80°	90°
		ξ	0.046	0.139		0.364		0.740	0.985

注：* 表示常用值。

3. 流体流动的总能量损失

管路系统中的总能量损失等于沿程阻力损失与局部阻力损失之和，即：

$$h_w = \sum h_f + \sum h_j \tag{1-29}$$

此处任务实施见后面任务训练7。

任务实施

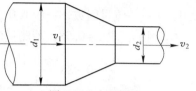

图1-14 变径圆管

【任务训练1】 图1-14所示为一变直径圆管，已知 $d_1 = 200\text{mm}$，$d_2 = 100\text{mm}$，d_1 处的平均流速 $v_1 = 0.25\text{m/s}$，求 d_2 处的平均流速 v_2。

解： 根据连续性方程，有：

$$v_2 = v_1 \frac{A_1}{A_2} = v_1 \frac{d_1^2}{d_2^2}$$

$$= 0.25 \times \frac{0.2^2}{0.1^2} = 1\text{m/s}$$

【任务训练2】 图1-15所示为文丘里根据能量方程设计的文丘里流量计，已知 $d_1 = 100\text{mm}$，$d_2 = 50\text{mm}$，求当水银压差计读数 $\Delta h = 0.5\text{m}$ 时管内流体的流量。

解： 取断面1—1和2—2，并以轴线0—0所在平面为基准面，列能量方程，有：

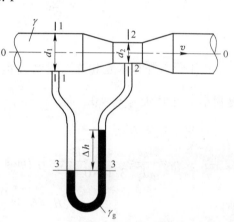

图1-15 文丘里流量计

$$z_1 + \frac{p_1}{\gamma} + \frac{v_1^2}{2g} = z_2 + \frac{p_2}{\gamma} + \frac{v_2^2}{2g} + h_w$$

由于 $z_1 = z_2 = 0$，不考虑断面1—1至断面2—2的能量损失，即 $h_w = 0$，得：

$$\frac{p_1 - p_2}{\gamma} = \frac{v_2^2 - v_1^2}{2g}$$

断面3—3为等压面，由静力学基本方程可得：

$$p_1 - p_2 = (\gamma_g - \gamma)\Delta h$$

又由流体流动的连续性方程可得：

$$v_2 = v_1 \left(\frac{d_1}{d_2}\right)^2$$

于是

$$\frac{\gamma_g - \gamma}{\gamma}\Delta h = \frac{v_1^2\left[(d_1/d_2)^4 - 1\right]}{2g}$$

$$v_1 = \sqrt{\frac{2g\Delta h}{(d_1/d_2)^4 - 1}\left(\frac{\gamma_g}{\gamma} - 1\right)}$$

所以流量为：

$$Q = \frac{1}{4}\pi d_1^2\sqrt{\frac{2g\Delta h}{(d_1/d_2)^4 - 1}\left(\frac{\gamma_g}{\gamma} - 1\right)}$$

若考虑两断面之间的能量损失，用一个小于 1 的因数修正，则实际流量为：

$$Q = \mu \frac{1}{4} \pi d_1^2 \sqrt{\frac{2g\Delta h}{(d_1/d_2)^4 - 1}\left(\frac{\gamma_g}{\gamma} - 1\right)}$$

式中 μ——流量因数，一般取 0.95~0.98。

本例中，取 $\mu = 0.98$，若测量的流体为水（取其重度 $\gamma = 9810\text{N/m}^3$），则：

$$Q = 0.98 \times \frac{\pi \times 0.1^2}{4} \sqrt{\frac{2 \times 9.81 \times 0.5}{(0.1/0.05)^4 - 1} \times \left(\frac{132926}{9810} - 1\right)} = 0.022\text{m}^3/\text{s}$$

【任务训练 3】   如图 1-16 所示，若水泵的流量 $Q = 0.03\text{m}^3/\text{s}$，吸水管直径 $d_x = 150\text{mm}$，吸水管中水头损失 $h_w = 0.8\text{m}$，水泵吸水口断面 1—1 处的真空度 $p_z/\gamma = 6.4\text{m}$，求该离心式水泵的吸水高度 H_x（水泵轴中心线至吸水井水面的垂直高度）。

解： 选择吸水井水面 0—0 为基准面，列 0—0
与 1—1 两断面的能量方程，有：

$$0 + \frac{p_a}{\gamma} + \frac{v_0^2}{2g} = H_x + \frac{p_1}{\gamma} + \frac{v_1^2}{2g} + h_w$$

$$H_x = \frac{p_a - p_1}{\gamma} + \frac{v_0^2 - v_1^2}{2g} - h_w$$

由于吸水井和水仓相连，吸水井水面下降速
度很小，可以认为 $v_0 = 0$，而 $\frac{p_a - p_1}{\gamma} = \frac{p_z}{\gamma}$，则断面

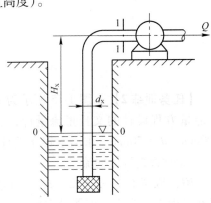

图 1-16 水泵吸水高度

1—1 的平均流速为：

$$v_1 = \frac{4Q}{\pi d_x^2} = \frac{4 \times 0.03}{3.14 \times 0.15^2} = 1.7\text{m/s}$$

所以 $$H_x = 6.4 + \frac{0 - 1.7^2}{2 \times 9.81} - 0.8 = 5.45\text{m}$$

【任务训练 4】   图 1-17 所示为一喇叭形进风
管，管径 $d_2 = 200\text{mm}$，在其下部连接一根插入水中
的玻璃管，若管内水面上升的高度 $h = 5\text{mm}$，空气
密度 $\rho = 1.2\text{kg/m}^3$，不考虑水头损失，求进风管内
的空气流量。

解： 取进风管轴线所在的平面 0—0 为基准面，
列 1—1 和 2—2 两断面的能量方程，有：

$$p_1 + \frac{\rho v_1^2}{2} = p_2 + \frac{\rho v_2^2}{2} + \gamma h_w$$

由于 $p_1 = p_a$，$p_2 = p_a - \gamma h$，$\gamma h_w = 0$，断面 1—1 很
大，可以认为 $v_1 = 0$，可得：

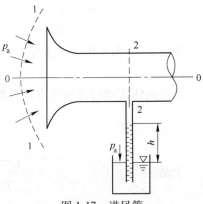

图 1-17 进风管

$$p_a = p_a - \gamma h + \frac{\rho v_2^2}{2}$$

$$v_2 = \sqrt{\frac{2\gamma h}{\rho}} = \sqrt{\frac{2\times 9.81\times 5}{1.2}} = 9\text{m/s}$$

所以
$$Q = v_2 \frac{\pi d_2^2}{4} = 9\times \frac{3.14\times 0.2^2}{4} = 0.283\text{m}^3/\text{s}$$

【任务训练5】　有一输水圆管路，管径 $d = 100\text{mm}$，已知水的流速 $v = 1.0\text{m/s}$，水温为20℃，试判别流体的流动状态，以及当流速为多大时管内流态为层流？

解： 由表1-2知，20℃时水的运动黏度 $\nu = 1.007\times 10^{-6}\text{m}^2/\text{s}$，则：

雷诺数
$$Re = \frac{vd}{\nu} = \frac{1\times 0.1}{1.007\times 10^{-6}} = 99305$$

大于2320，为紊流。

层流时
$$Re_k = \frac{v_k d}{\nu} \leqslant 2320$$

$$v_k = \frac{2320\times 1.007\times 10^{-6}}{0.1} = 0.0234\text{m/s}$$

即当流速降到 0.0234m/s 以下时为层流。

【任务训练6】　因供水需要，需铺设一长度 $L = 600\text{m}$，管径 $d = 200\text{mm}$ 的输水管路，管路内水的流量 $Q = 0.0556\text{m}^3/\text{s}$，水温10℃，求管路的沿程阻力损失。

解： 管内流速为：
$$v = \frac{4Q}{\pi d^2} = \frac{4\times 0.0556}{3.14\times 0.2^2} = 1.77\text{m/s}$$

按式（1-27）计算沿程阻力因数为：
$$\lambda = \frac{0.021}{d^{0.3}} = \frac{0.021}{0.2^{0.3}} = 0.034$$

则沿程阻力损失为：
$$h_f = \lambda \frac{L}{d}\times\frac{v^2}{2g} = 0.034\times\frac{600}{0.2}\times\frac{1.77^2}{2\times 9.81} = 16.28\text{m}$$

【任务训练7】　有一直径相同的排水管路，其内径 $d = 150\text{mm}$，长度 $L = 360\text{m}$，管路上局部管件为：90°弯头4个，闸板阀1个，逆止阀1个。若管路中水的流量 $Q = 216\text{m}^3/\text{h}$，沿程阻力因数 $\lambda = 0.03$，求管路中总能量损失。

解： 平均流速为：
$$v = \frac{4Q}{\pi d^2} = \frac{4\times 216/3600}{3.14\times 0.15^2} = 3.4\text{m/s}$$

沿程阻力损失为：
$$h_f = \lambda \frac{L}{d}\times\frac{v^2}{2g} = 0.03\times\frac{360}{0.15}\times\frac{3.4^2}{2\times 9.81} = 42.42\text{m}$$

查表1-4，90°弯头、闸板阀和逆止阀局部阻力因数分别为0.291、0.26和7.5，则局部阻力损失为：
$$\sum h_j = \sum\xi\frac{v^2}{2g} = (4\times 0.291+0.26+7.5)\times\frac{3.4^2}{2\times 9.81} = 5.28\text{m}$$

总能量损失为：

$$h_{\mathrm{w}} = \sum h_{\mathrm{f}} + \sum h_{\mathrm{j}} = 42.42 + 5.28 = 47.70\mathrm{m}$$

【任务训练8】　有一齿轮泵，额定工作压力 $p=8\mathrm{MPa}$，转速 $n=1500\mathrm{r/min}$，齿顶圆半径 $R=29\mathrm{mm}$，齿顶宽 $t=2\mathrm{mm}$，齿轮厚 $b=28\mathrm{mm}$，设每个齿轮与壳体相接触的齿数 $z=6$，齿顶缝隙 $\delta=0.078\mathrm{mm}$，油的黏度 $\mu=0.035\mathrm{Pa\cdot s}$，试确定齿顶缝隙的泄漏量。

解：因每个齿轮与壳体相接触的齿数 $z=6$，则一个齿两侧的压力差为 $\Delta p/z$，所以两齿轮齿顶缝隙的总泄漏量为：

$$Q = 2\left(\frac{\delta^3 b}{12\mu L}\Delta p - \frac{b\delta}{2}v_0\right) = \frac{\delta^3 b}{6\mu L}\Delta p - b\delta v_0$$

$$v_0 = \frac{\pi dn}{60} = \frac{3.14\times 2\times 29\times 1500}{60} = 4553\mathrm{mm/s} = 4.553\mathrm{m/s}$$

泵的排液腔压力 $p_2=p$，吸液腔压力 $p_1\approx 0$，则：

$$\Delta p = p_2 - p_1 = 8\times 10^6 - 0 = 8\times 10^6\mathrm{Pa}$$

$$L = tz = 2\times 6 = 12\mathrm{mm} = 12\times 10^{-3}\mathrm{m}$$

$$Q = \frac{28\times 10^{-3}\times (0.078\times 10^{-3})^3}{6\times 0.035\times 12\times 10^{-3}}\times 8\times 10^6 - 28\times 10^{-3}\times 0.078\times 10^{-3}\times 4.553$$

$$= 0.422\times 10^{-4} - 9.944\times 10^{-4}$$

$$= 32.25\times 10^{-6}\mathrm{m}^3/\mathrm{s}$$

技能拓展

一、流体在小孔及缝隙中的流动

　　流体在小孔及缝隙中的流动，在工程上会经常遇到。例如，水泵的密封、滑动轴承的润滑、液压系统中液体的泄漏以及经过节流孔的流动等。了解这些流动的特点，掌握其规律，对于改善设备效能，保证设备的可靠性和经济性运行有着重要意义。

（一）小孔的流量计算

1. 薄壁小孔流量计算

　　薄壁小孔是指小孔的长度与直径之比小于 0.5 的孔，孔口具有尖锐的边缘，流体经过孔口时，流动不受孔壁厚度的影响。

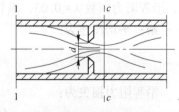

图 1-18　薄壁小孔出流

　　如图 1-18 所示，流体经小孔流出时，由于流体质点的惯性作用，在孔口边缘，流体质点不能以折角形式改变运动方向。因此，流体经过小孔后形成收缩，在距小孔约 $d/2$ 的断面 $c—c$ 处收缩达到最小，此断面称为收缩断面。收缩断面 $c—c$ 的面积 A_{c}，与小孔面积 A 之比，称为断面收缩因数，用符号 ε 来表示，即：

$$\varepsilon = A_{\mathrm{c}}/A$$

　　对小孔两侧断面 1—1 和 $c—c$ 列能量方程式，由 $v_1 < v_{\mathrm{c}}$，故可忽略 $v_1^2/2g$，并取 $\alpha=1$，则：

$$\frac{p_1}{\gamma}=\frac{p_c}{\gamma}+\frac{v_c^2}{2g}+\xi_c\frac{v_c^2}{2g}$$

由此可得：

$$v_c=\varphi\sqrt{\frac{2g}{\gamma}\Delta p} \tag{1-30}$$

式中　v_c——收缩断面的平均流速，m/s；

$\quad\quad\varphi$——流速因数，$\varphi=\dfrac{1}{\sqrt{1+\xi_c}}$；

$\quad\quad\xi_c$——小孔局部阻力因数；

$\quad\quad\Delta p$——小孔前后压力差，$\Delta p=p_1-p_c$，Pa；

$\quad\quad p_1$，p_c——断面 1—1 和 c—c 处的压力，Pa；

$\quad\quad\gamma$——流体重度，N/m³。

则通过小孔的流量为：

$$Q=v_cA_c=\varepsilon A\varphi\sqrt{\frac{2g}{\gamma}\Delta p}=CA\sqrt{\frac{2g}{\gamma}\Delta p} \tag{1-31}$$

式中　Q——通过小孔的流量，m³/s；

$\quad\quad C$——流量因数，$C=\varepsilon\varphi$，一般取 $C=0.62\sim0.63$；

$\quad\quad A$——孔口面积，m²。

2. 细长孔的流量计算

细长孔是指小孔的长度与直径之比大于 4 的孔。一般油液在细长孔内的流动多属于层流状态，因此根据沿程损失的计算公式可以导出流量的计算公式为：

$$Q=\frac{\pi d^4}{128\mu L}\Delta p \tag{1-32}$$

式中　Q——通过细长孔的流量，m³/s；

$\quad\quad d$——细长孔的直径，m；

$\quad\quad\Delta p$——细长孔两侧的压力差，Pa；

$\quad\quad\mu$——流体的动力黏度，Pa·s；

$\quad\quad L$——细长孔的长度，m。

（二）缝隙中的流量计算

1. 液体在平行平面缝隙中流动

（1）在两端压力差作用下的流量计算。

如图 1-19 所示，两平行平面间隙为 δ，沿流动方向的长度为 L，宽度为 b，两端压力分别为 p_1、p_2，则通过该间隙的流量 Q 为：

$$Q=\frac{\delta^3 b}{12\mu L}\Delta p \tag{1-33}$$

式中　Δp——缝隙两端压力差，$\Delta p=p_1-p_2$。

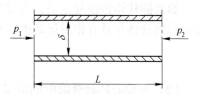

图 1-19　液体在平行平面缝隙中的流动

由式（1-33）可知：

1）液体经过缝隙的泄漏量与缝隙高度的三次方成正比。如果要减少泄漏量，应尽量减小缝隙的高度。

2）缝隙泄漏量与黏度和缝隙长度成反比，黏度增加，缝隙加长，泄漏量将减小。

3）缝隙泄漏量与缝隙两端压力差成正比，压力差增加，泄漏量将增加。

（2）在有相对运动的平面缝隙中的流量计算。

在工程实际问题中，缝隙往往是由具有相对运动的壁面组成的，如滑块与导轨之间的缝隙、叶片泵转子端面的缝隙等。两平面间的相对运动将改变通过缝隙的泄漏量，因此必须予以考虑。

可以把液体在有相对运动的平行平面缝隙中的流动看成两种运动的叠加，即有压力差作用下的固定平板缝隙流动与无压差作用下的由移动平面引起的缝隙流动二者的叠加。计算公式为：

$$Q = \frac{\delta^3 b}{12\mu L}\Delta p \pm \frac{b\delta}{2}v_0 \tag{1-34}$$

式中　v_0——移动平板的速度；

其他符号意义同前。

在式（1-34）中，当 v_0 的方向与流动的方向一致时，取"+"号，反之取"−"号。

2. 液体在环状缝隙中的流动

（1）在同心环状缝隙中的流量计算。图 1-20 为液体在同心环状缝隙中的流动，如油缸与活塞、阀体与滑阀芯之间的缝隙。

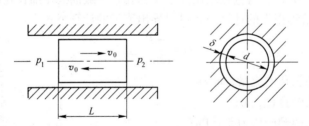

图 1-20　液体在同心环状缝隙中的流动

设圆柱直径为 d，缝隙宽度为 δ，柱体长度为 L。在一般情况下，可以将环状缝隙纵向展开，近似地看成为平行平面缝隙。因此只要用 πd 代替式（1-33）中的缝隙宽度 b，就可得到液体在同心环状缝隙中的流量计算式，即：

$$Q = \frac{\delta^3 \pi d}{12\mu L}\Delta p \tag{1-35}$$

如果圆柱体做往复运动，其速度为 v_0，那么用 πd 代替式（1-34）中的缝隙宽度 b，就可得到液体在具有相对运动的同心环状缝隙中的流量计算式：

$$Q = \frac{\delta^3 \pi d}{12\mu L}\Delta p \pm \frac{\pi d\delta}{2}v_0 \tag{1-36}$$

（2）在偏心环状缝隙中的流量计算。在实际工作中，形成缝隙的两内、外圆柱面处于同心的情况是很难保证的，往往遇到的是不同心的情况，此时将形成偏心环状缝隙，如图 1-21 所示。如果形成偏心环状缝隙的内、外圆柱表面的半径分别为 r 和 R，偏心距为 e，同心时的缝隙宽度为 δ，则其流量可按下式计算：

$$Q = \frac{\delta^3 \pi d}{12\mu L} \Delta p (1+1.5\varepsilon^2) \qquad (1\text{-}37)$$

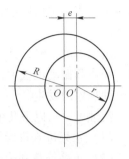

式中　d——内圆柱直径；

　　　ε——相对偏心率，$\varepsilon = e/\delta$。

当 $e=0$ 时，$\varepsilon=0$，为同心环状缝隙，流量计算式同式（1-35）。

当 $e=\delta$ 时，$\varepsilon=1$，为完全偏心环状缝隙，流量计算公式为：

图 1-21　液体在偏心环状缝隙中的流动

$$Q = 2.5\frac{\delta^3 \pi d}{12\mu L} \Delta p$$

可见，液体经圆柱环状缝隙的流动，当出现偏心时，泄漏量要增大，当偏心率达到 1 时，泄漏量为同心时的 2.5 倍。

此处任务实施见前面任务训练 8。

二、水击与汽蚀

（一）水击现象

有压管路中运动着的液体，由于某种原因（如阀门突然关闭等），使得速度和动量发生急剧变化，从而引起液体压力在瞬间突然升高，这种现象称为水击。水击所产生的增压波和减压波交替进行，对管壁或阀门的作用有如锤击一样，故又称为水锤。水击在液压传动中称为液压冲击。

引起水击现象的外界因素，主要是液体流速的突然变化，如阀门突然关闭。而液体本身具有的不可压缩性和惯性是发生水击现象的内在原因。

由于水击而产生的压力升高可能达到管中原来常压的几十倍甚至几百倍，而且增压和减压的交替频率很高，可使管路振动，元件损坏，严重时会使管路发生破裂。水击现象危害极大，因而必须采取有效措施减弱水击的影响。

减弱水击大致有以下几种措施：

（1）限制管路中的流速；

（2）延长阀门的开闭时间；

（3）尽量缩短管路的长度；

（4）在管路上设置安全阀或蓄能器等。

（二）汽蚀现象

物质的液态和气态在一定的温度和压力条件下是可以相互转化的。

在排水系统或液压系统中，当某一局部区域的压力降低到液体汽化压力以下时，液体就要汽化，在液体中产生大量气泡。当含有大量气泡的液体进入高压区时，气泡在周围压力作用下，体积迅速缩小，最后破裂消失。在此瞬间，液体会产生很强烈的水击作用，以很高的冲击频率打击金属表面，使金属产生疲劳破坏，表面剥落，形成伤痕。另外，在气泡中还可能含有一些活泼气体，具有较强的酸化作用，在气泡凝结散发热量的作用下，也会对金属表面造成腐蚀，从而加速金属的破坏。这种机械剥蚀和化学腐蚀的现象总称为汽蚀。

汽蚀不严重时，其对设备的运行和性能影响不明显。反之，严重汽蚀会影响正常流动，噪声和振动也很大，甚至造成断流，缩短设备的寿命。因此，设备在运行时应严格防止汽蚀现象的发生。

汽蚀可以从以下几个方面防止和减轻：

（1）水泵进水管管径应大一些，以降低流速，减小阻力及能量损失；

（2）正确计算和确定泵的安装高度；

（3）在液压系统中，节流口压力降不要太大，封闭的容积由小变大时，应有液体及时补入。

任务考评

本任务考评的具体要求见表 1-5。

表 1-5　任务考评表

任务 1　流体力学分析				评价对象：　　　学号：	
评价项目	评价内容	分值	完成情况	参考分值	
1	流体的密度、重度、压缩性、膨胀性、黏性等物理性质的概念和计算方法	10		每组 2 问，1 问 5 分	
2	流体静力学基本方程的含义和应用	10		提问 5 分，计算 5 分	
3	流体静压力的传递方程（帕斯卡定律）的含义和应用	10		提问 5 分，应用 5 分	
4	流体流动的连续性方程的含义和应用	20		提问 5 分，应用 15 分	
5	流体的能量方程（伯努利方程）的含义和应用	25		提问 10 分，应用 15 分	
6	流体的流动状态及能量损失的计算方法	25		提问 10 分，应用 15 分	

能 力 自 测

1-1　什么是流体的重度和密度，流体的重度和密度有何区别及联系？

1-2　什么是流体的黏性，黏性有几种表示方法？

1-3　已知某润滑油的质量为 1032kg，体积为 1.2m³，求该润滑油的密度和重度。

1-4　流体静压力的特性是什么？

1-5　什么是绝对压力、相对压力和真空度，三者之间的关系是什么？

1-6　如何判别等压面，图 1-22 中 A—A、B—B 与 C—C 哪些是等压面？

1-7　如图 1-23 所示，已知水箱中水的深度 $H = 1.2$m，水银柱的高度 $h = 240$mmHg，连接的橡皮管中全部为空气，求密闭水箱水面的压力 p_0。

1-8　如图 1-24 所示，已知 $h_1 = 20$mmH₂O，$h_2 = 50$mmHg，求吸水管中心 A 点的真空度 p_z。

1-9　如图 1-25 所示，安装在通风机进风管和出风管两侧的水银压差计，两端水银的高差 $h = 20$mmHg，求空气通过通风机后增加的压力 Δp。

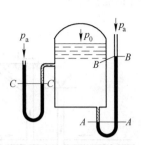

图 1-22　能力自测 1-6 图

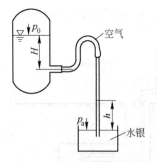

图 1-23　能力自测 1-7 图

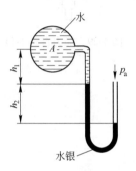

图 1-24　能力自测 1-8 图

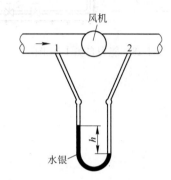

图 1-25　能力自测 1-9 图

1-10　什么是稳定流？

1-11　什么是过流断面、平均流速？

1-12　如图 1-26 所示，水泵的流量 $Q = 0.03\,\mathrm{m^3/s}$，吸水管直径 $d_x = 150\,\mathrm{mm}$，真空表读数 $p_z = 68\,\mathrm{kPa}$，吸水管总能量损失 $h_w = 0.8\,\mathrm{mH_2O}$，求水泵的吸水高度 H_x。

1-13　图 1-27 所示为一测定局部阻力损失因数的装置。现测定 $90°$ 弯头的局部阻力因数 ξ（已知 AB 段管长 $L = 10\,\mathrm{m}$，管径 $d = 50\,\mathrm{mm}$，$\lambda = 0.03$，A、B 两断面测压管水面高差 $\Delta h = 0.629\,\mathrm{mH_2O}$，$2\,\mathrm{min}$ 内流出水箱的水量为 $0.329\,\mathrm{m^3}$）。

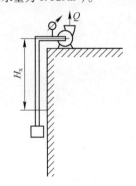

图 1-26　能力自测 1-12 图

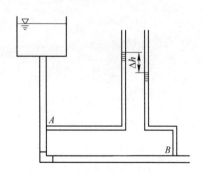

图 1-27　能力自测 1-13 图

1-14　如图 1-28 所示，某矿采用水动凿岩设备，耗水量为 $10.6\,\mathrm{m^3/h}$，所需压力为 $8\,\mathrm{at}$（表压力），问水塔液面 1—1 应比凿岩设备工作面高出多少米才能满足生产需要（已知管路的直径 $d = 50\,\mathrm{mm}$，长度 $L = 500\,\mathrm{m}$，两断面间装有闸阀 2 个，$90°$ 弯头 4 个，沿程损失因数 $\lambda = 0.03$）。

1-15　图 1-29 所示为某矿山通风系统示意图，引风道断面 1—1 面积为 $A = 10\,\mathrm{m^2}$，测得该断面的真空度为

250mmH$_2$O，通风机的风量 $Q = 100\text{m}^3/\text{s}$，求该通风系统中的能量损失。

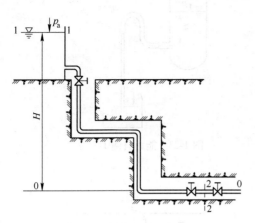

图 1-28　能力自测 1-14 图

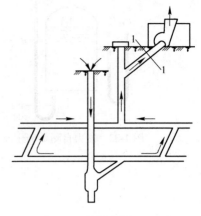

图 1-29　能力自测 1-15 图

教学情境 II 矿井排水设备使用与维护

知识目标

掌握矿井排水设备的作用、类型；水泵的结构及原理；水泵安全操作规程；水泵检查的有关标准；水泵运转的注意事项；水泵的性能参数及性能曲线；水泵的管路特性；水泵的工况点；水泵的正常工作条件；水泵的联合工作；水泵的工况调节；水泵的完好标准；水泵维护保养基础知识；水泵维护和保养方法；水泵的工作原理；水泵转动部分、固定部分和密封部分各零部件的结构及作用；水泵安装前的准备工作；水泵的安装质量标准；水泵的试运转；水泵常见故障的诊断；水泵常见故障的处理；水泵事故案例分析；水泵检修内容；水泵完好标准要点；水泵日常检查和预防性检查。

技能目标

会对水泵进行启动操作、停机操作、全面检查和正确交接班；知道水泵的正常工作条件；会分析水泵的性能参数和性能曲线；会分析水泵的运行工况；会调节水泵的工况；知道水泵各零部件的相对位置和装配关系，并会正确拆卸、装配和试运转水泵；知道水泵的完好质量标准、检修内容等，并会对水泵进行正确检修、维护和保养；知道水泵常见故障的诊断和排除方法；会编写水泵的检修工艺；会管理排水设备。

情境描述

矿井排水设备是矿山重要的固定设备之一，其主要任务是将井下矿水排至地面，确保井下设备和工作人员安全。做好矿用水泵的选型、安装与调试、使用与操作、维护与保养、检修与故障排除等是矿山井下安全生产的重要保障。目前，矿山使用的水泵主要是矿用离心式水泵。

任务 2 矿井排水设备的使用与操作

任务描述

矿井排水设备的任务就是将矿水及时排至地面，确保井下工作人员人身安全、设备安全和矿井的正常生产。矿井排水设备必须安全、可靠、经济地工作，以确保矿井安全生产。矿井排水设备的选择、布置必须符合国家相关部门有关规定，其使用和操作必须严格按照矿井排水设备相关规定和具体要求进行。通过本任务学习，要求学生掌握《煤矿安全规程》对矿井排水设备的相关规定；矿井排水设备的作用；矿井排水系统的组成及各组成部分的作用；矿井排水方式；矿用离心式水泵的类型、结构、工作原理等；学会矿用离心式水泵的使用和操作方法。

知识准备

在煤矿建设和生产过程中，各种来源的水不断地涌入矿井，这些涌入矿井的水统称为矿水。矿水主要来源于地下水和地表水及水力采煤和水沙充填的矿井废水。为保证井下工作人员的安全、设备的安全和生产的正常进行，需要把涌入矿井的矿水及时排送至地面。

矿井涌水量是指单位时间内涌入矿井的总水量，单位是 m^3/h。

矿井的涌水量与地质条件、气候及开采方法等因素有关。据统计，每开采 1t 煤，要排出 2~7t 矿水，有的矿井排水甚至多达 30~40t。一般来讲，雨雪季节涌水量最大，称为最大涌水量，其余季节涌水量变化不大，称为正常涌水量。有时为了便于比较各矿涌水量的大小，常采用同时期单位煤炭产量的涌水量作为比较参数，称为含水因数。

矿水的性质主要是指矿水的物理性质（包括密度、重度、温度等）和化学性质（主要是 pH 值）。由于矿水中含有矿物质和大量泥沙，所以矿水的重度比清水要大些，一般为 $9957~10055N/m^3$（密度为 $1015~1025kg/m^3$）。由于含有大量泥沙的矿水会加速水泵零件的磨损，因此要设置水仓或沉淀池对矿水中的泥沙进行充分沉淀。按溶解在矿水中的氢离子（H^+）浓度（pH 值）不同将矿水分为酸性（pH<7）、中性（pH=7）和碱性（pH>7）。当 pH<5 时，要求选用耐酸材料的排水设备或对水进行中性处理，以保证设备的使用年限。

一、矿井排水系统

矿井排水设备一般由水泵、电动机、启动设备、管路及管路附件、仪表等组成，如图 2-1 所示。

水泵内的叶轮是向水传递能量的主要部件，用以提高水的能量（静压和动压），排出矿水。

电动机是驱动设备，通过联轴器和泵轴连接，带动装在泵轴上的叶轮转动，将矿水通过管路排至地面。

底阀用于防止水泵启动前充灌的引水及停泵后的存水漏入吸水井。底阀阻力较大，又经常出问题，可采用无底阀方式排水。

调节闸阀安装在靠近水泵的出水管上，用来调节水泵的流量，水泵启动前应将其关闭，以降低启动功率（功率最小，以免电动机过载）。正常停泵时也应关闭闸阀，以免水击管路。

逆止阀安装在调节闸阀的上方，可防止突然停泵时发生水击，保护水泵。

旁通管接在逆止阀和调节闸阀两端，水泵启动前，可用排水管中的存水向水泵充灌引水（适用于有底阀排水，无底阀时不用旁通管）。

压力表用来检测水泵出口的水压。

真空表用来检测水泵入口处的真空度，防止水泵发生汽蚀。

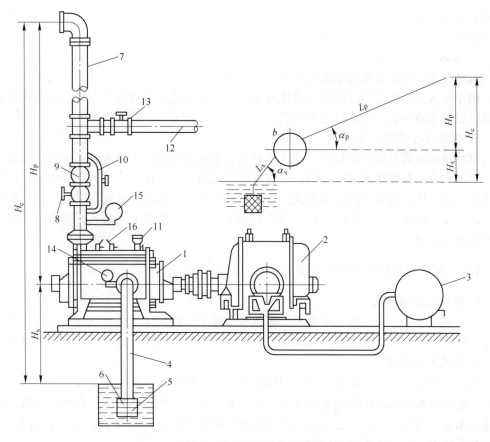

图 2-1　矿井排水设备示意图

1—离心式水泵；2—电动机；3—启动设备；4—吸水管；5—滤水器；6—底阀；7—排水管；8—调节闸阀；
9—逆止阀；10—旁通管；11—引水漏斗；12—放水管；13—放水闸阀；14—真空表；15—压力表；16—放气栓

引水漏斗用来充灌引水。

放气栓用来充灌引水时排出水泵内的空气。

放水管是在检修水泵和管路时，用来把排水管中的存水放入吸水井。

滤水器装在吸水管的末端，其作用是过滤矿水中的杂物，防止进入水泵。

矿井排水方式很多，不同矿井应根据自身的具体条件，考虑其可靠性和经济性，合理选择排水方式。

下面介绍几种矿井排水方式。

（一）压入式、吸入式及压吸并存式排水方式

1. 压入式排水方式

这种排水方式是被排的水面高度高于水泵的吸水口高度。因此，水泵启动时不需要真空泵、射流泵等启动设备。启动非常方便，启动前，只要打开吸水侧闸阀，水就会自动灌满泵体，然后开启电动机，逐渐打开排水侧的闸阀，就可以排水了。

由于压入式排水的被排水面高度高于水泵吸水口高度，所以泵内部存在一定的压力，工作时一般不会产生汽蚀现象，同时也可以提高排水系统效率。

压入式排水要求泵房和机电设备有很高的可靠性，水泵司机有很强的业务素质，水仓

周围岩层没有裂隙。其缺点是一旦泵房、水仓隔墙及机电设备发生较大故障，或者操作人员操作失误，就容易发生水淹泵房和矿井的重大事故。因此，要慎重采用。

2. 吸入式排水方式

这种排水方式是被排的水面高度低于水泵吸水口高度。因此，水泵启动时需要启动设备。由于吸入式排水安全性能高，工作可靠，所以不会造成水淹泵房事故。这种排水方式的缺点是排水效率较压入式排水方式低。

3. 压吸并存的排水方式

这种排水方式是以泵房标高为基准设有上、下两个水仓，上部水仓的标高比水泵吸口高，下部水仓的标高比水泵吸口低，一部分水泵采用压入式排水，另一部分水泵采用吸入式排水。这种压、吸并存的排水方式，既可以发挥压入式排水的优点，又可以保证泵房安全。即使发生故障，上水仓的水也可以排放到下水仓去，全部采用吸入式排水，不会造成跑水淹泵房事故。

（二）移动式和固定式排水方式

1. 移动式排水方式

移动式排水方式是指水泵随着工作面的移动或水位的变化而移动的排水方式，如排出立井、斜井、下山掘进工作面以及淹没矿井的积水，一般情况下只为矿井的局部服务。

2. 固定式排水方式

固定式排水方式是指水泵位置长期固定不变，矿井的涌水都由此泵房水泵排出的排水方式。这种排水方式是矿井的主要排水方式。如图 2-2 所示，吸水井内的水经底阀、吸水管进入水泵，获得压力后，通过闸阀和逆止阀沿排水管排至地面的水池。目前，固定式排水设备系统中，多数已不采用底阀。

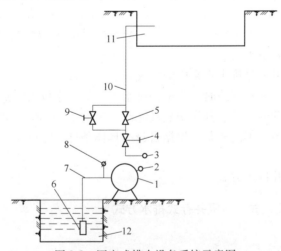

图 2-2　固定式排水设备系统示意图

1—泵及电动机；2—放气阀；3—压力表；4—闸阀；5—逆止阀；6—底阀；7—吸水管；
8—真空表；9—放水阀；10—排水管；11—水池；12—吸水井

矿井固定式排水方式还可分为集中式和分段式两种。

（1）集中式排水方式。

集中式排水就是将各水平水仓中的水直接排送到地面。对于多水平开采的矿井，集中式排水还可分为串联排水和直接排水两种方式。如果上水平的涌水量不大，可以将上水平的水放到下水平，然后再集中统一排送到地面。有时，也可以将几个水平的水分别直接排往地面。集中式排水常用的几种方式如图 2-3 所示。

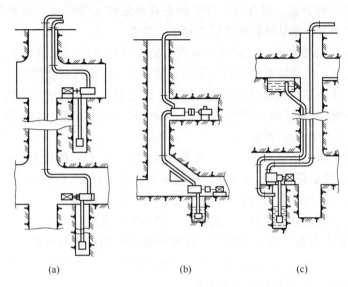

（a）　　　　　（b）　　　　　（c）

图 2-3　集中式排水方式

（a）由各水平直接排送地面；（b）上、下水平串联排水；
（c）上水平水全部放到下水平，统一往地面排水

集中式排水系统简单，投资少，开拓量小，管理费用低，管路敷设简单，所以一般煤矿多采用集中式排水方式。

（2）分段式排水方式。

分段式排水就是将主排水设备安装在矿井的上水平，辅助排水设备安装在矿井的下水平，通过辅助排水设备先把下水平的水分一段或几段排到上部水仓中，再由上部主排水设备把水排到地面。

分段式排水系统的优点是矿井中的管路相对较少，当掘进水平发生变化时，辅助排水设备移动方便，机动性好；缺点是投资大，上、下水平的排水相互依靠，维护和管理比较复杂。

二、离心式水泵

（一）离心式水泵的分类及型号

1. 离心式水泵可按以下几种方法分类

（1）按叶轮数目分类，有单级泵和多级泵。

1）单级泵。它只有一个叶轮，扬程较低，一般在 8~100m 之间。

2）多级泵。它由多个叶轮组成，流体依次流过每一个叶轮，一个叶轮便是一级，其总扬程为所有叶轮产生的扬程之和，级数越多，扬程越高。多级泵扬程一般在 70~1000m 之间，高扬程泵的扬程最高可达到 1800m 或更高。

（2）按水泵外壳构造分类，可分为分段式外壳离心式水泵及整体式外壳离心式水泵，

前者拆装及制造都很方便，得到广泛应用，后者外壳为整个圆筒形，现在很少应用。目前还有上、下两半对开外壳的离心式水泵，拆卸检修非常方便，这种泵又称螺壳式水泵，它既无导叶又无平衡盘，可用于排含有少量悬浮颗粒的混水。

（3）按有无导叶分类，可分为有导叶离心式水泵和无导叶离心式水泵。螺壳式水泵为无导叶离心式水泵，水从叶轮出来后直接进入泵壳。

（4）按水泵传动轴是水平安装还是垂直安装，可分为卧式水泵和立式水泵。卧式水泵在煤矿应用很多。传动轴垂直安装的立式水泵有吊泵、潜水泵及深井泵等，吊泵为多级立式离心水泵。立井井筒掘进时常用它来排水。潜水泵有可靠的密封结构，可防止水进入电动机，这样就可以把泵和电动机装在一起，做成移动式潜水泵，用来潜入水中工作。恢复淹没的矿井，有时就用这种泵。

（5）按叶轮的进水方式分类，可分为单侧进水式水泵和双侧进水式水泵。

1）单侧进水式水泵，简称单吸泵。单吸泵的叶轮上只有一侧有进水口，因此叶轮两侧会产生压力差，进而产生轴向力，需要采取平衡装置进行调节。由于它的过流部分结构简单，因此可用于泥浆泵、砂泵、立式轴流泵和小型标准泵。

2）双侧进水式水泵，简称双吸泵。双吸泵的叶轮两侧都有进水口，不产生轴向力，不需要平衡装置，且流量比单吸泵大一倍。一般大口径泵、卧式泵为双吸泵。

2. 离心式水泵的常用型号及型号意义

离心式水泵的种类很多，常用的型号如表2-1所示。

表中所列型号意义：

2BA-9A：2 表示进水口直径除以 25 的值（即 50mm）；BA 表示悬臂式；9 表示比转数除以 10 的整数（即 90）；A 表示换了一个直径较小的叶轮。

表 2-1　离心式水泵种类

名　称	型　号
单吸单级离心式水泵	2BA-9A
双吸单级离心式水泵	6SH-6
单吸多级离心式水泵	D250-60×8

6SH-6：6 表示进水口直径除以 25 的值（即 150mm）；SH 表示型号为双吸单级卧式的离心泵；6 表示比转数除以 10 的整数（即 60）。

D250-60×8：D 表示型号为单吸多级分段式离心泵；60 表示额定扬程为 60m；250 表示出水口直径为 250mm；8 表示叶轮的数量（即泵的级数）。

（二）离心式水泵的结构

离心式水泵构造简单，机体轻巧，操作简便，易于调节和维护保养，具有很高的效率，在矿井排水中得到了广泛应用。离心式水泵的品种繁多，构造各异，典型的有以下几种。

1. 单级悬臂式离心水泵

单级悬臂式离心水泵结构简单，使用维护方便。此种水泵的流量从 $4.5m^3/h$ 到 $360m^3/h$，扬程从 8m 到 98m，吸水口径从 40mm 到 200mm，在煤矿中得到了广泛应用。如在掘进工作面的排水，空气压缩机冷却水的供水以及其他辅助用水等方面，大都使用此种泵。单级悬臂式离心水泵的型号有 B 型、BA 型、BAZ（BZ）型和 BE 型等。下面举例介绍单级悬臂式离心水泵的结构。

（1）BA 型离心式水泵。

BA 型离心式水泵的结构如图 2-4 所示。该型水泵的出水口方向是垂直向上的，但根据实际使用情况的要求，可以做 90°、180°、270° 旋转。泵的进水口在轴线上，水泵通过弹性联轴器或皮带轮与电动机连接进行传动。水泵的旋转方向，从传动方向上看为顺时针旋转，主要零件有泵体、泵盖、叶轮、轴和托架。

泵体 1 采用灰口铸铁制成，其内有逐渐扩散至水泵出水口的螺旋形的流道。水在流道中流动时，其流速和动压逐渐减小，静压却逐渐增大。泵体 1 上的盘根箱（也叫填料箱）能阻止空气进入泵体，也可以阻止大量的水流出，起到密封的作用。盘根箱内填有盘根（石棉油浸铅盘根）9、水封环（单口环者无水封环），外面用盘根压盖 10 压紧。少量的高压水通过外部的水封管或泵体内的水封口流入盘根箱，它不仅起到水封的作用，同时也起到冷却和润滑的作用。盘根的压紧程度必须适当，压得太紧，轴容易发热，机械损失增大；压得太松，水渗漏得多，水泵的容积效率下降。一般以水能经常从盘根箱中滴出为宜，但滴水不能成线，若漏出的滴水成线，应及时添加更换盘根。

泵体 1 的作用有如下三种：

1）把水流引向叶轮的进口，并汇集有叶轮甩出的压力水，然后将压力水导向水泵的排水口。

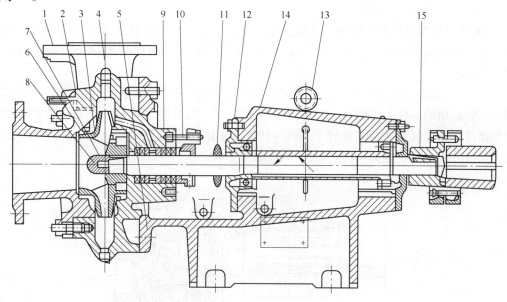

图 2-4　BA 型离心式水泵

1—泵体；2—泵盖；3—叶轮；4—轴；5—托架；6—水封环；7—叶轮螺母；8—外舌止推垫圈；9—盘根；
10—盘根压盖；11—挡水圈；12—轴承端盖；13—油标尺；14—单列向心球轴承；15—对轮

2）减慢从叶轮四周甩出的压力水的速度，把高速水流的动能的一部分转变成有效的压力能，以提高水泵的扬程和效率。

3）把离心泵所有的固定部分联成一体，组成水泵的定子。

B 型泵是 BA 型泵的改进产品，结构轻巧，旋转方向和 BA 型泵相反，特性与 BA 型泵基本相同。B 型泵取消了托架上的油室，采用润滑脂（甘油、黄甘油、黄油）润滑轴承。它们的型号对应关系参看 B 型泵与 BA 型泵的型号对照表。B 型泵的结构如图 2-5 所示。

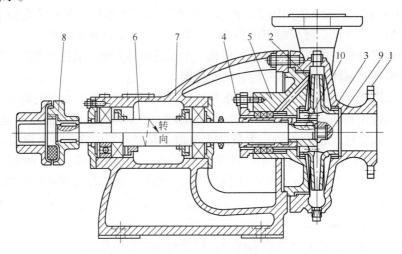

图 2-5　B 型泵的结构

1—泵体；2—叶轮；3—密封环；4—轴套；5—后盖；6—轴；7—托架；8—联轴器；
9—叶轮螺母；10—键

（2）BZ 型离心式水泵。

BZ 型水泵为直联式、单级、单吸、悬臂式离心水泵，用于抽送清水和类似于水的液体。液体的最高温度不得超过 80℃；流量在 $10 \sim 200\text{m}^3/\text{h}$；扬程在 $8 \sim 48\text{m}$；吸水口径在 $50 \sim 150\text{mm}$。

BZ 型水泵的结构是在 B 型泵的基础上进行了改造。BZ 型泵直接装在 JO2（D2/T2）型立、卧两用的标准电动机轴上，省掉了 B 型泵原来的泵轴、轴承、托架、联轴器和底座等部件，其重量比 B 型泵减轻了 50%～70%，具有小巧体轻、可靠、使用方便等特点。其性能与 B 型泵完全相同。BZ 型泵的结构如图 2-6 所示。

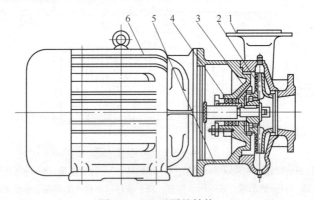

图 2-6　BZ 型泵的结构

1—泵体；2—叶轮；3—密封环；4—轴套；5—直联架；6—电动机

BZ 型水泵的泵盖与泵体 1 铸在一起，叶轮 2 直接装在不需改变直径和长度的 JO2（D2/T2）型立、卧两用的标准电动机 6 的轴上，用叶轮紧固螺钉将其固定，把紧固螺钉拧紧在电动机轴端新增加的螺孔内。叶轮 2 从泵后装入泵体 1 中，泵体 1 与电动机 6 的法兰之间用直联架 5 连接。泵采用油浸石棉绳轴封，并用挡水圈和锌垫防止水漏进电动机

6。泵的出水口一般朝上，也可以旋转90°朝向侧面和旋转180°朝下，只要将泵体相应的凸台处钻孔起牙，调转泵体及填料压盖方向即可。

使用该型泵，利用紧固电动机6固定水泵时，泵体1的下方要有支撑，而且吸水管路的重量不能附加在泵体上。

2. 多级单吸离心水泵

多级单吸离心水泵扬程比较高，煤矿主要排水水泵大都属于这种类型。一般多级单吸离心泵口径为50~250mm，流量为25~450m³/h，扬程14~600m，也有高达1000m以上的。

多级单吸离心泵品种很多，最常见的有 DA 型、D 型、GD 型、DS 型等。下面以 DA 型为例介绍其结构特点。

图2-7所示为 DA 型离心式水泵的结构。它的吸入口位于进水段上呈水平方向，排水口在出水段上呈垂直方向。它的扬程可以根据矿井高度的需要，通过增加或减少水泵的级数来进行调整。DA 型主要零部件有进水段1、中段2、叶轮3、轴4、导叶5、密封环6、平衡盘7、平衡环8、出水段导叶9、出水段10、尾盖11、轴套12、轴承16等。

进水段1、中段2、出水段10都是由铸铁制成，共同形成泵的工作室。进水段把水引入第一级叶轮，中段通过固定在中段上的导叶把前一级叶轮排出的水引入次级叶轮的入口，出水段上固定有出水导叶，末级叶轮排出的水通过出水导叶和出水段流道，然后引向出水口。进水段、中段、出水段用拉紧螺栓固定在一起，结合面上有一层纸垫，以保证良好的密封性能。进水段1、中段2、出水段10下方都有放水的螺孔。

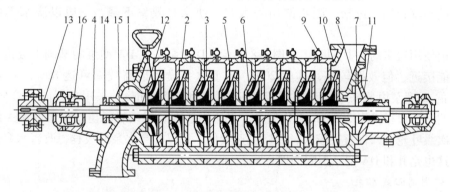

图2-7　DA 型离心式水泵
1—进水段；2—中段；3—叶轮；4—轴；5—导叶；6—密封环；7—平衡盘；
8—平衡环；9—出水段导叶；10—出水段；11—尾盖；12—轴套；
13—弹性联轴器；14—盘根压盖；15—盘根；16—轴承

叶轮3一般为铸铁制成，有的泵的叶轮采用不锈钢制成，水由轴向单侧进入叶轮，叶轮由圆柱或扭曲形状叶片、前后盖板和叶轮轮毂等构成。叶轮是水泵的心脏，它把电动机的机械能转变为水的压力能和动能。叶轮应经过静平衡试验。

轴4为优质碳素钢制成。叶轮用键、叶轮挡套、轴套和轴套螺母等固定在轴上，通过轴4的旋转带动叶轮3旋转，把水输送到指定的高度。轴的两端由两个滑动轴承支承，轴的一端通过弹性联轴器13与电动机直接连接。

导叶5和出水段导叶9都是由铸铁制成，用螺钉分别固定在中段和出水段上。导叶和中段共同形成一个扩散形流道，可使大部分动能转变为压力能。

密封环 6 的材质为铸铁，与叶轮口形成环状小间隙，可防止大量的高压水漏回进水流道。密封环 6 分别固定在进水段 1 和中段 2 上，属于易损零件，磨损后可以更换。如不及时更换，由于密封环的磨损，渗漏量增大，容积效率降低，从而水泵效率下降。

平衡盘 7 为耐磨铸铁制成，装在轴上，位于出水段 10 与尾盖 11 之间。平衡环 8 为铸铜制成，固定在出水段上。平衡盘与平衡环共同组成平衡装置。平衡是由叶轮 3 旋转时产生的轴向推力维持的。

轴套 12 为铸铁制成，位于两盘根箱处，其作用是固定叶轮位置和保护轴，轴套 12 也是易损件，磨损后要立即更换。

轴承 16 由铸铁制成，是镶有巴氏合金的滑动轴承，采用油环自行带油润滑。轴承体侧面有油标孔，可以通过油标孔来观察其内部油位。轴承的上部设有加油孔，下部设有放油孔。

盘根 15 起密封作用，可防止空气进入或大量水渗出。盘根密封由进水段 1 和尾盖 11 上的盘根箱、盘根 15、盘根压盖 14、水封环等组成。少量高压水通过水封管及水封环流入盘根箱内，起水封、冷却和润滑作用。水封管从第二级中段引水。

回水管把平衡室与进水段连通，起卸压作用，并使平衡盘两侧产生压力差，从而平衡由叶轮所产生的轴向推力维持。

安装或更换盘根时应注意：盘根的松紧程度必须适当，压得太紧，轴套容易发热、冒烟，耗费功率；压得过松，则水漏出得太多，使水泵效率下降，一般以滴水不成线为原则。

目前使用较多的为 D 型泵，如图 2-8 所示。D 型泵是在 DA 型泵的基础上改进后的产品，性能接近，但效率较高，其中 200D 43 型水泵设计最高效率可达 80%。口径小于 150mm 的 D 型泵由原来 DA 型的 1450r/min 提高到 2950r/min，采用单列向心滚柱轴承，用黄油润滑。口径大于 200mm 的 D 型泵，采用巴氏合金滑动轴承。D 型泵的第一级叶轮不同于次级叶轮，入口直径较大，入口流速较低，用以提高水泵的吸程，改善水泵的吸水性能，这也是其和 DA 型泵不同的地方。

3. 矿用离心式水泵

由于煤矿的水质状况较差，水中含有一定数量的末煤、煤泥、岩屑和砂粒，pH 值较低，一般为 2~5，呈酸性。为了保证矿山井下和井上的正常排水和矿井立井开拓延伸时的排水，我国已设计制造出多种类型的矿山离心水泵，如 WG 型、WD 型、DW 型、PN 型、DL 型、DGL 型、GD 型、GZ 型、ZJ 型、S 型等。现举例介绍矿用离心式水泵的结构。

（1）GZ270 采煤泵。

此型号水泵为大流量、高扬程、高吸入压力的节段式多级离心水泵，专为水力采煤增压所用，扬程 765~1305m；流量 240~300m³/h；允许水泵进口压力可以达到 10MPa。GZ270-150型采煤泵如图 2-9 所示。

1）进水段、中段、出水段、导翼等部件通过拉紧螺栓联结成水泵的定子。各密封的结合面上没有垫片，而是靠很高的加工精度和拉紧螺栓的拉紧程度来保证结合面的密封。在拆装此类型号水泵的时候，要十分注意对各个密封端面的保护，不可将其端面划伤和碰伤。导翼上有数个紫铜钉将导翼两端固定在中段上。

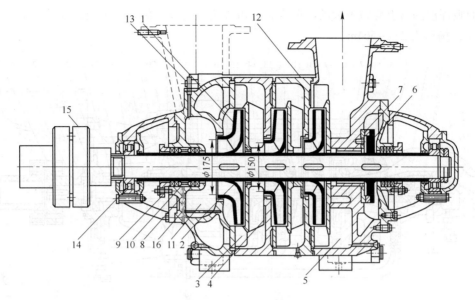

图 2-8 D 型泵结构

1—叶轮；2—大口环；3—导叶；4—返水圈；5—出水段；6—平衡盘；7—平衡盘衬环；8—盘根；9—压盖；
10—水封环；11—进水段；12—中间段；13—放气孔；14—轴承；15—联轴器；16—水封管

此型号泵的进口压力较高，为了保证水泵的填料函处于低压状况，在压力水进入填料函之前，安装了间隙很小的轴封套，经过卸压的水通过尾盖底部的 $\phi 20 mm$ 孔（尾盖底部有两个 $\phi 20 mm$ 孔，一个为卸压孔，另一个为填料漏水孔）排向大气，水量大约能达到 $4 m^3 /h$。如果堵塞此孔，填料函部件就会发热或大量漏水，使水泵无法正常运转。

图 2-9 GZ270-150 型采煤泵

2）转子部件：整个转子部件完全依靠位于两端的轴承体内的两个球面滑动轴承来支撑。轴承的润滑由辅助油泵或主油泵进行强制润滑。润滑油的压力为 $0.03 \sim 0.05 MPa$。当轴承磨损、泵轴下沉时，可用与轴承体结合的首盖和尾盖法兰处的 3 个 M16×80 的螺钉进行调整。如果检查发现轴承磨损超过规定值时，要立即更换轴承。

3）为了保证水泵和电动机的轴承正常润滑和冷却，该型号采煤泵采用了专门的润滑系统：油箱→辅助油泵→油冷却器→油过滤器→水泵轴承及电动机轴承→油箱。

4）联轴器：为了整个水泵安装方便起见，采用了柱销式弹性联轴器，同时考虑到水泵运转的安全性，在运转时，要求使用单位自行配制联轴器安全罩。必须注意，水泵联轴器与电动机侧联轴器两端面之间在组装时应保证有 6mm 左右的间隙，以便在平衡盘与平衡环靠住时，使泵在启动的过程中，轴向窜量留有余地。

（2）80DGL50 型立式多级离心吊泵。

80DGL50 型立式多级离心吊泵系分段、单吸泵，如图 2-10 所示。它主要用于开凿矿井时抽吸浑浊的含有颗粒不大的泥砂水，也可以为被淹没的矿井排水用，其排水量为33~60m³/h；扬程为232~564m。

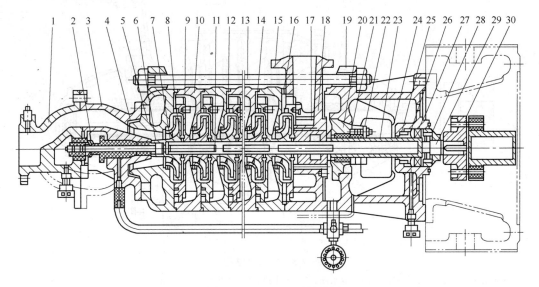

图 2-10　80DGL50 泵结构图

1—下轴承体；2—下挡水套；3—下填料室；4—护轴套；5—进水段；6—轴套螺母；7—密封环；8—叶轮；9—导翼套；
10—中段；11—轴；12—导翼；13—拉紧螺栓；14—回水管；15—出水段；16—出水段导翼；17—平衡套；
18—平衡鼓；19—轴承体；20—填料室；21—填料；22—填料压盖；23—轴套；24—挡水套；25—推力球轴承；
26—轴承套；27—滚珠轴承；28—轴承压盖；29—挡套螺母；30—联轴器

80DGL50 型吊泵主要由水泵、电动机及其附属装置（如闸阀、逆止阀、吊架、操作台、梯子等）组成。整个机组固定在用槽钢制造的吊架上。在吊架上端装有支撑弯头和绳轮，吊架下端装有托架。

支撑弯头用来连接泵的出水管和阀门，绳轮是借钢丝绳来吊挂整个水泵机组，托架用来连接电动机和水泵。

水泵部分主要零件有：进水段、中段、出水段、导翼、出水段导翼、叶轮、密封环、平衡鼓、平衡套、填料室、轴承体、泵轴、轴套、下轴承体、下填料室等。

进水段、导翼、中段、出水段导翼、出水段均采用耐磨球墨铸铁制造，它们和填料室共同形成工作室。此水泵的进水段、中段和出水段之间具有良好的密封结合面。因此，在装配时不需加任何密封材料。

叶轮采用铜钼球墨铸铁制造，内有叶片，液体沿轴向单侧进入，由于叶轮前后盖板两侧受压不等产生轴向力，该轴向力由平衡鼓和推力球轴承来承担。叶轮在制造时必须经过静平衡试验。

泵轴采用40Cr合金钢制成，并经过热处理。泵轴中间装有叶轮、平衡鼓、轴承套、轴套、滚珠轴承和向心推力球轴承，用螺母将它们固定在泵轴上，组成一个转子部件。在泵轴上端安装联轴器部件与电动机连接。泵轴的下端装有挡水套和护轴套。如需更换下端轴承时，只要卸下下端轴承体即可进行，十分简便。

填料室内装有铅粉油浸石棉绳，填料的作用是保证水泵的密封，上、下填料室用六角螺栓连接在轴承体上和进水段上。

　　在轴承体上钻有回水孔，借助软管将水引出作为下填料室的水封用水和电动机的冷却用水。

　　平衡鼓为一般的灰口铸铁制成，位于出水段中间，水泵大部分的轴向力由它来平衡，剩余的轴向力由推力球轴承来承受。

　　泵的旋转方向，从上向下看时为逆时针旋转。泵所用的电动机为立式电动机（如在井下使用，则为立式防爆电动机）。

　　（3）S 型双吸离心水泵。

　　S 型水泵为单级、双吸、中开式泵壳离心水泵，如图 2-11 所示。它适合于矿山排水，其流量为 $108 \sim 2880 \mathrm{m}^3/\mathrm{h}$，扬程为 $12 \sim 125 \mathrm{m}$，进水口径为 $150 \sim 600 \mathrm{mm}$。

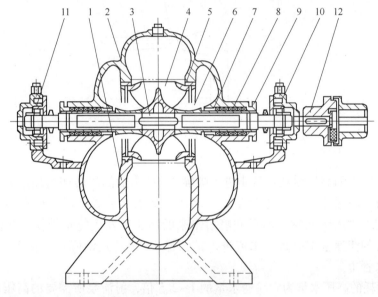

图 2-11　S 型水泵结构图

1—泵体；2—泵盖；3—轴；4—叶轮；5—双吸密封环；6—轴套；7—填料箱；8—填料环；
9—填料压盖；10—右轴承体；11—左轴承体；12—联轴器

　　S 型水泵的吸入口与排出口均在水泵轴心线下方，与轴线垂直成水平方向。泵壳为中开式，检修时不需要拆卸进水、排水管路及电动机或其他原动机。从传动方向看，水泵均为顺时针方向旋转（必要时也可以改为逆时针方向旋转）。

　　S 型水泵的主要零件有：泵体 1、泵盖 2、轴 3、叶轮 4、双吸密封环 5、轴套 6、左右轴承体 10、11 等。除轴 3 的材质为优质碳素钢外，其余的零部件均为铸铁制造而成。泵体 1 与泵盖 2 构成叶轮的工作室，在进水和出水法兰上设有安装真空表和压力表的管螺孔。泵体的下部设有放水的管螺孔。

　　叶轮 4 用轴套 6 和两侧的轴套螺母固定，其轴向位置可以通过轴套螺母来进行调整。叶轮 4 的轴向力利用叶片的对称布置达到平衡，可能有一些剩余的轴向力由轴端的轴承来承受。叶轮 4 在安装前必须经过静平衡试验。

　　泵轴 3 由两个单列向心球轴承来支撑，轴承装在泵体 1 两端的轴承体内，用甘油润滑。

　　双吸密封环 5 的作用是减少水泵压水室的水漏回吸水室。水泵通过弹性联轴器与电动机连接，轴封为软填料密封。为了防止空气漏入泵内和冷却润滑密封腔内，在填料之间装有水封环。水泵运转时，少量的高压水通过泵盖、中开面上的梯形凹槽流入填料腔，起水封作用。

（4）其他水泵。

1）射流泵。

射流泵是一种无传动装置水泵，它是靠其他液体或气体的能量来输送液体的，矿井中的应用一般是在无底阀式离心泵中灌引水。射流泵的工作原理如图2-12所示。

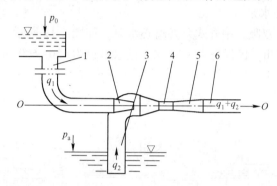

图 2-12　射流泵结构图

1—水管；2—喷嘴；3—吸水室；4—喉管；5—扩张管；6—排水管

具有一定压力的高压水从水管1进入喷嘴2，使水的静压转变为速度能，从喷嘴射出的高速水流，将吸水室中的空气带走，因而在吸水室形成负压，吸水小井中的水在大气压力作用下进入吸水室，然后和喷射出来的高压水发生能量交换，在流出混合室时，两股水流的流速基本一致，水流进入扩张管5，流速逐渐降低，使动能变为压能，最后进入排水管中。

射流泵消耗的高压水量为它输送水量的1~2.5倍，射流泵所需要的高压水的压头为它所产生扬程的3~5倍，射流泵的效率很低，一般为20%~50%，它所产生的压头不大于100~150m。

射流泵由于结构简单、体积小、没有运转部件，可用于输送清水、矿浆，特别是在地方狭小、条件不好、不利于维修和看管的地方，用之比较经济。

2）往复泵。

往复泵主要由活塞、泵缸、吸入阀、排出阀、吸入管和排出管等组成，活塞和吸入阀、排出阀之间的空间称为工作室。

往复泵的工作原理可分为吸入和排出两个过程，当活塞由原动机带动，从泵缸的左端开始向右端移动时，泵缸内工作室的容积逐渐增大，压力逐渐降低形成局部真空，这时排出阀紧闭，容器中的液体在大气压的作用下，便进入吸入管并顶开吸入阀而进入工作室，当活塞移动到右顶端，工作室容积达到最大值，所以吸入液体也达到最大值，这是吸入过程。当活塞向左移动时，泵缸内的液体受到挤压，压力增高，将吸入阀关闭而推开排出阀，液体从排出管排出。活塞在原动机带动下这样来回往复一次，完成一个吸入过程和排出过程，称为一个工作循环。当活塞不断地做往复运动时，泵便不断地输出液体。

活塞在泵缸内可以从一顶端位置移至另一顶端位置，这两顶端之间的距离S，称为活塞行程或冲程，两顶端叫做死点。

3）螺杆泵。

螺杆泵是依靠螺杆相互啮合空间的容积变化来输送液体，当螺杆转动时吸入腔一端的密封线连续地向排出腔一端做轴向移动，使吸入腔的容积增大，压力降低，液体在压差的作用下沿吸入管进入吸入腔。随着螺杆的转动，密封腔内的液体连续而均匀地沿轴向移动到排出腔，由于排出腔一端的容积逐渐变小，便将液体排出。

螺杆泵的特点是流量和压力脉动小、噪声小、寿命长，有自吸能力而且结构简单紧凑。螺杆泵属于容积式泵，它的压力决定于它连接的管路系统的总阻力。

为防止由于某种原因使泵连接管路的阻力突然增加，以致泵的压力超过容许值而损坏泵或原动机，泵须配置安全阀或采取其他保护措施。除单螺杆泵外，在吸入管路上一般都装有过滤网，应仔细清除从过滤网到泵吸入口之间管路内的焊渣、氧化皮和砂粒等，以免杂质进入泵内，使泵"咬死"。

（三）离心式水泵的工作原理

任何物体在围绕一旋转中心做旋转运动时都会产生离心力，在我们日常生活中就有很多现象可以作为例子，如雨天打伞，若用手转动伞柄，就会看到伞面上的水点沿着伞的边缘甩出去。伞旋转得越快，水点甩得越远，这就是由于伞面上的水点，在伞转动的过程中，受到了离心力作用的缘故。

同样道理，离心式水泵的叶轮在充满水的泵体内做旋转运动时，由于产生离心力的作用，使水从叶轮里甩出去，当叶轮在泵体内以高速旋转时，叶轮里的水以很快的速度甩向四周，它们具有很大的能量，此时叶轮中心部分的入水处便产生低压区，因而新的水就补充进入叶轮，水便连续不断地从旋转的叶轮接受能量而成为高压水，沿着水管被压送到排水管而排出。

离心泵产生压力的高低与叶轮直径和转速有关，在相同转速下，叶轮直径大的离心泵，产生的压力大，反之就小。在相同直径下，转速高的离心泵产生的压力大，反之就小。多段式离心泵随着叶轮数量增多而压力增大。

水往低处流，这是自然规律，那么水泵为什么能把低处的水吸上来呢？概括地说，离心式水泵之所以能够吸水，就是由于大气压力作用的结果。在密封而灌满水的泵体内，当叶轮高速旋转时，由于水做离心运动冲向叶轮的四周，叶轮的入口处即成为一个具有一定真空度的低压区（比大气压力低得多），而吸水井水面却是受着大气压力的作用。在这种压力的作用下吸水井中的水，经过过滤网，冲开底阀，沿着吸水管被吸入泵体。

综合上述情况，由于叶轮不断高速旋转，水做离心运动，以高速高压冲向泵体内，沿排水管排到高处，与此同时，叶轮入口处成为低压区，吸水井的水便被吸上来，只要水泵的叶轮不停地旋转，水就源源不断地被从低处排到高处，这就是离心泵的工作原理。

离心式水泵在工作时，如果水泵内部能够达到绝对的真空，那么水泵的最大吸水高度可达到 10m，但离心式水泵入口处不可能达到压力为零，并且水在经过过滤网、底阀、吸水管和弯头时，会产生一定的压力损失，为使水在吸水管中流动还需要有一定的速度水头，因此，离心式水泵的最大吸水高度永远要小于 10m。一般控制在 6m 左右的范围内。

任务实施

水泵的使用与操作

（一）开车前的检查

开车前应做以下检查：

（1）水泵在运转前，应详细检查各部螺栓有无松动、是否齐全；联轴器的间隙是否合乎规定；润滑油质量及数量是否合乎要求；油环转动是否灵活；管路和闸阀、逆止阀等是否正常。

（2）检查盘根松紧是否适度，并盘车2~3转；检查水泵机组转动部分是否灵活。

（3）检查吸水管路是否正常；底阀没入深度、吸水几何高度是否符合规定。

（4）检查电源电压是否正常；检查启动设备、控制设备各开关把手是否在停车位置；绕线式电动机滑环与炭刷是否接触良好。

（5）检查接地线是否良好。

（二）灌水

灌水应注意以下事项：

（1）若采用有底阀排水时，应先打开放水阀向水泵内部灌水，并打开放气阀，直到放气阀不冒气而完全冒水为止，再关闭放水阀及放气阀。

（2）若采用无底阀排水泵时，应先开真空泵或射流泵，将泵体、吸水管抽到一定真空度（注意观察真空表指示，直至真空表指示稳定在相应的读数上），再关闭真空泵或射流泵。

（3）若采用正压排水，应先打开进水管的阀门，然后打开放气阀，直到放气阀的排气孔见水，关闭放气阀。

（三）水泵电动机的启动

水泵电动机的启动应注意：

（1）启动高压电气设备前，必须戴好绝缘手套，穿好绝缘靴，如有条件还应站到绝缘台上。

（2）鼠笼型电动机直接启动时，合上电源开关，待电流达到正常时，再慢慢打开水泵出水口阀门。

（3）绕线型电动机启动时，应先将电动机滑环手把打到"启动"位置上，启动器手把在"停止"位置合上电源开关，待启动电流逐渐回落时，逐级切除启动器；使转子短路，并将电动机滑环手把打到"运行"位置，电动机达到正常转速，最后将启动器手把扳回"停止"位置。

（4）鼠笼型电动机用补偿器启动时，先将手把推到"启动"位置，待电动机达到一定速度，电流返回时，再由启动柜自动（或手动）切除全部电抗，电动机进入正常运行。

（四） 阀门的操作

待电动机转速达到正常状态时，慢慢将水泵排水管上的阀门全部打开，同时注意观察真空表、压力表、电流表的指示是否正常。若一切正常表明启动完毕，若根据声音或仪表指示判断水泵没上水应停止电动机运行，重新启动。为了避免水泵发热，在关闭阀门时运转不能超过 3min。

（五） 水泵正常停机

水泵正常停机应注意：

（1）慢慢关闭出水管路上方阀门，使水泵进入空转状态。

（2）关闭压力表和真空表止回阀。

（3）切断电动机的电源，电动机停止运行。

（六） 水泵运行中故障停机

（1）水泵运行中出现下列情况之一时，应紧急停机：

1）水泵和电动机发生异常振动或有故障性异响；

2）水泵不上水；

3）泵体漏水或阀门、法兰处喷水；

4）启动时间过长，电流不返回；

5）电动机冒烟、冒火；

6）电源断电；

7）电流值明显超限；

8）其他紧急事故。

（2）紧急停机按以下程序进行操作：

1）拉开负荷开关，停止电动机运行；

2）若电源断电停机时，拉开电源刀闸；

3）关闭水泵出水管上方的电动蝶阀；

4）上报主管部门，并做好记录。

（七） 交接班制度

交接班制度为：

（1）接班者要提前 10min 到达工作地点，并于 10min 内做好设备检查。检查包括下列项目：

1）机电设备温度、运转情况及声响是否正常；

2）各部注油点油量是否适当；

3）各部螺栓是否松动；

4）接头、阀门是否漏水；

5）盘根是否良好。

（2）交班前检查设备，清扫场地和清点整理工具。

（3）交班者应详细地将本班设备运转事故和生产操作向接班者介绍清楚并认真填写好交接班记录。

（4）交班清楚后经接班人同意方能离开岗位。

（5）交班过程中发生的问题由交班者负责。

技能拓展

《煤矿安全规程》对排水设备的相关规定

第二百七十八条　主要排水设备应符合下列要求：

（一）水泵：必须有工作、备用和检修的水泵。工作水泵的能力，应能在 20h 内排出矿井 24h 的正常涌水量（包括充填水及其他用水）。备用水泵的能力应不小于工作水泵能力的 70%。工作和备用水泵的总能力，应能在 20h 内排出矿井 24h 的最大涌水量。检修水泵的能力应不小于工作水泵能力的 25%。水文地质条件复杂的矿井，可在主泵房内预留安装一定数量水泵的位置。

（二）水管：必须有工作和备用的水管。工作水管的能力应能配合工作水泵在 20h 内排出矿井 24h 的正常涌水量。工作和备用水管的总能力，应能配合工作和备用水泵在 20h 内排出矿井 24h 的最大涌水量。

（三）配电设备：应同工作、备用以及检修水泵相适应，并能够同时开动工作和备用水泵。

有突水淹井危险的矿井，可另行增建抗灾强排能力泵房。

第二百七十九条　主要泵房至少有两个出口，一个出口用斜巷通到井筒，并应高出泵房底板 7m 以上；另一个出口通到井底车场，在此出口通路内，应设置易于关闭的既能防水又能防火的密闭门。泵房和水仓的连接通道，应设置可靠的控制闸门。

第二百八十条　主要水仓必须有主仓和副仓，当一个水仓清理时，另一个水仓能正常使用。

新建、改扩建矿井或生产矿井的新水平，正常涌水量在 1000m³/h 以下时，主要水仓的有效容量应能容纳 8h 的正常涌水量。

正常涌水量大于 1000m³/h 的矿井，主要水仓有效容量可按下式计算：

$$V = 2 \ (Q + 3000)$$

式中　V——主要水仓的有效容量，m³；

　　　Q——矿井每小时正常涌水量，m³。

但主要水仓的总有效容量不得小于 4h 的矿井正常涌水量。

采区水仓的有效容量应能容纳 4h 的采区正常涌水量。

矿井最大涌水量和正常涌水量相差特大的矿井，对排水能力、水仓容量应编制专门设计。

水仓进口处应设置算子。对水砂充填、水力采煤和其他涌水中带有大量杂质的矿井，还应设置沉淀池。水仓的空仓容量必须经常保持在总容量的 50% 以上。

第二百八十一条　水泵、水管、闸阀、排水用的配电设备和输电线路，必须经常检查和维护。在每年雨季以前，必须全面检修 1 次，并对全部工作水泵和备用水泵进行 1 次联合排水试验，发现问题，及时处理。

水仓、沉淀池和水沟中的淤泥，应及时清理，每年雨季前必须清理 1 次。

第二百八十二条　对基岩段富水性较强的深井，应在井筒中部设置相应排水能力的转水站。

第二百八十三条　井筒开凿到底后，井底附近必须设置具有一定能力的临时排水设施，保证临时变电所、临时水仓形成之前的施工安全。

第二百八十四条　在建矿井在永久排水系统形成之前，各施工区必须设置临时排水系统，并保证有足够的排水能力。

第二百八十五条　矿井必须做好水害分析预报和充水条件分析，坚持预测预报、有疑必探、先探后掘、先治后采的防治水原则。

探水或接近积水地区掘进前或排放被淹井巷的积水前，必须编制探放水设计，并采取防止瓦斯和其他有害气体危害等安全措施。

探水孔的布置和超前距离，应当根据水头高低、煤（岩）层厚度和硬度以及安全措施等在探放水设计中具体规定。

第二百八十六条　采掘工作面遇到下列情况之一时，必须确定探水线进行探水：

（一）接近水淹或可能积水的井巷、老空或相邻煤矿时。

（二）接近含水层、导水断层、溶洞和导水陷落柱时。

（三）打开隔离煤柱放水时。

（四）接近可能与河流、湖泊、水库、蓄水池、水井等相通的断层破碎带时。

（五）接近有出水可能的钻孔时。

（六）接近有水的灌浆区时。

（七）接近其他可能出水地区时。

经探水确认无突水危险后，方可前进。

第二百八十七条　煤系底部有强承压含水层并有突水危险的工作面，在开采前，必须编制探放水设计，明确安全措施。

第二百八十八条　安装钻机探水前，必须遵守下列规定：

（一）加强钻场附近的巷道支护，并在工作面迎头打好坚固的立柱和挡板。

（二）清理巷道，挖好排水沟。探水钻孔位于巷道低洼处时，必须配备与探放水量相适应的排水设备。

（三）在打钻地点或附近安设专用电话。

（四）测量和防探水人员必须亲临现场，依据设计，确定主要探水孔的位置、方位、角度、深度以及钻孔数目。

第二百八十九条　预计水压较大的地区，探水钻进之前，必须先安好孔口管和控制闸阀，进行耐压试验，达到设计承受的水压后，方准继续钻进。特别危险的地区，应有躲避场所，并规定避灾路线。

第二百九十条　钻孔内水压过大时，应采用反压和有防喷装置的方法钻进，并有防止孔口管和煤（岩）壁突然鼓出的措施。

第二百九十一条　钻进时，发现煤岩松软、片帮、来压或钻孔中的水压、水量突然增大，以及有顶钻等异状时，必须停止钻进，但不得拔出钻杆，现场负责人员应立即向矿调度室报告，并派人监测水情。如果发现情况危急时，必须立即撤出所有受水威胁地区的人员，然后采取措施，进行处理。

第二百九十二条 探放老空水前，首先要分析查明老空水体的空间位置、积水量和水压。老空积水区高于探放水点位置时，只准打钻孔探放水；探放水时，必须撤出探放水点以下部位受水害威胁区域内的所有人员。探放水孔必须打中老空水体，并要监视放水全过程，核对放水量，直到老空水放完为止。

钻孔接近老空，预计可能有瓦斯或其他有害气体涌出时，必须有瓦斯检查工或矿山救护队员在现场值班，检查空气成分。如果瓦斯或其他有害气体浓度超过本规程规定时，必须立即停止钻进，切断电源，撤出人员，并报告矿调度室，及时处理。

第二百九十三条 钻孔放水前，必须估计积水量，根据矿井排水能力和水仓容量，控制放水流量；放水时，必须设专人监测钻孔出水情况，测定水量、水压，做好记录。若水量突然变化，必须及时处理，并立即报告矿调度室。

第二百九十四条 排除井筒和下山的积水以及恢复被淹井巷前，必须有矿山救护队检查水面上的空气成分，发现有害气体，必须及时处理。

排水过程中，如有被水封住的有害气体突然涌出的可能，必须制定安全措施。

任务考评

本任务考评的具体要求见表 2-2。

表 2-2 任务考评表

任务 2 矿井排水设备的使用与操作			评价对象： 学号：	
评价项目	评价内容	分值	完成情况	参考分值
1	矿井排水系统的组成及各组成部分的作用	10		每组 2 问，1 问 5 分
2	矿用离心式水泵的类型、结构和工作原理等	10		每组 2 问，1 问 5 分
3	分组完成矿用离心式水泵的启动安全检查、灌水、启动、操作、停机等工作	25		检查 5 分，操作每错一步或少一步扣 10 分
4	矿用离心式水泵运行中的注意事项	10		每组 2 问，1 问 5 分
5	矿用离心式水泵的交接班制度	10		每错一项或少一项扣 5 分
6	《煤矿安全规程》对于排水设备的相关规定	15		每组 3 问，1 问 5 分
7	完整的任务实施笔记	10		有笔记 4 分，内容 6 分
8	团队协作完成任务情况	10		协作完成任务 5 分，按要求正确完成任务 5 分

能 力 自 测

2-1 简述离心式水泵的工作原理。

2-2　离心式水泵由哪些主要部件组成？简述各部件作用。

2-3　试述离心式水泵启动前的检查与准备工作。

2-4　离心式水泵的正常启动顺序如何？

2-5　水泵在停泵后有哪些注意事项？

2-6　简述交接班制度的内容。

2-7　《煤矿安全规程》对主排水设备有哪些规定？

任务 3　矿用水泵的工况分析

任务描述

水泵是和管路联合工作的，水泵的流量就是管路中水的流量，水泵的扬程要全部消耗在管路中（包括提高水位、管路中的阻力损失和动能），D 型泵的扬程是一条单调下降的曲线，而管路的特性曲线是单调上升的曲线，只有在同一坐标下两条曲线的交点，才有水泵的流量等于管路中的流量，水泵的扬程等于能量在管路中的全部消耗。所以，水泵只能在两条曲线的交点进行工作，该交点即为水泵的工况点（工作点）。

在矿山生产中，经常要根据实际情况，观测并分析水泵运行工况是否经济合理，并确定相应的调整方法。为此，通过学习掌握水泵的工况分析方法，选择合理的调整措施，对满足矿井正常排水来说就显得至关重要。

通过本任务学习，要求学生具备以下技能：知道水泵的管路特性、工况点和正常工作条件；会水泵的性能参数和性能曲线的分析方法，并会分析水泵的运行工况和进行水泵的工况调节；会水泵联合工作的操作。

知识准备

离心式水泵的性能

（一）离心式水泵的性能参数

1. 流量

水泵在单位时间内所排出的水的体积，称为水泵的流量，用 Q 表示，单位为 m^3/s 或 m^3/h。

2. 扬程

单位重力的水通过水泵后所获得的总能量，称为水泵的扬程，用 H 表示，单位为 m。

吸水扬程（吸水高度）H_x 为水泵轴线到吸水水面的垂直高度，单位为 m。

排水扬程（排水高度）H_p 为水泵轴线到排水管出水口中心的垂直高度，单位为 m。

实际扬程（测地高度）H_c 为吸水扬程与排水扬程之和，即 $H_c = H_x + H_p$，单位为 m。

扬程 H 用于提高水位（实际扬程）、克服流动阻力（h_ω）和保证流动所需的速度水头 $\left(\dfrac{v^2}{2g}\right)$ 三个部分。

$$H = H_c + h_\omega + \frac{v^2}{2g} \tag{3-1}$$

3. 功率

水泵在单位时间内所做的功的大小，称为水泵的功率，用 P 表示，单位为 kW。

水泵的功率分为轴功率和有效功率。

轴功率（水泵的输入功率）是指电动机传递给水泵的功率，用 P_a 表示。

有效功率（水泵的输出功率）是指水泵传递给水的实际功率，用 P_x 表示。

$$P_x = \frac{\gamma Q H}{1000}$$

式中　P_x——水泵的有效功率，kW；

　　　γ——矿水的重度，N/m^3；

　　　Q——水泵的流量，m^3/s；

　　　H——水泵的扬程，m。

4. 效率

水泵的有效功率和轴功率的比值，称为水泵的效率，用 η 表示。

$$\eta = \frac{P_x}{P_a} = \frac{\gamma Q H}{1000 P_a}$$

5. 转速

水泵的转速为水泵轴和叶轮每分钟的转数，用 n 表示，单位为 r/min。

6. 允许吸上真空度

允许吸上真空度是在水泵不发生汽蚀的条件下，水泵吸水口所允许的真空度，用 H_s 表示，单位为 m。

D 型离心式水泵的性能参数如表 3-1 所示，IS 型离心式水泵的性能参数如表 3-2 所示。

表 3-1　D 型离心式水泵的性能参数表（摘录于长沙天鹅工业泵有限公司产品性能参数）

型　号	流量 Q	扬程 H	转速	轴功率	电动机		效率 η	必须汽蚀余量（NPSH）$_r$	泵口直径		泵重
									吸入	吐出	
	m^3/h	m	r/min	kW	功率/kW	型号	%	m	mm	mm	kg
D155-30×2	119	64	1480	28.83	55	Y250M-4	72	2.70	150	150	490
	155	60		32.92			77	3.20			
	190	54		36.55			76.5	3.90			
D155-30×5	119	160	1480	72.07	110	Y315S-4	72	2.70	150	150	490
	155	150		82.29			77	3.20			
	190	135		91.37			76.5	3.90			
	155	300		164.58			77	3.20			
	190	270		182.74			76.5	3.90			
D155-67×5	100	380	1480	161.81	220	Y355M1-2	64	3.2	150	150	1200
	155	335		191.23			74	5			
	185	295		206.55			72	6.6			

续表3-1

型　号	流量 Q	扬程 H	转速	轴功率	电动机		效率 η	必须汽蚀余量（NPSH）r	泵口直径		泵重
					功率/kW	型号			吸入	吐出	
	m³/h	m	r/min	kW	kW		%	m	mm	mm	kg
D280-43×2（200D43×2）	185	94	1480	68.67	110	Y315S-4	69	2.5	200	200	667
	280	86		85.22			77	4			
	335	76		92.51			75	5.2			
	280	215		213.05			77	4			
	335	190		231.27			75	5.2			
D280-43×9（200D43×9）	185	423	1480	309.06	450	Y4003-4	69	2.5	200	200	667
	280	387		383.49			77	4			
	335	342		416.26			75	5.2			
D280-65×5	185	340	1480	280.99	450	Y4003-4	61	2.8	200	200	1370
	280	325		339.70			7773	3.7			
	335	310		337.34			7575	5			

表3-2　IS型离心式水泵的性能参数表（摘录于长沙天鹅工业泵有限公司产品性能参数）

型　号	流量 Q	扬程 H	转速	轴功率	电动机		效率 η	必须汽蚀余量（NPSH）r	泵口直径		泵重
					功率/kW	型号			吸入	吐出	
	m³/h	m	r/min	kW	kW		%	m	mm	mm	kg
IS、IR125-125-315B	105.6	26.3	1450	11.13	18.50	Y180M-4	68	2.50	150	125	158
	176	24.8		15.44			77	2.50			
	211.2	22.5		16.57			78	3			
IS、IR125-125-400	120	53	1450	27.90	45	Y225M-4	62	2	150	125	187
	200	50		36.30			75	2.80			
	240	46		40.60			74	3.50			
IS、IR125-125-400A	114	47.8	1450	24.31	37	Y2253-4	61	2	150	125	187
	190	45.2		31.54			74	2.80			
	228	41.5		35.29			73	3.50			
IS、IR125-125-400B	105.6	41	1450	19.64	30	YU200L-4	60	2	150	125	187
	176	38.7		25.42			73	2.80			
	211.2	35.6		28.44			72	3.50			
IS、IR125-150-250	240	21.5	1450	19.80	37	Y225S-4	71	3.50	200	150	150
	400	20		26.60			82	4.30			
	460	17.5		27.40			80	5			
IS、IR125-150-250A	228	19.4	1450	17.20	30	Y200L-4	70	3.50	200	150	150
	380	18.1		23.10			81	4.30			
	437	15.8		23.80			79	5			

型　号	流量 Q	扬程 H	转速	轴功率	电动机		效率 η	必须汽蚀余量 （NPSH）$_r$	泵口直径		泵重
					功率/kW	型号			吸入	吐出	
	m³/h	m	r/min	kW			%	m	mm	mm	kg
IS、IR125- 150-250B	211.2	16.6	1450	13.80	22	YISOL-4	69	3.50	200	150	150
	352	15.5		18.58			80	4.30			
	404.8	13.6		19.20			78	5			
IS、IR125- 150-315	240	37	1450	34.60	55	Y250M-4	70	3	200	150	168
	400	32		42.50			82	3.50			
	460	28.5		44.60			80	4			
IS、IR125- 150-315A	228	33.4	1450	30.10	45	Y225M-4	69	3	200	150	168
	380	28.9		36.89			81	3.50			
	437	25.7		38.72			73	4			
IS、IR125- 150-315B	211.2	28.7	1450	24.27	37	Y225S-4	68	3	200	150	168

（二）离心式水泵的性能曲线

图 3-1～图 3-3 所示分别为 D280-43 型水泵单级性能曲线、IS80-65-160 型水泵性能曲线和 D200-43 型水泵单级性能曲线。

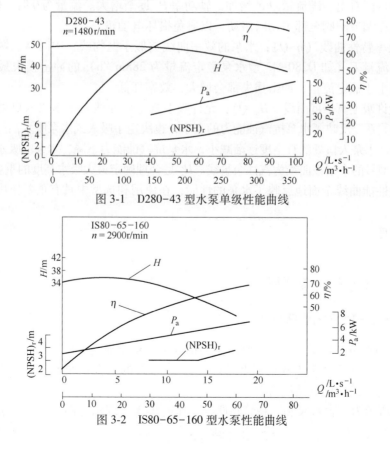

图 3-1　D280-43 型水泵单级性能曲线

图 3-2　IS80-65-160 型水泵性能曲线

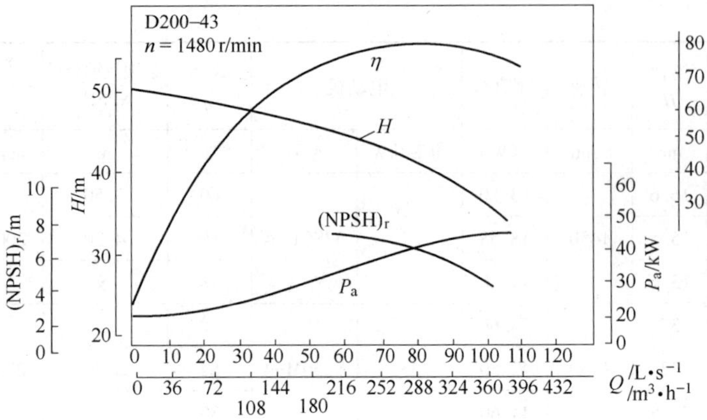

图 3-3　D200-43 型水泵单级性能曲线

水泵的性能曲线有四条，即扬程特性曲线（H-Q）、轴功率特性曲线（P_a-Q）、效率特性曲线（η-Q）和允许吸上真空度曲线（H_s-Q）。

（1）扬程特性曲线（H-Q）：扬程特性曲线代表流量 Q 和扬程 H 之间的关系。从图中可以看出，当流量为 0 时，扬程最大，这时的扬程叫初始扬程（或零扬程），用 H_0 表示。随流量 Q 的增加，扬程 H 逐渐降低，如后弯叶片叶轮的扬程特性是随流量增加而单调下降的。

（2）轴功率特性曲线（P_a-Q）：轴功率特性曲线代表流量 Q 和轴功率 P_a 之间的关系。从图中可以看出，随流量 Q 的增加，轴功率 P_a 逐渐增大。流量为 0 时，轴功率最小，所以水泵应在调节闸阀全部关闭时启动，以避免损坏电动机。

（3）效率特性曲线（η-Q）：水泵的效率曲线类似于抛物线，中间高、两边低，因为水泵在额定流量下（如 D280-43 型水泵额定流量为 $288\mathrm{m^3/h}$）的冲击损失最小，效率最高，大于或小于额定流量，冲击损失都会增大，效率降低。

（4）允许吸上真空度曲线（H_s-Q）：允许吸上真空度曲线表示水泵入口处的真空度和流量之间的关系，反映了水泵抗汽蚀能力的大小，也决定了吸入式水泵吸水高度的大小。随流量的增加，水泵入口处的真空度逐渐减小，水泵抗汽蚀能力下降，水泵的吸水高度就要降低。对于新型号的水泵该曲线为汽蚀余量线。H_s 是合理确定最大吸水高度的重要参数。

水泵的性能曲线全面地反映了水泵的性能，在使用和选型中具有重要作用。

（任务实施）

一、离心式水泵的工况分析

（一）离心式水泵的管路特性

水泵是和管路联合工作的，水泵产生的扬程不仅用于提高水位，还要用于克服水在管路中流动的阻力（沿程阻力和局部阻力）。因此，水泵的工作状况不仅与水泵本身的性能有关，而且与管路的配置情况有关。

图 3-4 所示为一台水泵和一趟管路联合工作的排水系统示意图。H 为水泵的扬程，断

面 1—1 为吸水井水面，断面 2—2 为排水口出口断面。根据伯努

利方程或水泵扬程的概念，则有：

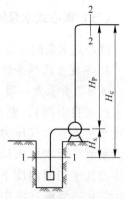

$$H = H_c + v_p^2/2g + (H_x + H_p) \qquad (3-2)$$

式中　v_p——排水管的流速，m/s；

　　　H_x——吸水管路的阻力损失，m；

　　　H_p——排水管路的阻力损失，m。

根据管路的阻力损失计算，式（3-2）可变化为：

$$H = H_c + (\pi^2 g/8)$$

$$\left[\sum \xi_x/dx^4 + (\lambda_x l_x)/dx^5 + \left(\sum \xi_x + 1\right)/dp^4 + (\lambda_p l_p)/dp^5\right]Q^2$$

令

$$R = \pi^2 g/8\left[\sum \xi_x/dx^4 + (\lambda_x l_x)/dx^5 + \left(\sum \xi_p + 1\right)/dp^4 + (\lambda_p l_p)/dp^5\right]$$

图 3-4　排水系统示意图

则有：

$$H = H_c + RQ^2 \qquad (3-3)$$

式中　R——管路的阻力系数，s^2/m^5。

式（3-3）叫做水泵管路的特性方程式。

水泵管路的特性方程式表达了通过管路的流量与
所需要的扬程之间的关系。

该方程表示的曲线是一个二次抛物线，即把方程
中的 Q 与 H 画在 Q-H 坐标上，得到的曲线就是管路的
特性曲线，如图 3-5 所示。

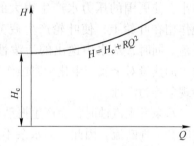

图 3-5　管路的特性曲线

（二）水泵的工况点

水泵是和管路联合工作的，水泵的流量就是管路中水的流量，水泵的扬程要全部消耗在
管路中（包括提高水位、管路中的阻力损失和动能）。D 型泵的扬程是一条单调下降的曲线，
而管路的特性曲线是单调上升的曲线，只有在同一坐标下两条曲线的交点，才有水泵的流量
等于管路中的流量，水泵的扬程等于能量在管路中的全部消耗。所以，水泵只能在两条曲线
的交点进行工作，该交点即为水泵的工况点（工作点）M。工况点对应的工作参数称为工况
参数，有流量 Q_M、扬程 H_M、效率 η_M、轴功率 P_a 和允许吸上真空度 H_s，如图 3-6 所示。

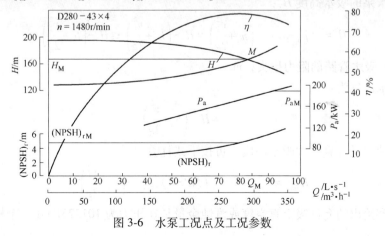

图 3-6　水泵工况点及工况参数

（三）离心式水泵的正常工作条件

离心式水泵的正常工作条件是不发生汽蚀条件、稳定工作条件和经济工作条件。

1. 不发生汽蚀条件

图 3-7 所示为一吸入式水泵，断面 0—0 为吸水井水面（自由面），断面 1—1 为水泵入口断面。水泵吸水是依靠大气压力把吸水井中的水通过吸水管压入水泵。而水泵入口处的压力不能太低。水泵入口压力低于当时温度下水的饱和蒸汽压时，水就会产生汽化，溶解在水中的气体也会逸出，形成蒸汽与逸出气体混合的小气泡。这些小气泡进入叶轮后，压力增大，小气泡中的水蒸气凝结成水，体积急剧缩小，使周围的压力水产生很大的冲击力，并不断地作用在叶轮上，使叶轮产生疲劳，并使表面金属脱落。同时，从水中逸出的活泼性气体借助水凝结

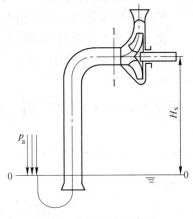

图 3-7　水泵吸水示意图

放出的热量对金属产生化学腐蚀作用，使叶轮很快出现蜂窝状麻点，并逐渐形成空洞，这种现象称为汽蚀。

水泵发生汽蚀时，会产生振动和发出噪声，流量、扬程、功率和效率都显著下降，严重时会出现断流。因此，当水泵不能在汽蚀的情况下进行工作。当水泵扬程下降 1% 时，一般认为水泵发生了汽蚀。

要使水泵不发生汽蚀，就要使水泵入口处的压力不低于当时水温下的饱和蒸汽压，并留一定的安全余量。我国生产的 D 型泵，旧型号给出的是允许吸上真空度 H_s，新型号给出的是汽蚀余量（NPSH）$_r$。对于旧型号，要想不发生汽蚀，就要使水泵入口处产生的真空度 H_s' 不大于 H_s。所以，不发生汽蚀条件为：

$$H_s' \leqslant H_s \tag{3-4}$$

由伯努利方程可知：

$$p_a = H_x + p_1 + h_x + \frac{v_1^2}{2g} \tag{3-5}$$

所以，水泵的吸水高度 H_x：

$$H_x = (p_a - p_1) - \left(h_x + \frac{v_1^2}{2g}\right) = H_s' - \left(h_x + \frac{v_1^2}{2g}\right) \leqslant H_s - \left(h_x + \frac{v_1^2}{2g}\right) \tag{3-6}$$

式中　h_x——吸水管路的阻力损失，m。

最大吸水高度为：

$$H_{xmax} = H_s - \left(h_x + \frac{v_1^2}{2g}\right) \tag{3-7}$$

如用汽蚀余量计算最大吸水高度，可按下式计算：

$$H_{xmax} = \left[10.33 - (NPSH)_{rM}\right] - \left(h_x + \frac{v_1^2}{2g}\right) \tag{3-7'}$$

水泵厂家给出的允许吸上真空度或汽蚀余量是在压力为 101325Pa（一个标准大气压）

和水温为 20℃ 时测出的。若当地大气压力和水温与上述条件不符，应对 H_s 或 $(NPSH)_{rM}$ 按下式进行修正。

$$[H_s] = H_s - \left(10.33 - \frac{p_a}{9.81 \times 10^3}\right) + \left(0.24 - \frac{p_n}{9.81 \times 10^3}\right) \tag{3-8}$$

$$[(NPSH)_r] = (NPSH)_r + \left(10.33 - \frac{p_a}{9.81 \times 10^3}\right) - \left(0.24 - \frac{p_n}{9.81 \times 10^3}\right) \tag{3-8'}$$

式中　　$[H_s]$——修正后的允许吸上真空度，m；

$[(NPSH)_r]$——汽蚀余量修正值，m；

$\quad\quad H_s$——水泵性能曲线上查取的真空度（压力为 101325Pa 和水温为 20℃ 时的真空度），m；

$(NPSH)_r$——水泵性能曲线上查取的汽蚀余量，m；

$\quad\quad p_a$——水泵安装地点的大气压力，Pa；

$\quad\quad 0.24$——20℃ 时水的汽化压力，m；

$\quad\quad p_n$——工作水温下水的饱和蒸汽压，Pa。

不同海拔高度下的大气压力如表 3-3 所示，不同水温下的饱和蒸汽压力如表 3-4 所示。

表 3-3　不同海拔高度下的大气压力

海拔高度/m	-600	0	100	200	300	400	500	600	700	800	900	1000	1500
大气压 p_a/kPa	111	101	100	99	98	96	95	94	93	92	91	90	84

表 3-4　不同水温下的饱和蒸汽压力

水温/℃	0	5	10	15	20	30	40	50	60	70	80
饱和蒸汽压 p_n/kPa	0.58	0.88	1.18	1.67	2.35	4.21	7.35	12.25	19.82	31.10	47.28

注：如工作温度和表中温度不同，可用内插法计算工作温度下的饱和蒸汽压力。

2. 水泵的稳定工作条件

由于电网电压会在 ±5% 以内变化，故当电网电压降低时，水泵的扬程特性曲线就会下降。当水泵的零扬程 H_0 低于实际扬程 H 时，水泵就排不出水，流量为零。电动机传递给水泵的能量就会转变成热能，使水泵和管路中的水温迅速上升，水泵因强烈发热而会很快损坏。所以，水泵不允许长时间在零流量下工作。

水泵的稳定工作条件是：

$$H_c \leqslant 0.9 H_0 \tag{3-9}$$

3. 水泵的经济工作条件

为保证水泵经济工作，水泵的效率不能太低，要求水泵的工况效率 η_M 不低于最高效率 η_{max} 的 85%~90%，依此划定的区域称为工业利用区，即在水泵选择设计时，水泵的工况点应在该区域内，如图 3-8 所示。

水泵的经济工作条件为：

$$\eta_M \geqslant (0.85 \sim 0.9) \eta_{max} \tag{3-10}$$

（四）离心式水泵的联合工作

当一台离心式水泵不能满足排水流量或扬程时，可采用两台或多台串联或并联工作。在串联或并联时，一般采用同型号的水泵。

1. 离心式水泵的串联工作

采用串联工作的目的是增大扬程。当井筒较深时，现有单台水泵的扬程不能满足要求，可用两台或多台串联工作。现有水泵扬程能满足排水扬程的要求，最好不要进行串联。

图3-9所示为两台水泵串联工作的合成扬程特性曲线。Ⅰ和Ⅱ为两台同型号的水泵扬程特性曲线，Ⅲ为管路的特性曲线。Ⅰ+Ⅱ为两台水泵串联后的扬程特性曲线，即把相同流量下Ⅰ和Ⅱ扬程相加，得到的合成特性曲线。

由图3-9可以看出，两台水泵串联，每台水泵的流量和总流量同为Q_M；每台水泵的扬程是总扬程的二分之一。

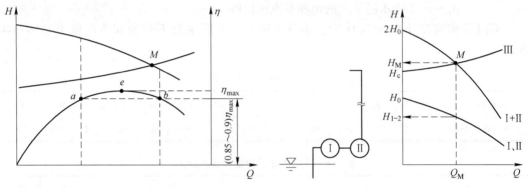

图3-8　水泵的经济工作条件与工业利用区　　　　图3-9　同型号两台水泵串联扬程特性

实际上，由于串联工作受水泵强度、排水系统及两台水泵之间距离等的影响，一般很少采用。

2. 水泵的并联工作

水泵并联工作的目的是增大流量。当现有单台水泵的流量不能满足排水量的要求时或者管路趟数少于水泵数时，可采用并联排水。

图3-10所示为两台同型号的水泵并联工作的合成特性曲线，Ⅰ、Ⅱ为同型号两台水泵的特性曲线，Ⅲ为管路的特性曲线。Ⅰ+Ⅱ为两台水泵合成特性曲线，即把相同扬程下的流量相加，得到的合成特性曲线。

由图3-10可以看出，两台同型号水泵并联工作，每台水泵的流量相等，并等于总流量的二分之一；每台水泵产生的扬程相等，并等于总扬程。

水泵的并联可以增大流量，在矿井排水中，常用这种方法对水泵工况点进行调节。

二、离心式水泵的调节

（一）离心式水泵的调节方法

为满足矿山排水设备实际排水扬程和流量的要求，使排水设备高效（经济）

运行，应对水泵的工况进行调节。调节的途径有改变水泵的特性曲线与改变管路的特性曲线两种。

1. 改变水泵特性曲线的调节方法

（1）改变转速调节法。

$$\frac{Q'}{Q}=\frac{n'}{n}，\quad \frac{H'}{H}=\left(\frac{n'}{n}\right)^2，\quad \frac{P_a'}{P_a}=\left(\frac{n'}{n}\right)^3 \tag{3-11}$$

式中　Q，Q'——调节前、后的流量，m^3/s；

　　　n，n'——调节前、后的转速，r/min；

　　　H，H'——调节前、后的扬程，m；

　　　P_a，P_a'——调节前、后的轴功率，kW。

如图 3-11 所示，H 为水泵原特性曲线。当水泵的流量 Q 和扬程 H 比实际需要大时，按公式(3-11)计算出调节后的转速，并作出调节后的特性曲线 H''；当流量 Q 和扬程 H 不能满足要求时，按公式（3-11）计算出调节后的转速，并作出调节后的特性曲线 H'。应注意转速增大，流量和扬程相应增大，要防止电动机过载和发生汽蚀。

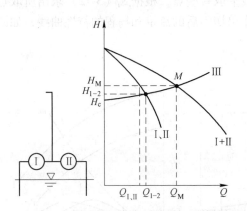

图 3-10　同型号两台水泵并联扬程特性

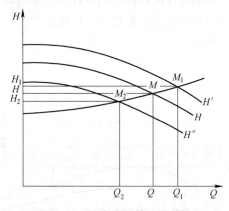

图 3-11　改变水泵转速调节法

采用改变转速调节法，一是可以更换为所需转速和功率的电动机，二是采用调速电动机把速度调整为所需转速。采用改变转速调节法是一种最佳的调节方法，效率几乎不变。但需注意流量和扬程都应满足要求，电动机的功率要满足要求并留一定余量，流量增大时吸水高度会降低，要防止发生汽蚀。

（2）减少叶轮数目调节法。

当水泵的扬程过大时，可以减少多级泵的叶轮数目。减少叶轮数目，水泵的扬程特性曲线则相应下降，工况点随之变动。如果排水所需的总扬程为 H，每一级叶轮产生的扬程为 H_t，则所需要的叶轮数目为：$i=H/H_t$。根据所需的叶轮数目拆除多余的叶轮，但拆除叶轮应从出水侧进行拆除。若从吸水侧进行拆除，会增大吸水阻力，使水泵效率降低，产生汽蚀。

（3）削短叶轮叶片长度调节法。

如果水泵的流量和扬程大于实际需要，为减少电耗，可将叶轮的叶片适当削短。切削量按切削定律进行计算：

$$\frac{Q'}{Q}=\frac{D'_2}{D_2}, \quad \frac{H'}{H}=\left(\frac{D'_2}{D_2}\right)^2 \tag{3-12}$$

式中　Q，Q'——切削前、后水泵的流量，m^3/s 或 m^3/h；

$\quad\quad H$，H'——切削前、后水泵的扬程，m；

$\quad\quad D_2$，D'_2——切削前、后叶轮叶片外径，mm。

切削后叶轮的外径为：

$$D'_2=\left(\frac{Q'}{Q}\right)^2 D_2 \quad 或 \quad D'_2=\sqrt{\frac{H'}{H}\times\frac{1}{D_2}} \tag{3-13}$$

将叶轮的直径由 D_2 切削为 D'_2 后，按切割定律换算的水泵的特性曲线高于实际测定绘制的特性曲线。因此，为使换算的特性曲线和实际相符合，应该减少切削量。实际切削量可按下式计算：

$$\Delta D/2=K/(D_2-D'_2) \tag{3-14}$$

式中　$\Delta D/2$——实际切削量，mm；

$\quad\quad K$——校正系数，根据比转数按图 3-12 查取。

切削特性曲线的绘制：在切削前的特性曲线上取一些点，根据式（3-12）求出所取点切削后对应的流量和扬程，用描点作图的方法作出切削后的流量和扬程的特性曲线，如图 3-13 所示。

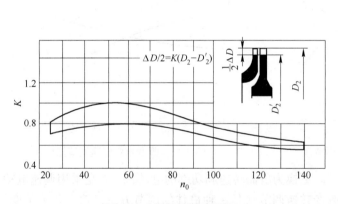

图 3-12 切削量校正系数

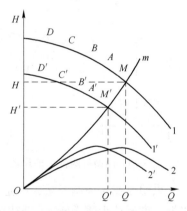

图 3-13 削短叶片长度调节法

2. 改变管路特性曲线调节法

闸门节流法是适当关闭排水管路上的调节闸阀，增大管路的阻力，使管路的特性曲线上移，从而达到减小流量增大扬程的目的。

从图 3-14 可以看出，当调节闸阀适当关闭时，管路的特性曲线上移，工况点由 M' 上移至 M，流量减小，扬程增大。适当关闭闸阀后，电动机的功率尽管减小了 ΔP，但在闸阀处却多消耗了一部分压头 ΔH，因而这种调节方法是不经济的。原则上不应采用这种调节方法，只是在某些特殊情况下，如工况点超出了工业利用区、电动机过载、水泵扬程不够等，为在更换电动机、水泵之前继续排水时，才用该方法作为临时措施。

3. 管路并联调节法

在矿山排水中，一般要有工作管路和备用管路，可以使工作管路和备用管路并联工

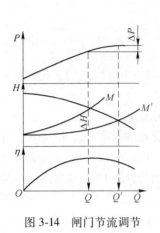

作，以增大过流断面，降低管路的阻力，使工况点右移，从而增大流量，这种方法称为管路并联调节法。

如图 3-15 所示，工作管路的特性曲线为 1，备用管路的特性曲线为 2，并联时把两趟管路的横坐标相加就得到并联时的合成特性曲线 3。采用管路并联实际上就相当于增大了管路的直径，管路的阻力损失系数减小，工况点从 M_1 或 M_2 右移至 M，水泵的流量增大，排水系统的效率提高。但要注意：防止电动机过载；防止水泵发生汽蚀。

图 3-14 闸门节流调节   图 3-15 并联管路调节

（二）排水设备的经济运行

矿山排水设备的电耗在矿山生产中占有很大的比重。据国外一家水泵生产厂家统计，水泵在整个服务年限内，人工费占 7%、维修费占 8%，而电费占 85%。因此，提高排水系统的效率，保证排水设备经济运行，对降低电耗、节约能源，保证国民经济的可持续发展，都具有重大意义。

1. 排水设备经济运行的评价

排水设备的经济性一般用吨水百米电耗进行评价。

吨水百米电耗：排水设备将 1t 水提升 100m 所消耗的电能，用 W_{t100} 表示，单位为 kW。

吨水百米电耗的计算：

若水泵的工况参数为 Q_M、H_M 和 η_M，传动效率为 η_c，电动机效率为 η_d，电网效率为 η_w；实际扬程为 H_c，矿水重度为 γ；矿井年正常和最大涌水天数分别为 Z_H 和 Z_{max}，正常涌水和最大涌水期间水泵同时工作的台数和工作时间分别为 n_1、n_1+n_2 和 T_H、T_{max}，则年排水电耗 W（kW·h）为：

$$W = 1.05 \times \frac{\gamma Q_M H_M}{1000 \times 3600 \eta_M \eta_c \eta_d \eta_w} \left[n_1 Z_H T_H + (n_1+n_2) Z_{max} T_{max} \right] \tag{3-15}$$

年排水量 V（t/年）为：

$$V = \frac{\rho Q_M}{1000} \left[n_1 Z_H T_H + (n_1+n_2) Z_{max} T_{max} \right] \tag{3-16}$$

所以，吨水百米电耗（kW·h）为：

$$W_{t100} = \frac{W}{VH_c} \times 100 = 1.05 \times \frac{H_M}{3.67\eta_M\eta_c\eta_d\eta_w H_c} \tag{3-17}$$

2. 排水系统的效率

排水管路的效率是指实际扬程和水泵工况点扬程的比值，用 η_g 表示。

$$\eta_g = H_c / H_M \tag{3-18}$$

排水系统的效率是指水泵工况点的效率、管路的效率、电动机的效率、电网的效率和传动效率的乘积，用 η_p 表示。

$$\eta_p = \eta_M\eta_g\eta_c\eta_d\eta_w \tag{3-19}$$

3. 吨水百米电耗影响因素

由式（3-17）和式（3-19）可知，吨水百米电耗（kW·h）可以用下式表示：

$$W_{t100} = \frac{W}{VH_c} \times 100 = 1.05 \times \frac{1}{3.67\eta_M\eta_c\eta_d\eta_w\eta_g} \tag{3-20}$$

从式（3-20）可以看出，吨水百米电耗决定于水泵工况点的效率 η_M、传动效率 η_c、电动机的效率 η_d、电网的效率 η_w 及管路的效率 η_g。一般来讲，电网的效率 η_w 主要取决于输电线路和输电设备、传动效率 η_c、传动方式和方法，为保证平衡装置的工作，使轴承有一定的轴向窜量，D 型泵采用弹性联轴器传动，$\eta_c = 98\%$；而电动机的效率 η_d 主要取决于功率因数；这几种效率变化不大。因此，要降低吨水百米电耗主要应考虑水泵工况点的效率 η_M 和管路的效率 η_g。

水泵的工况点是水泵的特性曲线和管路的特性曲线的交点，在额定流量下，水泵工况点的效率最高，当大于或小于额定流量时，水泵工况点的额定效率会下降，管路的效率取决于实际扬程 H_c 和工况点的扬程 H_M，而实际扬程 H_c 是不变的，所以随流量的增大，水泵工况点的扬程 H_c 减小，管路的 H_g 提高。在水泵最高效率点左侧，随工况点 M 向最高效率点的移动，水泵的效率 η_M 提高，管路的 η_g 提高，吨水百米电耗 W_{t100} 降低；在水泵最高效率点的右侧，随工况点 M 的右移，水泵的效率 η_M 下降，而管路的效率 η_g 提高，但总的来讲，排水系统的效率 η_p 提高，吨水百米电耗 W_{t100} 降低。因此，要降低吨水百米电耗 W_{t100}，提高排水设备的经济性，应设法提高水泵的效率和管路的效率。

4. 提高排水设备经济运行的措施

（1）提高水泵的运行效率。

1）选用高效水泵。在水泵选择时，就要考虑在现有产品中选择新型高效水泵，如选用 D 型泵。用新型水泵更换原有的老产品，可提高排水的效率，降低吨水百米电耗。

2）合理调节水泵的工况点。如果水泵的扬程过大，就会使管路的效率下降，排水系统的效率降低，吨水百米电耗增加。对此，可以采用降低水泵转速、减少叶轮数目或削短叶轮叶片长度等方法降低水泵的扬程特性曲线，去除多余扬程，提高排水系统的效率，降低吨水百米电耗。

3）提高水泵的检修和装配质量。水泵检修和装配质量的高低，直接影响水泵的性能。在水泵检修和装配时，应严格按照规定进行检修和装配，以保证水泵的工作性能。在检修过程中，应对损坏的零件及时进行维修或更换；在装配过程中，各配合部分的间隙一定要符合规定，各密封部分要密封完好，轴承部分要润滑良好等；总之，要符合检修装配要求和水泵完好标准。

（2）减小排水管路的阻力损失。

1）选择管路时应选择较大管径。管路的内径不同，阻力损失不同，管径越大阻力损失越小。因此，在选择管路时，应选择内径较大的管子，把工况点设计在工业利用区的右侧，以减小排水管路的阻力损失，提高管路的效率，降低吨水百米电耗。

2）定期清除管路积垢。由于矿水中泥砂的存在，管路的内壁会产生积垢，积垢越厚管路的内径越小，管路的阻力就会增大。为提高管路的效率，应定期清理管路的积垢。清理管路积垢的方法很多，如盐酸清理法、碎石清理法、蒸汽清理法等。可根据矿井排水的具体情况，找出新的、有效的清理方法。

3）缩短排水管路的长度。如是斜井排水，可改为钻井垂直排水，虽然增加了一定的钻孔费用，但可以使管路的长度大大缩短，节约一定的管材费，使管路的阻力损失减小，节约电耗。据统计资料，钻井排水比斜井排水可节约电耗 12%～36.5%。

4）采用多管并联排水。采用多管并联排水，相当于增大了管路的直径，降低了管路的阻力损失，提高了管路的效率，可以节约电耗，减小吨煤排水电耗。但应该防止电动机过载和发生汽蚀。具体参阅前文"管路并联调节法"。

（3）改善吸水管路的特性。

改善吸水管路的特性，主要是降低吸水阻力，节约电耗，增大吸水高度（在高原地区特别重要），减少吸水管路的故障等。主要有选择直径较大的吸水管，采用无底阀排水，正确安装吸水管路等措施。

1）选择直径较大的吸水管。吸水管内径大，水在流动时的流速较小，管路的阻力损失较小，可以达到节约电耗，增大吸水高度的目的。

2）正确安装吸水管路。正确合理地确定吸水管路，以免发生汽蚀；尽量减少吸水管路附件，以减小吸水阻力；在吸水管和水泵入口处应安装一段长度不小于 3 倍直径的直管，以使水流以均匀的速度进入水泵。如需安装异径管，安装长度应等于或大于大小头直径差的 7 倍且为偏心的异径管。吸水管任何部位都不能高于水泵入口。

3）采用无底阀排水。无底阀排水就是去掉底阀（保留滤网或更换无底阀滤水器），而水泵在启动时，利用射流泵或真空泵等，向水泵充灌引水，启动水泵。

据测定，吸水管路中的阻力约有 70% 来自底阀，阻力不仅增大了电耗，降低了吸水高度，而且常使吸水管路产生故障。采用无底阀排水可以解决上述问题。下面以采用射流泵充灌引水为例说明无底阀排水的原理和工作过程。

图 3-16 为采用射流泵进行无底阀排水示意图。其工作原理是：打开高压阀门 8 和低压阀门 7，排水管 9 中的高压水，经水源管 5 从喷嘴 4 中以很高的速度喷出，并经混合室 3、颈口 2 和扩散管 1 流入大气。混合室中的空气随水流喷出，在喷嘴处形成真空，水泵和吸水管中空气被抽出。吸水井中的水在大气压力作用下，被压入吸水管和水泵，达到向水泵充灌引水的目的。

射流泵实现无底阀排水的优点：减小了吸水管路的阻力损失，提高了吸水高度，消除了因底阀的存在而引起的故障，节约了电耗；射流泵结构简单、运行可靠，用排水管中的水作为工作水源，不需要增加动力设备；可配合自动阀门实现水泵工作的自动化。

采用无底阀排水应注意的问题：用射流泵实现无底阀排水时，如果没有其他水源管，泵房内至少要留一台有底阀的水泵，以解决第一次启动和管路漏水或检修射流泵时不能充灌引水的问题；水源管上的高压阀门最好采用板式闸阀，充灌引水时注意把阀门开大；滤网最好更换为无底阀排水滤网；防止射流泵喷嘴的锈蚀；各处的密封要良好，以免射流泵工作时漏气，影响水泵吸水；要加强矿水的清洁沉淀，避免矿水中的杂物堵塞水泵吸水口。

（4）实行科学的管理。

1）简化排水系统。将几个排水系统尽量合并，将分段排水改为单段排水。在现有水泵的扬程满足排水要求的情况下，应采用单段直接排水系统。

2）定期清理水仓，及时清理吸水井。防止水中的杂物进入吸水管和水泵造成堵塞

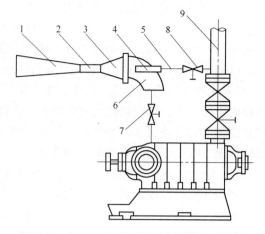

图 3-16　采用射流泵进行无底阀排水示意图
1—扩散管；2—颈口；3—混合室；4—喷嘴；5—水源管；
6—吸水管；7—低压阀门；8—高压阀门；9—排水管

或泄漏，减少矿水中的泥砂、煤尘对水泵叶轮的磨损。

3）合理确定水泵的开、停时间。应根据矿井涌水量和负荷变化情况，合理地确定水泵的工作时间段，应尽量避免在用电高峰开泵，而是在用电低谷进行工作。

技能拓展

一、离心泵的串联运行

在矿井排水时如用一台水泵的扬程不够，可以用两台水泵串联起来工作。串联运行有两种方式：直接串联和间接串联。

1. 直接串联

如图 3-17 所示，第一台水泵的排水口与第二台水泵的吸入口相连，进行串联排水。这种串联排水方式，应该满足下列条件：

（1）两台泵的流量基本上相等。

（2）后一台泵的强度应能承受两台泵的压力总和。

串联运行后的总扬程是两台泵扬程的总和，流量还是一台泵的流量。若两台泵流量不相等而串联时，流量应等于流量小的那台泵的流量，流量大的那台泵性能发挥不出来，所以最好是两台流量基本相等的水泵串联。如两台泵流量不相等串联时，应将流量大的一台放在前面。当两台扬程不相等的泵串联时，应把扬程低的那台泵放在前面。

2. 间接串联

如图 3-18 所示，第一台水泵安装在 A 泵房，将水排到一定高度的 B 泵房后，通过其排水管与第二台泵吸水口相连，进行串联排水。这种串联排水方式的条件是：

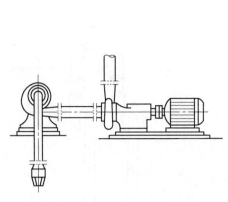

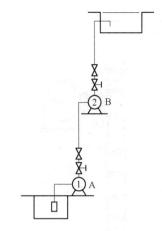

图 3-17　两台水泵在同一泵房串联排水　　　　图 3-18　两台泵间接串联排水示意图

（1）两台泵的流量基本上相等。

（2）第一台水泵的扬程必须满足排到第二台水泵处的需要，第二台水泵的扬程必须满足把水排到最终目的地的需要，如第一台泵的扬程超过需要时，第二台泵可以利用第一台的剩余扬程。

串联运行在矿井排水中也可以经常看到，例如在矿井延深时就可能遇到。串联运行的两种方式可以根据具体情况进行选择。如水泵的强度不受限制时，以在同一泵房进行两台泵串联操作的管理比较简单。在扬程比较大的水泵串联运行时，多数由于第二台泵强度受到限制，所以就可用不同标高的两个泵房水泵串联排水方式。对高转速高效泵，吸上真空高度低，甚至为负值时，需要配备一台同排量低扬程的水泵串联注水。

3. 辅助升压泵排水

当水泵的最大吸上真空高度不能满足吸水要求时，可以加装辅助升压泵与主泵串联起来进行排水（见图3-19）。升压泵装在吸水管上，由于它的第一级叶轮沉在水面下，因而不需要充水。升水高度取决于升压泵的性能。

二、离心泵的并联运行

在矿井生产实际中，当一台泵不能满足排水要求时，有时需要投入两台或多台泵共同通过一条或多条管路排水，以增加排水量，这就是并联运行。如图3-20所示，为并联运行中最简单的一种情形。

水泵并联运行并不是任何泵都可在一起并联运行的，而是有条件的，那就是并联运行的水泵扬程基本相等，否则扬程低的水泵不能发挥作用，甚至从扬程低的那台水泵倒流。

并联排水的效果，以两台特性相同的泵为例，可以看出：

（1）并联后的排水量大于任一台单独工作时的排水量。

（2）并联后每台泵的排水量要比单独工作时的排水量小。

（3）并联后的总排水量要比各泵单独排水量总和小。

并联效果可用并联后的排水量与各泵单独排水量总和之比值来比较，比值愈大效果愈显著。比值的大小与管路阻力系数 RT 有关：RT 愈大，比值愈小，效果也就小；RT 愈小，比值愈大，效果也就大。

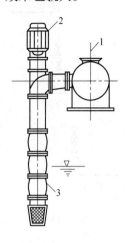

图 3-19 辅助升压泵排水
1—主泵；2—辅助升压泵；
3—升压泵第一级叶轮段

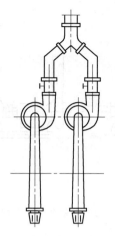

图 3-20 水泵并联工作示意图

离心泵的并联运行在矿井中经常应用。例如在正常涌水的季节，在同一泵房往往只有一台或一组水泵运行，而在最大涌水的季节里，就会在同一泵房同一管路系统中同时有多台水泵并联运行，以增加排水能力，排除最大涌水量。

任务考评

本任务考评的具体要求见表 3-5。

表 3-5 任务考评表

任务 3 矿用水泵的工况分析				评价对象： 学号：
评价项目	评价内容	分值	完成情况	参考分值
1	水泵的主要技术参数的概念及计算方法	5		每组 1 问，1 问 5 分
2	水泵工况、特性曲线、工业利用区等概念	5		每组 1 问，1 问 5 分
3	水泵特性曲线分析	10		每组 2 问，1 问 5 分
4	离心式水泵的工况分析	20		每组 2 问，1 问 10 分
5	离心式水泵的工况调节方法和提高水泵经济运行的措施	20		工况调节方法 10 分，经济运行措施 10 分
6	矿用离心式水泵的串、并联运行分析	10		每组 2 问，1 问 5 分
7	分组对选定的水泵调节方法进行经济运行分析	10		每组 2 问，1 问 5 分
8	完整的任务实施笔记	10		有笔记 4 分，内容 6 分
9	团队协作完成任务情况	10		协作完成任务 5 分，按要求正确完成任务 5 分

能 力 自 测

3-1　什么是水泵的工况点，确定水泵工况点有哪些步骤？

3-2　水泵工况点的调节方法有几种？

3-3　简述提高排水设备经济运行的措施。

3-4　离心式水泵不发生汽蚀的条件有哪些？

3-5　离心式水泵的稳定工作条件有哪些？

3-6　离心式水泵的经济工作条件有哪些？

任务4 矿井排水设备的维护与保养

任务描述

矿井排水设备是矿山固定设备之一，它的工作状况关系到整个矿井的安全，其所耗电能居矿山固定机械设备的首位，因此又会影响整个矿井电耗及吨矿成本，所以搞好排水设备的维护和保养工作，对保证矿井排水设备安全、经济运行，具有重要的意义。矿井排水设备，在工作中会不断磨损，为了保证设备的安全运行，防止水泵发生故障，充分发挥设备的效能，延长设备使用年限，正确地组织设备维护和保养是非常必要的。

通过本任务学习，要求学生具备以下技能：知道矿用离心式水泵的完好标准、维护和保养方法；会对水泵运转部位的温升情况进行判别，并能对水泵进行正确的维护和保养。

知识准备

矿用离心式水泵的质量完好标准

（一）矿用主排水泵的质量完好标准

由于矿井排水设备在矿井生产中具有重要作用，所以水泵必须经常处于完好状态。表4-1给出了矿用主排水泵的质量完好标准，可供维护、检修时参考。

表4-1 矿用主排水泵的质量完好标准

项　目	质量完好标准			备　注
螺栓、螺母、背帽、垫圈、开口销、护罩、放气阀	齐全、完整、紧固			包括从底阀到逆止阀的管路，放气阀每台水泵不少于一个
泵体与管路	无裂纹、不漏水，防锈良好，吸水管直径不小于水泵入口直径，平衡盘调整合适、轴窜量为1~4mm（或按生产厂家规定），填料滴水不成线，填料箱不发热			
逆止阀、闸板阀、底阀	齐全、完整、不漏水、阀门操作灵活			底阀自灌满引水5min后能启动水泵
轴　承	油圈转动灵活，油质合格，不漏油；滚动轴承的工作温度不超过75℃，滑动轴承的工作温度不超过65℃			
轴承最大间隙/mm	轴　颈	滑动轴承	滚动轴承	
	30~50	0.24	0.20	
	>50~80	0.30	0.20	
	>80~120	0.35	0.30	
	>120~180	0.45	0.30	

项　目	质量完好标准	备　注
联轴器	端面间隙比轴的最大窜量大 2~3mm，径向位移不大于 0.2mm，端面惯斜不大于 0.1%，橡胶圈外径和内径差不大于 2mm	螺栓有防脱装置
电气部分与仪表	电动机和开关柜符合质量完好标准，压力表、电压表和电流表齐全、完整、准确	仪表校验期在 1 年以内
运　转	运转正常，无异常振动，水泵每年至少测定一次，排水系统综合效率不低于：竖井 45%；斜井 40%	测定记录有效期不超过 1 年
整洁与资料	设备与水泵房整洁，水井无杂物，工具、备件存放整齐，运行日志和检查、检修记录完整	

（二）一般水泵的质量完好标准

一般水泵的质量完好标准如表 4-2 所示。

表 4-2　一般水泵的质量完好标准

项　目	质量完好标准	备　注
螺栓、螺母、背帽、垫圈、开口销、护罩、放气阀	齐全、完整、紧固	
泵体与管路	无裂纹，不漏水，防锈良好，吸水管直径不小于水泵入口直径，平衡盘调整合适、轴窜量为 1~4mm（或按生产厂家规定），填料滴水不成线，填料箱不发热	
逆止阀、闸板阀、底阀	齐全、完整、不漏水、阀门操作灵活	排水高度低于 50m 的水泵可以不装逆止阀
轴　承	油圈转动灵活，油质合格，不漏油；滚动轴承的工作温度不超过 75℃、滑动轴承的工作温度不超过 65℃	
联轴器	端面间隙比轴的最大窜量大 2~3mm，径向位移不大于 0.25mm，端面倾斜不大于 0.15%	
电气部分	电动机符合质量完好标准，启动设备齐全、可靠，接地装置合格	
整　洁	设备无油垢，油圈无杂物	

任务实施

矿用离心式水泵的维护和保养

（一）矿用离心式水泵维护性修理

矿用离心式水泵的修理分为大修、中修及小修三种。

（1）小修应该按照周期图表进行。内容一般是分解清扫水龙头和底阀；清洗调整轴承或更换联轴器螺栓、胶垫并调整联轴器间隙；调整平衡盘尾部垫片；更换平衡环；调整各部螺栓和键等；检查处理漏水、漏气部分，更换盘根；调整仪表及更换润滑油等。

（2）中修也要按周期图表进行。检修内容除包括小修全部工作外，还要分解检查，更换叶轮口环、中段轴套；修理叶轮与口环磨损部分，必要时更换叶轮；更换平衡盘、串水套；检修更换轴承；检修或更换各阀门和串水管；调整闸阀和逆止阀的衬垫及修理阀板；检查轴和机座；更换其他不能保持到下一次中修的零件。

（3）大修除包括中修的全部内容外，还要全部分解、检查、清洗、更换各部磨损或腐蚀的机件；调整机座或重新找正联轴节；光轴、校直轴或更换轴等。大修更换的零件很多，一般不应使用未经修复的磨损零件。大修后要进行水压试验和技术测定。

（二）矿用离心式水泵的日常维护和检查

对矿用离心式水泵的维护和保养工作，根据实践经验，要做到"勤、查、听、看"。勤，即勤看、勤听、勤摸、勤修、勤联系；查，包含查各部螺栓的松紧情况，查油质、油量，查各轴承、电动机温升情况，查安全设施和电气设备，查闸阀、止回阀的好坏；听，包括听取上一工班的交接陈述，听取别人的反映，听机器运转的声音；看，即看水位的高低，看仪表，看油圈等。具体的维护和保养工作如下：

（1）维护人员除按操作规程进行操作外，每班要对水泵检查数次，并要将检查情况认真填入交接班记录中。检查时要注意真空表、压力表、电流表及电压表是否正常或稳定，轴承温度是否正常，机体有无异常音响及振动，调整盘根松紧程度，必要时更换盘根，注意管路是否漏水漏气，根据平衡装置回水情况及轴的窜动程度，检查平衡装置工作是否正常，检查吸水管、水龙头是否被堵塞，检查电动机温度是否正常。

（2）维护人员要具备维护技术水平，对检查出的问题能及时处理，检查情况及处理结果要记入专门的记录内。

（3）修理性检查由专业检修人员按照检修周期图表认真检查，以确定水泵继续工作的可靠性或修理的必要性。

（4）经常保持水泵及水泵房清洁，及时处理杂物，保持水泵、电动机、电气设备清洁，无油垢、无灰尘。对停开的水泵、电动机要做好维护和保养工作，保持设备的完好，随时都可以投入使用。

（5）水泵必须保持良好的润滑状态，油质要符合要求，油量适宜。水泵若采用滑动轴承，一般采用 20 号机械油，每周应加油 1 次，保持一定的油位；如采用滚动轴承，则用黄油杯加油，每班应拧紧油杯丝扣 1~2 转，每 3~4 个月换油一次，一般使用钠基润滑脂。电动机采用钙基润滑脂润滑，一般运转 2000~3000h 应加油 1 次。润滑油及润滑脂应用专门容器盛装，不得混淆，并保持清洁。

（三）离心式水泵的点检内容

离心式水泵的点检内容如下：

（1）水位指示是否灵活、准确，水仓水位应在规定范围之内。

（2）电流表、压力表指示是否正常。

（3）电动机温度应不大于 60℃（制造厂另有规定者按规定执行）。

（4）泵盘根滴水应为 10~20 滴/min。

（5）泵、电动机运转有无异常响声。

（6）操作系统是否动作可靠。

（7）真空表指示是否灵敏，真空系统是否完好。

（8）各润滑点润滑是否良好，油质是否清洁，油位是否符合要求。

（9）各连接螺栓是否松动。

（10）进、出闸阀是否不漏水、不漏油，有无异常声音。

（11）冷却水管是否给水流畅。

（12）检查各轴瓦、轴承的温度，滑动轴承温度应不大于65℃，滚动轴承温度应不大于75℃，电动机轴承温度应不大于75℃。

（13）水泥基础是否有裂纹或脱落现象产生。

（14）各电气接头、设备保险装置、导线及安全保护装置等有无变色或异味。

（15）事故信号是否在运行位置上。

（四）矿用离心式水泵的润滑及要求

矿用离心式水泵的润滑及要求如下：

（1）经常检查轴承油量是否达到油标位置，油圈是否带油，必须保证足够的润滑。

（2）必须使用规定的润滑油并按规定时间换油。

（3）经常检查油质是否清洁，如油质严重污浊，应考虑提前换油。

（4）注入钙基黄油的轴承，第一次换油应在工作80h后进行，以后每工作2400h或每次检查水泵时换油。油量应充满轴承箱容量的1/2～2/3。

（5）更换油时必须将油污清洗干净。

（6）加油量应加至油窗的2/3，视油标应浸没油中15mm，发现缺油时应及时加注。累计运行1000h应清洗轴承并更换新油。

（7）电动机轴承累计运行2000h注油1次，每半年清洗1次。

任务考评

本任务考评的具体要求见表4-3。

表4-3　任务考评表

任务4　矿井排水设备的维护与保养				评价对象：　　　　学号：
评价项目	评价内容	分值	完成情况	参考分值
1	主排水泵的质量完好标准	10		每组2问，1问5分
2	矿用离心式水泵的日常维护和检查内容	10		每组2问，1问5分
3	矿用离心式水泵的点检内容	15		每组3问，1问5分
4	矿用离心式水泵的润滑方法及要求	15		每组3问，1问5分
5	分组进行矿用离心式水泵的维护与保养	30		检查10分，点检10分，润滑10分
6	完整的任务实施笔记	10		有笔记4分，内容6分
7	团队协作完成任务情况	10		协作完成任务5分，按要求正确完成任务5分

能 力 自 测

4-1   主排水泵的质量完好标准有哪些内容？

4-2   矿用离心式水泵日常维护和检查的内容有哪些？

4-3   矿用离心式水泵的点检内容有哪些？

4-4   简述矿用离心式水泵的润滑及要求。

任务 5　矿井排水设备的安装与调试

任务描述

　　矿用离心式水泵的安装质量直接关系着水泵的运行质量。即使泵的选型和配套都合理，若安装不当，也会降低水泵的效率和使用寿命，甚至根本不能正常工作。所以，了解水泵的安装知识，对从事水泵维修工作会有很大帮助，对搞好其他机械的安装也会有很好的借鉴作用。

　　通过对矿用离心式水泵的安装，可进一步加深对矿用离心式水泵的结构、原理、性能等基本知识和基本理论的理解，提高实际动手能力，为后续课程的学习和今后的工作奠定基础。

　　通过本任务学习，要求学生具备以下技能：掌握矿用离心式水泵的结构和工作原理、水泵转动部分、固定部分和密封部分各零部件的结构及作用，矿用离心式水泵安装前的准备工作，矿用离心式水泵的安装质量标准；会正确拆卸、装配矿用离心式水泵和进行试运转工作。

知识准备

一、水泵的解体工作

（一）拆卸前的准备工作及拆卸注意事项

　　拆卸与装配前，应准备好地点、拆卸与装配工具、清洗材料（如煤油、汽油、棉布、棉纱、刮刀等）、支撑中段的木楔以及保护、装配用保护油、润滑脂等。如在现场进行拆装，首先要拆去妨碍拆卸的附属管路，并放掉泵壳内的水，拆开联轴器，移去电动机等。拆卸时，一定要注意保护零件，应分类放置，不能乱丢、乱放，以免零件损坏和丢失。

（二）拆卸顺序

　　拆卸顺序如下：

　　（1）拆去联轴器、平衡管、水封管等。

　　（2）拆去出水侧轴承端盖上的螺栓和出水段、尾盖、轴承体三个部件之间的连接螺栓，卸下轴承端盖、轴承体等轴承部件。

　　（3）拧下轴上圆螺母并依次卸下轴承内圈、轴承压盖和挡圈后，卸下填料体（包括填料压盖、填料环、填料等）。

　　（4）依次卸下轴上的 O 形密封圈、轴套、平衡盘和键后，卸下出水段、末导叶、平衡环套等。

（5）卸下末级叶轮和键后，卸下中段、导叶，按此依次卸下各级叶轮、中段和导叶，直到卸下前级叶轮为止。

（6）拧下进水段和轴承体的连接螺母和轴承压盖上的螺栓后，卸下进水段侧轴承部件。

（7）将轴从进水段中抽出，拧下轴上固定螺母，依次将轴承内圈、O形密封圈、轴套等卸下。

（8）采用滑动轴承的大型水泵，其拆卸顺序与采用滚动轴承的水泵基本相同，仅在拆卸轴承部件处略有不同。

（三）水泵检查清洗工作

1. 水泵零部件的清洗工作

水泵拆卸完毕，应将其零部件用煤油进行清洗。大件可单独进行，用毛刷蘸上煤油涂在表面上清洗脏物及防腐油；小件可放在煤油盆中用毛刷逐件进行清洗。清洗后用棉纱擦干净，而后涂一层润滑油，防止生锈。

2. 水泵零部件的检查工作

水泵零部件的检查工作：

（1）水泵经由厂家搬运到施工现场后，可能产生一些变形和碰伤。因此，要检查泵轴有无弯曲和裂纹，滑动轴承装配间隙是否合适，叶轮、出水段、各导翼和轴承套及平衡盘等有无损伤和磕碰，要边清洗边检查。

（2）经检查后发现有不合格的零部件应找厂家更换；如属于搬运中碰坏的零部件，应以设备带来的备用件更换或重新加工。

二、水泵的装配与调整

（一）装配顺序及注意事项

泵的装配顺序一般按拆卸顺序相反方向进行。装配质量好坏直接影响泵能否正常运行，并影响泵的使用寿命和性能参数。装配时应注意以下几点：

（1）应保护好零件的加工精度和表面粗糙度，不允许有碰伤、划伤等现象，紧固螺钉和螺栓应受力均匀。

（2）叶轮出口流道与导叶进口流道的对中性是依各零件的轴向尺寸来保证的，流道对中性的好坏直接影响泵的性能，故泵的尺寸不能随意调整。

（3）泵装配完毕后，在未装填料前，应用手转动泵转子，检查转子在泵中是否灵活，轴向窜动量是否达到规定要求。

（4）检查合格后压入填料，并注意填料环在填料腔中的相对位置。

（二）水泵的安装方法

1. 转子部分的预装配

转子部分的预装配是先将轴套、水轮、导叶套、下一段水轮及导叶套依次装配至最后一段水轮，再装平衡盘和轴套，最后拧紧锁紧螺母，其目的是使转动件和静止件相应地固定。而后调整水轮间距，测量大口环内径与水轮入水口外径配合间隙、导叶与导叶套配合间隙，并检查水轮、导叶套的偏心度及平衡盘的不垂直度。检查调整好后，对预装配零件进行编号，以便于拆卸后将它们装配到相应的位置上。

（1）水轮间距的测量与调整。

水轮间距按图纸要求应相等，但在制造时有误差，一般不应超过或小于规定尺寸1mm。以每个中段厚度为准，采取取长补短的方法达到相等。水轮间距的测量可用游标卡尺。

$$水轮间距-中段泵片厚度=水轮毂轮厚度+导叶套长度$$

间距的调整是用加长或缩短导叶套长度的方法（即间距大时切短导叶套长度，间距小时加垫）。

（2）其他部件间距的测量与调整。

测量与计算密封环内径与水轮入水口外径，导叶内径与叶轮套外径，串水套内径与平衡盘尾套外径的间隙。

1）测量方法。用千分尺或游标卡尺，测量每个水轮入水口外径、叶轮套外径、平衡盘尾套外径、相应地再测量进水段密封环内径、每个中段密封环内径、导叶内径、出水段上串水套内径。每个零件的测量要对称地测两次，取其平均值，然后计算出实际间隙，不合格的要进行调整或更换。

2）调整方法。大口环与水轮间隙小，应车削水轮入水口外径或车削大口环内径，间隙大则重新配制大口环。导叶间隙不符合要求时，应更换较合适导叶套。平衡盘尾套间隙小，应车削平衡盘尾套的尾径，间隙大应重新配制平衡盘尾套。

3）检查偏心度及平衡盘的垂直度。偏心度太大会使水泵转子在运转中产生振动，使泵轴弯曲以及水轮入口外径磨偏，叶轮磨偏；平衡盘不垂直，在运转中会使其磨偏。检查偏心度和垂直度的方法为：在调整好水轮间距及各个间隙后，将装配好的转子固定在车床上或将轴承装在转子轴上，再放入 V 形铁上，用千分表测量。千分表触头接触测件，将轴旋转一圈，其最大读数与最小读数差之半即为偏心度。

①逐个检查轴套、叶轮、平衡盘，一般情况下轴套、叶轮的偏心度不超过 0.1mm，平衡盘的偏心度不超过 0.05mm。

②逐个检查水轮入水口外径，其偏心度一般不超过 0.08～0.14mm。

③检查平衡盘垂直度时，将千分表触头置于平衡盘端面上，将轴转一圈，千分表指针的最大值与最小值之差，即为垂直度。平衡盘与轴的不垂直度在 100mm 长度内不大于 0.05mm。偏心度和垂直度不合格时要更换和修整。

2. 泵体的预装配

泵体的预装配方法是：

（1）当转子及泵体的各部件检查、调整完毕后，按顺序拆出转子部分的各部件，并进行清洗。按装配程序（与拆卸相反）进行泵体预装配。

（2）先将轴承体及进水段装在机座上并用螺栓紧固；再将泵轴插入进水段轴孔中，并装上水轮。依次装配各中段导叶、大口环、水轮、导叶套等。最后装上排水段、平衡盘、平衡环、轴承体并拧紧拉紧螺栓和泵体及机座连接螺栓。

（3）在装平衡盘之前，应先量取轴的总窜动量，并应保持平衡盘与平衡环之间的间隙为 0.5~1mm（其间隙是平衡盘正常运转时的工作位置）。量取方法如下：

1）先将轴左移到头，在轴上做一记号，然后将轴右移到头，在轴上再做一次记号。左右移动时所做的记号间距即为轴的轴向总窜动量。随后，在两记号中间划一标记，作为轴的正常工作位置。

2）在量取轴的总窜动量之后，以平衡盘紧靠平衡环为基准，轴向右移窜动量为：

$$\frac{轴总窜动量}{2} + （0.5~1mm）。$$

在调整中如发现平衡盘与平衡环的间距超过规定值时，用改变平衡盘长度方法进行调整。

（4）当水泵体预装配完毕后，将其整体固定在泵座上，然后用冷装方法，将水泵端半联轴器装配好。

（三）水泵的安装质量标准

水泵的安装质量标准如下：

（1）水泵安装的允许偏差：中心线位置为 ±5mm，标高为 ±5mm。

（2）按使用说明书中有关坡度的要求进行安装；无坡度者，其水平偏差宜低向水泵的排水方向。

（3）地脚螺栓安装时，应保持垂直，其不垂直度不应超过 1%。

（4）地脚螺栓离孔壁的距离应大于 15mm，底端不应碰孔底。

（5）地脚螺栓的螺母与垫圈间和垫圈与设备底座间应接触良好。

（6）二次灌浆层不得有裂缝、蜂窝和麻面等缺陷。

（7）电动机与水泵的联轴器端面间隙，一般规定为水泵最大窜量加 2~3mm。水泵的最大窜量是水泵转子的前向窜量与后向窜量之和，外加 2~3mm 的数值，是水泵的前向窜量（向联轴器侧）已达极限时，应具有的安全余量。

（8）电动机与泵的轴心线在同一平面内成直线，可用塞尺测量两联轴器端面间隙的均匀度，在圆周各个方向上最大和最小间隙数不得超过 0.2mm。两端面中心线上下或左右的差数不得超过 0.1mm。

任务实施

水泵的安装

（一）水泵安装前的准备工作

水泵安装前的准备工作有：

（1）应检查水泵和电动机有无损坏。

（2）准备工具及起重机械。

（3）按设备随机图检查机器基础。

（4）对设备、附件及地脚螺栓进行检查，不得有损坏及锈蚀；检查设备的方位标记、重心标记及吊挂点，对不符合安装要求者，应予以补充。

（5）清除设备内部的铁锈、泥砂、灰尘等杂物。对无法进行人工清扫的部位，可用空气吹扫。

现在定型的水泵中有配置底座和不配置底座两种形式，但其安装原理是一样的，这里以带底座的 SH 型水泵为例（具体安装时可参考随机安装使用说明书），其安装顺序如下：

（1）整套水泵运抵现场时，附带底座者已装好电动机，找平底座时可不必卸下水泵和电动机。如整体设备体积太大，不能运送到泵房时，则必须先卸下水泵和电动机。

（2）将底座放在地基上，在地脚螺栓附近垫铁，将底座垫高约 20~40mm，准备为找平后填充水泥浆之用。

（3）用水平仪检查泵座的水平度，找平后，拧紧地脚螺栓螺母，用水泥浇灌泵座及地脚螺栓孔。

（4）经 3~4 天水泥干燥后，再检查一下水平度。

（5）清洗泵座的支持面，支承泵脚和电动机脚的平面，并把水泵和电动机安放到底座上。

（6）调节泵轴水平（电动机轴可暂不调节），找平后，适当上紧螺母，以防走动。待泵端调节完毕后，再安装电动机，在水平欠妥的脚上垫上垫板。

（7）在泵和电动机联轴器之间要留有一定的间隙，把钢尺放在联轴器上（上下左右观察），检查水泵轴心线与电动机轴心线是否重合。若不重合，就在脚下垫上几片薄铁片，使电动机联轴器与钢尺相符。调整完毕后，将垫上的薄铁片取出，测量厚度，用经过刨制的整块垫板来代替，装好后应重新检查安装情况。

为了检查安装的精度，在几个相反的位置上用塞尺测量联轴器平面之间的间隙，联轴器两端平面间一周上最大和最小间隙差数不得超过 0.3mm，两端中心线上下或左右的差数不得超过 0.1mm。在水泵接上管路后，轴线还需作最后一次校正，因为在接管路时容易使水泵走动。

（二）水泵的试运转

1. 试运转前的准备工作

运行前检查项目如下：

（1）清除泵房内一切不需要的东西。

（2）检查电动机绕组的绝缘电阻，并用盘车检查电动机转子转动是否灵活。

（3）检查并装好水泵两端的盘根，其盘根压盖受力不可过大，水封环应对准尾盖的来水口。

（4）滑动轴承要注 HJ20 号机械油，注油量一定要合乎规定要求。

（5）检查闸板阀是否灵活可靠。

（6）电动机空转试验，检查电动机的旋转方向。

2. 试运转

试运转工作如下：

（1）装上并拧紧联轴器的连接螺栓，胶圈间隙不许大于 0.5~1.2mm。

（2）用手盘车检查水泵与电动机能否自由转动，检查后通过注水漏斗向水泵及吸水管内灌水，灌满后关闭放气阀（设有喷射器装置时，可用其灌引水）。

（3）关闭闸板阀，启动电动机，当电动机达到额定转数时，再逐渐打开闸板阀。

（4）水泵机组运转正常的标志如下：

1）电动机运转平稳、均匀、声音正常。

2）由出水管出来的水流量均匀，无间歇现象。

3）当闸门开到一定程度时出水管上的压力表所指的压力，不应有较大的波动。

4）滑动轴承的温度不应超过 60℃，滚动轴承温度不应超过 70℃。

5）盘根和外壳不应过热，允许有一点微热。出水盘根完好，应以每分钟渗水 10～20 滴为准。

（5）试运转初期，应经常检查或更换滑动轴承油箱的油，加油量不能大于油盒高度的 2/3，但要保证能够使油环带上油，同时要注意油环转动是否灵活。

（6）水泵停机前，先把闸板阀慢慢关闭，然后再停止电动机，绝不允许水泵空转。

3. 试运转时间及转交

试运转时间及转交要求如下：

（1）水泵试运转时间为每台泵连续排水运转 2h，之后停机检查，而后再启动另一台水泵，排水运转时间也为 2h。交替运转，每台达到 8h 后，经检查无异常现象，可移交给使用单位。

（2）试运转时要做好各种记录，如机体声音、轴承温度、压力、电动机温度、电流、电压等，按运转时间，检查部位均要详细记载。

任务考评

本任务考评的具体要求见表 5-1。

表 5-1　任务考评表

任务 5　矿井排水设备的安装与调试				评价对象：　　　学号：
评价项目	评价内容	分值	完成情况	参考分值
1	水泵拆卸前的准备工作及拆卸注意事项	10		每人 2 问，1 问 5 分
2	水泵拆卸顺序	10		每人 2 问，1 问 5 分
3	水泵零部件的清洗方法和检查内容	10		清洗方法 5 分，检查内容 5 分
4	水泵的安装质量标准	10		错一项或缺一项扣 5 分
5	分组进行安装和调运转工作	40		安装 25 分，试运转 15 分，错一步或缺一步扣 5 分
6	完整的任务实施笔记	10		有笔记 4 分，内容 6 分
7	团队协作完成任务情况	10		协作完成任务 5 分，按要求正确完成任务 5 分

能 力 自 测

5-1　简述水泵的拆卸顺序。

5-2　简述水泵的装配顺序及注意事项。

5-3　水泵安装前有哪些准备工作?

5-4　简述水泵的安装质量标准。

5-5　简述水泵安装与调试的顺序。

任务6　矿井排水设备的故障分析

任务描述

水泵在运行时可能发生各种故障，应该掌握分析故障原因及排除故障的方法，以缩短故障影响时间，保证水泵正常运行。水泵在运行中，产生故障是不可避免的，正确判断和处理常见故障，对保证水泵的安全、正常运行具有重要意义，这也是从事矿山机电设备技术工作必须掌握的基本知识和应具备的基本技能。

通过本任务学习，要求学生会对矿用离心式水泵常见故障进行诊断、分析并处理，会对矿用水泵事故案例进行事故原因分析，并提出防范措施。

知识准备

离心式水泵的故障诊断

（一）故障诊断的依据

故障诊断的依据主要有：
（1）要认真阅读有关技术资料，弄清水泵的结构原理。
（2）了解水泵性能特点和工况知识，为综合分析运行工况打下知识基础。
（3）要不断地增加对设备的熟悉程度，积累其运行的规律性认知和处理经验。

（二）故障诊断的程序

由表及里、由现象到原因，查出问题背后的一般性规律，主要采用听、摸、看、量结合经验分析的方法进行。

（三）处理故障的一般步骤

处理故障的一般步骤如下：
（1）了解故障的表现和发生经过。
（2）分析故障的原因。
（3）做好排除故障前的各项准备工作。
（4）有措施、按步骤地排除故障。
（5）善后工作。

任务实施

一、水泵的故障分析

（一）启动时水泵吸不上水的原因及处理方法

启动时水泵吸不上水的原因及处理方法如下：

（1）启动时水泵内未灌水或灌水不足，泵内尚有空气。此时应停车，重新向泵内灌水，直到放气阀冒水为止。

（2）底阀漏水。可能是底阀坏了，也可能是底阀的阀板与阀座接触处被小块碎石、煤块或木块卡住。这时，可先用大锤敲击吸水管下端震掉卡在阀座上的小块异物，如仍然不行，就应将底阀拆下检查修理。

（3）吸水口没有浸在水中或浸入水下太浅。这时只要降低水口，使其浸入水中一定的深度即可，但要保证水面高度小于水泵的允许吸上真空度。

（4）水龙头堵塞。堵塞的原因有两种：一是底阀的滤网被树皮、烂绳、塑料袋等杂物包死，水不能通过；二是水仓清理不及时，底阀被水井中的煤泥、泥砂、碎石等沉淀物埋死。解决的办法是清理吸水井或水仓。同时，为了防止底阀被堵，应在水仓外面的水沟中设置滤网，在水仓与吸水小井之间也设置滤网，以阻止杂物流入水井。滤网应经常清扫，水仓也应及时清理。

（5）吸水管漏气。吸水管接头不严密或安装真空表处漏气，可使吸水管中的空气排不尽，造成压力表和真空表剧烈摆动。

（6）吸水管中存有空气。吸水管特别是移动式水泵的吸水管，如果安装不当就会使吸水管中存有空气。吸水管安装得正确与否如图 6-1 所示。

（7）吸水侧盘根漏气，造成泵内空气排不尽。盘根漏气的原因是盘根老化，或未浸透油，应更换合格的盘根。如盘根松散或压盖压不紧，也会造成漏气，这时应将压盖的螺栓螺帽拧紧到合适的程度。如果盘根箱（见图 6-2）在组装过程中忘了放水封圈，或者水封圈的位置放错了，不能正对斜孔，或者斜孔被堵，水封便不起作用，这时应根据具体情况进行处理。

（8）吸水高度过大，常常发生在移动式排水设备中。出现这种情况时，应按水泵铭牌规定的允许吸上高度，将水泵位置向下挪动。

（二）启动或运转时负荷大或无法启动的原因及处理方法

启动或运转时负荷大或无法启动的原因及处理方法如下：

（1）水泵启动时没有关闭排水口上方的闸阀，造成启动负荷过大。应该在启动时先关闭闸阀，或让闸阀开度很小，待水泵运转正常后，再慢慢打开闸阀。

（2）水泵运转时因流量太大，使电动机超负荷。调节闸阀开度，把闸阀关小一点，以减轻电动机负荷。

（3）水泵的富余扬程太多，致使流量增大。调节水泵扬程，减小富余扬程。

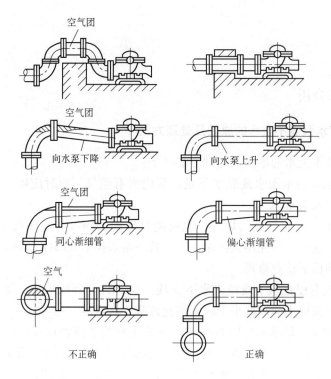

图 6-1　吸水管路安装正确与不正确的示意图

（4）泵轴弯曲，造成轴、轴套与小口环摩擦，叶轮与大口环摩擦，使得启动负荷增大。在这种情况下，可将泵轴拆卸下来，用图 6-3 所示的方法，将轴放在平台上的三角支撑块内，弯曲点朝上，用螺旋压力机压住向上的弯曲点，对轴进行校直。

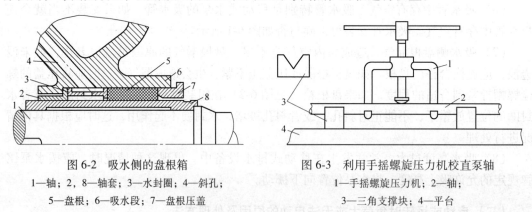

图 6-2　吸水侧的盘根箱

1—轴；2，8—轴套；3—水封圈；4—斜孔；
5—盘根；6—吸水段；7—盘根压盖

图 6-3　利用手摇螺旋压力机校直泵轴

1—手摇螺旋压力机；2—轴；
3—三角支撑块；4—平台

（5）填料箱压盖压得太紧，使得盘根得不到水流的润滑，造成盘根与泵轴轴套之间产生剧烈的摩擦，增加了电动机的负荷。应松一下盘根压盖，直至盘根压紧程度合适为止。

（6）平衡盘不正或平衡板磨损过大。由于加工制造上的质量不合格或安装的原因，平衡盘装在轴上倾斜过大，产生轴向跳动，造成平衡盘局部与平衡板摩擦，因而启动负荷过大，严重时启动不起来。应重新加工或安装平衡盘，使其符合要求。

由于要平衡轴向推力，同时平衡盘与平衡板之间要保持一定的间隙，造成泵轴向吸水侧移动，使得叶轮与口环相顶并互相摩擦，因而使负荷增加，叶轮很快磨损，水泵效率降低，甚至使水泵不能启动。应更换平衡盘及平衡板；或拆下平衡盘（平衡盘装置的结构如图6-4所示），把平衡盘尾部的调整片去除一部分。无调整垫片的可将平衡盘尾部车去一部分，去除部分的厚度大体上相当于平衡盘和平衡板磨去的厚度之和。

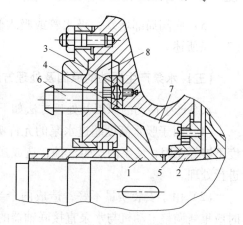

图 6-4 平衡盘装置
1—平衡盘；2—串水套；3，4—平衡环；
5—引水套；6—放水管；7，8—平衡室

（7）联轴器间隙过小，在水泵轴向吸水侧移动时，尤其是平衡盘与平衡板磨损严重时，就会使两个半联轴器挤在一起，把轴向力传给电动机轴，从而增加电动机的负荷和轴承的损坏。应增大联轴器的间隙，其值必须大于泵轴的窜量。

（8）平衡室的放水管堵塞。平衡室一般与吸水侧的吸水段相通，有的直通大气，通常都有一根放水管，其作用都是为了降低平衡盘的背压。如果放水管被堵死了，平衡装置就不起作用，轴向推力得不到平衡，造成平衡盘与平衡板直接摩擦，使得电动机的负荷很大而启动不起来。应找出放水管被堵塞的原因，予以消除。

（9）水泵装配质量不好。由于多级水泵各级叶轮的间距不相等，使得个别叶轮与中段或口环摩擦，增加了电动机的负荷。应在正式组装前，对叶轮与轴进行一次预装、检查和调整其间距，以避免上述现象。

（三）水泵在运转中突然中断排水的原因及处理方法

水泵在运转中突然中断排水的原因及处理方法如下：

（1）吸水井中水位下降，使水龙头露出水面，水泵发生汽蚀，造成排水中断。此时应及时停泵，待水位达到正常位置后再开泵。水泵工应经常观察水泵真空表，如果真空表指示突然变大，即为水位降低的征兆，应及时检查水位，决定是否停泵。

（2）吸水龙头突然被埋住或被塑料等杂物包裹堵死，水泵吸不上水，使得排水中断，这时真空表指示也很大，应及时停泵，清理水井。

（四）水泵运行后排水量太小的原因及处理方法

水泵运行后排水量太小的原因及处理方法如下：

（1）叶轮流道局部堵塞或损坏，叶轮过度磨损，大小密封环磨损，水泵泄漏量增大。发现这些情况时应及时排除局部堵塞，更换叶轮，更换大小密封环。

（2）排水管路因长期锈蚀而穿透造成漏水。解决方法是更换这段管路或用管箍包住漏水的地方。

（3）排水闸阀开度过小。调节闸阀的驱动机构，调节其开度到适当位置。

（4）排水管路结垢较多，导致管径缩小，排水阻力增加，造成工况点左移，流量下降。这时应该清洗管路。

（5）底阀局部堵塞，吸水管或吸入侧盘根漏气。处理方法如（一）中（4）、（5）、（7）条所述。

（五）水泵产生振动的原因及处理方法

水泵产生振动的原因及处理方法如下：

（1）由于吸水高度超过水泵的允许吸上真空度，水龙头露出水面或浸入水面之下深度不够等原因，使泵内产生汽蚀，造成强烈的振动和噪声。此时应立即停泵，查明原因，进行处理。

（2）由于安装质量不好，造成两个半联轴器不同轴，泵轴偏心旋转而产生振动。这时应重新调整电动机与水泵直接联轴器的同轴度，直到符合质量标准为止。

（3）泵轴弯曲或转动部分发生相互摩擦，导致水泵振动。此时应拆下进行检修。

（4）水泵和电动机的地脚螺栓松动，或基础不牢固，都能使水泵运行不稳而产生振动。此类情况应加固基础，紧固地脚螺栓。

（5）轴承损坏或严重磨损，都能造成泵轴偏心运转而产生振动。这时应更换轴承。

（6）叶轮损坏或因其他原因造成转动部分不平衡，由此产生的振动。此时应对水泵进行拆检。

（7）泵房内管路支架不牢固，也可使水泵产生振动。这时应检查并加固管路支架。

（六）填料箱发热

填料箱发热的原因为：

（1）填料压盖压得太紧；水封环装配位置不对，或水封环孔及水封管被堵塞。

（2）填料箱与轴及轴套的同心度不对，致使填料一侧周期性受挤压而导致发热。

（3）填料压盖止口没有进入填料箱内，填料压盖孔与泵轴不同心而摩擦，从而引起填料箱发热。

（七）水泵轴承发热的原因及处理方法

水泵轴承发热的原因及处理方法如下：

（1）轴承中的润滑油或润滑脂太少或太多，都会使轴承发热。应该对水泵的轴承定期检查，使轴承腔体内保持适量的润滑油量，采用油环带油润滑的滑动轴承，油池池面一般离轴颈的距离为轴颈直径的 $1/2$，或者池面的高度为油环直径的 $1/6 \sim 1/4$。滚动轴承用润滑脂润滑，一般当轴转速小于 1500r/min 时，可装轴承空间的 $1/2$，大于 1500r/min 时，可装 $1/3$ 左右。

（2）油质不符合规定要求，或加油时混入杂物、使用时间过长、油质过脏，油的黏度过大或过小等都会引起轴承发热。按有关规定使用油或油脂，其油质必须符合要求，油脏了要及时进行更换。一般水泵的滑动轴承使用 20 号机械油，滚动轴承使用锂基润滑脂，电动机的滚动轴承使用钠基润滑脂，两种不同类型或牌号的润滑脂不能混用。

（3）滑动轴承的油环不转动或转动不灵活，油带不上来或带上来的油量不足，就会使轴承因干摩擦而发热，所以要经常注意检查油环，发现问题及时处理。有时，由于轴上的挡水圈损坏，使水沿轴进入轴承油池，因为水的密度比油大，水就会沉积在油池下部，这样当油渐渐漏完只剩下水时，轴承就会因得不到油的润滑而发热。巡回检查中若发现问题，应立即处理。

（4）轴承安装不良，滑动轴承的中心线与泵轴中心线不一致，轴与轴承只形成局部接触，会使轴承发热；滚动轴承的内圈与轴配合松动，造成走内圈，滚道与滚子的间隙太小，也会使轴承发热。发现后，应及时修理或更换轴承。

（5）泵轴弯曲，使得两个半联轴器不同心，转动部分不平衡造成振动，都会对轴承产生附加力而使轴承发热。出现这类问题应及时对泵轴进行校直。

（6）平衡盘与平衡板磨损严重，使水泵轴向吸水侧移动，当达到某一数值时，失去平衡作用，轴承开始承受轴向力，先导致轴承发热，继而很快使轴承损坏。处理方法：调整平衡盘尾部垫片或更换平衡盘及平衡板，更换轴承。

（7）轴承损坏，这是轴承发热的常见原因，如滚动轴承的滚道发生点蚀的麻子，滚子破裂，内圈或外圈断裂，保持架损坏，滑动轴承的合金剥落、碎裂等。出现此类情况应及时对轴承进行更换处理。

（八）盘根处滴水成线的原因及处理方法

盘根处滴水成线的原因及处理方法如下：

（1）盘根磨损较多，应予以及时更换。

（2）填料箱压盖压得太松，应将压盖压紧。

（3）盘根缠绕方向不正确，应重新缠绕。

（4）泵轴弯曲、电动机轴与泵轴不同心，造成轴偏磨盘根而漏水，此时应校直或更换泵轴，找正联轴器，使电动机轴和泵轴同轴。

（5）所排的水中有脏物或砂粒，它们通过水封环时会对泵轴产生磨损。处理方法：修复泵轴，清理吸水小井和水仓，保证所排的水清洁无砂粒、煤粒等杂物。

（九）水泵在运行中可能出现的异常声音

1. 汽蚀异响

水泵发生汽蚀时，会发出噼噼啪啪的爆裂声。

2. 滚动轴承异响

滚动轴承异响的原因如下：

（1）新换的滚动轴承，由于安装时径向预紧力过大，滚动体转动吃力，会发出较低的"嗡嗡"声，这时会伴随着轴承温度的升高。

（2）若轴承腔体内润滑油脂不足，轴承在运行中会发出均匀的口哨声。

（3）当滚动体与保持架间隙过大时，运行中会发出较大的"唰唰"声。

（4）当轴承内外圈滑道的表面或滚动体表面上出现疲劳点蚀造成脱皮现象时，运行中会发出间断的冲击和跳动声。

（5）若轴承损坏，如保持架断裂、滚动体破碎、内外圈产生裂纹，则在运行中有"啪啪啦啦"的响声。

（十）阀门常见故障及处理方法

1. 填料函泄漏

产生原因：

（1）填料与工作介质的腐蚀性、温度、压力不相适应。

（2）装填方法不对，尤其是整根填料盘旋放入，最易产生泄漏。

（3）阀杆加工精度不够或表面粗糙度高，或有椭圆度，或有刻痕。

（4）阀杆已发生点蚀，或因露天缺乏保护而生锈。

（5）阀杆弯曲。

（6）填料使用太久，已经老化。

（7）操作太猛。

处理方法：

（1）正确选用填料并按规范装填，并定期更换。

（2）阀杆加工要符合图纸技术要求，已经弯曲的阀杆要校直。

（3）采取保护措施，防止生锈；已经生锈的要更换新的。

（4）操作要注意平稳，缓开缓关，防止温度剧变或介质冲击。

2. 关闭件泄漏

产生原因：

（1）密封面研磨得不好。

（2）密封圈与阀座、阀瓣配合不紧。

（3）阀瓣与阀杆连接不牢靠。

（4）阀杆弯曲，使上下关闭件不对称。

（5）关闭太快，密封面接触不好或早已损坏。

（6）材料选择不当，经受不住介质的腐蚀。

（7）将逆止阀、闸阀作调节阀使用，密封面经受不住高速流动介质的冲蚀。

（8）因焊渣、铁锈、尘土等杂质嵌入，或生产系统中有机械零件脱落堵住阀芯，使阀门不能关闭。

解决方法：

（1）使用前要认真检查各部分是否完好，发现问题及时解决。

（2）阀门关紧要使稳劲，不要使猛劲，如发现密封面之间接触不好或有障碍，应立即开启稍许，让杂质流出，然后再关紧。

（3）选用阀体及关闭件都具有较好耐腐蚀性的阀门。

（4）有可能掉入杂质的阀门，应在阀前加过滤器。

3. 阀杆升降失灵

产生原因：

（1）操作过猛使螺纹受伤。

（2）缺乏润滑或润滑剂失效。

（3）表面粗糙度高，配合公差不准，咬得太紧。

（4）阀杆螺母倾斜。

（5）材料选择不当，例如阀杆与阀杆螺母为同一材料，容易咬住。

（6）螺纹被介质腐蚀或锈蚀。

解决方法：

（1）关闭时不要使猛劲，开启时不要拧到死点，开足后将手轮倒转一两圈，使螺纹上侧密合，以免介质推动阀杆向上冲击。

（2）经常检查润滑情况，保证正常的润滑状态。常开阀门，要定期转动手柄，以免阀杆锈住。

（3）材料要能耐腐蚀，能适应工作温度和其他工作条件。

（4）阀杆螺母不要采用与阀杆相同的材质。

（5）提高加工和修理质量，达到规范要求。

4. 阀体开裂

产生原因：

一般是冰冻造成的。

解决方法：

天冷时，阀门要有保温措施，否则停产后应将阀门及连接管路中的水排净。

5. 填料压盖断裂

产生原因：

压紧填料时用力不均匀，或压盖有缺陷。

解决方法：

压紧填料时，要对称地旋转螺丝，不可偏歪。注意压盖的加工质量。

（十一）管道常见故障及其他相关设备、设施的故障

1. 管道的磨损、堵塞

矿井排水中往往带有一定量的泥浆或一定量的颗粒，因此会对管道造成一定的磨损。对于水平或倾斜安装的管道，底面比侧面和上面磨损要重，弯头处磨损也比较严重。若输送的液体杂物较多，还容易在弯头和管道变径处堵塞。因此，正常的解决方法是：定期检查管道的磨损情况，定期翻转管道，在泵入口处加装滤网，及时处理杂物。对于承受较大压力的管道，当磨损到一定程度，必须及时更换。

2. 管道的锈蚀、折断、弯形

位于矿井中或置于酸、碱性介质中的管道，腐蚀大于磨损，由于环境潮湿和酸、碱性介质的影响，腐蚀是管道的主要失效形式，往往由于锈蚀而导致管道报废。因此，管道安装前必须采取严格的防腐措施，安装后再对接口进行防腐处理，隔5年再进行一次检查。必要时，进行二次防腐处理。

对于长距离的输送管路，每隔一定的距离，要有管道支撑，且必须牢固可靠。支撑若变形、松动，会失去对管道的支撑作用而使管道变形，甚至断裂。在寒冷的北方地区，停用的管道必须及时放空水，避免管道被冻裂。

3. 伸缩节

对于较长的管道（≥200m）或温差变化较大的环境，管道必须加装伸缩节。常见的故障有：

（1）渗漏。

产生原因：填料损坏、密封圈损坏，内外套偏移或间隙过大。

解决方法：更换填料和密封圈，重配内外套使间隙在合理范围内。

（2）起不到伸缩作用。

产生原因：处于极限位置，内外套不同轴。

解决方法：安装时伸缩节留有一定的伸缩量，调整内外套使其同轴。

4. 管道支架

管道支架通常由金属或水泥做成，常见的故障是支架失去支撑固定作用。因此，发现问题要及时采取措施，加固或更换新支架，避免管道发生偏移。

二、水泵事故案例分析

[案例 1]　某矿井下水泵房，因水仓施工中水仓标高出现差错，其实际标高低于设计标高，造成吸水井深度超过设计深度，水泵选型量是按原设计而定，水泵安装后运行不到半年，水泵的排水效率大大降低。对水泵解体后才发现水泵的导叶、叶轮、大小口环、平衡盘等被严重磨损和腐蚀。造成这种现象的原因是什么呢？经反复研究、分析，判定主要原因是吸水管的长度大于水泵的吸水扬程，造成水泵运转过程中出现"汽蚀"现象。

[案例 2]　某矿井下水泵房主排水泵在排水过程中，因水泵司机工作责任心不足，在水泵排完水仓所有水后仍未停泵，造成水泵空转时间过长，导致水泵泵体烧死报废。针对该事故，应强调主排泵吸水井要加水位报警装置（上限、下限报警）。

[案例 3]　某矿井下水泵房主排水泵在启动后只出一股水，就再不出水了。分析其原因，发现是盘根不严密，有漏气现象。通过紧盘根，重新启动水泵后工作正常。另外，此类现象也有可能是灌水不足或底阀不灵活有阻力顶不开造成的。

任务考评

本任务考评的具体要求见表 6-1。

表 6-1　任务考评表

任务 6　矿井排水设备的故障分析				评价对象：　　　　学号：	
评价项目	评价内容	分值	完成情况	参考分值	
1	离心式水泵故障诊断的依据和程序	10		错一个或缺一个扣 5 分	
2	离心式水泵常见故障处理的一般步骤	10		错一个或缺一个扣 5 分	
3	矿用离心式水泵常见故障分析	30		原因分析 15 分，解决方法分析 15 分	
4	分组对水泵事故案例进行原因分析，并提出防范措施	30		事故原因分析 15 分，防范措施分析 15 分	
5	完整的任务实施笔记	10		有笔记 4 分，内容 6 分	
6	团队协作完成任务情况	10		协作完成任务 5 分，按要求正确完成任务 5 分	

能 力 自 测

6-1　简述离心式水泵的故障诊断程序和一般步骤。

6-2　水泵启动时不上水的原因有哪些，如何处理？

6-3　水泵在运转中突然中断排水的原因有哪些，如何处理？

6-4　简述水泵运行后排水量太小的原因及处理方法。

任务7　矿井排水设备的检修

任务描述

　　水泵在运行中，产生故障是不可避免的。因此，日常检查和预防性检查，对保证水泵的安全、正常运行具有重要意义，这也是从事矿山机电设备技术工作必须具备的基本技能和应有的责任。

　　通过本任务学习，要求学生具备以下技能：知道水泵的检修内容和水泵的质量完好标准；会进行水泵日常检查和预防性检查；会编写检修工艺；会管理排水设备。

任务实施

一、矿用离心式水泵质量完好标准要点及检查内容

（一）矿用离心式水泵质量完好标准要点

矿用离心式水泵质量完好标准要点如下：

（1）零部件齐全：各部螺丝、垫圈、开口销、护罩等不可缺少并符合要求。

（2）性能良好：

1）联轴节端面间隙要比轴的最大窜量大 $2\sim3$ mm（轴的窜量为 $1\sim4$ mm），径向位移不大于 0.2 mm，端面倾斜不大于 0.1%。

2）平衡盘调整合适。

3）填料箱不过热，滴水不成线。

4）轴承润滑良好，滑动轴承温度不超过 65℃，滚动轴承温度不超过 75℃，间隙不超过规定，不漏油。

5）电动机符合质量完好标准，不过热。

6）各种仪表齐全、准确。

7）各种阀类完整、不漏水，管路防腐良好。

（3）运转与出力：运转时响声正常无异常振动；出力指排水系统效率，立井不能小于 45%，斜井不能小于 40%。

（4）资料与整洁：有运行、检查和检修记录；设备和泵房整洁，工具与配件存放整齐等。

（二）矿用离心式水泵的日常检查和预防性检查内容

1. 日常检查

日常检查内容如下：

（1）轴承温度是否正常；油质、油量是否合适。

（2）机体有无振动和异响。

（3）平衡装置工作是否正常。

（4）填料松紧是否合适，对损坏的填料进行更换。

（5）检查联轴节及各部螺栓有无松动，对松动的螺栓要紧好。

（6）电动机温度、滑环、炭刷、弹簧及启动装置是否正常等。

2. 预防性检查

一般由专业修理工按照检修周期图表对各部进行详细检查，以确保水泵继续工作的可能性或修理的必要性。一般预防性检查和小修结合起来进行。对易损件进行必要的修理或更换。

二、矿用离心式水泵的检修内容及管理方法

（一）矿用离心式水泵定期检修的内容

1. 小修

一般每两个月进行一次，检修内容有：

（1）分解、清扫吸水罩和底阀。

（2）调整或更换联轴节螺栓、垫圈，检查调整联轴节同心度。

（3）清洗调整轴承，更换润滑油。

（4）调整平衡盘，更换平衡环、平衡套。

（5）更换填料。

2. 中修

一般每半年进行一次，检修内容除小修内容外，还有：

（1）更换叶轮、导翼，或更换密封环、导翼套。

（2）更换平衡盘。

（3）检查轴，检修或更换轴承。

（4）检修或更换不能坚持使用到下一次中修的零部件。

3. 大修

一般每年进行一次，检修内容除中修内容外，还要全面分解、清洗、更换各部磨损零部件，包括光轴或更换轴等，对泵壳也要做必要的修理。大修后要进行水压试验。重新安装后还要进行技术测定。

进行大、中、小修均应做好检修记录，并摘要记入技术档案中。

大、中、小修间隔期要视水泵具体条件确定，如水质、运行时间长短等间隔期允许有所不同。

（二）井下主排水设备的管理方法

井下主排水设备的管理方法有：

（1）建立检修制度。按规定对水泵进行大、中、小检修，保证台台水泵完好，台台水泵能正常运转。井下发生水害时，备用水泵、检修水泵都能投入运转。

（2）建立巡回检修制度。巡回检修水泵、排水系统、电气部分、仪表的运行情况，发现问题及时反映、及时处理。

（3）运行中要注意日常维护，要做到"勤、查、精、听、看"。勤：勤看、勤听、勤摸、勤修、勤联系；查：查各部螺栓、查油量油质、查各轴承温度、查安全设备和电气设备、查闸阀和逆止阀好坏；精：精通业务、精力集中；听：听取上班的交班情况、听取别人的反映、听机器运转的声音；看：看水位的高低、看仪表指示是否正确和有无故障、看油圈甩油状况和润滑是否良好。

（4）做好泵体、电动机、环形管路、阀门等防腐工作。

（5）做好压力表、真空表、电压表、电流表、电度表的整定、定期校验工作。

（6）雨季前做好水泵联合试运转。

（7）建立各种规章制度，要害场所管理制度、岗位责任制度和包机制度、交接班制度、操作规程和领导干部上岗查岗制度。

任务考评

本任务考评的具体要求见表 7-1。

表 7-1　任务考评表

任务 7　矿井排水设备的检修				评价对象：　　　学号：	
评价项目	评价内容	分值	完成情况	参考分值	
1	矿用离心式水泵质量完好标准要点	10		错一个或缺一个扣 5 分	
2	矿用离心式水泵的日常检查和预防性检查内容	10		错一个或缺一个扣 5 分	
3	矿用离心式水泵定期检修的内容	10		错一个或缺一个扣 5 分	
4	井下主排水设备的管理方法	20		错一个或缺一个扣 5 分	
5	分组对矿用离心式水泵进行检修	30		错一步或缺一步扣 10 分	
6	完整的任务实施笔记	10		有笔记 4 分，内容 6 分	
7	团队协作完成任务情况	10		协作完成任务 5 分，按要求正确完成任务 5 分	

能　力　自　测

7-1　水泵的日常检查有哪些内容，预防性检查是什么？

7-2　简述水泵定期检修的内容。

7-3　井下主排水设备如何管理？

教学情境Ⅲ 矿井通风设备使用与维护

知识目标

掌握矿井通风设备的类型、结构及工作原理；掌握矿用通风机的安全操作规程、检修有关标准、运转注意事项、反风方法及操作技术要求；了解矿用通风机及网路性能曲线的分析方法、工况点及工况点参数的确定方法、工业利用区及工况调节方法；掌握矿用通风机维护和保养方法；了解矿用通风机性能参数的测量方法；掌握矿用通风机安装、调试和检修方法；掌握矿用通风机常见故障的诊断和处理方法；了解矿用通风机特性曲线的绘制方法和事故案例分析方法。

技能目标

会矿用通风机的启动操作、停机操作和正确交接班；会手指口述通风机反风操作方法；会进行矿用通风机性能曲线分析，并会工况调节；会对矿用通风机进行正确的维护和保养；会根据通风机的装配图进行通风机的安装、调试与性能参数测定；会对矿用通风机常见故障进行诊断和排除；会对矿用通风机进行检修。

情境描述

矿井通风设备是矿山重要的固定设备之一，其主要任务是向井下输送新鲜空气，保证井下工作人员安全，实现安全生产的顺利进行。做好矿用通风设备的选型、安装与调试、使用与操作、维护与保养、检修与故障排除等是矿山井下安全生产的重要保障。通风机在通风系统中的布置如图 8-1 所示。目前，煤矿使用的矿用通风机主要是对旋轴流式风机。

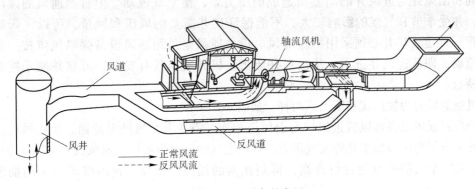

图 8-1 通风设备的布置

任务8　矿用通风机的使用与操作

任务描述

通风机是依靠输入的机械能，提高气体压力并排送气体的机械，是一种从动的流体机械。通风机广泛用于工厂、矿井、隧道、冷却塔、车辆、船舶和建筑物的通风、排尘和冷却，锅炉和工业炉窑的通风和引风，空气调节设备和家用电器设备的冷却和通风，谷物的烘干和选送，风洞风源和气垫船的充气和推进等。通风机与风机的关系：风机是我国对气体压缩和气体输送机械的习惯简称，通常所说的风机包括通风机、鼓风机、压缩机以及罗茨鼓风机，但是不包括活塞压缩机等容积式鼓风机和压缩机。通风机是风机的一种产品类型，但人们通常把通风机简称为风机，即通风机是风机的另外一种叫法。

通风机是矿井的"肺脏"，是矿井井下正常生产活动的基础和安全保障。通风机通风时，可以向井下输送新鲜空气，稀释和排除有毒、有害气体，调节井下所需风量、温度和湿度，改善劳动条件，保证安全生产的顺利进行。矿用通风设备必须安全、可靠、经济地工作，以确保安全生产。因此，矿山通风设备的选型、布置、使用和操作必须符合国家有关规定，如《煤矿安全规程》等。

通过本任务学习，要求学生掌握矿用通风设备的类型、结构和工作原理，学会矿用通风机的使用和操作方法。

知识准备

一、矿井通风设备的工作方式

从通风方法上讲，矿井通风分为自然通风和机械通风。自然通风是利用矿井内外温度不同和出风井与进风井的高差所造成的压力差，使空气流动。但自然通风的风压比较小，并受季节和气候的影响较大，不能保证矿井需要的风压和风量，所以《煤矿安全规程》规定，矿井必须采用机械通风。机械通风是采用通风设备强制风流按一定的方向流动，即从进风井进入，从出风井流出。机械通风具有安全、可靠并便于控制调节的特点。

机械通风分为抽出式和压入式两种，如图8-2所示。

抽出式通风是将通风机进风口与引风道相连，将井下污风抽至地面。采用抽出式通风，井下空气的压力低于井外大气压力，井内空气的压力为负压，通风机发生故障停止运转后，井下空气的压力会自行升高，抑制瓦斯的涌出。所以，我国煤矿常采用抽出式通风。

压入式通风是通风机出风口与进风井相连，通风机进风口与大气相连，把新鲜空气压入井下。《煤矿安全规程》第127条规定：掘进巷道必须采用矿井全风压通风或局部通风

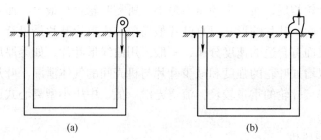

图 8-2　矿井通风方式示意图

（a）压入式通风；（b）抽出式通风

机通风。煤巷、半煤岩和有瓦斯涌出的岩巷掘进通风方式应采用压入式，不得采用抽出式（压气、水压引射器不受此限制）；如果采用混合式，必须制定安全措施。瓦斯喷出区域和煤（岩）与瓦斯突出煤层的掘进通风方式必须采用压入式。

二、矿井通风设备的类型和工作原理

1. 矿井通风设备的类型

按气体流动方向的不同，通风机主要分为离心式、轴流式、斜流式和横流式等类型。常见的通风机有离心式通风机和轴流式通风机两大类。风流沿通风机叶轮的轴向进入并沿径向流出的通风机为离心式通风机，风流沿轴向进入并沿轴向流出的通风机为轴流式通风机。

2. 通风机的工作原理

（1）离心式通风机。

离心式通风机主要由叶轮和机壳组成，小型通风机的叶轮直接装在电动机上，中、大型通风机通过联轴器或皮带轮与电动机连接。离心式通风机一般为单侧进气，用单级叶轮；流量大的可双侧进气，用两个背靠背的叶轮，又称为双吸式离心通风机。

离心式通风机的结构，如图 8-3 所示。当电动机带动转子旋转时，叶轮流道中的空气在叶片作用下，随叶轮一起转

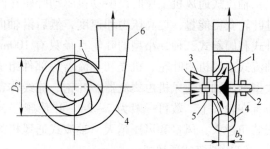

图 8-3　离心式通风机结构示意图

1—叶轮；2—轴；3—进风口；

4—机壳；5—前导器；6—锥形扩散器

动，主要在离心力的作用下，能量升高，并由叶轮中心沿径向流向叶轮外缘，经螺线形机壳和锥形扩散器排至大气。同时，在叶轮中心和进风口形成真空（或负压），外部空气在大气压力作用下，经进风口进入叶轮，形成连续流动。

叶轮是通风机的主要部件，它的几何形状、尺寸、叶片数目和制造精度对性能有很大影响。叶轮经静平衡或动平衡校正才能保证通风机平稳地转动。按叶片出口方向的不同，叶轮分为前弯、径向和后弯三种形式。前弯叶轮的叶片顶部向叶轮旋转方向倾斜；径向叶轮的叶片顶部是向径向的，又分直叶片和曲线形叶片；后弯叶轮的叶片顶部向叶轮旋转的反向倾斜。前弯叶轮产生的压力最大，在流量和转数一定时，所需叶轮直径最小，但效率

一般较低；后弯叶轮相反，所产生的压力最小，所需叶轮直径最大，而效率一般较高；径向叶轮介于两者之间。叶片的形状以直叶片最简单，机翼形叶片最复杂。

为了使叶片表面有合适的速度分布，一般采用曲线形叶片，如等厚度圆弧叶片。叶轮通常都有盖盘，以增加叶轮的强度和减少叶片与机壳间的气体泄漏。叶片与盖盘的连接采用焊接或铆接。焊接叶轮的重量较轻，流道光滑。低、中压小型离心式通风机的叶轮也有采用铝合金铸造的。

（2）轴流式通风机。

轴流式通风机结构，如图8-4所示。当电动机通过轴带动叶轮旋转时，由于叶片为机翼形，并以一定的角度安装在轮毂上，叶片正面（排出侧）的空气在叶片的推动下，能量增大，经整流器整流，通过扩散器被排至大气。同时，叶轮背面（入口侧）形成真空（负压），外部空气在大气压力作用下，经进风口进入叶轮，形成连续风流。

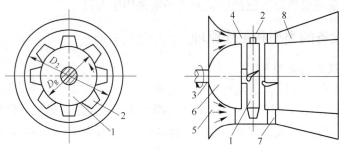

图8-4　轴流式通风机结构示意图

1—轮毂；2—叶片；3—轴；4—外壳；5—集流器；6—流线体；7—整流器；8—扩散器

轴流式通风机工作时，电动机驱动叶轮在圆筒形机壳内旋转，气体从集流器进入，通过叶轮获得能量，提高压力和速度，然后沿轴向排出。轴流式通风机的布置形式有立式、卧式和倾斜式三种，小型的叶轮直径只有100mm左右，大型的可达20m以上。小型低压轴流式通风机由叶轮、机壳和集流器等部件组成，通常安装在建筑物的墙壁或天花板上；大型高压轴流通风机由集流器、叶轮、流线体、机壳、扩散筒和传动部件组成。叶片均匀布置在轮毂上，数目一般为2~24。叶片越多，风压越高；叶片安装角一般为10°~45°，安装角越大，风量和风压越大。轴流式通风机的主要零件大都用钢板焊接或铆接而成。

（3）斜流式通风机。

斜流式通风机又称混流通风机，在这类通风机中，气体沿与轴线成某一角度的方向进入叶轮，在叶道中获得能量，并沿倾斜方向流出。这种通风机的叶轮和机壳的形状为圆锥形，兼有离心式和轴流式的特点，流量范围和效率均介于两者之间。

（4）横流式通风机。

横流式通风机是具有前向多翼叶轮的小型高压离心式通风机。气体从转子外缘的一侧进入叶轮，然后穿过叶轮内部从另一侧排出，气体在叶轮内两次受到叶片的力的作用。在相同性能的条件下，它的尺寸小、转速低。

与其他类型低速通风机相比，横流式通风机具有较高的效率。它的轴向宽度可任意选择，而不影响气体的流动状态，气体在整个转子宽度上仍保持流动均匀。它的出口截面窄而长，适宜于安装在各种扁平形的设备中用来冷却或通风。

3. 通风机的工作参数

（1）风量。

单位时间内通风机排出气体的体积，称为风量，用 Q 表示，单位为 m³/s、m³/min、m³/h。

（2）风压。

单位体积气体通过通风机后所获得的总能量（包括静压和动压），称为风压（全压），用 H 表示，单位为 N/m。

（3）功率。

1）轴功率。电动机传递给通风机轴的功率，即通风机的输入功率，用 N 表示，单位为 kW。

2）有效功率。单位时间内气体从通风机获得的能量，即通风机的输出功率，用 N_x 表示，单位为 kW。

$$N_x = \frac{QH}{1000} \tag{8-1}$$

（4）效率。

有效功率 N_x 和轴功率 N 的比值，称为通风机的效率，用 η 表示。

$$\eta = \frac{N_x}{N} \times 100\% = \frac{QH}{1000H} \times 100\% \tag{8-2}$$

离心式通风机的效率 η 最高的平均值在 0.50~0.75 之间，最佳者可达 0.90。

通风机叶轮的叶片有前弯、径向、后弯三种形式，其特性比较如表 8-1 所示。

表 8-1　通风机三种叶轮特性比较

叶轮形式	前弯型	径向型	后弯型
宽度直径比（b/D）	0.5~0.6	0.35~0.45	0.25~0.45
叶片数目	16~20	6~8	8~12
应　用	通风等	工厂排气	空气调节等
效率（最大）	0.55~0.60	0.60~0.70	0.75~0.90

对于风量大、风压低的离心式通风机，采用前弯型的叶轮，可以缩小机器的尺寸并减轻重量，使结构紧凑。特别是叶轮进口与出口的宽度相同而宽度也较大的离心式通风机，都采用前弯型叶片。

（5）转速。

通风机每分钟的转数，称为通风机的转速，用 n 表示，单位为 r/min。

4. 通风机的发展趋势

通风机未来的发展趋势是：进一步提高通风机的气动效率、装置效率和使用效率，以降低电能消耗；用动叶可调的轴流式通风机代替大型离心式通风机；降低通风机噪声；提高排烟、排尘通风机叶轮和机壳的耐磨性；实现变转速调节和自动化调节。

三、矿井常用通风机结构及工作原理

（一）矿用离心式通风机的构造

矿用离心式通风机主要有 4-72-11 型、G4-73-11 型和 K4-73 型，前两者多用于中、小型矿井，后者常用于大型矿井。

1. 4-72-11 型通风机

4-72-11 型通风机的结构，如图 8-5 所示，主要由叶轮、机壳、进风口和传动部分等组成。

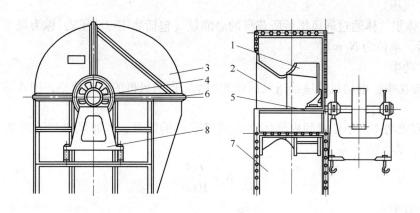

图 8-5　4-72-11 型（№16 和№20）通风机的结构图

1—叶轮；2—进风口；3—机壳；4—胶带轮；5—轴；6—轴承；7—出风口；8—轴承座

（1）叶轮。

4-72-11 型通风机的叶轮是由 10 个中空后弯机翼形叶片、双曲线形前盘和平板形后盘组成。叶轮由优质锰钢制成，并经静平衡和动平衡校正，运转平稳、高效，全压效率可达到 91%。

（2）机壳。

4-72-11 型通风机的机壳有两种形式：4-72-11 型的№16 和№20 通风机的机壳为三开式，即上、下部分可分开，上半部分又可分为左、右两部分，各部之间用螺栓连接，便于拆卸与维修；4-72-11 型通风机的其他机号（№2.8-12）的机壳焊接为整体结构，不能拆开。

（3）进风口。

4-72-11 型通风机的进风口为整体结构，其结构为锥弧形，即前部分为圆锥形的收敛段，后部分（接叶轮进口部分）是近似双曲线的扩散段，中间部分为收敛较大的喉部。气流在进风口的流动情况是在进风口前部气流加速，在喉部形成高速气流，在进风口后部速度降低并均匀扩散，进入叶轮。这种进风口阻力小，进入叶轮的空气扩散均匀，是通风机高效的一个原因。

（4）传动部分。

4-72-11 型通风机的传动部分由轴、轴承和皮带轮等组成。

4-72-11 型的№16 和№20 通风机为矿井常用的两种通风机，采用 B 式传动，即悬臂支撑，胶带传动，胶带轮在两轴承中间。轴承装有温度计，采用黄油润滑。

4-72-11 型通风机的旋向有两种，即"右旋"和"左旋"。从电动机胶带轮一端正看，叶轮按顺时针方向旋转的称为"右旋通风机"，以"右"表示；叶轮按逆时针方向旋转的称为"左旋通风机"，以"左"表示。

（5）出风口。

4-72-11型通风机的№2.8-12的出风口，厂家均制作成一种形式，使用时可安装在任何需要的位置，订货时不需要注明。

№16和№20两种通风机出风口的位置有三种固定位置，即右0°、右90°、右180°和左0°、左90°、左180°。这两种通风机的出风口位置不能调整，订货时应予以注明。

通风机出风口的位置，如图8-6所示。

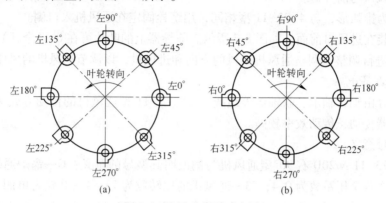

图8-6 出风口位置示意图

（6）型号意义。

以4-72-11型的№20B右90°通风机为例说明其型号的意义：4—通风机最高效率点全压系数为0.4；72—通风机的比转数为72；1—叶轮为单侧进风；1—设计序号；№—机号前惯用符号；20—叶轮直径为20dm（2000mm）；B—传动方式为B式；右—右旋；90°—出风口方向。

2. G4-73-11型通风机

G4-73-11型通风机主要是为锅炉通风设计，单侧进风，主要用于锅炉通风，也可用于中、小型矿井的通风。

G4-73-11型通风机结构，如图8-7所示，主要由叶轮、机壳、进风口、前导器和传动部分组成。

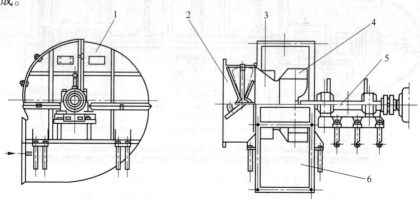

图8-7 G4-73-11型通风机结构

1—机壳；2—前导器；3—进风口；4—叶轮；5—轴；6—出风口

（1）叶轮。

叶轮由12个后弯机翼形叶片、弧锥形前盘和平板形后盘组成，并经静、动平衡校正

（静、动平衡校正由厂家在静、动平衡校正机上进行），运转平稳、噪声低、全压效率高，可达93％。

（2）机壳。

机壳用普通钢板焊接而成，并制成三种不同形式，机号№8～12为整体焊接形式，№14～16为二开式，№18～29.5为三开式。

（3）进风口与前导器。

进风口为锥弧形，与4-72-11型相同，用螺栓固定在通风机入口侧。

前导器装在进风口前面，如图8-7所示。前导器上的叶片可在0°（全开）到90°（全闭）范围内进行调整。调整通风机进风的方向和进风量，以调节通风机的风压和风量。

（4）传动部分。

传动部分由轴、轴承、联轴器等组成。G4-73-11型通风机的传动方式为D式传动，即弹性联轴器传动，传动效率较高。

（5）型号意义。

以G4-73-11 №20D 右90°型通风机为例说明其型号的意义：G—锅炉通风机；4—通风机最高效率点全压系数为0.4；73—通风机的比转数为73；1—叶轮为单侧进风；1—设计序号；№—机号前惯用符号；20—叶轮直径为20dm（2000mm）；D—传动方式为D式；右—右旋；90°—出风口方向。

（二）轴流式通风机的结构及工作原理

1. 2K60型轴流式通风机

2K60型轴流式通风机的结构，如图8-8所示，主要由叶轮、进风口、中后导叶、传动部分和扩散器（图中未画出）等组成。

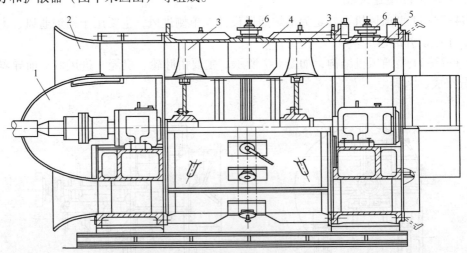

图8-8　2K60型轴流式通风机结构图

1—疏流罩；2—集流器；3—叶轮；4—中导叶；5—后导叶；6—绳轮

（1）进风口。

进风口由集流器和疏流罩组成，其作用是把空气沿轴向均匀地导入叶轮，以减小气流的冲击损失。

（2）叶轮。

2K60 型轴流式通风机有两个叶轮，叶轮由轮毂和叶片组成，如图 8-8 中 3 所示，风压和风量较大。每个叶轮上有 14 个机翼形扭曲叶片，机翼形扭曲叶片可以减小气流在叶轮内的径向流动和环流，损失较小，效率较高。叶片安装角可在 15°～45°范围内进行调整，叶片数目也可以调整，两个叶轮可都装 14 片叶片或 7 片叶片，也可装成一级叶轮 14 片叶片和二级叶轮 7 片叶片，调节范围较大

（3）中、后导叶。

导叶也叫整流器。中导叶安装在一、二级叶轮之间，有 14 片机翼形扭曲状叶片；后导叶安装在二级叶轮后，有 7 片机翼形扭曲状叶片，固定安装在主体风筒上。中导叶的作用是改变从第一级叶轮流出气流的方向，提高第二级叶轮产生的压力；后导叶的作用是将从第二级叶轮流出的气流调整为轴向流动，以减小损失、提高静压。

（4）传动部分。

传动部分由轴、轴承、支架和联轴器等组成。轴承采用滚动轴承，并装有测温装置（铂热电阻温度计），接二次仪表可做遥测记录和超温报警。传动轴两端用齿轮联轴器分别与通风机和电动机连接。

（5）扩散器。

扩散器由锥形筒心和筒壳组成，呈环形，装在通风机出口侧。扩散器过流断面逐渐扩大，流速逐渐降低，可使一部分动压转变为静压，提高通风机的静效率。据有关文献报道，设计合理的扩散器可使静效率提高 10% 左右。所以，通风机一般要加装扩散器。

（6）型号意义。

以 2K60-4 №28 型轴流式通风机为例子说明其型号意义：2—两级叶轮；K—矿用通风机；60—通风机轮毂直径与叶轮直径比的 100 倍；4—设计序号；№—机号前惯用符号；28—通风机叶轮直径 28dm（2800mm）。

另外，该通风机为满足反风需要还装有手动制动闸和导叶调整装置。需要停止电动机而反转反风时，制动闸可使叶轮迅速停止转动，以缩短电动机反转反风操作时间。反风时，需要改变导叶角度，导叶角度可用电动机构或手动操作进行调节，以满足反风要求。该通风机的反风量满足《煤矿安全规程》对反风量不小于正常供风量 40% 的要求。

2K60 型通风机有 №18、№24、№28、№32 四个机号，最高静效率可达 84%。

2. FBCZ 系列防爆轴流式通风机

FBCZ 系列通风机为单级防爆轴流式通风机，根据中、小型煤矿的通风网络参数设计，适用于通风阻力较小的中、小型矿井，分 FBCZ40 和 FBCZ54 两种机型。其外形结构如图 8-9 所示，主要由集流器、机壳、电动机、叶轮、扩散器等部件组成。

该型号通风机由一台隔爆型电动机驱动，电动机安装在通风机的筒体中，并由隔流腔使电动机周围的冷却风流和矿井排出的污风相隔离。隔流腔的进风道和排风道与机壳外的大气相通，用新鲜风流冷却电动机。电动机与通风机工作叶轮采用直联传动方式，提高了传动效率，简化了结构，减少了长轴传动和"S"形流道的通风阻力损失，提高了运行效率。该类型通风机直接反转反风，反风量可达 60%，满足《煤矿安全规程》对反风量不小于正常供风量 40% 的要求。通风机的叶片安装角可调，用户可以根据矿井前后期所需风量进行调整，使工况点始终保持在高效运行区。

以 FBCZ54-6№16 型通风机为例说明其型号意义：F—风机；B—防爆型；C—抽出式；Z—主要通风机（主通风机）；54—轮毂比为 0.54；6—设计序号；№—机号前惯用符号；16—通风机叶轮直径 16dm。

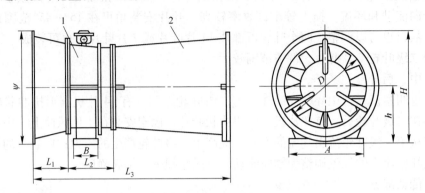

图 8-9　FBCZ 系列防爆轴流式通风机外形结构图
1—风机；2—扩散器

FBCZ 系列防爆轴流式通风机性能参数如表 8-2 所示，特性曲线如图 8-10 所示。

表 8-2　FBCZ 系列防爆轴流式通风机性能参数

主 要 参 数		型号 单位	FBCZ№10/18.5	FBCZ№10/22	FBCZ№11.2/30	FBCZ№12.5/37	FBCZ№12.5/45
风机	风　量	m³/min	830~630	940~700	1100~800	1200~920	1400~1040
	静　压	Pa	460~1100	550~1260	650~1400	690~1540	770~1720
	比 A 声级	dB	≤35	≤35	≤35	≤35	≤35
	叶轮直径	mm	φ1000	φ1000	φ1120	φ1250	φ1250
	最高静压效率	%	≥70	≥70	≥75	≥75	≥75
电动机	型　号		YBF180M-4	YBF180L-4	YBF200L-4	YBF225S-4	YBF225M-4
	额定功率	kW	18.5	22	30	37	45
	额定电压	V	380/660	380/660	380/660	380/660	380/660
	额定电流	A	35.9/20.7	42.5/24.5	56.8/32.7	69.8/40.5	84.2/48.5
	额定转速	r/min	1470	1470	1470	1480	1480
	额定效率	%	91	91.5	92.2	91.8	92.3
外形尺寸 （长×宽×高）		mm×mm×mm	2295×1234× 1480	2340×1234× 1480	2580×1347× 1610	2835×1530× 1710	2875×1530× 1710
质　量		kg	680	700	900	1280	1310

3. FBD 系列矿用隔爆型压入式对旋轴流局部通风机

（1）通风机特点。

FBD 系列矿用隔爆型压入式对旋轴流局部通风机按《煤矿用局部通风机 技术条件》（MT222—2007）和企业标准《FBD 系列矿用隔爆型压入式对旋轴流局部通风机》（Q/AY001—2012）的有关规定设计制造，具有风压高、送风距离长等特点。

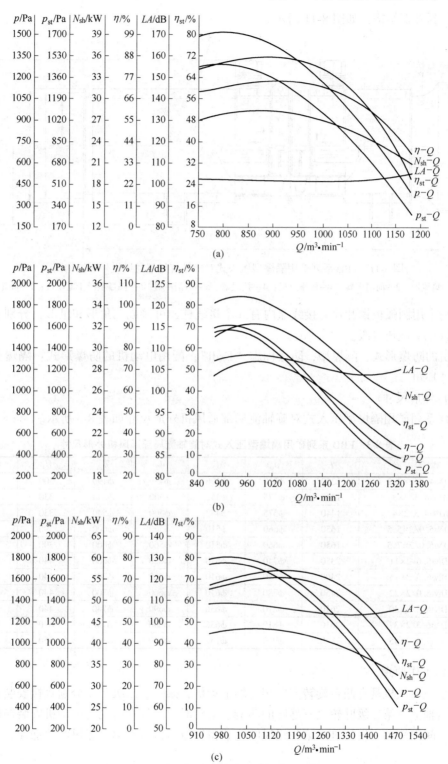

图 8-10　FBCZ 系列防爆轴流式通风机特性曲线

（2）通风机结构。

该通风机由两台 YBF2 系列隔爆型三相异步电动机直接驱动叶轮。通风机设有前、后消声器，其外形结构，如图 8-11 所示。

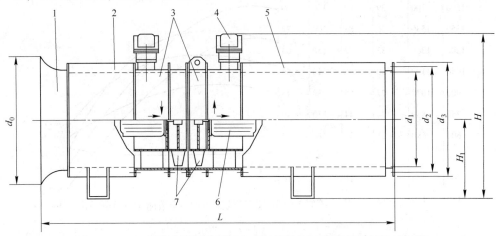

图 8-11　FBD 系列矿用隔爆型压入式对旋轴流局部通风机外形结构图

1—集流器；2—前消声器；3—机座总成；4—接线盒；5—后消声器；6—隔爆型异步电动机；7—叶轮

叶轮采用圆弧板钢叶片。接线盒内有 6 个接线柱，可接成三角形和星形，分别适用于 380V 或 660V 电压等级。

风机的防爆形式：隔爆型，防爆标志 "ExdI"；配用电动机的防爆形式：隔爆型，防爆标志 "ExdI"。

（3）外形尺寸。

FBD 系列矿用隔爆型压入式对旋轴流局部通风机外形尺寸如表 8-3 所示。

表 8-3　FBD 系列矿用隔爆型压入式对旋轴流局部通风机外形尺寸　　　（mm）

型　号	L	d_0	d_1	d_2	d_3	H_1	H
FBDNo4.0/2×2.2	1250	φ520	φ406	φ450	φ490	300	770
FBDNo4.5/2×3	1440	φ575	φ452	φ500	φ540	330	830
FBDNo4.5/2×4	1440	φ575	φ452	φ500	φ540	330	830
FBDNo5.0/2×5.5	1650	φ660	φ510	φ560	φ600	390	915
FBDNo5.0/2×7.5	1650	φ660	φ510	φ560	φ600	390	915
FBDNo5.6/2×11	2350	φ740	φ570	φ620	φ660	440	1000
FBDNo6.0/2×15	2400	φ780	φ610	φ660	φ700	440	1020
FBDNo6.0/2×22	2450	φ780	φ610	φ660·	φ700	440	1020
FBDNo6.3/2×30	2610	φ810	φ636	φ690	φ740	440	1065
FBDNo6.3/2×37	2610	φ810	φ636	φ690	φ740	440	1065
FBDNo7.5/2×45	2870	φ980	φ752	φ810	φ850	550	1240

（4）工作原理。

该系列通风机具有两台旋转方向相反的电动机，第一、二级叶轮分别直接安装在电动机的输出轴上，第二级叶轮兼有静叶的功能。运转时，空气在机壳与电动机安装筒体之间的环形空间内流动。气流进入第一级风叶轮获得能量后，再经第二级风叶轮加速，从出风口排出。

（5）用途。

该系列通风机为隔爆型通风机，主要适合安装在新鲜风流中，对含有瓦斯或煤尘等爆炸性气体环境的煤矿井下采掘工作面作压入式局部通风用；较适合要求风压高、送风距离长的场合。用户可根据实际的通风要求，选用单级运行和双级对旋运行。

（6）工作条件。

1）海拔高度不超过 1000m；

2）周围环境温度为 -20 ~ +40℃；

3）相对湿度不大于 95%RH（+25℃时）；

4）在具有瓦斯爆炸危险性气体的煤矿井下使用，安装在进风巷道中，与正压风筒配套使用，作压入式通风。

（7）型号命名含义。

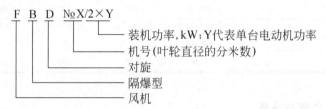

（8）性能参数表。

FBD 系列矿用隔爆型压入式对旋轴流局部通风机的性能参数如表 8-4 所示。

表 8-4　FBD 系列矿用隔爆型压入式对旋轴流局部通风机性能参数

	主要参数	型号 单位	FBDNo4.0 /2×2.2	FBDNo4.5 /2×3	FBDNo4.5 /2×4	FBDNo5.0 /2×5.5	FBDNo5.0 /2×7.5	FBDNo5.6 /2×11
风机	风量	m³/min	136~90	160~110	186~130	205~140	255~180	300~220
	全压	Pa	350~1900	400~2160	600~2400	630~2800	800~3300	750~4000
	比 A 声级	dB	≤30	≤30	≤30	≤30	≤30	≤25
	叶轮直径	mm	φ400	φ450	φ450	φ500	φ500	φ560
	最高全压效率	%	≥75	≥75	≥75	≥75	≥75	≥80
电动机	型号		YBF90L-2	YBF100L-2	YBF112M-2	YBF132S1-2	YBF132S2-2	YBF160M1-2
	额定功率	kW	2×2.2	2×3	2×4	2×5.5	2×7.5	2×11
	额定电压	V	380/660	380/660	380/660	380/660	380/660	380/660
	额定电流	A	4.7/2.7	6.4/3.69	8.2/4.73	11.1/6.4	15/8.66	21.8/12.6
	额定转速	r/min	2840	2880	2890	2920	2920	2930
	额定效率	%	80.5	82	85.5	85	86.2	87.2
外形尺寸（长×宽×高）		mm×mm×mm	1250×520 ×770	1440×575 ×830	1440×575 ×830	1650×660 ×915	1650×660 ×915	2350×740 ×1000
质量		kg	290	320	340	380	400	600

	主要参数	型号 单位	FBDNo6.0 /2×15	FBDNo6.0 /2×22	FBDNo6.3 /2×30	FBDNo6.3 /2×37	FBDNo7.5 /2×45
风机	风量	m³/min	355~260	470~345	555~410	625~460	710~520
	全压	Pa	880~4700	1120~5300	1400~6000	1850~6400	1580~7600
	比 A 声级	dB	≤25	≤25	≤25	≤25	≤25
	叶轮直径	mm	φ600	φ600	φ630	φ630	φ750
	最高全压效率	%	≥80	≥80	≥80	≥80	≥80

主要参数		型号 单位	FBDNo6.0 /2×15	FBDNo6.0 /2×22	FBDNo6.3 /2×30	FBDNo6.3 /2×37	FBDNo7.5 /2×45
电动机	型号		YBF160M2-2	YBF180M-2	YBF200L1-2	YBF200L2-2	YBF225M-2
	额定功率	kW	2×15	2×22	2×30	2×37	2×45
	额定电压	V	380/660	380/660	380/660	380/660	380/660
	额定电流	A	29.4/17.0	42.2/24.4	56.9/32.9	69.8/40.3	83.9/48.44
	额定转速	r/min	2930	2940	2950	2950	2970
	额定效率	%	88.2	89	90	90.5	91.5
外形尺寸（长×宽×高）		mm×mm×mm	2400×780 ×1020	2450×780 ×1020	2610×810 ×1065	2610×810 ×1065	2870×980 ×1240
质　量		kg	690	815	990	1000	1500

（三）电动机内置与外置

目前国内 1K、2K 通风机大部分采用外置，即电动机安置在自由大气中，并通过长轴与通风机叶轮连接；国内对旋风机电动机一般采用内置，即电动机安装在主体风筒内，并与风机叶轮直联。而国外 1K、2K 通风机电动机则有外置与内置两种，对旋风机也有两台电动机都外置的。

应该说，电动机外置与内置各有其优缺点：电动机外置增加了传递损失，而内置直联没有传动损失；外置拆装与检修方便，内置不便；外置电动机选用常规电动机及常规冷却方式，一般也不存在隔爆问题，内置要选用隔爆电动机，并要解决电动机的隔爆问题等。

总之，电动机外置与内置各有利弊。在选型与革新改造时，应根据实际需要，综合分析合理选择。

四、通风机的反风

反风是改变风流的流动方向，使风流向相反的方向流动，如对于抽出式矿井是将风流变为压入式。其目的是在进风口附近、井筒或井底车场附近发生火灾或瓦斯、煤尘爆炸时，必须立即改变风流方向，以防火灾向井下蔓延以及有毒、有害气体进入工作面，危及井下工作人员的生命安全。

矿井通风机有多种反风方式，这里主要介绍离心式通风机的反风道反风与轴流式通风机的反转反风方式。

1. 离心式通风机的反风

两台离心式通风机反风布置，如图 8-12 所示。反风时，打开水平风门 13，使通风机入口与大气相通，关闭竖直风门，即关闭引风道，提起反风门 6，关闭扩散器，使通风机出口与反风道相通。新鲜空气由水平风门和进风道进入风机，通过风机出口进入反风道而被压入矿井，实现反风。反风风流按图 8-12 虚线箭头方向流动。

2. 轴流式通风机的反转反风

反转反风是通过改变通风机叶轮的旋转方向来改变风流方向，这种方法只限于可反转反风的轴流式通风机。目前，我国生产的 2K60 型、2K56 型、FBCZ 系列与 FBCDZ 系列

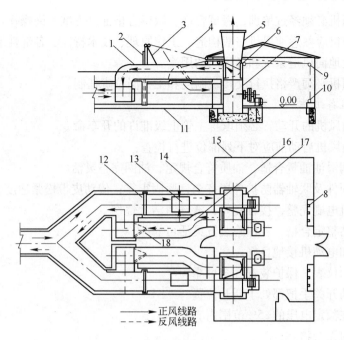

图 8-12　两台离心式通风机反风布置图

1，16—反风道；2，12—竖直风门；3—竖直风门架；4—升降风门钢丝绳；
5—扩散器；6—反风门；7，17—风机；8，10—风门绞车；9—滑轮组；
11，14—进风道；13—水平风门；15—通风机房；18—检查门

（山西运城矿山节能防爆风机厂生产）都能满足《煤矿安全规程》对煤矿井下反风要求。

　　2K60 型反风时，先切断电源，刹车制动，利用传动装置使中、后导叶转动 150°，改变电源相位使电动机与通风机反转，完成反风。2K56 型不需转动中、后导叶，反转反风即可。

　　FBCZ 系列与 FBCDZ 系列通风机改变电源相位，使电动机与风机反转，即可进行反风。此外，轴流式通风机的反风方式还有"反风道反风法"、"无反风道反风法"等。"反风道反风法"需要建反风系统，机房占地面积大，工程量大，反风时操作较复杂，使用中风门易漏风等。"无反风道反风法"是两台轴流式通风机用一个引风道，反风时，利用分风门使一台通风机与引风道隔断，并打开反风侧门，使通风机入口与大气相通，关闭反风门，即关闭扩散器，工作通风机的风流通过另一台通风机进入井下，实现反风；这种方法反风操作复杂，反风阻力较大。

任务实施

通风机的操作

（一）通风机的操作规程

1. 一般规定

第 1 条　司机必须专职、专责。

第2条　司机必须经过培训，考试合格，取得合格证，方准上岗操作。

第3条　司机应熟悉通风机一般构造、工作原理、技术特征、各部性能，供电系统和控制回路，以及地面风道系统和各风门的用途。

第4条　司机必须严格执行交接班制度和工种岗位责任制。

2. 操作前准备工作

第5条　通风机的开动，必须取得主管上级准许的开车命令。

第6条　通风机启动前应对下列部位进行检查：

（1）轴承润滑油油量合适，油质符合规定，油圈完整灵活。

（2）各紧固件及联轴器防护外罩齐全，紧固牢靠；传动皮带松紧适度，无裂纹。

（3）电动机电刷完整，接触良好；滑环清洁无烧伤。

（4）断电器整定合格，各保险装置灵活可靠。

（5）电器和电动机接地良好。

（6）各指示仪表、保护装置齐全可靠。

（7）各启动开关手把都处于断开位置。

（8）电压在额定电压的±5%范围内。

（9）风道内无杂物。

第7条　正确开启和关闭风门：

（1）轴流式通风机应开风门启动，即应将通往井下的进风门关闭，同时将地面进风门打开，并要支撑牢靠，以防吸地面风时自动吸合关闭。

（2）离心式通风机应关闭风门启动，即将通往井下的风门和地面进风门全部关闭。

第8条　人工盘车1~2圈，应灵活无卡阻。

3. 操作

第9条　启动操作：

（1）采用磁力站自动、半自动启动装置时，应按设计说明书操作。

（2）绕线式异步电动机采用变阻器手动启动时，电动机滑环手把应在启动位置，将电阻全部接入，启动器手把在"停止"位置，待启动电流开始回落时，逐步扳动手把缓缓切除电阻，直至全部切除，将转子短路，电动机进入正常转速，然后将电动机滑环手把打到"运行"位置，再将启动器手把返回"停止"位置。

（3）鼠笼式异步电动机采用电抗器启动时，启动前电动机定子应接入全部电抗。启动后，待启动电流回落后，立即手动（或自动）切除全部电抗，使电动机进入正常运行。

（4）同步电动机异步启动后，在达到额定异步转速后及时励磁牵入同步，不宜过早。励磁调至过激时，直流电压、电流要符合所用励磁装置工作曲线。同步电动机允许连续启动两次，如需进行第三次启动，必须查明前两次未能启动的原因及设备状况后，再决定是否启动。

第10条　通风机启动后风门操作：

（1）轴流式通风机：打开通往井下的风门，同时关闭地面进风门。

（2）离心式通风机：打开通往井下的风门。

第11条　通风机的正常停机操作：

（1）接到主管上级的停机命令。

（2）断电停机。

（3）关闭所停风机的进风门。

（4）根据停机命令决定是否开动备用通风机。

（5）如需开动备用通风机，则应按第 6 条进行检查。

（6）不开备用通风机则要打开井口防爆门和有关风门，以充分利用自然通风。

第 12 条 主要通风机紧急停机的操作：

（1）直接断电停机（高压先停油开关）。

（2）立即报告矿井调度室和主管部门。

（3）按领导决定，关闭和开启有关风门。

（4）电源失压自动停机时，先拉掉油开关，后拉开隔离开关，并立即报告矿井调度室和主管部门，待查明处理后，再行开机。

第 13 条 主要通风机有以下情况之一时，允许先停机后汇报：

（1）各主要传动部件有严重异响或意外振动。

（2）电动机单相运转或冒烟冒火。

（3）进风闸门掉落关闭，无法立即恢复。

（4）突然停电或电源故障停电造成停机，先拉下机房电源开关后汇报。

（5）其他紧急事故或故障。

第 14 条 主要通风机的反风操作：

（1）反风应在矿长或总工程师在场指挥下进行。

（2）用反风道反风时：

1）保持通风机正常运转。

2）用地锁将防爆门或防爆盖固定牢固。

3）根据现场指挥的指令操作各风门，改变风流方向，使抽出式通风机风流由通风机压入井下，使压入式通风机风流由通风抽入大气。

（3）用反转电动机反风时：

1）停止通风机运转。

2）用地锁将防爆门（盖）固定牢固。

3）用换向装置反转启动电动机。

4）各风门保持原状不变。

5）对于导翼固定的通风机，直接反转启动通风机；对于导翼可调角度的通风机，则先调整导翼调整器，改变导翼角度，然后反转启动电动机。

（4）其他形式通风机按说明书要求进行。

第 15 条 主要通风机应进行班中巡回检查。

（1）巡回检查的时间一般为每小时一次。

（2）巡回检查内容为：

1）各转动部位应无异响。

2）轴承温度不得超限。

3）电动机温升不超过厂家或主管部门的规定。

4）各仪表指示正常。

5）电动机和电器的接地系统应符合规定。

6）电压应在额定值±5%范围内，否则应经主管技术员审核，确定是否继续运行。

7）地面进风侧进风门固定牢固。

（3）巡回检查中发现的问题及处理过程必须及时填入运行日志。

第16条　主要通风机司机的日常维护内容：

（1）轴承润滑：

1）滑动轴承每2000~2500h换油一次，日常运行中要及时加油，经常保持所需油位。

2）滚动轴承用二硫化钼或钙基脂润滑，油量不大于油腔的三分之一。

3）禁止不同油号润滑油脂混合使用。

（2）备用通风机经常保持完好状态：

1）每1~3个月进行一次轮换运行，最长不超过半年。

2）轮换超过1个月的备用通风机应每月空运转1次，每次不少于1h，以保证备用通风机正常完好，可在10min内投入运行。

第17条　主要通风机司机应严格遵守以下安全守则和操作纪律：

（1）司机接班前禁止喝酒，接班后不得睡觉、打闹。

（2）司机不得随意变更保护装置的整定值。

（3）操作高压电器时应用绝缘工具，并注意操作的先后顺序；有可靠的接地系统。

（4）地面风道进风门要锁固。

（5）除故障紧急停机外，严禁无请示停机。

（6）司机不得擅离工作岗位，不做与本职无关的工作。

（7）机房内不得使用火炉。

（8）开闭风闸门，如设置机动、手动两套装置时，须将手动摇把取下以免伤人。

（9）在更换备用通风机、做空转试验时，需按现场指挥的正确指令进行，发现指挥有误时，司机有权说明情况，要求重发指令。

4. 收尾工作

第18条　如实填写并保护好各种记录。

第19条　工具、备品等要摆放整齐，搞好设备及室内外卫生。

（二）交接班的具体内容

必须规范交接班制度，面对面交流当班所运行的设备及工况。具体要求如下：

（1）交接班在现场进行，口对口、手对手交接。

（2）交班人员必须认真向接班人员介绍当班设备运转情况，做到交班清楚，接班明白，尤其对设备故障和隐患以及当班未处理完毕的工作，必须交接详细，必要时要分清责任。

（3）交接清楚材料、工具、配件的数量及增减情况。

（4）交接人员发现接班人员喝酒、有病或精神不正常时，不得交班；交班不符合交接班制度或非当班司机交班时，接班人员可以拒绝接班。发生上述情况都应及时向领导汇报。

（5）交班人员要如实、认真填写运转日记和交接班记录本，经双方同意并签字后方为有效。

（6）交接班不认真，接班后发生问题，由当班负责。

（7）已到交接班时间，如接班人未到，交班人不得擅自离岗。

（三）启动、停车操作要领

1. 通风机启动操作要领

通风机启动前，必须进行全面检查，检查各连接部位的紧固情况；检修后启动时，要注意通风机流道中是否有异物，电动机及启动设备是否正常等。

（1）离心式通风机采用关闭风门启动法，旨在减小启动功率。

（2）轴流式通风机采用半闭或全开风门启动法，旨在避开特性曲线上的不稳定区段。

（3）每月倒车一次，使通风机替换着工作和检修。

（4）若是反风，需要先停车，为节约时间，需采用制动通风机的方法，以使通风机满足 10min 快速启动的要求。

2. 通风机停车操作要领

当通风机工作系统停止时，应将通风机停机。停机后应注意关闭通风机前后的闸门、挡板。

对于大型有启动油泵的通风机组，停机时应先启动油泵。通风机停止转动后，待轴承回油温度降到 45℃ 后，再停止油泵；若没有温度检测，可在通风机停止转动 30min 后，停止油泵。

作为通风机轴承备用的冷却水可不关停。若停机检查，要切断电动机电源，并挂上禁止操作的警示牌，以避免发生事故。

（四）通风机运行中的检查及注意事项

1. 运行中的检查

运行中的检查参照操作规程进行。

通风机启动并达到正常转速后，要及时观察电动机电流是否超过额定电流，通风机及流道中是否有异常声音。

运行中，应经常观察电动机的电压、电流是否正常；电动机及轴承温度是否正常；声音、振动是否正常，有无异常声音；风压、风量是否正常；环境温度、湿度以及大气压力是否变化等。

发现问题应及时停机进行处理，并启动备用通风机。当故障排除后，方可进入正常运转。

如通风机装有微机在线监测监控系统，可使用该系统对通风机运行状况进行监测、监控。

应做好通风机运行记录，系统地记录通风机运行状况。

2. 试运转

安装或检修后要进行调试和试运转时，若通风机启动后发现内部有敲击声或刮擦声或大的振动，应立即停车排查。

（1）离心式通风机的试运转：当启动运转 8~10min 后，即使没有发现什么问题，也应停止运转进行二次启动。此时要将闸门逐渐打开，使通风机带负荷运转半小时，然后将闸门完全打开，使其达到额定负荷运转，运转 45min 后再停机检查。然后再运转 8h 左右停机，将轴承盖打开检查。

（2）轴流式通风机试运转：首先把叶片角度调到最小角度，进行试运转 2h。如一切正常，再将叶片转到应有角度继续运转 2h，若一切良好，可开始运转。

技能拓展

一、通风机在目前工业中的应用

通风机广泛地应用于各个工业部门，一般来讲，离心式通风机适用于小流量、高压力的场所，而轴流式通风机则常用于大流量、低压力的情况。

（一）锅炉用通风机

锅炉用通风机根据锅炉的规格可选用离心式或轴流式，又按它的作用可分为：锅炉通风机——向锅炉内输送空气；锅炉引风机——把锅炉内的烟气抽走。

（二）通风换气用通风机

这类通风机一般是供工厂及各种建筑物通风换气及采暖通风用，要求压力不高，但噪声要求要低，可采用离心式或轴流式通风机。

（三）工业炉（化铁炉、锻工炉、冶金炉等）用通风机

此种通风机要求压力较高，一般为 2940～14700Pa，即高压离心通风机的范围。因压力高、叶轮圆周速度大，故设计时叶轮要有足够的强度。

（四）矿井用通风机

此类通风机有两种：一种是主要通风机（又称主扇），用来向井下输送新鲜空气，其流量较大，采用轴流式较合适，但也有用离心式的；另一种是局部通风机（又称局扇），用于矿井工作面的通风，其流量、压力均小，多采用防爆轴流式通风机。

（五）煤粉通风机

输送热电站锅炉燃烧系统的煤粉，多采用离心式通风机。煤粉通风机根据用途不同可分为两种：一种是储仓式煤粉通风机，它是将储仓内的煤粉由其侧面吹到炉膛内，煤粉不直接通过通风机，要求通风机的排气压力高；另一种是直吹式煤粉通风机，它直接把煤粉送给炉膛。由于煤粉对叶轮及壳体磨损严重，故应采用耐磨材料。

二、《煤矿安全规程》对于通风设备的相关规定

第一百二十一条　矿井必须采用机械通风。主要通风设备的安装和使用应符合下列要求：

（一）主要通风机必须安装在地面；装有通风机的井口必须封闭严密，其外部漏风率在无提升设备时不得超过 5%，有提升设备时不得超过 15%。

（二）必须保证主要通风机连续运转。

（三）必须安装两套同等能力的主要通风机装置，其中一套备用，备用通风机必须能在 10min 内开动。在建井期间可安装一套通风机和一部备用电动机。生产矿井现有的两套不同能力的主要通风机，在满足生产要求时，可继续使用。

（四）严禁采用局部通风机或风机群作为主要通风机使用。

（五）装有主要通风机的出风井应安装防爆门，防爆门每 6 个月检查维修一次。

（六）至少每月检查一次主要通风机。改变通风机转数或叶片角度时，必须经矿技术负责人批准。

（七）新安装的主要通风机投入使用前，必须进行一次通风机性能测定和试运转工作，以后每五年至少进行一次性能测定。

第一百二十二条 生产矿井主要通风机必须装有反风设施，并能在 10min 内改变巷道中的风流方向；当风流方向改变后，主要通风机的供风量不应小于正常供风量的 40%。

第一百二十三条 严禁主要通风机房兼作他用。主要通风机房必须安装水柱计、电流表、电压表、轴承温度计等仪表，还必须有直通矿调度室的电话，并有反风操作系统图、司机岗位责任制和操作规程。主要通风机的运转应有专职司机负责，司机应每小时将通风机运转情况记入运转记录簿内；发现异常，立即报告。

三、对通风机的其他要求

为保证矿井的安全生产，通风机必须安全、可靠地运行。在选择通风机时，就应根据矿井的实际情况选择性能可靠、工作稳定的通风设备，以保证能向矿井输送足够的风量和风压。通风设备是矿井设备中耗电量较大的设备，不仅要选择高效通风机，而且在运行中要对通风机进行合理地调节，使之在高效工况下运行，要求运转效率不应低于最高效率的 0.85~0.9 倍。

为保证通风机安全、可靠地运行，除严格执行《煤矿安全规程》对通风设备的要求外，还应建立健全设备维护保养制度，建立健全日常维护与定期检修制度，明确其内容，严格按制度执行，并做好维护与检修记录。

【任务考评】

本任务考评的具体要求见表 8-5。

表 8-5 任务考评表

任务 8 矿用通风机的使用与操作				评价对象： 学号：
评价项目	评价内容	分值	完成情况	参考分值
1	矿用通风设备的类型和工作原理	10		每组 2 问，1 问 5 分
2	矿用通风设备的工作方式及特点	10		每组 2 问，1 问 5 分

任务 8 矿用通风机的使用与操作				评价对象： 学号：	
评价项目	评价内容	分值	完成情况	参考分值	
3	矿用轴流式通风机的构造及通风机的反风方法	10		构造 5 分，反风方法 5 分	
4	分组完成 FBD 系列矿用隔爆型压入式对旋轴流局部通风机操作之前的检查、启动及停车操作	20		检查 5 分，其他操作错误或少一步扣 5 分	
5	矿用通风机运行中的检查及注意事项	10		每错一项或少一项扣 5 分	
6	矿用通风机交接班制度	10		每错一项或少一项扣 5 分	
7	《煤矿安全规程》对于通风设备的相关规定	10		每错一项扣 5 分	
8	完整的任务实施笔记	10		有笔记 4 分，内容 6 分	
9	团队协作完成任务情况	10		协作完成任务 5 分，按要求正确完成任务 5 分	

能 力 自 测

8-1　试述离心式通风机和轴流式通风机的工作原理。

8-2　简述离心式通风机与轴流式通风机的结构和性能特点。

8-3　矿井进行反风的原因有哪些，离心式通风机与轴流式通风机反风方法有何区别？

8-4　分别说明离心式通风机与轴流式通风机的型号意义。

8-5　关于通风机的操作有哪些要求？

8-6　通风机如何启动和停车？

8-7　《煤矿安全规程》对通风机有哪些规定？

任务 9　矿用通风机的工况分析

任务描述

　　通风机是和通风网路联合工作的，通风机的工作状况（工况），不仅取决于通风机本身，同时也取决于通风网路状况，即网路的长度、断面的大小及网路的配置等。一般来讲，矿井开采初期，通风网路阻力较小，随着开采深度的增加，网路阻力不断增大，所需风量有时也要增加。根据稳定、经济条件规定，从满足实际需要出发，通风机工况点需要进行调节。调节的途径有改变网路的特性曲线与改变通风机的特性曲线两种方法。

　　在矿山生产中，经常要根据实际情况，观测并分析通风机运行工况是否经济合理，并确定相应的调整方法。为此，通过学习掌握通风机的工况分析方法，选择合适的调整措施，对满足矿井正常通风来说就显得至关重要。

　　通过本任务学习，要求学生掌握通风机性能曲线分析方法和通风机工况的概念；会对通风机进行工况分析，并进行工况调节。

知识准备

一、矿用通风机的性能曲线

　　通风机的性能通常是以曲线的形式给出。对于轴流式通风机性能曲线，目前国内主要有两种做法：一种是给定叶轮直径和工作转速，绘出不同安置角度时，标准状态下通风机装置的静压随流量变化的曲线，并同时在压力曲线上绘出等静压效率曲线，通风机的轴功率则通过计算得到；另一种是不仅给出静压曲线和等效率曲线，还绘制出轴功率曲线。通风机的特性曲线有类型特性曲线与个体特性曲线。特性曲线直观地反映了通风机的特性，选型和使用方便。离心式通风机选型常用类型特性曲线，轴流式通风机选型常用个体特性曲线。所以，这里主要介绍离心式通风机的类型特性曲线和轴流式通风机的个体特性曲线。

（一）矿用通风机的类型特性曲线

　　满足相似条件即满足几何相似、运动相似与动力相似的通风机称为同类型或同系列通风机。相似的通风机有共同的特性，反映其共同特性的曲线称为类型特性曲线。同类型的通风机在相似工况下，风量系数、风压系数、功率系数相等，称为类型系数。一个风量系数对应一个风压系数和一个功率系数，以风量系数为横坐标，以风压系数和功率系数为纵坐标，就可得到类型特性曲线。下面介绍类型系数。

　　1. 类型系数

　　（1）风压系数 $\overline{H}$。

　　几何相似、运动相似、动力相似的通风机称为同类型（或同系列）通风机。同类型的通风机在相似工况下，存在：

$$\overline{H} = \frac{H}{\rho u_2^2} \tag{9-1}$$

式中 $\overline{H}$——通风机的风压系数；

H——通风机的风压，N/m^2；

ρ——空气的密度，kg/m^3；

u_2——叶轮外圆周速度，m/s。

（2）风量系数$\overline{Q}$。

$$\overline{Q} = \frac{Q}{\dfrac{\pi}{4} D_2^2 u_2} \tag{9-2}$$

式中 $\overline{Q}$——风量系数；

Q——通风机的风量，m^3/s；

D_2——叶轮直径，m。

（3）功率系数$\overline{N}$。

$$\overline{N} = \frac{N}{\dfrac{\pi}{4} \rho D_2^2 u_2^2} \tag{9-3}$$

式中 $\overline{N}$——功率系数；

N——通风机的功率，kW。

对于同类型（或同系列）的通风机，在相似工况下，其$\overline{H}$、$\overline{Q}$、$\overline{N}$和效率η都是相等的，所以，以$\overline{Q}$为横坐标，分别以$\overline{H}$、$\overline{N}$和η为纵坐标绘制出通风机的共同特性，即通风机的类型特性曲线。

2. 类型特性曲线

类型特性曲线是在该类型（或该系列）的某一通风机（或模型通风机）的个体特性曲线上选取一些点，用上述公式计算出对应点的风量系数、风压系数与功率系数，效率不变。以风量系数为横坐标，以风压系数和功率系数为纵坐标，效率曲线相同，就可得到该类型通风机的类型特性曲线。

（1）离心式通风机的类型特性曲线。

图 9-1 所示的 4-72-11 型通风机的类型特性曲线是按№5 与№10 模型换算而得到的。实线代表按№5 模型换算的№5、№5.5、№6、№8 四种机号的类型特性曲线；虚线代表按№10 模型换算的№10、№12、№16、№20 四种机号的类型特性曲线；№5 以下机号通风机按实测样机性能换算。

（2）轴流式通风机的类型特性曲线。

如图 9-2 和图 9-3 所示，与离心式通风机相比较，轴流式通风机性能的特点是：1）性能曲线 H-Q 曲线较陡；2）风量减少，效率降低较快；3）风量变化时，功率变化较小。当闸阀关闭时，轴流式通风机可得到最大的风压并需要最大的功率，所以轴流式通风机的启动应该在闸阀全开的情况下进行，与离心式风机的启动恰恰相反。

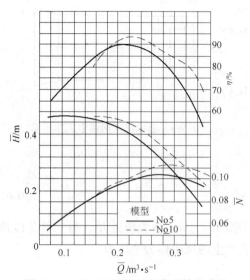

图 9-1　4-72-11 型通风机类型特性曲线

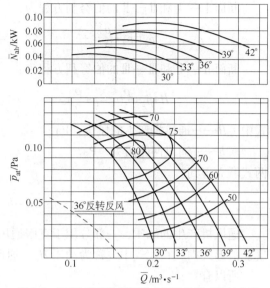

图 9-2　FBCZ 系列防爆轴流式通风机类型特性曲线

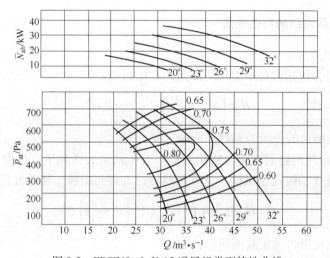

图 9-3　FBCZ40-6-№15 通风机类型特性曲线

（二）矿用通风机的个体特性曲线

通风机的个体特性曲线最大的特点是工况数值不必转换，可以直接读出，使用较为方便，但问题在于一机一图，不能通用。

二、矿用通风机在网路中的工作分析

通风机是和通风网路联合工作的，通风机的工作状况（工况），不仅取决于通风机本身，同时也取决于通风网路状况，即网路的长度、断面的大小及网路的配置等。下面对抽出式矿井通风机的工作进行分析。通风系统简化后，通风机在网路中的工作示意图，如图 9-4 所示。在通风网路上取三个断面，进风井断面Ⅰ—Ⅰ，通风机入口断面Ⅱ—Ⅱ和出口断面Ⅲ—Ⅲ，利用伯努利方程进行分析。

断面Ⅰ—Ⅰ和Ⅱ—Ⅱ的伯努利方程为：

$$p_a = p_2 + \frac{\rho}{2}v_2^2 + h \qquad (9-4)$$

断面Ⅱ—Ⅱ和Ⅲ—Ⅲ的伯努利方程为：

$$H + p_2 + \frac{\rho}{2}v_2^2 = p + \frac{\rho}{2}v_3^2 \qquad (9-5)$$

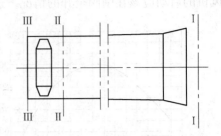

图 9-4 通风机在网路中工作示意图

式中 H——通风机产生的风压，Pa；

　　　 h——通风网路阻力，Pa。

两式联立得到：

$$H = h + \frac{\rho}{2}v_3^2 \qquad (9-6)$$

通风机产生的风压，一部分用于克服通风网路的阻力 h，称为静压 H_j，另一部分以速度能的形式损耗在大气中，称为动压 H_d。通风机产生的风压称为全压 H。

所以有：

$$H = H_j + H_d \qquad (9-7)$$

（一）矿用通风网路的特性曲线

1. 网路的特性方程

通风网路的阻力包括沿程阻力和局部阻力，所以有：

$$H_j = \left(\lambda \frac{l}{d} + \sum \xi \right) \frac{\rho}{2S^2} Q^2 = R_j Q^2 \qquad (9-8)$$

式中 R_j——通风网路的静阻力系数，N·s²/m⁸。

式（9-8）为通风网路的静阻力特性方程。对于轴流式通风机，厂家一般给出静压特性曲线。所以，选择轴流式通风机，通风网路特性方程要用静压特性方程。

$$H = H_j + H_d = R_j Q^2 + \frac{\rho}{2S_3^2} Q^2 = \left(R_j + \frac{\rho}{2S_3^2} \right) Q^2 \qquad (9-9)$$

式中 S_3——通风机出口过流断面面积，m²。

式（9-9）为通风网路的全压特性方程。对于离心式通风机，厂家给出的是全压特性曲线。所以，选择离心式通风机，通风网路的特性方程要用全压特性方程。

2. 通风网路的特性曲线

把式（9-8）表示的曲线绘制在 H_j-Q 坐标图上，即为通风网路静阻力特性曲线。

把式（9-9）表示的曲线绘制在 H-Q 坐标图上，即为通风网路全阻力特性曲线。

（二）矿用通风机的工况点与工业利用区

1. 通风机的工况点

把通风网路特性曲线与通风机特性曲线按同一比例绘制在同一坐标图上，网路特性曲线与风压特性曲线的交点，称为通风机的工况点。通风机的工况点如图 9-5 所示。

工况点对应的参数称为工况参数，有通风机的风量 Q_M、风压 H_M（或 H_{jM}）、轴功率

N_M 和效率 η_M。

离心式通风机的产品说明书一般只给出全压特性曲线，因此网路的特性方程要用全阻力特性方程。但利用扣除动压后的静压特性方程得到的工况点，风量是相等的。

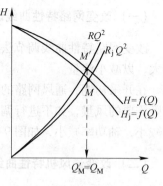

图9-5　通风机工况点

轴流式通风机厂家一般提供静压特性曲线，因此网路特性应用静阻力特性曲线。

在实际应用中，应根据所选择的通风机，把网路特性方程所表示的曲线绘制在厂家提供的特性曲线上，得到工况点，查出对应的工况参数。

2. 通风机的工业利用区

通风机的工业利用区是为保证通风机的稳定性和经济性而划定的。

通风机稳定工作条件是：

$$H_{jM} \le 0.9 H_{jmax} \tag{9-10}$$

通风机的经济工作条件是：工况点的静效率应大于或等于通风机最大静效率的 0.8 倍，最小不低于 0.6 倍。$\eta_{jM} \ge 0.8 \eta_{jmax}$ 或 $\eta_{jM} \ge 0.6 \eta_{jmax}$。

在通风机特性曲线上，既满足稳定性又满足经济性要求的范围，称为通风机的工作利用区。

通风机的工业利用区如图9-6和图9-7所示。

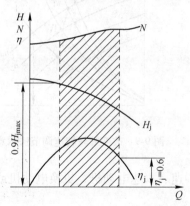

图9-6　离心式通风机工业利用区

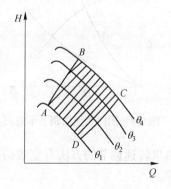

图9-7　轴流式通风机工业利用区

任务实施

矿用通风机的工况调节

一般来讲，矿井开采初期，通风网路阻力较小，随着开采深度的增加，网路阻力不断增大，所需风量有时也要增加。为满足稳定、经济条件，并满足实际需要，通风机工况点需要进行调节。调节的途径有改变网路的特性曲线与改变通风机的特性曲线两种方法。

（一）改变网路特性曲线调节法

改变网路特性曲线调节法也叫闸门节流法，即适当关闭竖直风门，使通风网路的阻力增大，以减小流量。

在开采初期，通风网路的阻力较小，网路特性曲线平滑，因此，这时的风量大于矿井实际需要的风量，如不进行调节将会造成能量损失。适当关闭闸门可以使工况点左移，风量减小，轴功率减小，如图9-8所示。随开采深度的增加，再将闸门逐渐开大。

（二）改变通风机特性曲线调节法

1. 改变通风机叶轮转速调节法

调节原理为比例定律：

$$\frac{Q'}{Q}=\frac{n'}{n}, \qquad \frac{H'}{H}=\left(\frac{n'}{n}\right)^2, \qquad \frac{N'}{N}=\left(\frac{n'}{n}\right)^3 \tag{9-11}$$

由比例定律可知，改变通风机的转速，特性曲线将向上、下移动。根据矿井实际需要的风量与风压，按照比例定律计算出需要调节的转速，得到调节后转速的特性曲线，由此把通风机的转速调节为需要的转速，如图9-9所示。

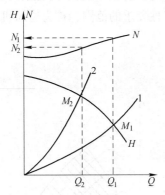

图 9-8　闸门节流法调节示意图

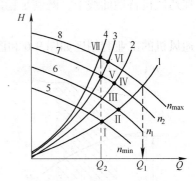

图 9-9　改变叶轮转速调节法示意图

通风机转速调节的方法有变频调速、晶闸管调速、双速电动机、更换电动机或者更换皮带轮等。

2. 前导器调节法

通风机的理论压头方程式为：

$$H_1=\rho(u_2 c_{2u}-u_1 c_{1u}) \tag{9-12}$$

式中　c_{1u}——叶轮入口处的圆周分速度，c_{1u}改变，风压也相应改变。

改变装在通风机入口处的前导器角度，使风压增大或减小。当前导器叶片角度为负值时，风压减小；当前导器叶片角度为正时，风压增大，风量也有一定的变化，从而达到调节的目的。调节时利用特性曲线，调节到需要的角度。这种调节方法操作方便，但调节范围窄，适用于辅助调节。

3. 改变轴流式通风机叶片安装角度调节法

轴流式通风机叶片安装角一般可调，在不同安装角度下，通风机的特性曲线不同，厂家一般都给出在不同安装角度下的特性曲线。把通风网路特性曲线作在通风机的特性曲线上，与不同角度的风压特性相交，根据矿井需要的风量，把叶片安装角调节到需要的角度。如图 9-10 所示，初期网路特性曲线为 1，叶片安装角度调节到 26°，工况点为 M_1，随开采深度的增加，网路的阻力增大，网路的特性曲线向上移动，这时可采用 29°，工况点为 M_2，随开采深度的继续增加，逐步进行调节。角度调节一般大一些，以免随开采深度的增加，网路的阻力稍有增加而产生风量不足的现象。

4. 改变轴流式通风机级数和叶片数目调节法

如果矿井通风采用两级轴流式通风机，在开采初期，风压若大于实际需要，可以把最后一级叶轮叶片全部拆下，以降低风压，达到调节风量、降低能耗的目的。

在叶片数目为偶数时，也可把叶轮叶片均匀对称地拆下几片，达到降低风压，降低能耗的目的。如沈阳鼓风机厂生产的 2K60 型轴流式通风机，叶片数目可以装成两级均为 14 片或 7 片，也可装成一级 14 片、二级 7 片。矿井开采初期风压、风量较小，可以两级都装成 7 片，中期可以装成一级 14 片、二级 7 片，末期两级均为 14 片。

通风机是矿井用电量较大的设备，为保证矿井通风安全与经济性，风机应经常进行调节，上述方法不是单一的调节法，在调节时可以同时采用几种方法进行综合调节。

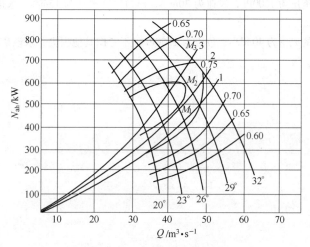

图 9-10 改变叶片安装角度调节法

任务考评

本任务考评的具体要求见表 9-1。

表 9-1 任务考评表

| 任务 9 矿用通风机的工况分析 | | | 评价对象：　　　　学号： | |
评价项目	评价内容	分值	完成情况	参考分值
1	矿用通风机工况点、特性曲线、工业利用区等概念	10		每组 2 问，1 问 5 分
2	矿用通风机特性曲线分析	10		每组 2 问，1 问 5 分
3	矿用通风机工况点及工况参数的不同之处	10		每组 2 问，1 问 5 分
4	矿用通风机的调节方法	10		每组 2 问，1 问 5 分

评价项目	评价内容	分值	完成情况	参考分值
	任务9 矿用通风机的工况分析		评价对象：	学号：
5	根据矿用通风机及通风网路，分组制定矿用通风机的工况调节方案	30		根据制定的矿用通风机的工况调节方案的合理性评分，基本合理15分，合理20分，多种方案均合理30分
6	完整的任务实施笔记	15		有笔记5分，内容10分
7	团队协作完成任务情况	15		协作完成任务5分，按要求正确完成任务10分

能 力 自 测

9-1 为什么要对通风机进行工况调节，通风机工况调节的方法有哪些？

9-2 比较通风机各调节方法的特点和适用情况。

9-3 说明类型特性曲线和个体特性曲线是怎样转换的？

9-4 通风机入口断面负压为 1200Pa，风速为 30m/s，出口断面风速为 15m/s，求该通风机产生的全压、静压和动压。

9-5 某矿井通风需要的风量为 40m³/s，负压为 1350Pa，不考虑其他损失，求该矿井网路特性方程，并绘出其特性曲线。

任务 10 矿用通风机的维护与保养

任务描述

通风机是矿山连续运行设备，由其担负的任务性质决定了不允许通风机中断供风。而长时间运行经常会出现各种不良状况，这就要求加强通风机的日常维护，正确地判断和及时处理通风机运行时出现的各种故障。所以，学习本课题的内容对从事通风机运转和维护工作来说是必要的。

通风机在维护过程中的任何疏漏，以及作业质量不良等原因都会导致通风机运行状况异常，甚至发生重大故障和事故，如电动机温升异常、轴承箱振动过大、叶轮损坏等。为此，在掌握通风机质量完好标准的情况下，掌握通风机的维护与保养方法，会对通风机进行正确的维护和保养是很有必要的。

知识准备

矿用通风机的质量完好标准

由于通风机在矿井生产中具有重要作用，所以通风机必须经常处于完好状态。通风机的质量完好标准，如表 10-1 所示，可供维护、检修时参考。

表 10-1 矿用通风机的质量完好标准

项　目	质　量　完　好　标　准	备　注
螺栓、螺母、背帽、垫圈、开口销、铆钉、护罩	齐全、完整、紧固	
机壳和叶轮	机壳不漏风，防锈良好；叶片、辐条齐全、紧固、无裂纹；轴流式叶片角度安装一致，误差不超过±1°；叶轮保持平衡，能在任何位置上停止	用样板检查
传动装置	联轴器的端面间隙及同心度误差符合下表规定： 胶带轮平行对正，两胶带轮轴向错位不超过 0.2%，端面倾斜度不大于轮径的 0.2%，胶带松紧程度适宜；三角皮带和胶带槽底部应有间距，胶带根数符合厂家规定	记录有效期为 1 年

传动装置内嵌表格：

类型	端面间隙		同心度误差	
	直径/mm	间隙/mm	径向位移/mm	端面倾斜度
齿型	300~500	7~8	0.2	0.12%
	500~700	11~14		
弹性	轴最大窜量+（2~3）	0.15	0.12%	

项　　目	质　量　完　好　标　准	备　注
轴及轴承	主轴及传动轴的水平偏差不大于 0.02%，轴承间隙不超过下表规定： 表 滚动轴承温度不大于70℃；滑动轴承温度不大于65℃，油质合格，油量适当；油圈转动灵活，不漏油，运转正常，无异常振动	
电气部分	电动机、启动设备、开关柜符合其完好标准，接地装备合格	
仪　表	水柱计、温度计、电压表、电流表等指示正常	1. 水柱计测点位置符合设计规定； 2. 水柱计应有两套，能同时测负压及全压或动压； 3. 仪表记录有效期为 1 年
反风装置	反风门关闭严密，风门小绞车操作灵活	原设计无反风装置的不做要求
整洁与资料	设备与机房整洁；风道、风门、电缆沟内无杂物；有反风系统图、动转日志和检查、检修记录	

上表内"轴及轴承"行中的表格：

轴径/mm	滑动轴承/mm	滚动轴承/mm
50~80	0.24	0.17
>80~120	0.24	0.20
>120~180	0.30	0.25
>180~260	0.36	0.30

任务实施

矿用通风机的维护和保养

（一）矿用通风机的日常维护

当班主要通风机操作工应查看上班的记录台账，详细询问上班工作情况、设备运行情况、事故处理情况以及遗留应注意的事项。

1. 主电动机的维护

（1）电动机的清洁。电动机在运行过程中必须注意清洁，避免水、油及大量灰尘进入机内。积存在电动机内部的灰尘或杂物可用 0.2~0.3MPa 的干燥而清洁的压缩空气或除尘器来清除。可用布或棉纱头擦净电动机的机座、端盖、轴承等，可用浸有少许煤油的清洁布将滑环擦干净。

（2）温升检查。运转的电动机要注意各部分的温度，查看量热仪表读数。当周围环境温度小于 35℃时，铁芯和绕组的温升：对于 A 级绝缘应不超过 65℃，对于 B 级绝缘应不超过 65℃，滑环温度不准许超过周围环境温度 70℃。每小时检查并记录一次。

（3）轴承维护。必须每小时检查一次轴承的温度、油位及油环的工作情况。油位应保持在油位标记处。油环应能自由地带油转动（既不卡住，也不摇晃）。对于油环润滑的轴承，温度应不超过 80℃；对于循环油润滑的轴承应不超过 65℃；对于滚动轴承应不超过 95℃。轴承内的油每日至少补充一次，每三个月至少换一次，灌注新油之前，要用煤油清洗轴承。

（4）滑环检查。滑环表面应清洁光亮，运转时基本上应无火花产生，并检查电刷的磨损情况。电刷被磨损严重时必须更换同型号的新电刷。试验电刷的压力应符合要求。同一刷架上每个电刷的压力相互差值不应超过 10%。

2. 高压开关柜的维护

在不停电的情况下进行检查，主要从外部观察，一般内容为：

（1）开关柜外表是否完好，螺栓是否齐全，电缆头是否漏油或承受外力。

（2）各瓷瓶、瓷套管有无裂纹、损坏及表面放电的痕迹。

（3）油开关是否漏油，油位计的油面高度不应低于油标线。

（4）检查油开关操作机构的拉杆、弹簧、开口销的脱落变形等情况。

（5）检查母线、隔离开关与油开关连接线的接头，是否有因过热而发红（夜间观察较为明显）或焊接头的焊锡滴落等异状。

（6）听一听有无异常声音（如轻微的放电声等）。

（7）开关柜上仪表读数是否正常，如不准确应进行校正。

（8）检查信号装置及指示灯是否正常。

（9）柜内的电气设备表面是否清洁，有无灰尘及油污。

（10）检查接地是否良好。

另外，在通风机的日常维护、保养中，除做好以上主要部件的维护外，还需注意：

（1）操作工每班应对设备外部清擦一次，并经常保持室内外的清洁。旋转部分的清擦必须在停机后进行。

（2）叶轮、叶片部件、轴承部件、齿轮箱部件、联轴器等各部螺栓不得松动。

（3）通风机制动装置灵敏可靠。

（4）风门位置正确，密封情况良好；钢丝绳出现锈蚀、磨损、断丝情况，应及时处理。

（5）设备运转中应无异声、异味和异常发热。

（6）要注意轴承润滑。轴承温度应正常，日常运行中要及时加油，保持规定油位，润滑系统应无漏油现象；油泵运行应正常，油压应在规定范围内，油泵电动机温度应正常，运转中无异声。滑动轴承每 2000~2500h 换油一次。

滚动轴承按说明书用油，如无规定，可用二硫化钼钙基脂润滑，油量不高于油腔容量的 1/3。禁止不同牌号油混用。

（7）水柱计液面的压差值是需要经常监测的一个重要参数。它既反映巷道阻力，也代表通风机的静压。当液面有较大跳动时，说明风硐内的风流发生了变化，可能是巷道发生冒顶或其他堵塞事故；水柱计液面的变化还往往是由于通风机转数变化，或三角带打滑引起转速下降。有时，负压值失真或波动是由水柱计本身缺陷造成的，如胶管与水柱计的接头松动或胶管本身破损产生漏气等。因此，当负压有较大增减时，应立即检查连接管路有无破损，无损坏时，须立即向矿调度值班员汇报。

（8）当风机有严重故障或重大隐患时，为防止事故扩大，应立即停机，然后汇报，并做好事故记录。

3. 反风设施的维护检查

除每年进行1次例行的反风演习外，只有当井下发生火灾等恶性事故时，才会利用到反风设备和设施，用以改变火灾烟流方向，抢救遇险矿工，减少灾害损失。为保证在10min内顺利实现反风，反风设施平时就应随时处于完好状况。因此，加强对反风设施的维护检查，就显得十分重要。

反风设施应由矿长组织有关部门每季度检查一次。在定期检修主要通风机时，也要同时检修反风装置。

对反风设施的日常维护和检查要有专人负责，维护检查的主要内容有：

（1）反风门和闸板的开启、关闭应灵活可靠，不能卡死。北方地区冬季尤其要防止冻结。

[案例]   1987年2月15日，某矿中央水泵房发生火灾，在做出反风决定后，由于导向板冻结，无法实现反风，致使有毒有害气体顺风流入巷道，造成68人窒息死亡的特大事故。

（2）风门应密封良好，防止漏风。可用光线透射法和观察法检查。

（3）操作风门的小绞车要经常维护检查，确保运行正常。

（4）小绞车钢丝绳每6个月检查1次，外观检查应无锈蚀、无损伤。不合格钢丝的断面积与总钢丝断面积之比达到25%时，必须更换新钢丝绳。

（5）主要零部件如滑轮、蝶形风门的蜗轮蜗杆传动系统的转动部件，要求运转灵活，并要定期注油。损坏、锈蚀的零部件要及时更换。

（6）反风道内应保持清洁，防止反风时将杂物吸入到主通风机内，造成主通风机的损坏。

（二）矿用通风机的定期维护

通风机的轮毂在出厂时均作了严格的静平衡试验，安装或维修中，端盖、叶片不得随意调换。检查叶片时，可用硬刷清除掉叶片上的粉尘，用手摇动叶片看叶柄有无松动，叶片因腐蚀和磨损出现小孔时必须更换。新、旧叶片的重量应相同，并应作力矩平衡试验。

通风机均可长期连续运行，一般不需要进行经常维修，但每月应对叶轮进行一次外部清洁和检查，每隔半年对各大部件全部拆卸清理和检查（亦可根据实际状况适当延长）。

备用通风机应经常保持完好的技术状态，每1～3个月进行1次轮换运行，最长不超过半年。轮换超过1个月的备用通风机应每月空运转1次，每次不少于1h，以保证通风机正常完好，使其可在10min内投入运行。

备用电动机（存放在仓库内的或在安装地点长期间断工作的）应放在空气温度不低

于 5℃ 和昼夜的温度变化范围不超过 10℃ 的干燥地方。电刷必须从刷握上取下来，用油纸包好，放在刷握环上，这时铜辫不需断开。

对于长期不工作的电动机，在启动前需彻底地清扫（扫掉灰尘、脏物和清除异物），用压缩空气或吸尘器清扫电动机。电动机清洁以后，需做下述检查：

（1）检查螺栓的连接。

（2）检查电刷和刷握。电刷的高度应高出刷握的表面约 5~10mm，电刷和刷握内壁一般保持 0.1~0.2mm 的游隙，以保证电刷在刷握内有一定的游移余地，电刷应该很好地紧贴在滑环接触表面并能在刷内自由地滑动（不卡住）。

（3）烘干电动机并检查它的绝缘。

（4）观察电动机内部有无杂物。盘车检查电动机，内部应无碰撞声响与摩擦等不正常现象，并检查油环是否能自由地旋转。

（5）各端应良好紧固，引出线应有良好的绝缘。

（6）检查电动机线路的连接及导线的连接是否正确。

（7）电刷与刷架相连接的铜辫（相间）应无短接或过于靠拢的情况。

电动机运行 3000h 或半年以上，应做一次定期检查，检查内容如下：

（1）各部螺钉、螺栓应紧固。

（2）定子与转子绕组外表有无破损，定子绕组端线的绑扎和转子的绑扎是否牢固；定子和转子的槽楔有无活动情况等；并解决发现的问题。

（3）定子和转子绕组的绝缘情况，对于 500V 以上的电动机，可用 1000V 或 2500V 摇表进行测定，对于 500V 以下的电动机，用 500 V 摇表进行测定。测定应在电动机发热后进行，并且应断开电缆线，否则会影响测量的准确性。测得的绝缘电阻数值应同过去的记录校对一下。如绝缘电阻很低或下降显著，应查明原因并清除，如受潮应干燥。一般要求高压电动机的定子绕组的绝缘电阻每千伏工作电压不低于 1MΩ，转子绕组和低压电动机绕组的绝缘电阻不低于 0.5MΩ。

（4）测量定子和转子间的间隙，用塞尺从上、下、左、右 4 点进行测量，要求各间隙之差与平均值之比不超过 10%，即：

$$\frac{最大间隙 - 最小间隙}{平均间隙} \times 100\% \leqslant 10\%$$

（5）检查电刷装置的工作情况，需更换电刷时则应使用与磨损电刷同型号的电刷，更换时必须进行研磨，使新电刷接触面与滑环曲率相符，且电刷在刷握内应能自由活动。检查滑环，清除滑环上的污物，如滑环起伏不平、跳动或表面变黑有严重烧痕时，必须研磨或车光。新更换的电刷必须经过研磨。用 0 号玻璃砂布背面贴在滑环上，安上新电刷，加上弹簧压力，然后用手沿着滑环表面左右移动砂布，使新电刷接触面与滑环曲率相符。用弹簧测力计检查电刷的压力，压力符合一般要求即可。电刷的压力大小应参照电刷标号、制造厂规定的数值调整到不产生火花为宜，一般压力要求为 0.105~0.123kPa。

任务考评

本任务考评的具体要求见表 10-2。

表 10-2   任务考评表

任务 10 矿用通风机的维护与保养			评价对象：	学号：
评价项目	评价内容	分值	完成情况	参考分值
1	矿用通风机的质量完好标准	10		每组 2 问，1 问 5 分
2	矿用通风机的日常维护方法及内容	15		维护方法 5 分，维护内容 10 分
3	矿用通风机的定期维护方法及内容	15		维护方法 5 分，维护内容 10 分
4	分组进行 FBD 系列矿用隔爆型压入式对旋轴流局部通风机的维护与保养	30		每组 2 问，1 问 5 分；维护和保养方法正确 20 分
5	完整的任务实施笔记	15		有笔记 5 分，内容 10 分
6	团队协作完成任务情况	15		协作完成任务 5 分，按要求正确完成任务 10 分

能 力 自 测

10-1   通风机完好标准对轴承温度有何要求？

10-2   通风机完好标准对反风装置有何规定？

10-3   通风机定期维护的具体内容有哪些？

任务 11　矿用通风机的安装与调试

任务描述

通风机的安装质量直接关系着通风机的运行质量，是其正常运行的基础和保障。了解通风机的安装知识对从事通风机维修工作会有很大帮助，对搞好其他机械的安装也会有很好的借鉴作用。现在很多矿井采用了新型的对旋式轴流通风机，安装时只需要将轨道调平、调正，再整体安装即可，所以安装简单。由于目前仍有许多矿井使用旧型号的通风机，因此这里着重介绍旧型号通风机的安装方法，只在技能拓展中对对旋式轴流通风机的安装进行叙述。

通过本任务学习，要求学生具备以下技能：会读轴流式通风机的装配图，并能进行正确安装、调试和试运转；会对通风机的主要参数进行测定；会对通风机安装进行安全控制和质量控制。

任务实施

一、矿用通风机安装前的准备工作

准备工作是安装实施的重要保障。建议从以下 5 个方面着手去做：

（1）技术准备：图纸资料的准备、安全技术措施的编制、生产工艺的优化、工人的技术培训等；

（2）场地准备：环境的清理、场地的安排、辅助设备的预置、安全保卫等；

（3）材料准备：各种物资材料的保证；

（4）生产准备：劳动组织、作业时间、生产相关安排等；

（5）工具准备：各种安装工具的保证。

二、矿用通风机参数的测量

为了准确掌握通风机实际运行情况，确保通风机的经济运行，通风机在使用前、使用中和检修后都要进行个体性能的测试工作，即要测出通风机的转速和空气密度一定时通风机的风量与装置全压（或静压）、风量与轴功率两组性能曲线，然后算出风量与装置全压效率（或静压效率）性能曲线，这就需要有相应的测试仪器及仪表。

（一）压力的测量

通风机的风量、全压大都是通过测量气流压力后再经过计算得到的，测压方法和常用的仪表如下。

1. 压力计

压力计的作用是将压力感受器所感受到的压力显示出来。通风机测定中常用的有 U

形管和微压计。

U 形管的测压范围视管内工作液密度而定。垂直放置时一般用于测量大于 100mm 液柱的压差。若所测压力较低，为减少读数相对误差，可将 U 形管倾斜放置。

微压计结构精密，适于测量微小压差。常用的有倾斜式微压计和补偿式微压计。

图 11-1 为倾斜式微压计。液体桶的面积与玻璃管的面积之比一般不小于 700，因而在测量中可将液体桶内的液面看成是不变的，玻璃管中的液柱即显示出被测压差。当压差不变时，改变玻璃管的倾角便可改变管内液柱长度。测量时，p_1 接高压，p_2 接低压。

补偿式微压计结构如图 11-2 所示。它结构精密，能显示 0.01mm 液柱的压差，测量范围是 0~150mm 液柱。

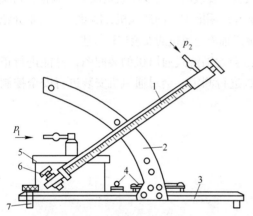

图 11-1　倾斜式微压计

1—玻璃管；2—斜度滑轨；3—底盘；4—水平仪；
5—液体桶；6—阻尼阀；7—调节螺钉

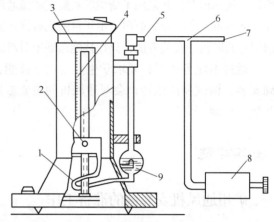

图 11-2　补偿式微压计结构示意图

1—容器连接胶管；2—大容器（疏空）接嘴；3—旋转标尺；
4—垂直标尺；5—小容器（加压）接嘴；6—三通导压管；
7—连接基准（标准器）的管口；8—调压器；9—读数尖头

2. 压力感受器及其工作原理

在测压过程中，首先要用感受器将被测压力接收，然后再将它传送到压力计中显示出来。通风机测试中经常用到的压力感受器有静压测孔和皮托管。皮托管，又称动压管，其构造如图 11-3 所示。测量时，将皮托管头部迎着气流方向，并使其轴线与气流方向一致。此时，端孔所感受到的是气流的全压，即静压与动压之和。侧孔感受到的只是气流静压。根据皮托管上的全压小管和静压小管与压力计的连接方式不同，可测出气流的动压、静压和全压。

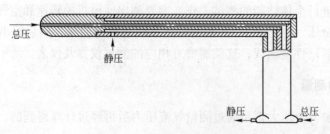

图 11-3　皮托管测量示意图

在平直的风筒壁面上开若干个 1~2mm 的小孔，称为静压测孔，然后用软管将它们与压力计连接就可测出小孔所在断面的静压，如图 11-4 所示。通风机进口处的气流静压就是用这种方法测得的。

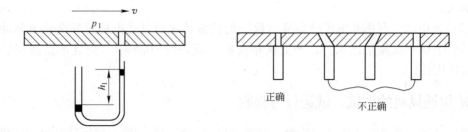

图 11-4 静压测孔

值得注意的是，测孔的轴线应与壁面垂直，否则会产生较大的误差。另外，在气流方向变化不大的断面上也可用这种方法来测量静压。

（二）风量的测量

1. 用风速表测量风量

由于现场条件的限制，往往通风机进（或出）风口风硐同一断面内各点的风速不相等，有的点与点之间的风速差好几倍。因此，必须测得断面平均风速后，方能利用下式算出通风机的风量：

$$Q = Av_p$$

式中　Q——通风机排风量，m^3/s；

　　A——测风处的风硐断面积，m^2；

　　v_p——测风处风硐断面的平均风速，m/s。

为测定平均风速，可将被测巷道断面分成若干小方块，如图 11-5 所示，用风表在各小方块内，分别测量其风速，然后求得平均风速。

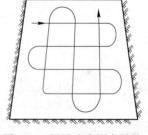

图 11-5 用风速表测定风量

2. 用测压管测量风量

用测压管测量风量简单易行，预先在被测断面上设置若干铁棍支柱，将多支测压管均匀地固定在支柱上，测出风硐断面的平均动压值后，按下式求出平均风速 v_p，进而求得风量：

$$v_p = \sqrt{\dfrac{2p_d}{\rho}}$$

式中　p_d——被测断面平均动压值，Pa；

　　ρ——空气密度，kg/m^3。

（三）转速的测定

为提高通风机性能测定的准确性，在每个工况下都要测量转速。目前常用的有机械表法、光电法。

（1）机械表法。对于中、小型通风机，常使用手持式转速表测量，测量的范围为30~

4800r/min。在使用手持式转速表时，要双手握紧表壳，将顶针顶在通风机主轴端面的中心孔中，便可在表盘上读出转速。因为它的精度较低（误差约±1%），近年来已被非接触式所取代。

（2）光电法。利用光电传感器显示仪，把机械转速通过光电传感器变成电脉冲信号并利用数字显示仪显示出来。这种方法精度高（误差约±0.5%），而且不需要与转轴接触，故应用较广。

三、矿用通风机的调试、试运行与验收

调试是对通风机安装质量的检验，对通风机实际性能的调整；试运转是对通风机安装质量的整体验收和运行检验。验收要根据标准进行，规范操作，整理记录。

（1）检修后应进行试运转，连续运转时间在轴承温升稳定后不得少于1h，并注意声音、振动及仪表指示是否有异常。

（2）检修后应由检修和使用单位进行全面质量鉴定验收，合格后正式投入运转。

（一）轴流式通风机安装程序

以轴流式通风机为例，其安装程序如表11-1所示。

表11-1　轴流式通风机设备安装程序

序　号	安装项目	安装内容
1	基　础	1. 由土建施工队在安装设备前将电动机、通风机主体、扩散器、排风塔、风门绞车、风道等基础按标准进行施工； 2. 基础经过养护后即可进行设备安装
2	地基基础检查验收	1. 按测绘人员给出的基础标高点和中心线，埋设基准点和固定好中心线线架； 2. 挂上安装基准线，结合施工图纸尺寸和标高点进行基础验收，重点检查标高和地脚螺栓孔的位置尺寸
3	垫板布置	1. 按实际的基础标高，对比设计标高，计算出垫板组高度，按质量标准规定布置垫板组； 2. 用1m长的平板尺，配合水平尺对垫板组进行找平找正，将需二次灌浆的基础面铲成麻面
4	设备清点检查	1. 按照装箱单清点设备及零部件数量； 2. 用煤油清洗各零部件
5	通风机主体吊装	1. 在机体吊装之前，将风道中的扩散器及芯筒、流线体，先放入风道安装位置处，防止以后无法吊入； 2. 将通风机主体（连同机座）吊放在基础垫板组平面上
6	通风机主体找平找正	1. 穿地脚螺栓； 2. 按设计要求对主轴找平找正； 3. 对机座进行二次灌浆
7	传动轴安装	以主轴为基准，通过联轴器找正传动轴同通风机主轴的同轴度
8	电动机安装	以传动轴为基准，对电动机找平找正，然后对传动轴轴系座和电动机机座进行二次灌浆
9	附属部件安装	1. 按设计标高，以通风机主体为基准，将扩散器风筒、芯筒进行安装； 2. 按施工图纸尺寸，对流线体上罩、集风器、中隔板、前隔板进行安装

序　号	安 装 项 目	安 装 内 容
10	风门及绞车安装	1. 按设计标高和风道中心的尺寸安装风门及导向滑轮组； 2. 按设计标高和风机主体及风道中心尺寸安装提升绞车
11	司机台安装	1. 按设计施工图纸，安装司机台； 2. 安装扇形遥测温度计，传感部分安在轴承体上，显示部分安在司机台上边（或规定地点）
12	二次灌浆	当通风机主体及附属部件安装完毕后，对未进行二次灌浆部位进行二次灌浆
13	设备粉刷涂漆	1. 按规定对通风机主体、传动轴、电动机等进行粉刷、涂漆； 2. 对通风机附属部件，如绞车、风门、风筒等进行粉刷、涂漆
14	通风机试运转	1. 按规定对通风机进行空负荷、负荷试运转； 2. 按规定对通风机反风装置进行试运转
15	负压计安装	按设计进行 U 形负压计安装

（二）轴流式通风机主体安装

1. 机座、前支架、主体风筒和支架的安装

（1）机座的安装。

1）在基础上按要求放好垫板组，并对各垫板组进行找平，同时将地脚螺栓放在基础地脚螺栓孔内。

2）在机座上划好中心十字线，将机座吊放在垫板组上。在机座就位前穿好地脚螺栓，并按规定带好螺母，根据基准点标高和挂好的安装基准线，将机座初步找平找正。

（2）前支架、主体风筒、后支架与机座的组装。

用人字起重架，按顺序将前支架、主体风筒下部和后支架吊放在机座上。分别把前、后支架与机座的定位销装上，随后将机座的连接螺栓装上并拧紧。穿上支架与主体风筒的连接螺栓，其接口处，用浸泡过白铅油的石棉绳填入，然后将对口螺栓分别拧紧，再拧紧主体风筒与机座的连接螺栓。

（3）前、后支架的找平找正。

2. 工作轮部件的吊装

将通风机主体搬运到基础的安装位置，如图 11-6 所示，设立一组无缝钢管人字桅杆。选用适当的起重工具，将通风机主体吊起，慢慢放在已布置好的垫铁平面上，将地脚螺栓穿入机座螺孔中，并拧上螺帽。当通风机吊放完毕后，拆除起吊工具，进行找平、找正及清洗调整工作。

3. 吊装就位前注意事项

在通风机主体吊放之前，出风道的扩散器、芯筒、反风门、风道流线体、导向风门等都应先吊放在安装的位置处。防止因通风机主体吊放后，出入风道口被堵死，无法吊入这些零部件。

4. 轴承的清洗和调整

（1）轴承的清洗。

当通风机主轴就位后，拆开滚动轴承座的上盖，用煤油及毛刷将轴承内的润滑脂清洗

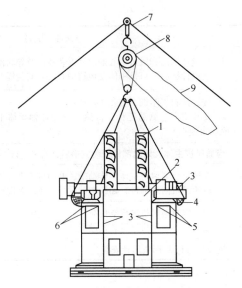

图 11-6　通风机主体起吊示意图

1—通风机工作轮；2—通风机主体；3—主轴；4—起吊保护木块；5，6—起吊钢丝绳；

7—人字桅杆；8—链式起重机；9—起重机拉链

干净，而后用擦布将轴承座内部擦净。

（2）滚动轴承和止推轴承的调整方法。

通风机工作轮主轴的两个支承轴承是采用双列调心滚柱轴承来承受径向负载的。轴向负载就是采用圆锥滚柱止推轴承来承受的。这两组轴承安装时如没有很好地调整和检查，就会出现轴承和轴承座的水平度、同轴度不合乎要求或倾斜度大于规定，止推轴承轴向游隙不合适等问题。如出现上述情况之一，就会产生轴承温升过高，使通风机无法运行。因此，在对滚动轴承和止推轴承的调整中，必须特别注意并精心地按技术规定做好，才能防止通风机运转故障的发生。

滚动轴承及轴承座的同轴度调整方法如图 11-7 所示。在图中所示的①、②、③、④点处，用塞尺（薄叶规）插入测量，其间隙和深度尺寸必须相等。如出现不同间隙，则要将①、③点测出的读数的平均数同②、④点测出的读数的平均数相比较，如①、③点为 0.2mm，②、④点为0.1mm，则 $\dfrac{0.2-0.1}{2}=0.05\text{mm}$。通过比较计算，①、③点间隙大于②、④点 0.05mm。这样稍微松开轴承座的连接螺栓用手锤轻轻敲打①、③侧的轴承座，同时用塞尺测量其间隙读数都达到 0.15mm 即为合适。通过反复调整后，旋转工作轮的对应点，反复检查测量使间隙达到相等，这样就使轴与轴承座为 90°角，即达到调整的要求，可将轴承座的连接螺栓拧紧。

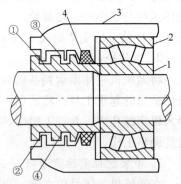

图 11-7　轴流式通风机前面

轴承座结构图

1—轴承内套；2—轴承外套；

3—轴承座；4—毡套

倾斜度调整，要求水平度调整和同轴度调整同时进行。具体调整方法是，在图 11-7

中所示的轴承外套和内套平面处，用精密特制样板尺找垂直方向进行靠尺测试，如测试后两个套的平面处都无间隙，证明达到质量要求，如靠尺测试后发现外套平面处有间隙，就应在轴承座的接合处的左端加垫薄铁片直到没有间隙为止。如靠尺测试检查时发现内套平面处有间隙，则应在轴承座的右端增加形铁进行调整，直到没有间隙为止。这样就使得轴承及轴承座的横向和纵向都成为90°角，横向无倾斜，径向不卡径，通风机运转起来才能正常。

对止推轴承座内的止推轴承轴向游隙的调整方法如图11-8所示。

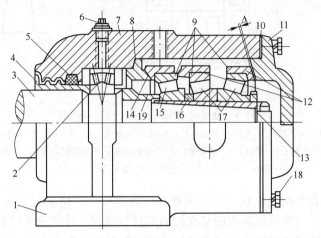

图11-8　止推轴承座止推轴承调整示意图

1—轴承座；2—双列向心球面滚子轴承；3—轴；4—密封套；5—毡套；6—螺套；
7—上瓦盖；8—推力环圆盘；9—轴承外圈；10—调整垫；11—侧盖；12，14—止动环套；
13—斜套；15，17—圆锥滚子轴承；16—止动环套；18—螺栓；19—轴套

轴与轴承座安好后，将上瓦盖7打开，用螺栓18将侧盖11压紧，拨动主轴3，使推力环圆盘8，止动环套12、14，轴承外圈9等都推移到轴套19的台肩处，然后用塞尺检查测量止动环套12与侧盖11球面处间隙Δ，要求在0.1~0.2mm。超过这个范围时可采用加减调整垫10的厚度的方法，调整到合格为止。

间隙调整好后放好密封套4、毡套5，分别在轴承箱内注上润滑脂，注油量为轴承空间的2/3，同时将密封槽及轴承接触面都涂上一层黄油，然后盖上轴承座的上瓦盖7，用对称方式均匀地拧紧轴承螺栓。

5. 通风机主体的找平、找正

轴流式通风机主体的找平、找正如图11-9所示，其具体方法如下：

（1）找正。

用划卡在工作轮主轴两端圆心处，找出轴心点 A 和 B，并找出机座中心点 C 和 D（D 点在 C 点的对面一侧对称处）。在机房的固定线架14和15处挂上 φ0.5mm 的钢丝并拉紧，然后在纵、横两个安装基准线（φ0.5mm 钢线）上各挂上4个 0.227kg 的线坠（横向基准线图11-9中未标出）。以图示为例，用两线坠找正中心点 B，然后用同样方法找正 A、C、D 三点。

（2）找平。

工作轮的主轴机体纵向水平度测量及调整方法：按图11-9所示，在主轴两端的1号

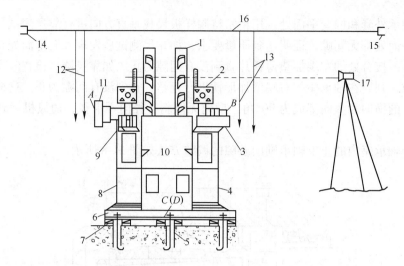

图 11-9　轴流式通风机找平、找正示意图

1—通风机工作轮；2—带刻度方水平尺；3—1 号轴承座；4—后支架；5—地脚螺栓；
6—通风机机座；7—垫铁；8—前支架；9—2 号轴承座；10—风机主体；11—联轴器；
12，13—线坠；14，15—固定线架；16—纵向基准线；17—水准仪

和 2 号滚动轴承外套平面上各放一个带刻度尺的方水平尺，由测量人员用精密水准仪 17 测量出两端的读数，与通风机房内的基准标高点进行比较，计算出调整数值。

工作轮主轴机体横向找平方法：在机体前后支架的加工平面上放置普通水平尺进行测量，其高低差用机座下面所垫的斜铁进行调整。

（3）通风机主体综合精调工作。

由于对工作轮机体的纵向、横向水平度都分别做了单项的找平、找正，但不是同时进行，故需要进行一次综合找平、找正，使各部位均达到规定值。其具体工艺过程为：由钳工施工组长作为总指挥，由测量人员负责观测轴向水平度（用精密水准仪）；观测纵向位置和主轴横向位置时，要设 4 名钳工观测 8 个线坠，轴向的 A 点和 B 点备用两个线坠，横向的 C 点和 D 点也备用两个线坠进行观测（见图 11-9）；对机座下边的斜垫铁调整和机座移动要各由两名钳工进行。调整步骤为：首先调整纵向和横向水平度，而后再调整纵向和横向位置。由于设专人指挥，分工明确，因此能够步调一致，互相协调，提高工作效率及质量。通过综合精调，使通风机的机体位置达到安装质量标准。

（4）通风机主体风筒安装。

通风机主体安装找平、找正后，可进行主体风筒上半部吊装，并对称地拧紧连接螺栓，螺栓接口处放上用铅油浸过的石棉绳，以防止漏风。安装时要注意工作叶片和主体风筒间隙必须符合规定的数值。

6. 扩散器风筒及附属设备的安装

（1）扩散器风筒安装。

扩散器风筒安装在出风风道中，安装前对扩散风筒、芯筒及支架都要进行检查，如发现变形，要进行修理、矫正、平直。扩散器风筒如是整体的，则应先根据通风机主体的中心线测算出所需垫铁高度，再将垫铁放在风筒支座下边进行找平，最后按安装基准线找正。

（2）反风装置安装。

1）风门安装。按风道的中心线和标高点，将二组风门进行找平、找正。先安装风门支承梁，在支承梁找平、找正的同时，再在两端用斜垫铁固定牢固，然后焊接折页、插销，随之将风门安好，调整合适后将风门四周的防漏风胶皮板全部装上。

2）风门提升绞车安装。在用反风道反风时，需安装风门小绞车，要先按设计图纸规定的标高和位置尺寸，将小绞车安装好，随之对风门梁及小绞车的导向滑轮座进行二次灌浆，养护后再将启闭风门用的钢丝绳缠绕在滚筒上。

（3）附属部件安装。

1）参照设计图纸尺寸和位置将流线体上盖、集风器、联轴器的保护罩等分别安装好。

2）遥测温度计安装。每台轴流式通风机的各个滚动轴承各安装一个带电接点的温度计。温度计安装在司机台上方，其感温管安装在轴承座上盖的螺纹孔中。

3）U 形管负压计的安装。参照施工设计图纸，按使用单位需要，在通风机房内司机容易观测的位置，安装一套 U 形管负压计。

技能拓展

一、FBCDZ 系列对旋轴流式通风机的安装

（一）安装要求

该通风机出厂时，分成集流器、Ⅰ级主机、Ⅱ级主机、扩散器 4 个部件单独运输。安装前，用户可根据安装尺寸图，预先铺设好轨道（轨道安装时）和通风道，吊装Ⅰ、Ⅱ级主机时，要用通风机底座的吊耳，通风机机壳上部的吊耳为通风机解体时使用。安装时，移动Ⅰ级主机，使集风器和短接管对接，然后将短接管同通风道一起浇注混凝土。根据需要，按照轮毂面上刻度调好Ⅰ、Ⅱ级主机叶片角度，然后上紧叶柄螺母，并检查叶顶和保护环的间隙。对叶轮进行盘车，盘车时应轻快不得有卡滞现象，然后检查电动机排油道是否在运装中有损伤，该机用油为二号二硫化钼锂基润滑脂。最后用螺栓将带有密封胶垫的各部件法兰全部连接好，用卡轨器将整机和钢轨锁紧。

通风机安装紧固后，必须对筒体保护环与叶片的间隙进行检测，在保护环圆周任意位置的单边间隙均不得小于 2.5mm。其间隙应均匀一致。

通风机配套电动机接线前应使用兆欧表测量电动机冷态绝缘电阻，不应小于 100MΩ。通风机配用电动机防爆形式：隔爆型；防爆标志：ExdI。

（二）运转及叶片角度的调节

1. 试运转

试运转前应符合下列要求：

（1）长途运输或长期搁置不用的电动机，在使用前应用兆欧表测量定子绝缘电阻，定子绕组的冷态绝缘电阻应不小于 100MΩ。

（2）电动机转向应正确。

（3）按照实际情况根据性能曲线调节好叶片安装角。

（4）通风机叶轮转动灵活，无"蹩脚"或"卡住"现象。

（5）风道内不得留有任何杂物，以免损伤叶片。

达到以上要求，即可试运转。

2. 通风机试运转应符合的要求

通风机试运转应符合下列要求：

（1）通风机启动时，应监视各部位有无异常现象，如有异常现象，应立即停车。

（2）调节叶片安装角后，电流不得超过电动机的额定值；该机叶片安装角度为叶根平面与轮毂端面夹角，性能曲线的叶片安装角为一、二级叶根安装角度的平均值。

（3）叶片角度调节应按矿井通风参数在风机性能曲线上选择好运行角度。用内六角扳手松动叶根位置的四颗内六角螺栓，再把叶片扳动到所需角度后，重新上好内六角螺栓即可运行。

（4）轴承及定子绕组的正常工作温度不应超过《电动机说明书》规定的温度；YBF系列电动机均为 F 级绝缘，允许运行温度上限为 135℃，轴承允许运行温度上限为 95℃。

（5）主轴承温升稳定后，试运转时间不得少于 8h。

3. 通风机试车中要进行的项目检查

通风机试车中要进行下列项目检查：

（1）细听转子运转声音是否正常，有无摩擦现象。

（2）检查连接螺栓有无松动。

（3）每隔半小时到 1h 观察电动机轴承和定子绕组的温度是否稳定。

（4）检查电气部分与仪表装置有无损坏或失灵。

（5）根据通风机技术性能规定进行负荷试验，测量风量和风压。

4. 正式运行

试运转完毕，应对通风机进行全面检查，无误后可投入正式运行。

5. 对旋通风机叶片角度的调节

（1）叶片角度。在通风机叶轮的轮毂上，刻有 25°、30°、35°、40°、45° 五个角度标记。叶片角度调整时，以叶尾（叶片相对较薄的部分）的中心对准所要调定的角度即可，如图 11-10 所示。若是不在标记点的角度，则根据标记点间度数为 5° 的关系，做相应调整。

（2）叶片角度确定。由于对旋通风机

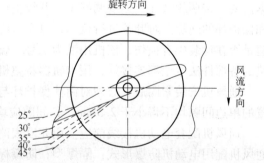

图 11-10　叶片角度的确定

一、二级叶片的片数及几何形状都不一样，在设计时，一、二级角度也不一样。所以，在叶片角度调节时，一般都有 3°～5° 的角度差（一级大、二级小），个别情况有 2°～7° 的角度差。

用户在确定叶片角度时，应根据矿井通风要求，在厂房提供的该通风机的性能曲线上，找到与风量、负压相对应的角度（此角度为一、二级叶片的算术平均角度），在此角度的基础上，一级加 2°，二级减 2°，即为该通风机的一、二级叶片角度。

（3）叶片角度的调整。利用厂方提供的内六角扳手，松动叶相位置的 4 颗内六角螺栓，再用铜棒作垫，轴向敲击叶柄，松动后将叶片扳到所需角度，重新上紧内六角螺栓即可（不能用导筒加力）。每次调整叶片角度运行几小时后，必须再次紧固所有的叶片螺栓。若叶片的紧固不是用内六角螺栓（一般 16° 以下的通风机），则在叶片紧固时，必须用加力套筒一次性紧固所有的叶片螺栓，通风机一经运行，不再紧固所有的叶片螺栓。

二、FBD 系列矿用隔爆型压入式对旋轴流局部通风机的安装、使用与维护

（一）安装

（1）安装使用前应检查接线盒有无碰撞损坏，检查机身是否凹陷变形。如有损坏变形，通风机不可使用。

（2）测量电动机定子绕组相间绝缘电阻和三相对地绝缘电阻应不小于 50MΩ。如小于 50MΩ，应对电动机进行干燥处理。

（3）该系列通风机只能卧式安装。将安装地点的巷道地面整平夯实，再将通风机放平垫实。

（4）通风机出风口通过连接柔性风筒将新鲜风流送入局部通风地点。柔性风筒的选择，按风筒直径等于通风机出风口内径或大于出风口内径 100~150mm 以内选择。风筒的耐压能力应与通风机压力匹配。

（5）风筒的安装。风筒可直接用铁丝捆绑于通风机出口处或用法兰压住，螺栓紧固。

（二）使用

（1）该系列通风机接线盒内的接线如图 11-11 所示。三角形接法适用于 380V，星形接法适用于 660V 工作电压。用户应根据使用地点的电压等级改变连接片的位置。该系列风机出厂时为三角形接法。

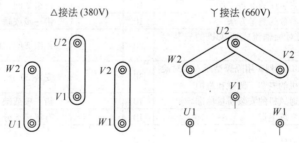

图 11-11　通风机接线盒内的接线

（2）供电电缆应采用矿用四芯 U 型铜芯橡胶电缆，电缆外径必须与接线嘴上的密封圈接触密封，电缆铜芯截面应大于或等于电动机额定电流的 1/3。

（3）电动机的保护开关应具有短路保护、过负荷保护和断相保护。电动机保护开关的额定电流应大于或等于 2 倍电动机的额定电流。过负荷保护装置应调整到电动机额定电流的 1.05~1.1 倍。

（4）电动机保护开关应具有两个出线口，分别引出电缆到一、二级电动机。当开关只有一个出线口时，也可通过隔爆型接线盒引出两根电缆。

（5）运行时，应检查一、二级叶轮的旋转方向是否与指示矢的方向一致。在运行中

应经常检查运行是否平稳、有无异常声响和叶轮的旋转方向。

（三）维护

（1）日常运行时，应经常巡视、观察通风机的运行状况，如发现异常应停机检查，排除故障。并应重点检查启动开关的主触点是否氧化，开关引出线和电动机引出线压板螺丝是否松动，保护装置动作是否可靠。当采用保险丝做短路保护时，应检查保险丝是否氧化、腐蚀或松动。

（2）电动机一般运转 2500h 左右应补充或更换润滑脂（锂基润滑脂 3 号）。当轴承的径向磨损过大时，应更换轴承。接线盒内的密封圈有老化现象时，应及时更换同规格的密封圈。

（3）在维护、修理中，当拆卸和装配各零部件时，应使用专用工具，严禁用硬质金属猛烈敲打，防止损坏机件和碰伤隔爆面。应防止隔爆面上沾染煤灰、沙粒和其他杂物。装配前，所有隔爆面应涂 204-1 防锈脂，以防锈蚀。

（4）通风机不使用时应放于空气流通、干燥、无腐蚀性气体的地方，防止受潮锈蚀。

（5）通风机按水平安装设计，设计使用寿命应不小于 4 年，且第一次大修前的正常运转时间应不少于 12000h。

任务考评

本任务考评的具体要求见表 11-2。

表 11-2 任务考评表

任务 11 矿用通风机的安装与调试			评价对象： 学号：		
评价项目	评价内容	分值	完成情况	参考分值	
1	矿用通风机安装前的准备工作	10		每组 2 问，1 问 5 分	
2	矿用通风机参数的测量方法	10		错一步或缺一步扣 5 分	
3	FBCDZ 系列对旋轴流式通风机的安装要求、调试	20		每组 2 问，1 问 10 分	
4	分组进行 FBD 系列矿用隔爆型压入式对旋轴流局部通风机的安装、调试和维护	30		安装 20 分，调试 5 分、维护 5 分	
5	矿用轴流式通风机的安装质量标准	10		错一项或缺一项扣 5 分	
6	完整的任务实施笔记	10		有笔记 5 分，内容 10 分	
7	团队协作完成任务情况	10		协作完成任务 5 分，按要求正确完成任务 10 分	

能 力 自 测

11-1 安装通风机前的准备工作有哪些？

11-2 安装轴流式通风机的工作程序有哪些？

11-3 轴流式通风机试运转时应注意哪些事项？

11-4 通过学习通风机的安装，谈谈你对设备安装工作的认识。

任务 12　矿用通风机的检修

任务描述

通风机在矿山生产过程中起着非常重要的作用，安全规程规定必须要有双通风机、双电源和双线路，其中一套工作，另一套备用。通风机在出现故障时要及时修理，并应保证备用通风机处在完好状态。

通过本任务学习，要求学生具备以下技能：会对矿用通风机进行正确检修；知道矿用通风机检修的质量标准。

任务实施

一、矿用通风机的检修内容

按机电设备的有关规定：主要通风机应在三个月内小修一次，每年中修一次，三年大修一次，但也可以根据设备状态或出厂说明要求适当提前或延期进行。

（一）小修

小修是对通风机（包括附属设备）的个别零件进行检修，基本上不拆卸设备的复杂部分。小修内容包括：

（1）更换已磨损过限的个别零件。

（2）清洗复杂部位的机械零件，检查叶轮，更换腐蚀过限的叶片。

（3）更换油脂。

（4）更换电动机个别线圈和部分绝缘，对电动机线圈涂漆干燥。

（5）更换主轴、联轴器，更换或加固重要的大型部件，转子重新找平衡。

（6）检查各部的螺栓及紧固件。

（二）中修

中修内容除包括小修各修程外还有：

（1）更换成套部件。

（2）清洗复杂部件的机械零件，检查叶轮，更换腐蚀过限的叶片。

（3）更换轴承。

（4）更换电动机个别线圈和部分绝缘，对电动机线圈涂漆干燥。

（5）通风机轴的探伤检查。

（三）大修

大修内容除包括中修各修程外还有：

（1）更换主轴、联轴器，更换或加固主要的大型部件，转子重新找平衡。

（2）重新更换各部密封件。

（3）更换电动机绕组线圈。

（4）处理基础和外壳。

（5）轴心重新调整找正。

（6）电气系统的调整。

在现场大、中、小修的内容和修程并不是一成不变的，它常常由预防性检查的结果所决定；预防性检修是确定检修内容和修程的主要依据。预防性检查必须不间断地定期进行，一般以一个月为宜。预防性检查除通过看、摸、听以外，还应利用各种仪器来检查，以给检修内容提供可靠的科学基础。

（四）预防性检查

预防性检查内容有：

（1）叶轮与机壳的间隙，叶轮有无裂纹和变形，螺栓的紧固情况以及有无锈蚀情况等。

（2）主轴、传动轴的锈蚀，键的紧固和必要的探伤检查。

（3）轴承间隙及磨损情况。

（4）实验检查温度计的可靠性。

（5）联轴器的水平度、倾斜度和螺栓、垫圈的紧固。

（6）皮带的松紧程度，带轮沟槽的磨损情况。

（7）冷却油泵、管路及附属设备。

（8）机壳和闸门的漏风。

（9）反风装置的闸门、绞车、钢丝绳等。

二、矿用通风机的检修质量标准

（一）机座及壳体

（1）机座安装在基础上的纵向及横向水平度，都不得大于 0.02%。

（2）基础螺栓必须加防松装置，螺栓拧紧后，螺杆应露出螺母 1~3 个螺距。

（3）壳体的接合处，应严密不得漏风。

（二）轴

（1）主轴及传动轴的水平度应不大于 0.02%；传动轴和主轴的同轴度不得超过 0.15mm；大修时主轴及传动轴应进行无损探伤。

（2）大修后主轴应符合表 12-1 的技术要求。

（3）不得有裂纹、弯曲、腐蚀和损伤，轴颈磨损和加工削正量不得超过原设计直径 5%。

（4）轴和轮毂、键槽两侧面与轴或轴孔的中心线平行度偏差不得大于 0.05%。

表 12-1　主轴圆度、圆柱度及径向圆跳动

轴颈直径/mm	50~80	80~120	120~180	180~250
圆度、圆柱度	0.013	0.015	0.018	0.020
径向圆跳动/mm	0.040	0.040	0.050	0.050

（三）离心式主通风机的叶轮及进风口

（1）叶轮不得有裂纹、与轴配合松动、叶片及前后盘变形、加强盘板或拉杆开焊等缺陷。

（2）叶片型线与样板间的间隙应不大于 2mm。

（3）叶轮大修后必须做动平衡校正。

（4）轮毂与后盘之间的间隙，在连接铆钉或螺栓直径 2 倍范围内，应不大于 0.1mm，其余部位不大于 0.3mm。

（5）进风口表面型线与样板间的间隙应不大于 5mm，表面不得有明显的机械伤痕、变形、裂纹等缺陷。

（6）叶轮与进风口（如为搭接时）的搭接长度、径向间隙应符合有关技术文件的规定，如无规定时，其搭接长度为叶轮直径的 1%；径向间隙为叶轮直径的 0.3%，且应均匀。

（四）轴流式主通风机叶轮

（1）叶轮不得有下列缺陷：轮毂裂纹或与轴配合松动；叶片变形及腐蚀严重；叶片裂纹或叶柄秃扣。

（2）叶片形线与样板间的间隙应不大于 2mm，叶片外表不得有明显的锤痕。

（3）采用扭曲叶片的叶轮，如一级叶片与二级叶片不相同时，应有明显的标志，以便于区分。

（4）叶片安装角度误差不应大于 0.5°，可用特制的样板检查。

（5）叶片根部与轮毂的间隙不得大于表 12-2 的规定。

表 12-2　叶片根部与轮毂的间隙

叶轮直径/mm	1200	1800	2400	2800
叶片根部与轮毂的间隙/mm	2.0	2.5	3.0	3.5

（6）叶片顶部与外壳的间隙应均匀，并符合表 12-3 的规定。

表 12-3　叶片顶部与外壳的间隙

叶轮直径/mm	1200	1800	2400	2800
间隙/mm	1~2	2~2.5	3~3.5	3~4

（7）叶轮大修后单级叶轮应做静平衡校正，两级叶轮应做动平衡校正。

（8）更换叶片后，在下列情况下叶轮可不再做动、静平衡校正：同一位置的新、旧叶

片质量差不大于100g，或轮毂在安装叶片前，已单独经过动平衡校正，并且与新叶片质量差不大于100g。

（9）叶轮各部螺栓必须装好防止倒扣的止退装置。

（五）振动

离心式通风机和轴流式通风机的轴承的径向振幅（双向），应符合表12-4所列数值。

表 12-4　离心式通风机和轴流式通风机的轴承的径向振幅

转数/r·min^{-1}	3000	1500	1000	750	600	500
允许最大振幅/mm	0.06	0.08	0.10	0.12	0.18	0.18

正常使用的通风机振幅，超过表12-4中数值但不超过50%，可以允许使用；如超过50%，但不超过100%时，必须采取措施消除产生过大振幅的原因。

（六）其他

（1）通风机各风门必须启闭灵活，关闭严密，不漏风。

（2）牵引风门的钢丝绳应无锈蚀，断丝磨损不超过规定限度。

（3）风门绞车操纵灵活，完整可靠，传动齿轮磨损、点蚀不超过规定。

（4）反风系统灵活完整，能在10min内实现反风操作。

（5）水柱压差计、电流表、电压表、轴承温度计齐全，指示准确。

（6）露在外面的机械转动部分和电气裸露部分必须加装护罩或遮栏。

（7）螺纹、键、三角带、轴和轴承、联轴器，应符合固定设备通用部分的有关标准及要求。

（8）噪声不得超过90dB，超过时应加设消声装置。

技能拓展

旋风机的使用与检修

（一）通风机部分

该通风机为叶轮与电动机直联形式，无中间传递功率装置，所以通风机可以长期连续运转，一般不需要维修，但每次停机时要对通风机叶轮进行外部零件清洁和检查，并每隔半年对各大部件进行拆卸和清理检查。

该通风机轮毂做了精确的动平衡试验，叶轮也做了严格的动平衡试验。安装或检修中，端盖、叶片不得随意调换，检查叶片时，可用硬刷清除掉轮毂上的煤灰，仔细检查叶片螺栓，看螺栓和叶柄有无松动。

每次调整叶片角度运行24h后，必须再次紧固所有的叶片螺栓。

拆卸叶轮可以利用轮毂轴套端部的两个供叶轮装、拆的螺孔，用拔轮器将叶轮卸下。

（二）电动机部分

该通风机设有电动机前、后轴承的测温仪表，设置于进、排油装置的同侧，可通过测温表观察电动机运转和润滑情况。

该系列通风机设置不停机加油、排油装置，可在运行中定期地向电动机的前后轴承注入 2 号二硫化钼锂基润滑脂，废油由排油管排出。

在电动机槽内及轴承座内埋有测温元件，用来检测电动机运行中定子温度和轴承温度。

由于电动机安装在主机筒内，必须通过定子、轴承测温表来掌握电动机的运行状况。一般情况下，轴承温度不超过 85℃，电动机定子温度不超过 110℃，均可不停机长期运行。在运行中，如果轴承温度短时间上升很快，应注入润滑脂，正常情况下几小时内温度应下降；若再继续上升至 90℃ 以上，则可能是轴承需要清洗或达到寿命需要更换。

任务考评

本任务考评的具体要求见表 12-5。

表 12-5 任务考评表

任务 12 矿用通风机的检修				评价对象： 学号：
评价项目	评价内容	分值	完成情况	参考分值
1	矿用通风机的检修内容	10		错一个或缺一个扣 5 分
2	矿用通风机检修质量标准	10		错一个或缺一个扣 5 分
3	分组进行 FBCDZ 系列对旋轴流式通风机和 FBD 系列矿用隔爆型压入式对旋轴流局部通风机的检修	50		错一步或缺一步扣 5 分
4	完整的任务实施笔记	15		有笔记 5 分，内容 10 分
5	团队协作完成任务情况	15		协作完成任务 5 分，按要求正确完成任务 10 分

能 力 自 测

12-1 什么是通风机的小、中、大修？

12-2 通风机的预防性检查有哪些内容？

12-3 通风机检修质量标准是什么？

任务 13　矿用通风机的故障诊断与处理

任务描述

通风机是矿山连续运行设备，由其担负的任务性质决定了不允许通风机中断供风。而长时间运行经常会出现各种不良状况，这就要求加强通风机的日常维护，正确地判断和及时处理通风机运行时出现的各种故障。

通过本任务学习，要求学生具备以下技能：会对矿用通风机常见故障进行诊断和处理；知道通风机事故案例分析方法。

知识准备

矿用通风机常见故障的诊断

（一）故障分析处理的原则和依据

故障分析处理的原则和依据如下：

（1）要认真阅读有关技术资料，弄清通风机的结构原理。

（2）了解通风机性能特点和工况知识，为综合分析运行工况打下知识基础。

（3）要不断地增加对设备的熟悉程度，积累其运行的规律性认知和处理经验。

（二）判断故障的程序

由表及里、由现象到原因，查出故障背后问题的一般性规律，主要采用听、摸、看、量并结合经验分析的方法进行。

（三）处理故障的一般步骤

处理故障的一般步骤如下：

（1）了解故障的表现和发生经过。

（2）分析故障的原因。

（3）做好排除故障前的各项准备工作。

（4）有措施、按步骤地排除故障。

（5）善后工作。

任务实施

矿用通风机常见故障的处理方法

（一）矿用通风机常见故障分析

通风设备在运转中，不可避免会发生故障，实际中的故障是多种多样的，下面用表的形式给出矿用通风机常见典型故障、产生原因及排除方法，以便参考（见表 13-1）。

表 13-1　矿用通风机常见故障、产生原因及排除方法

故障现象	产生原因	排除方法
电动机电流过大和温升过高	1. 由于短路吸风，造成风量过大； 2. 电压过低或电源单相断电； 3. 联轴器连接不正，皮圈过紧或间隙不均	1. 消除短路吸风现象； 2. 检查电压，更换保险丝； 3. 进行调整
叶轮损坏或变形	1. 叶片表面或铆钉腐蚀、磨损； 2. 铆钉和叶片松动； 3. 叶轮变形或歪斜，使叶轮径向跳动或端面跳动过大	1. 如个别损坏，个别更换；如损坏过半数，更换叶轮； 2. 重新铆紧或更换铆钉； 3. 卸下叶轮，对叶轮进行矫正
轴承箱振动剧烈	1. 通风机轴与电动机轴不同心，联轴器装歪； 2. 基础的刚度不够或不牢固； 3. 机壳或进风口与叶轮摩擦； 4. 叶轮铆钉松动或轮盘变形； 5. 叶轮、联轴器或胶带轮与轴松动； 6. 机壳与支架、轴承箱与支架、轴承盖与底座等连接螺栓松动； 7. 胶带轮安装不正，两胶带轮轴不平行； 8. 转子不平衡	1. 调整或重新安装； 2. 进行修补或加固； 3. 修理叶轮或进风口； 4. 修理； 5. 修理机轴、叶轮、联轴器或皮带轮，或重新配件，重新装配； 6. 紧固螺栓； 7. 进行调整，重新找正； 8. 重新找平衡
轴承温升过高	1. 轴承箱振动剧烈； 2. 润滑油质量不良或充填过多； 3. 轴承箱盖与座连接螺栓过紧或过松； 4. 机轴与滚动轴安装歪斜，前后两轴承不同心； 5. 滚动轴承损坏	1. 查明原因，进行处理； 2. 更换或去掉一些，注油量为 2/3； 3. 调整螺栓的松紧度； 4. 重新安装或调整找正； 5. 更换轴承
发生不规则的振动，且集中于某一部分，噪声与转速相符，在启动或停机时可以听到金属弦声	通风机内部有摩擦： 1. 叶轮歪斜与机壳内壁相碰，或机壳刚度不够，产生左右摇晃； 2. 叶轮歪斜，与进风口相碰	1. 修理叶轮和止推轴承，对机壳进行补强； 2. 修理叶轮与进风口

（二）矿用通风机事故案例分析

1. 案例

[案例 1]　1986 年 6 月 27 日，某矿二号风井通风机因轴承润滑供油不足，温度急剧升高没有及时发现和处理，致使轴承内套破裂，造成通风机被迫停运不能启动事故。

[**案例 2**] 1974 年 12 月 14 日，某矿二号人车斜井，由于高压铝芯电缆接线盒"放炮"，电弧引起铁圈木背板支护燃烧而造成火灾。当即采取反风措施，由于设施完整、灵活，司机操作熟练，避免了一次重大伤亡事故，使 1000 多人安全出井。

[**案例 3**] 1987 年 2 月 15 日，某矿中央水泵房内有一个独头的木板房，房内用 10 个 100W 灯泡取暖，灯泡烤着了木板，引燃木板房和支架，造成火灾。研究决定反风，因通风机换向板冻结，未能搬动，无法反风，使有毒有害气体顺风流入巷道中，导致人员窒息，造成死亡 68 人，伤 6 人的特大恶性事故。

[**案例 4**] 1981 年 11 月，某矿西风井轴流式通风机因安装不符合标准，造成轴头偏摆严重，机体振动。矿上采取降低转速运行的措施，继续运行到 1982 年 2 月 26 日，主轴突然断裂，造成停机事故。经检查分析，发现是各段传动轴同心度偏差过大所致。

[**案例 5**] 某矿一新风井安装两台 2K58-№18 通风机，安装完毕试空车（指未带负荷）时，发现 2 号机运行不到 40min，轴承箱振动剧烈，轴承温升过高，电接点温度表显示温度为 110℃，立即停车处理。检查结果：滚动轴承出现发蓝现象。经分析判断是机轴与滚动轴承安装歪斜，前后两轴承不同心，润滑油质量不良或充填过多。通过重新安装和调整找正，又对轴承进行清洗，更换润滑油后，轴承箱振动及轴承超温现象得以解决。

2. 通风机组事故

在通风机组事故中，机械事故占 68.9%，主要是主轴断裂、叶片折损、联轴器损坏以及轴承损坏等。

（1）主轴断裂事故原因。

1）各段传动轴的轴线同心度偏差超限，引起机体振动，逐渐发展到断轴和其他部件损坏。

2）设计强度不足或使用年久、疲劳腐蚀引起的断裂。这种事故在某些轴流式通风机的传动轴断裂事故中比较常见。其他意外原因造成的断裂有轴料材质缺陷、滚动轴承事故影响以及工作轮被卡住等冲击负荷造成的断裂。

（2）叶片原因。

1）叶片制造工艺不合理，如应力集中、热处理工艺不合要求等。

2）机体内混入杂物将叶片卡断，在实际中这类事故比较多。

3）叶片顶端与机壳内壁间的间隙过小或机壳变形，在机体发生振动时碰撞造成损坏。

4）叶片在工作轮上紧固不牢，在空气涡流影响下或振动产生交变应力造成松脱或疲劳断裂。

（3）齿轮联轴器事故原因。

1）制造质量不合格，如加工尺寸偏差过大，齿圈内有铸造缺陷或齿面热处理工艺不合理等引起的损坏。

2）各段传动轴的轴线同心度偏差超限，影响齿面的正常啮合，造成早期磨损。联轴器"刷圈"的主要原因之一就是传动轴不同心。

3）润滑不良，如润滑油牌号不对或补油不及时，加速了磨损，造成断齿事故。

4）日常维修工作失误。补油、换油、清洗不及时使齿面润滑条件恶化；检查方法不科学，只注意外观，对齿面的磨损实况不了解，以致造成早期磨损或突然断齿"刷圈"。

（4）轴承事故原因。

　　目前通风机大多采用滚动轴承，它是一个比较复杂的运动副。摩擦系数较小是其优点，但如果质量不可靠或安装不好，则事故频率比较高，在机械事故统计数中占 45%，其事故原因比较复杂。

　　滚动轴承故障即损坏的预兆是发热和振动。轴承发热超温的原因如下：

1）润滑问题引起的，例如润滑油牌号不对、供油量不足、油质污染等。

2）振动以及过载或冲击负荷引起的油膜破坏。

3）轴承选型不合理，承载能力不足。

4）轴承制造质量低劣，使用寿命短。

任务考评

　　本任务考评的具体要求见表 13-2。

表 13-2　任务考评表

任务 13　矿用通风机的故障诊断与处理			评价对象：	学号：	
评价项目	评价内容	分值	完成情况	参考分值	
1	矿用通风机常见故障分析处理的原则和依据	10		错一个或缺一个扣 5 分	
2	判断矿用通风机故障的程序	10		错一个或缺一个扣 5 分	
3	处理矿用通风机故障的一般步骤	10		错一个或缺一个扣 5 分	
4	矿用通风机常见故障处理	30		故障原因分析 15 分，故障处理 15 分	
5	矿用通风机事故案例分析	20		事故原因分析 10 分，事故防范措施分析 10 分	
6	完整的任务实施笔记	10		有笔记 4 分，内容 6 分	
7	团队协作完成任务情况	10		协作完成任务 4 分，按要求正确完成任务 6 分	

能 力 自 测

13-1　通风机轴承箱剧烈振动的原因有哪些？

13-2　试制定诊断与处理通风机叶轮损坏故障的具体措施。

教学情境Ⅳ　矿山空气压缩设备使用与维护

知识目标

掌握矿用空压机的作用、类型、结构及工作原理；掌握矿用空压机的操作规程、维护保养方法、各部位注油要求、安装标准、试运转的有关规定、检修质量完好标准和检修方法、常见故障分析及排除方法；了解矿用空压机事故案例分析方法。

技能目标

会对矿用空压机进行启动和停机操作；会正确交接班；会分析矿用空压机使用润滑油的性能和判别油质的好坏；会进行矿用空压机正常的注油操作；会进行矿用空压机的日常维护工作；会进行矿用空压机的安装与调试；会进行矿用空压机的维护与保养；会进行矿用空压机检修；会诊断及处理矿用空压机的常见故障；知道矿用空压机传动安装和检修安全技术措施的编写方法；知道矿用空压机事故案例分析方法。

情境描述

矿山空气压缩设备是矿山压缩和输送气体的整套机器设备，是矿山重要的固定设备之一。在矿山生产中，压缩空气主要是作为一种动力源而被广泛采用。这是因为它具有下列良好性能和特点：空气具有很好的可压缩性和弹性，适宜作功能传递中的介质；输送方便，不凝结；对人无害，没有起火危险；空气资源丰富、廉价。

矿用空压机是矿用压缩空气的风动机械，虽然效率较低，但在矿山的特殊条件下，空气没有热损耗，便于输送，同时也没有由于凝结而产生的特殊损耗；与电力机械相比，不会产生火花，这对有瓦斯矿井的井下作业特别重要。此外，风动机械过载能力强，适合做冲击性和负荷变化很大的工作。在湿度大、气温高、灰尘多的环境中，也能很好地操作，并无触电危险。因此，矿井多使用压缩空气驱动小型采掘机械——风镐、凿岩机等进行采掘。另外，在矿山里使用的锚杆喷浆机、气动凿岩机、井口和井底车场用的推车机、井口和井底箕斗装卸载设备以及地面机修厂的不少地方，也都用压缩空气作动力源。

掌握矿用空压机的作用、类型、结构及工作原理，矿用空压机的操作规程、维护保养方法、各部位注油要求、安装标准、试运转的有关规定、检修质量完好标准和检修方法、常见故障分析及排除方法等，将为从事矿山空气压缩设备操作工、检修工等相关职业岗位打下坚实的基础。

任务 14　矿用空压机的使用与操作

任务描述

　　矿用空压机的主要任务是向井下输送具有一定压力的压缩空气，从安全性和环保方面考虑，主要用于开拓岩巷和锚喷支护，同时兼有许多其他用途。掌握空压机的结构、工作原理、相关规定和具体要求，是正确使用和操作空压机设备的重要前提。

　　本任务要求学生学会矿用空压机的使用和操作方法。

知识准备

一、空气压缩设备概述

（一）空气压缩设备的作用

　　空压机设备是压缩和输送气体的整套机器设备，被广泛地用于现代各工业部门。许多工厂用它生产压缩空气作为动力使用，是流体和固体输送的动力源之一。在矿山生产中，压缩空气主要是作为一种动力源而被广泛采用，这是因为它具有下列良好性能和特点：空气具有很好的可压缩性和弹性，适宜作功能传递中的介质；输送方便，不凝结；对人无害，没有起火危险；空气资源丰富、廉价。

　　使用空压机设备虽然效率较低，但在矿山的特殊条件下，空气没有热损耗，便于输送，同时也没有由于凝结而产生的特殊损耗；与电力机械相比，不会产生火花，这对有瓦斯矿井的井下作业特别重要。此外，空压机过载能力强，适合做冲击性和负荷变化很大的工作。在湿度大、气温高、灰尘多的环境中，也能很好地操作，并无触电危险。因此，矿井多使用压缩空气驱动小型采掘机械——风镐、凿岩机等进行采掘。另外，在矿山里使用的锚杆喷浆机、气动凿岩机、井口和井底车场用的推车机、井口和井底箕斗装卸载设备以及地面机修厂的不少地方，也都用压缩空气作动力源。

（二）空气压缩设备的组成

　　如图 14-1 所示，空气压缩设备主要由空压机和输气管道组成。空气首先通过滤风器将其中的尘埃和机械杂质过滤掉，清洁的空气进入空压机进行压缩，压缩到一定的压力后排入储气罐（风包），然后再沿管道送到井下供风动工具使用或送到其他使用压缩气体的场所。

（三）空气压缩设备的分类

　　空压机的种类繁多，使用广泛，是一种通用机械。空压机按工作原理不同可分为容积

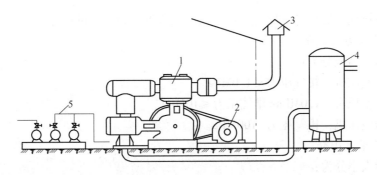

图 14-1　空压机站示意图

1—空压机；2—电动机；3—滤风器；4—储气罐；5—冷却水泵站

型和速度型两种。容积型空压机是利用减小空气体积，提高单位体积内气体的质量，来提高气体压力的；速度型空压机是利用增加空气质点的速度，然后在扩压器中急剧降速，使动能转化为压力能，来提高气体压力的。

容积型空压机可分为回转式和往复式两种，而回转式又可分为滑片式、螺杆式、转子式；往复式又可分为膜式和活塞式。速度型可分为离心式和轴流式两种。我国煤矿广泛使用的是容积型往复活塞式空压机。单螺杆压缩机与其他压缩机的比较如表 14-1 所示。

表 14-1　单螺杆压缩机与其他压缩机的比较

项　目	单螺杆压缩机	双螺杆压缩机	往复活塞式压缩机
力的平衡性	气体压力产生的径向、轴向力自动平衡	气体压力产生的径向力无法平衡，轴向力须由平衡活塞平衡	曲轴旋转时产生惯性力，活塞运动时滑动速度变化大
驱动方式	与电动机直联或加带轮	与电动机直联或加带轮，转速较高时须加增速齿轮	加带轮，很少与电动机直联
效率	中速（1500～3500r/min）时效率高，直联，比功率 5.9～6.4kW/（m³/min）	高速（3000～7000r/min）时效率高，加增速齿轮，比功率 6.0～6.6kW/（m³/min）	低速（600～1500r/min），摩擦副多，比功率 4.74～6.1kW/（m³/min）
噪声、振动	力平衡性好、振动小、噪声低，一般为 60～68dB（A）	力平衡性差、两金属螺杆啮合时有高频噪声 64～78dB（A），比单螺杆高 10～15dB（A）	振动大，需用基础固定，低频噪声 80dB（A）以上
耐久性	径、轴向力完全平衡，轴承寿命长，转子轴承为 30000h，星轮轴承为 50000h	两个转子负荷大，结构复杂	摩擦部位多，机械损耗大，阀片、活塞环等易损件寿命为 3000～6000h
装配性能	零部件少，可独立装配、调整后进入总装	转子轴承负荷大，结构复杂，装配、调整时需要专门工作场地	部件多，一般需要在总装时进行现场调整
维修性能	主机机壳采用整体结构后，星轮侧有大窗口，维修方便	转子轴承寿命短，更换时须打开机壳，工作量大	易损件更换频繁，拆卸工作量大，维修困难
外形尺寸	体积最小，箱式隔声包装的结构紧凑，维修方便	主机体积小，但驱动装置的空间被分隔	体积、质量都较大，振动大，需要基础加以固定

活塞式空压机一般按排气压力、排气量、结构形式和特点进行分类。

1. 按排气压力高低分

按排气压力高低分为：

（1）低压空压机：排气压力≤1.0MPa。

（2）中压空压机：1.0MPa＜排气压力≤10MPa。

（3）高压空压机：排气压力＞100MPa。

2. 按排气量大小分

按排气量大小分为：

（1）小型空压机：$1m^3/min＜$排气量$≤10m^3/min$。

（2）中型空压机：$10m^3/min＜$排气量$≤100m^3/min$。

（3）大型空压机：排气量$＞100m^3/min$。

一般规定：轴功率＜15kW、排气压力≤1.4MPa 为微型空压机。

3. 按汽缸中心线与地面相对位置分

按汽缸中心线与地面相对位置分为：

（1）立式空压机。汽缸中心线与地面垂直布置，如图 14-2（a）所示。

（2）角度式空压机。汽缸中心线之间成一定角度，图 14-2（d）所示为 V 形，图 14-2（e）、（f）所示为 W 形，图 14-2（c）所示为 L 形。

（3）卧式空压机。汽缸中心线与地面平行，汽缸布置在曲轴一侧，如图 14-2（b）所示。

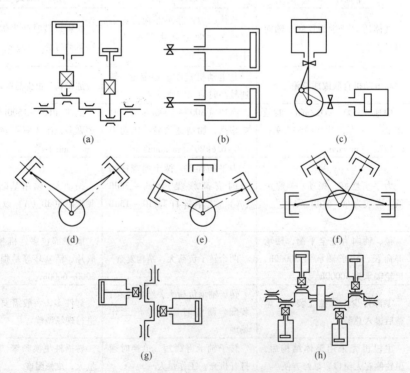

（a）　　　　　　　（b）　　　　　　　（c）

（d）　　　　　　　（e）　　　　　　　（f）

（g）　　　　　　　　　（h）

图 14-2　活塞式空压机示意图

（4）对称平衡式空压机。汽缸中心线与地面平行，汽缸对称布置在曲轴两侧，如

图 14-2（g）、（h）所示。

4. 按结构特点分

按结构特点分为：

（1）单作用空压机。气体仅在活塞一侧被压缩。

（2）双作用空压机。气体在活塞两侧被压缩。

（3）水冷式空压机。汽缸带有冷却水夹套，通水冷却。

（4）风冷式空压机。汽缸外表面铸有散热片，空气冷却。

（5）固定式空压机。空压机组固定在地基上。

（6）移动式空压机。空压机组置于移动装置上，便于搬移。

（7）有油润滑空压机。汽缸内注油润滑，运动机构润滑油循环润滑。

（8）无油润滑空压机。汽缸内不注油润滑，活塞和汽缸为干运转，但传动机构由润滑油循环润滑。

（9）全无油润滑空压机。汽缸内、传动机构均无油润滑。

此外，还分为有十字头、无十字头空压机；单级压缩、两级或多级压缩空压机。

角度式空压机结构比较紧凑，动力平衡性较好。由于 L 形空压机运转比 V 形、W 形更平稳，因而在我国得到普遍应用。对称平衡式空压机能将惯性力较完全地予以平衡，从而可提高转速，使零部件体积小、重量轻、便于制造，降低空压机和电动机的造价，节省钢材，因而应用也较为普遍。

二、活塞式空压机的工作理论

（一）空压机的性能参数

1. 排气量

排气量是指在单位时间内空压机最末一级排出的气体体积，换算到空压机吸气状态时的气体体积值，以符号 Q 表示，单位是 m^3/min。

2. 排气压力

空压机出口的气体压力称为空压机的排气压力，用相对压力度量（理论计算时采用绝对压力），以符号 p 表示，单位是 Pa。

3. 吸、排气温度

吸、排气温度是空压机吸入气体与排出气体的温度，用符号 T_1、T_2 表示，单位是 K。

4. 轴功率及比功率

轴功率是指原动机传给空压机主轴上的功率，用符号 N 表示，单位是 kW。比功率是空压机轴功率与排气量之比，用符号 N_b 表示，单位是 $kW/（m^3/min）$。

（二）活塞式空压机的工作原理

如图 14-3 所示，当电动机通过曲轴、连杆、十字头带动活塞从汽缸的左端向右端移动时，汽缸左腔容积逐渐增大，压力逐渐减小而产生部分真空，外界空气推开吸气阀进入汽缸开始吸气，随着活塞的右移空气将充满汽缸，这个过程叫做吸气过程。当活塞返向运动的瞬间吸气阀自动关闭，汽缸左腔的空气被封闭，随着活塞的左移，汽缸容积逐渐减小，空气被压缩而压力提高，这个过程叫做压缩过程。当空气压力增大到一定值时，打开排气阀进行排气，活塞继续移至左端点时，排气完毕。活塞再次右移时，缸内残留的压缩空气开始膨胀，直到吸气阀重新打开为止。活塞在汽缸中往复运动一次，空压机便完成了一个工作循环，即吸气、压缩、排气、膨胀四个工作过程。活塞式空压机是利用往复运动的活塞与汽缸壁面构成的容积变化进行工作的，所以属于容积式空压机。

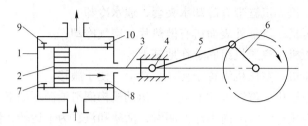

图 14-3　活塞式空压机工作原理示意图

1—汽缸；2—活塞；3—塞杆；4—十字头；5—连杆；6—曲轴；7，8—吸气阀；9，10—排气阀

（三）活塞式空压机的理论工作循环

活塞式空压机是靠活塞在汽缸中往复运动进行工作的。活塞在汽缸中往复运动一次，汽缸对空气即完成一个工作循环。所谓理论工作循环是指：

（1）汽缸没有余隙容积，因此在排气过程终了时，汽缸内没有残留的压缩空气。

（2）吸、排气通道及气阀没有阻力，因此在吸、排气过程中没有压力损失。

（3）气体与各壁面间不存在温差，因此进入汽缸的空气与各壁面间没有热交换，压缩过程中的压缩规律保持不变。

（4）汽缸压缩容积绝对密封，没有气体泄漏。

活塞式空压机的理论工作循环如图 14-4 所示，由吸气、压缩和排气三个基本过程组成。当活塞自左向右移动时，气体以压力 p_1 进入汽缸，0—1 为吸气过程；当活塞自右向左移动时，气体被压缩，1—2 为压缩过程；当气体压力达到排气压力 p_2 后，气体被活塞推出汽缸，2—3 为排气过程。过程 0—1—2—3 便构成了空气压缩机的理论工作循环。

空压机把空气从低压压缩至高压，需要消耗能量。空压机完成一个理论工作循环所消耗的功 W 由吸气功 W_x、压缩功 W_y 和排气功 W_p 三部分组成。

（1）吸气功。是指吸气过程中，汽缸中的压力为 p_1 的气体推动活塞所做的功 W_x：

$$W_x = p_1 V_1$$

其值相当于图 14-4 中 00′1′1 所包围的面积。

（2）压缩功。是指压缩过程中活塞压缩气体所做的功 W_y：

$$W_y = \int_{V_2}^{V_1} p \mathrm{d}V$$

其值相当于图 14-4 中 1′122′ 所包围的面积。

（3）排气功。是指排气过程中活塞将压力为 p_2 的气体推出汽缸所做的功 W_p：

$$W_p = p_2 V_2$$

其值相当于图 14-4 中 2′230′ 所包围的面积。

通常规定：活塞对空气做功为正值；空气对活塞做功为负值。按此，压缩过程和排气过程的功为正，吸气过程的功为负。三者之和即为一个循环内空压机的总功 W：

$$W = -W_x + W_y + W_p = -p_1V_1 + \int_{V_2}^{V_1} p\,dV + p_2V_2 \tag{14-1}$$

吸气功、压缩功和排气功之和可用图 14-4 中 0123 包围的面积表示，所以图 14-4 也称一级空压机理论工作循环示功图。

空压机工作循环中的压缩过程，可按等温、绝热或多变过程进行。按不同的压缩规律压缩时，其循环总功、空气被压缩时放出的热量以及压缩终了时空气的温度也不相同。图 14-5 为在相同吸气状态下按不同的压缩规律压缩空气至同一终了压力时的理论工作循环示功图，曲线 2—3′、2—3 和 2—3″分别为等温压缩、多变压缩和绝热压缩的过程线。可以看出，在等温压缩过程中循环功耗最小，排气温度最低；绝热压缩过程循环功耗最大，排气温度最高；多变压缩过程则介于两者之间。因此，从理论上讲，空压机按等温规律压缩最有利，故应加强对空压机的冷却。

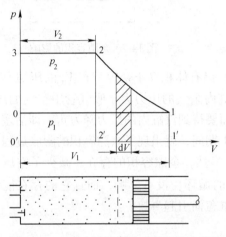

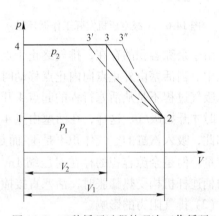

图 14-4　一级空压机理论工作循环示功图　　图 14-5　三种循环过程的理论工作循环

（四）活塞式空压机的实际工作循环

1. 实际工作循环图

空压机的实际工作循环比理论工作循环复杂，图 14-6 为一级空压机的实际工作循环图，它与理论工作循环图的差别在于：

（1）实际工作循环是由膨胀、吸气、压缩和排气四个过程所构成的，它比理论工作循环多一个膨胀过程。

（2）实际吸气线低于理论吸气线，实际排气线高于理论排气线，且实际的吸、排气线呈波浪状，在吸、排气的起始处有凸出点。

（3）实际压缩过程线 1—2 与绝热压缩线 1′—2′相交于 k 点，线段 1—k 比 1′—2′陡，而线段 k—2 比 1′—2′平缓。可见，实际的压缩过程是变化的。

2. 影响空压机实际工作循环的因素分析

（1）余隙容积的影响。

余隙容积是排气终了时，未排尽的剩余压缩空气所占的容积。它是活塞处于外止点时，由活塞外端面与汽缸盖之间的容积和汽缸与气阀连接通道的容积所组成。

讨论余隙容积对空压机实际工作循环的影响时，可暂不考虑其他因素的影响，并假定吸气压力 p_1 等于理论吸气压力 p_x（即吸气管外大气压），实际排气压力 p_2 等于理论排气压力 p_p（即风包压力），如图 14-7 所示。

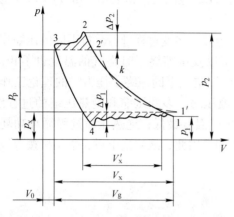

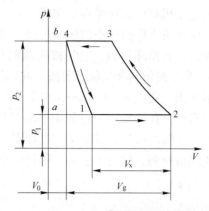

图 14-6　一级空压机实际工作循环图　　　　图 14-7　余隙容积的影响

由于余隙容积的存在，排气终止于点 4 时，仍有体积等于余隙容积 V_0 的压缩空气存于缸中。当活塞由外止点向内止点移动时，因缸内余气的压力大于吸气管中空气的压力，所以吸气过程不是从活塞行程的起点 4 开始，而要待到汽缸内的压力降为 p_1，即活塞行至点 1 时才开始吸气。这样，在活塞由点 4 至点 1 期间，就出现了余隙容积的膨胀过程。正因如此，吸入汽缸的空气体积不是 V_g 而是 V_x。显然，余隙容积的存在，减少了空压机的排气量。但是余隙容积的存在对压缩 $1m^3$ 空气的循环功没有影响，而且它的存在能够避免曲柄连杆机构受热膨胀时，活塞直接撞击汽缸盖而引起事故。

（2）排气阻力的影响。

在吸气过程中，外界大气需要克服滤风器、进气管道及吸气阀通道内的阻力后才能进入汽缸内，所以实际吸气压力低于理论吸气压力；而在排气过程中，压缩空气需克服排气阀通道、排气管道和排气管道上阀门等处的阻力后方才向风包排气，所以实际排气压力高于理论排气压力。

由于气阀阀片和弹簧的惯性作用，使得实际吸、排气线的起点出现尖峰；又由于吸、排气的周期性，气体流经吸、排气阀及通道时，所受阻力为脉动变化，因而实际吸、排气线呈波浪状。

由于吸、排气过程阻力的影响，使压缩相同体积气体的循环功增加。

（3）空气温度的影响。

在吸气过程中，由于吸入汽缸的空气与缸内残留压缩空气相混合，高温的缸壁和活塞对空气加热，以及克服流动阻力而损失的能量转换为热能等原因，使得吸气终了的空气温度 T_1 高于理论吸气温度 T_x（相当于吸气管外的空气温度），从而降低了吸入空气的密度，减少了空压机以质量计算的排气量。吸气温度的升高，使得压缩质量为 $1kg$ 的空气所需的循环功增大。

（4）漏气的影响。

空压机的漏气主要发生在吸、排气阀，填料箱及汽缸与活塞之间。气阀的漏气主要是由于阀片关闭不严和不及时引起的；其余地方的漏气，则大部分是由于机械磨损所致。漏气使空压机无用功耗增加，也使实际排气量减少。

（5）空气湿度的影响。

含有水蒸气的空气称为湿空气。自然界中的空气实质上都是湿空气，只是湿度大小不同而已。由湿空气性质知，在同温同压下，湿空气的密度小于干空气，且湿度越大，密度越小。这样，和吸入干空气相比，空压机吸入空气的湿度越大，以质量计的排气量就越小。而且，吸入空气中所含的水蒸气，有一部分在冷却器、风包和管道中被冷却成凝结水而析出，既减少了空压机的实际排气量，又浪费了功耗。

综上所述，空压机实际工作循环主要受余隙容积，吸、排气阻力，吸气温度，漏气和空气湿度等因素的影响。除余隙容积外，其余因素都将使空压机的循环功增加，且所有因素都使排气量减少。另外，在空压机工作过程中，因气体与汽缸壁面间始终存在着温差，使得在压缩初期，气体从高温缸壁获得热量，成为吸热压缩；待空气被压缩到一定程度后又向缸壁放热，成为放热压缩，故压缩规律是变化的。这就是实际压缩线 1—2 与绝热压缩线 1′—2′相交于 k 点的原因。

（五）活塞式空压机的两级压缩

1. 两级压缩的原因

如果空压机汽缸的强度足够大，活塞力也足够大时，在理论工作循环条件下，一级压缩可以得到很大排气压力。但实际上是不能的，因为排气压力的提高受以下两个方面的限制。

（1）压缩比受余隙容积的限制。

如图 14-8 所示，当排气压力由 p_2 增高到 p_2'、p_2''时，余隙中气体膨胀后所占的容积逐次加大，当排气压力增加至 p_2'''时，汽缸中被压缩的气体不再

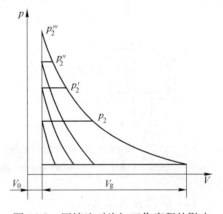

图 14-8　压缩比对汽缸工作容积的影响

排出而全部容纳于余隙容积 V_0 内，在膨胀时又全部充满整个汽缸容积 V_0+V_g，此时空压机就不再吸进和排出气体。因此，为保证有一定的排气量，压缩比不能过大，否则空压机的工作效率就会过低。

（2）压缩比受汽缸润滑油温的限制。

为保证活塞在汽缸内的快速往复运动和减少机械摩擦损失，就必须向缸内注油。但随着压缩比的增加，压缩终了时的空气温度也将增加。若增高到润滑油闪点温度（一般为 215~240℃）时，便有发生爆炸的危险。因此，《煤矿安全规程》规定：空压机排气温度，单缸不得超过 190 ℃，双缸不得超过 160℃。以此为条件，可计算出在最不利条件下（按绝热压缩），单级压缩的极限压缩比（p_2/p_1）约为 5。矿用空压机属中压空压机，排气压力为 0.7~0.8MPa，其压缩比为 7~8，所以必须采用两级压缩。高压空压机需采用多级压缩。

2. 压缩的工作循环

两级压缩在两个汽缸内完成，即低压汽缸和高压汽缸。其每级汽缸的工作原理与一级压缩的理论相同，从结构上只是在两级汽缸之间，增加了一个中间冷却器，形成一个串联

的体系，如图 14-9 所示。空气经低压汽缸压力增加到 p_z，排气温度为 T_z，送至中间冷却器，保持压力不变，气体温度降至吸气温度 T_1 后，再送到高压汽缸中，连续压缩达到需要的压力排出。

采用两级压缩时，压缩比是按最省功的原则进行分配的。两级压缩比应相等，并等于总压缩比的平方根。

采用两级压缩具有如下的优点：

（1）节省功耗。如图 14-10 所示，欲得到 p_2 的压力，从示功图上可以看出，当采用一级压缩时，一个循环所需的理论循环功为 012′3 所围的面积；采用两级压缩时，一个循环所需的理论功为 01z′z23 所围的面积，它比单级压缩节省了面积为 zz′2′2 的功耗。

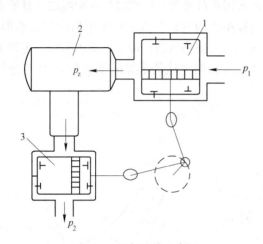

图 14-9　两级压缩示意图

1—低压汽缸；2—中间冷却器；3—高压汽缸

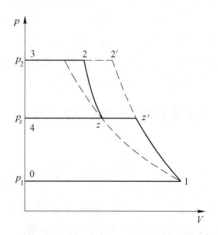

图 14-10　空压机理论工作循环图

（2）降低排气温度。

（3）提高空压机的排气量。

（4）降低活塞力。

（5）中间冷却器可以分离一部分油和水，提高压缩空气的质量。

三、活塞式空压机结构

（一）型号意义

我国矿山使用最广泛的是活塞式空压机，并以 L 型最为常见，如 4L-20/8 型、5L-40/8 型等。图 14-11 为 4L 型空压机的剖视图。L 型空压机是两级双缸复动水冷固定式空压机。本节主要以 4L 型空压机为例，介绍其结构特点、主要部件和附属设备。

L 型空压机型号意义如下：

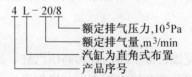

4 L－20/8

额定排气压力，10^5Pa
额定排气量，m^3/min
汽缸为直角式布置
产品序号

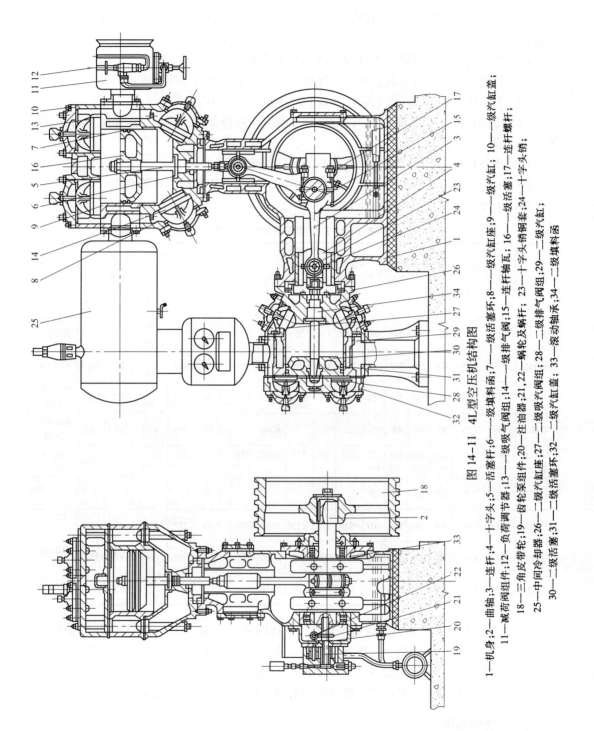

图 14—11 4L 型空压机结构图

1—机身;2—曲轴;3—连杆;4——十字头;5—活塞杆;6——二级填料函;7——级活塞环;8——级汽缸座;9——级汽缸;10——级汽缸盖;
11—减荷阀组件;12——负荷调节器;13——级吸气阀组;14——级排气阀组;15——连杆轴瓦;16——连杆螺杆;17——连杆螺杆;
18—三角皮带轮;19—齿轮泵组件;20—注油器;21,22——级蜗轮及蜗杆;23——十字头销铜套;24——十字头销;
25—中间冷却器;26——二级汽缸座;27——二级吸汽阀组;28——二级排气阀组;29——二级汽缸;
30——二级活塞;31——二级活塞环;32——二级汽缸盖;33——滚动轴承;34——二级填料函

（二）L 型空压机的组成机构

4L-20/8 型空压机主要由传动机构、压缩机构、润滑系统、冷却系统、调节装置和安全保护装置六部分组成。

（1）压缩机构。由汽缸、吸气阀、排气阀和活塞等部件组成。

（2）传动机构。由皮带轮、曲轴、连杆、十字头和轴承等部件组成。

（3）润滑机构。由齿轮油泵、注油器和滤油器等装置组成。

（4）冷却机构。由冷却水管、汽缸冷却水套、中间冷却器、后冷却器和润滑油冷却器等装置组成。

（5）调节机构。由减荷阀、压力调节器等部件组成。

（6）安全保护装置。由安全阀、油继电器、断水开关和释压阀等组成。

各种 L 型空压机的技术规格见表 14-2。

表 14-2　L 型空压机的技术规格

型号	排气量/m³·min⁻¹	排气压力/0.1MPa	汽缸直径/mm I级	U级	活塞行程/mm	曲轴转速/r·min⁻¹	轴功率/kW	冷却水消耗量/m³·h⁻¹	润滑油消耗量/g·h⁻¹	排气温度/℃	质量/kg	比功率/kW·(m³/min)⁻¹	电动机 功率/kW	电压/V	转速/r·min⁻¹	质量/kg	型号
3L-10/8	10	7.85	300	180	200	480	≤60	2.4	70	≤160	1700	5.13	75	220/380	970	1100	JR115-6
4L-20/8	21.5	7.85	420	250	240	400	118	4.8	105	≤160	2800	5.17	130	220/380	730	1620	JR127-8
5L-40/8	44	7.85	580	340	240	428	≤230	8.5	≤150	≤160	4500	3.49	250	6000/3000	428	2800	TDK118/24-14
6L-60/8	60	7.85	700	410	300	333.3	321	13.3		≤160		5.03	350	6000	333.3	5560	TDK140/26-18
7L-100/8	100	7.85	840	500	320	375	530	25	255	≤160	12000	5.03	550	6000/3000	375	3950	TDK173/20-16
LZ-10/8	10	7.85	300	180	100	980											
L3.5-20/8	20	7.85	420	250	140	730						5.49					
L5.5-40/8	40	7.85	560	340	180	600	<210	9.6	≤150	≤160	3700	4.86	250	6000	600	3500	TDK99/27-10
L8-60/7	60	6.87	710	420	220	428	320	14.4	195	≤160	6000	5.22	350	6000	428	3500	TDK116/34-14
L12-100/8	100	7.85	800	500	240	428	520	24		≤160	1000		560	3000/6000	428	3950	TDK113/20-16

图 14-12 为 4L 型空压机的构造示意图。从该图可以看出，这种空压机的压气流程是：自由空气→滤风器→减荷阀→一级吸气阀→一级汽缸→一级排气阀→中间冷却器→二级吸气阀→二级汽缸→二级排气阀→（后冷却器）→风包。

动力的传递流程是：电动机→皮带轮→曲轴→连杆→十字头→活塞杆→活塞。

（三）传动机构

传动系统的主要部件有：机身、曲轴、连杆、十字头、皮带轮等。其作用是传递动力，把电动机的旋转运动转变成活塞的往复运动。

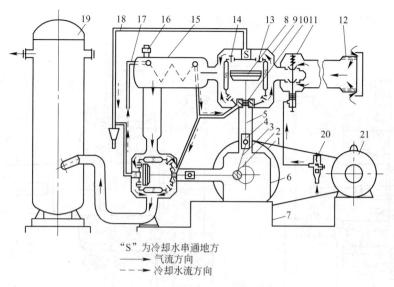

图 14-12　4L 型空压机的构造示意图

1—三角皮带轮；2—曲轴；3—连杆；4—十字头；5—活塞杆；6—机身；7—底座；8—活塞；9—汽缸；
10—填料；11—减荷阀；12—滤风器；13—吸气阀；14—排气阀；15—中间冷却器；16—安全阀；
17—进水管；18—出水管；19—风包；20—压力调节器；21—电动机

1. 机身

如图 14-13 所示，机身用灰铸铁铸成整体，外形为正置的直角形；在垂直和水平颈部装有可拆的十字头滑道，颈部端面以法兰与汽缸相连；机身相对的两个侧壁上，开有大小两孔安装曲轴轴承，底部是润滑油的油池；整个机身用地脚螺栓固定在地基上，起连接、支撑、定位和导向等作用。

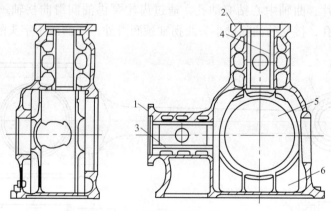

图 14-13　空压机身

1，2—端部贴合面；3，4—十字头导轨；5—曲轴箱；6—机身底部油池

2. 曲轴

曲轴是用球墨铸铁制成的，其结构如图 14-14 所示。它有一个曲拐，其上并列装置两根连杆。曲轴两端的主轴颈上各装有一盘双列向心球面滚子轴承。轴的外伸端装有皮带轮，另一端插有传动齿轮油泵的小轴，并经蜗轮蜗杆机构带动注油器。曲轴的两个曲臂上各装有一块平衡铁，以平衡旋转运动和往复运动时，不平衡质量产生的惯性力。曲轴上钻

有中心油孔，以使油泵排出的润滑油能通向各润滑部位。

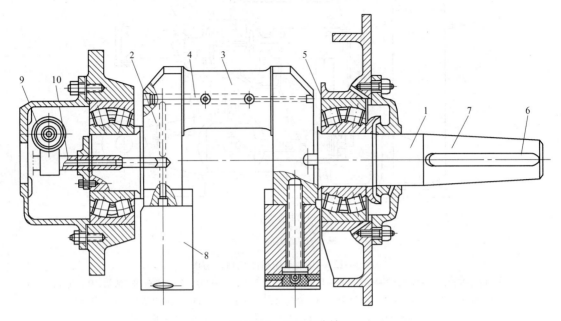

图 14-14　空压机曲轴

1—主轴颈；2—曲柄；3—曲拐轴颈；4—曲轴中心油孔；5—轴承；6—键槽；
7—曲轴外伸端；8—平衡铁；9—蜗轮；10—传动小轴

3. 连杆

连杆的材料为优质碳素钢或球墨铸铁，其结构如图 14-15 所示。连杆由大头、大头瓦盖、杆体和小头等组成，小头通过销轴与十字头连接，大头部分装在曲拐轴颈上，内嵌有巴氏合金钢杯瓦片；曲轴中心钻有油孔，通过齿轮泵供油润滑曲拐轴颈，同时向连杆供油；连杆内有通孔，接受的油除供小头曲拐轴颈润滑外，还润滑十字头的通道。

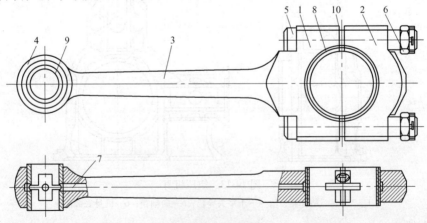

图 14-15　空压机连杆

1—连杆大头；2—大头瓦盖；3—杆体；4—连杆小头；5—螺栓；6—螺母；
7—油孔；8—大头瓦；9—小头瓦；10—调整垫片

4. 十字头

十字头部件如图 14-16 所示，它是连接活塞杆与连杆的运动机件，在十字头滑轨上做往复运动，具有导向作用。其材质为灰铸铁。十字头的一端用螺纹与活塞杆连接，借螺纹与活塞杆的拧入深度可调节汽缸的余隙大小，另一端用销子与连杆小头相连接。十字头销上有径向和轴向油孔，由连杆流来的润滑油经油孔润滑连杆小头瓦与十字头的摩擦面。

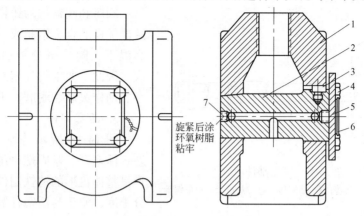

图 14-16　十字头部件

1—十字头体；2—十字头销；3—螺钉键；4—螺钉；5—盖；6—止动垫片；7—螺塞

5. 飞轮

由于活塞近似做简谐运动，整个传动机构与活塞的惯性力在旋转过程中很不均匀，同时在一个循环内活塞上所受气体压力也是变化的，为了使传动平稳，减少对电动机的负荷波动，L 型空压机配置质量较大的皮带轮兼作飞轮。

（四）压缩机构

1. 汽缸

汽缸部件主要由缸体、缸盖、缸座三个铸铁件组成。汽缸壁内铸有流通冷却水的水套，三个组件水套相互贯通，水套与气路隔开。缸盖与缸体、缸体与缸座、缸座与机身用双头螺栓连接，在结合面上加有橡胶石棉板密封。

2. 气阀

气阀是空压机内最关键也最容易发生故障的部件。图 14-17 为 4L 型空压机采用的环

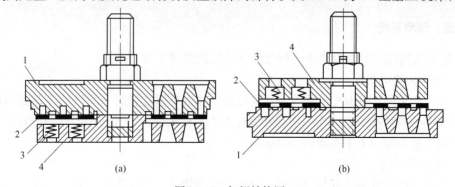

图 14-17　气阀结构图

（a）进气阀；（b）排气阀

1—阀座；2—阀片；3—弹簧；4—升程限制器

状气阀，它主要由阀座、阀盖、阀片、弹簧和紧固螺栓组成。图 14-17（a）为进气阀，图 14-17（b）为排气阀。由图可看出，它们在结构上完全相同，只是螺栓的安装方向相反，同时气阀本身对汽缸的相对位置也相反，进气阀把升程限制器靠近汽缸，排气阀把阀座靠近汽缸。

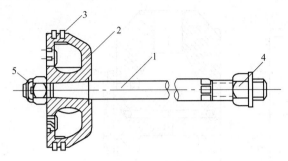

图 14-18 活塞部件

1—活塞杆；2—活塞；3—活塞环；4—螺母；5—冠形螺母

阀座和阀盖均为铸铁件，阀片采用性能优良的合金钢制成。排气阀工作在高温下，阀片每分钟启闭数百、上千次。因此，要求阀片密封性好、惯性力小、动作灵敏、耐磨、不易变形。

3. 活塞部件

图 14-18 所示为活塞部件，由活塞、活塞杆、紧固螺母组成。活塞为外形呈整体盘形的铸铁制件，内孔带有部分锥度，便于与活塞杆紧固连接，内部中空铸有加强筋。为了防止高压侧的气体漏往低压侧，在活塞上装有两道有弹性的活塞环（又称涨圈），两环的切口位置错开 90°。活塞环同时也起布油和导热的作用。

4. 填料装置

为了阻止气体从活塞杆与汽缸座之间的间隙外泄，应设置填料装置予以密封。L 型空压机采用金属填料密封，其结构如图 14-19 所示，主要由密封圈（靠近汽缸侧）、挡油圈（靠近机身侧）、隔环和垫圈等组成。密封圈用灰铸铁制成，由 3 个带斜口的瓣组成整圈，在它的外缘沟槽内放有拉力弹簧，通过弹簧将其紧箍在活塞杆上起密封作用。当内圈磨损后，借助弹簧的力量，它能自动向内箍紧，保证密封。

在由垫圈和隔环组成的小室内，放置了两个切口相互错开的密封圈。高压缸有两个小室，低压缸只有一个小室。挡油圈的结构形式和密封圈相似，只是内

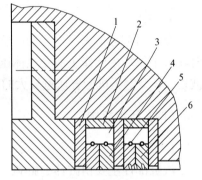

图 14-19 金属填料密封结构图

1—垫圈；2—隔环；3—小室；
4—密封圈；5—弹簧；6—挡油圈

圆处开有斜槽，它可以把黏附在活塞杆上的机油刮下来，以免其进入缸内。

（五）润滑系统

L 型空压机的润滑分为传动机构润滑和汽缸润滑两个独立系统。

1. 传动机构的润滑

传动机构采用 L-HH68 润滑油，其流程是：油池→粗过滤器→润滑油冷却器→齿轮油泵→滤油器→曲轴的中心油孔→曲拐和连杆大头瓦的配合面→连杆中心孔→连杆小头瓦和十字头销的配合面→十字头滑轨→油池。

2. 汽缸的润滑

汽缸润滑可以减小活塞与汽缸壁面之间的摩擦阻力，减小磨损；还可以起一定的冷却作用，带走摩擦热，防止活塞环及活塞与汽缸咬死或烧伤。L 型空压机采用单独的注油器向缸内压油润滑。在汽缸的注油孔处，一般都装有逆止阀，以防止油管破裂时汽缸内压缩

空气反冲，并便于空压机在不停转时更换注油器。图 14-20 所示为 L 型空压机润滑系统。汽缸润滑冬天采用 HS13 号、夏天采用 HS19 号压缩机油，禁止使用其他油品。

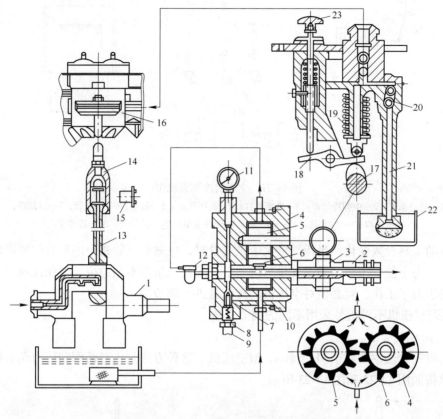

图 14-20 L 型空压机润滑系统原理图

1—曲轴；2—传动空心轴；3—蜗轮蜗杆；4—外壳；5—从动轮；6—主动轮；7—油压调节阀；8—螺帽；
9—调节螺钉；10—回油管；11—压力表；12—滤油器；13—连杆；14—十字头；15—十字头销；
16—汽缸；17—凸轮；18—杠杆；19—柱塞阀；20—球阀；21—吸油管；22—油槽；23—顶杆

（六）冷却系统

空压机的冷却系统由冷却水管、汽缸水套、中间冷却器和后冷却器等组成。

目前，矿用空压机一般采用循环式供水系统，开启式冷却方式，如图 14-21 所示。图中实线表示冷水流动路线，虚线表示热水流动路线。冷却水的流程为：

冷水池 9 →冷水泵 N_3 →总进水管 1 →中间冷却器 2 →同时进入低、高压汽缸 3、4 的水套→漏斗 5 →回水管 6 →热水池 10 →热水泵 N_1 →冷却塔 7 →水沟 8 →冷水池 9。

若在空压机与风包间设有后冷却器，则从高、低压汽缸 3、4 的水套中出来的水，先经水管送入后冷却器，然后再排至热水池 10 中。

如热水泵 N_1 或冷水泵 N_3 发生故障时，备用水泵 N_2 即投入运行。

（七）调节系统

活塞式空压机在转速不变的情况下，其排气量是不变的，但压缩空气的消耗则随同时

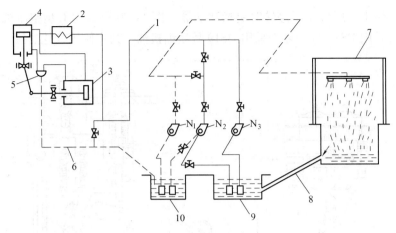

图 14-21　空压机冷却系统图

1—总进水管；2—中间冷却器；3—低压汽缸；4—高压汽缸；5—漏斗；6—回水管；7—冷却塔；

8—水沟；9—冷水池；10—热水池；N_1—热水泵；N_2—备用泵；N_3—冷水泵

使用的风动工具台数变化。当耗气量大于供气量时，压缩空气管路中的压力就要降低，反之就升高。为了使空压机站的供气量与风动工具的耗气量基本相适应，以保证风动工具能在稳定的压力下工作，就必须对空压机的排气量进行调节。

L 系列空压机不同机号采用不同的调节方法。

1. 关闭吸气管法

关闭吸气管法主要用于 3L 型和 4L 型空压机。这种方法是由减荷阀和压力调节器完成的，其结构如图 14-22 和图 14-23 所示。

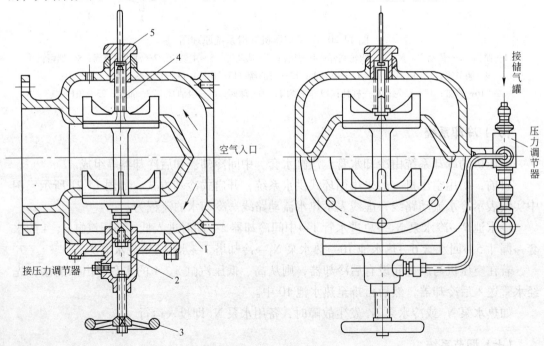

图 14-22　减荷阀

1—蝶形阀；2—活塞缸；3—手轮；4—弹簧；5—调节螺母

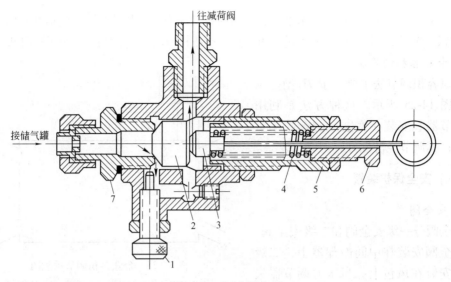

图 14-23 压力调节器
1—调节螺钉；2—阀；3—拉杆；4—弹簧；5—大调节螺管；6—小调节螺管；7—阀座

　　减荷阀安装在空压机吸气管上，压力调节器安装在减荷阀侧壁，并通过管路与储气罐相连。当管路压力超过压力调节器的整定值时，调节器的阀芯打开，压缩空气经调节器进入减荷阀的活塞缸，推动活塞将蝶形阀关闭，切断吸气管，空压机停止吸气，进入空转。当压力降低后，压力调节器的阀芯在弹簧作用下关闭，减荷阀中的蝶形阀在弹簧作用下开启，空压机恢复正常运转。

　　2. 压开吸气阀法

　　压开吸气阀法主要用于 5L 型和 6L 型空压机。这种方法用压力调节器和装在吸气阀上的卸荷阀完成，如图 14-24 所示。

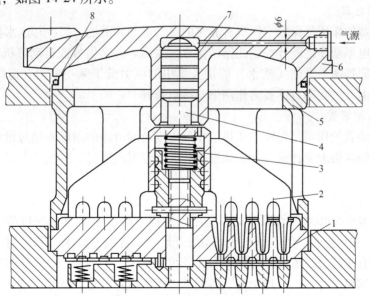

图 14-24 压开吸气阀装置
1—吸气阀；2—压叉；3—弹簧；4—小活塞；5—气阀压紧圈；6—气阀上盖；7—活塞腔；8—垫

风包内的压缩空气经压力调节器进入卸荷阀推动活塞4，克服弹簧力使顶开架向下移动顶开阀片，吸气阀全开，空气自由进、出汽缸，空压机空转。这种调节方法可以分级控制。

3. 余隙容积调节法

余隙容积调节法主要用于7L型空压机，如图14-25所示。这种方法是利用压力调节器和安装在汽缸上的余隙小室完成的；其调节经济性好，但结构复杂。

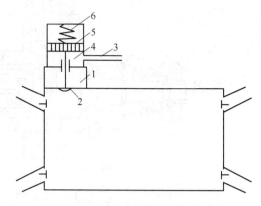

图14-25　余隙容积调节示意图

1—附加余隙容积；2—阀；3—风管；4—减荷汽缸；
5—活塞；6—弹簧

（八）安全保护装置

1. 安全阀

安全阀分一级安全阀和二级安全阀。一级安全阀安装在中间冷却器上，二级安全阀安装在风包上。当压力调节器失灵，空气压力得不到及时调节而使各级排气压力超过整定压力时，安全阀就自动开启，把一部分压缩空气泄于大气，使系统中的压力降到正常的工作压力。

L型空压机使用的是弹簧式安全阀，其结构如图14-26所示。阀瓣4受弹簧2的压力作用，压紧在阀座3上，使压缩空气与大气隔离。如空压机某一级的压力超过该级安全阀的整定动作值时，弹簧2便被压缩，阀瓣4上升，压缩空气经阀座3而由排气孔5排至大气。当压力降到整定值以下时，在弹簧2的弹力作用下，阀瓣4下降，又压紧在阀座3上，切断压缩空气与大气的通路。

安全阀的动作压力值可由压力调节螺钉9进行调节。安全阀的动作压力不得超过额定压力的10%。

2. 压力继电器

压力继电器的作用是保障空压机有充足的冷却水和润滑油，当冷却水水压或润滑油油压不足时，继电器动作，断开控制线路的接点，发出声、光信号或自动停机。图14-27为压力继电器的原理图。当油（或水）管接头1中的压力低于某一值时，薄膜上部的弹簧使推杆下降，电开关在本身弹簧力作用下，接点断开。

3. 温度保护装置

温度保护装置的作用是保障空压机的排气温度及润滑油的温度不超过设定值。此类装置有带电接点的水银温度计或压力表式温度计，当温度超限时，电接点发出报警信号接通或切断电源。

4. 断水开关

断水开关装于冷却水回水漏斗处，是用以监视冷却水中断的一种自动停机装置。图14-28为断水开关示意图。当空压机冷却系统开启后，各级汽缸水套和中间冷却器或后冷却器的回水管有水流过，流水经过漏斗时，其重力加大，接通触点2，线圈通电将衔铁吸下便可启动电动机。冷却水一旦中断，因漏斗中无水流过，重力变小，开关在弹簧作用下向上运动，使触点2断开，线圈断电而停机。这种断水开关适用于开启式冷却系统，而对闭式冷却则采用水流继电器。

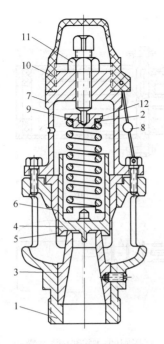

图 14-26 弹簧式安全阀

1—阀体；2—弹簧；3—阀座；4—阀瓣；5—排气孔；

6—阀套；7—弹簧套筒；8—铅封；9—压力调节螺钉；

10—阀盖；11—六角螺母；12—弹簧座

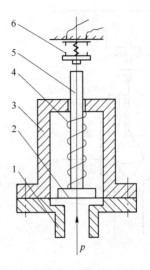

图 14-27 压力继电器原理图

1—管接头；2—薄膜；3—继电器外壳；

4—弹簧；5—推杆；6—电接点

5. 释压阀

释压阀是为防止压气设备爆炸而装设的保护装置。当压缩空气温度或压力突然升高时，安全阀因通流面积小，不能迅速把压缩气体释放。而释压阀通流面积很大，可以迅速释压，对人身和设备起到保护作用。

释压阀的种类较多，图 14-29（a）是常用的一种活塞式释压阀，主要由汽缸、活塞、保险螺杆和保护罩等部件组成。释压阀装在风包排气管正对气流方向上，如图 14-29（b）所示，当风包内的气压超过空压机额定工作压力的 1.2 倍时，保险螺杆立即被拉断，活塞冲向右端，使管路内的高压气体迅速释放。

（九）L 型空压机的附属装置

L 型空压机的附属装置包括滤风器、风包、安全阀、润滑装置、冷却系统和管路系统等。

1. 滤风器

滤风器的作用是清除吸入空气内含有的灰尘和杂质。它安装在空压机的进气管道上。L 型空压机的滤风器为金属滤风器。

2. 风包

风包的主要作用是缓和空压机内排出气流的周期性脉动，以稳定输气管道中的压力，分离空气中的油和水，并储存一定数量的压缩空气。风包是用普通碳素钢板焊接成的密封容器。

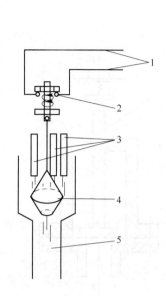

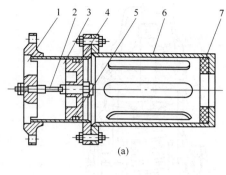

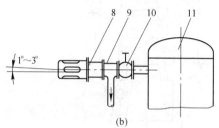

图 14-28　断水开关　　　　　　图 14-29　释压阀的构造和安装位置

1—电源线；2—触点；3—分回水管；　　（a）释压阀的构造；（b）释压阀的安装位置

4—回水漏斗；5—总回水管　　　1—卡盘；2—保险螺杆；3—汽缸；4—活塞；5—密封圈；6—保护罩；

7—缓冲垫；8—释压阀；9—排气管；10—闸阀；11—风包

3. 安全阀

安全阀是保护装置。通常一级安全阀装在中间冷却器上，二级安全阀装在风包上。当各级空气压力超过安全阀的整定压力时，它就自动开启，把一些压缩空气泄入大气，使系统中的压力降为正常的工作压力。

4. 润滑系统

活塞式空压机有两套独立的润滑系统：一是传统机构的润滑系统；二是汽缸的润滑系统。两套润滑系统所使用的润滑油不同，用于汽缸的润滑油一般为 HS-13 号和 HS-19 号压缩机油，传动机构的润滑油一般采用 HJ-30、HJ-40 和 HJ-50 等机械油。

传动机构润滑系统由曲轴一端小轴带动齿轮泵从机身油箱中吸油，油压升高后，经曲轴中的小孔送到连杆轴承，并沿连杆内的油孔流到连杆小头轴瓦、十字头销，最后流进机身上的十字头导轨，完成各摩擦部件的润滑。

汽缸的润滑靠注油器注入润滑油。注油器实际上相当于一个单柱塞泵，它由曲轴经蜗轮蜗杆减速后带动运转，产生的压力油经油管送到活塞、汽缸等部位进行润滑。在汽缸的注油孔处，一般都装有逆止阀，以防止油管破裂时发生汽缸内压缩空气反冲，并便于空压机在不停转时更换注油器。图 14-20 为 L 型空压机润滑系统原理图。

5. 冷却系统

空压机冷却的目的：一是降低压缩空气温度，保证设备正常运转；二是降低功率消耗，增大排气量，提高空压机效率；三是分离出压缩空气中的油和水，提高压缩空气质量，避免管路冬季冻结等不良后果的产生。

四、螺杆式空压机结构及工作原理

螺杆式空压机属于容积型回转式压缩机，因为具有易损件少、结构紧凑、体积小、噪声低、无振动、维修简单、可长时间连续运行等优点，所以被广泛地应用于矿山开采、机械制造、石油化工等场所，并正以独特的优势逐步取代传统的活塞式空压机。

（一）螺杆式空压机的类型

螺杆式空压机根据润滑方法分为干式（无油）螺杆式空压机和喷油螺杆式空压机两种。根据现场需要可制成固定式和移动式两种形式，前者由电动机驱动，后者由柴油机带动。

（二）螺杆式空压机的构造

图 14-30 为喷油螺杆式空压机的结构图，主要由"∞"形汽缸和两个螺旋形的转子，以及两只端盖组成。在"∞"汽缸里，平行配置两个转子，按相反方向旋转，相互啮合工作。具有凸齿的转子称为阳转子（主动转子），它与电动机连接，功率由此输入，具有凹齿的转子称为阴转子（从动转子）。通常阳转子有 4 个齿，而阴转子有 6 个，故阳转子的转数为阴转子转数的 1.5 倍。转子端面型线有对称圆弧型线和非对称圆弧型线（图 14-31 所示为对称圆弧型线）两种。

原动机通过联轴节 17 传给主动增速齿轮 14，主动增速齿轮 14 与从动齿轮带动阳转子 7 转动，阴转子随之转动。转子由两个滚子轴承 5 和 11 支撑，承受其径向载荷。转子的轴向载荷则由左侧的推力轴承 4 承受，推力轴承 4 还起着轴向定位作用，使转子只能向吸气端（右侧）自由伸缩，主要是为了保证转子与汽缸排气端端面的间隙。联轴节和主动增速齿轮 14 由圆锥滚子轴承 13 和 15 支撑，由于采用的是橡胶弹性联轴节，故能缓和由原动机传来的振动。机壳 6 是筒状单层壁，外壁上有很多纵横交错的筋条，既加强机体刚度，又起散热作用。机体右上方是吸气孔口，左下方是排气孔口。喷入工作腔的油从机体下侧中央的喷油管 19 导入，另一部分油，由机体上另外的油孔引至各轴承处及增速齿轮处作润滑用。还有一路油从机体上靠汽缸端面的地方喷入轴颈，起轴颈密封作用。由机体下侧喷入工作腔的油与空气混合，能有效地密封两个转子之间及转子与机体之间的间隙，并起着润滑作用，同时又能吸收空气在被压缩时产生的大部分热量。

（三）螺杆式空压机的工作原理

螺杆式空压机的工作原理和活塞式空压机一样，按吸气、压缩、排气三个过程进行。它主要靠一对转子的旋转和相互啮合，使处于转子齿槽间的空气，不断产生周期性的容积变化，并沿着转子的轴线从吸入侧至排出侧实现吸气、压缩和排气过程。设转子两齿槽间的容积为"基元容积"，现讨论在工作过程中基元容积的变化情况（见图 14-32）。

（1）吸气过程：当两转子转向彼此脱开时，齿间基元容积随着转子的旋转而逐渐扩大并与吸气孔口相通（吸气孔口的形状近似扇形），此时空气进入基元容积，即开始吸气。当转子旋转到一定角度后，齿间基元容积越过吸气孔口位置，则吸气完毕，此时两转子齿间的基元容积彼此孤立，如图 14-32（a）所示。

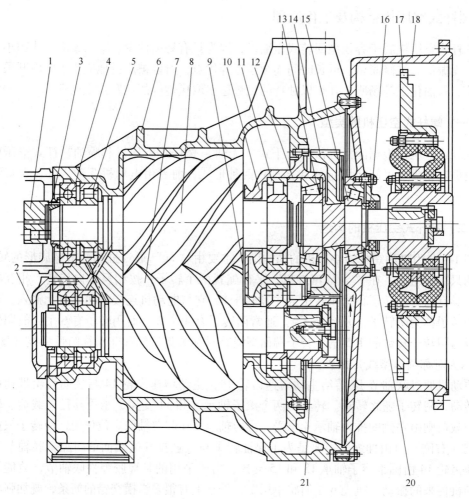

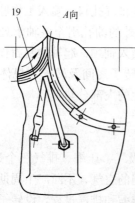

图 14-30 喷油螺杆式空压机的结构图

1—油泵联轴节；2—堵塞；3—圆螺母；4—推力轴承；5，11—滚子轴承；6—机壳；

7—阳转子；8—阴转子；9—阳转子端盖；10—阴转子端盖；12—隔圈；

13，15—圆锥滚子轴承；14—大齿轮（主动增速齿轮）；16—接筒轴封盖；17—联轴节；

18—接筒；19—喷油管；20—油封；21—小齿轮

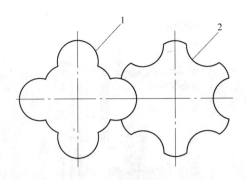

图 14-31　转子端面型线图

1—阳转子；2—阴转子

（2）压缩过程：当转子继续旋转时，两转子转向彼此相遇，阳转子的齿峰向阴转子的齿谷填塞，这样相互填塞的结果，使基元容积逐渐缩小，直到基元容积与排气孔口（排气孔口为三角形）相通时为止，此即压缩过程（见图 14-32（b）和（c））。压缩的同时，润滑油亦因压力差的作用而喷入基元容积与压缩空气混合。

（3）排气过程：当基元容积和排气孔口相遇时，即开始排气。排气过程一直延续到两个齿完全啮合，基元容积值等于零为止（见图 14-32（d））。

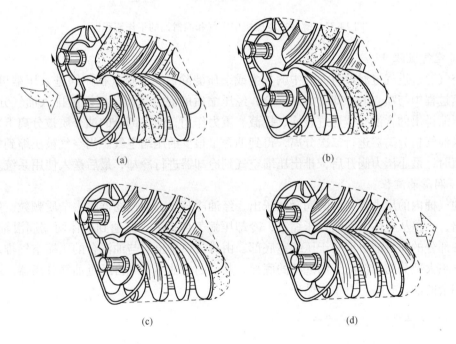

（a）　　　　　　　　　　　　（b）

（c）　　　　　　　　　　　　（d）

图 14-32　螺杆式空压机的工作过程

（a）吸气终了；（b）压缩开始；（c）压缩终了；（d）排气

（四）螺杆式空压机的流程

图 14-33 所示是螺杆式空压机中空气和润滑油的流程示意图。

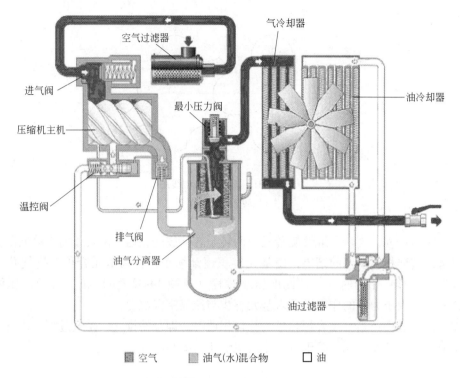

图 14-33　螺杆式空压机中空气和润滑油的工作流程图

1. 空气流程

空气通过进气过滤器将大气中的灰尘或杂质滤除后，由进气控制阀进入压缩机主机，在压缩过程中与喷入的冷却润滑油混合，经压缩后的混合气体从压缩腔排入油气分离罐，此时压缩排出的含油气体通过碰撞、拦截、重力作用，绝大部分的油介质被分离下来，然后进入油气精分离器进行二次分离，得到油含量很少的压缩空气。当空气被压缩到规定的压力值时，最小压力阀开启，排出压缩空气到冷却器进行冷却，最后送入使用系统。

2. 润滑油流程

油气桶内的压力将其内的润滑油压出，经油冷却器、油过滤器除去杂质颗粒，然后分成两路，一路从机体下端喷入压缩室，冷却压缩气体；另一路通到机体两端润滑轴承组，而后各部分的润滑油再聚集于压缩室底部，由排气口排出。与油混合的压缩空气排入油气桶后，绝大部分的油沉淀于油气桶的底部，其余的含油雾空气再经过油气分离器，进一步滤下剩余的油，并参与下一个循环。

（五）螺杆式空压机的优点

螺杆式空压机的优点为：

（1）可靠性高。螺杆式空压机零部件少，无易损件，因而运转可靠，寿命长，大修间隔期可达 4 万~8 万小时。

（2）操作维护方便。操作人员不必经过长时间的专业培训；可实现无人值守运转。

（3）动力平衡性好。螺杆式空压机没有不平衡惯性力，机器可以平稳地高速工作，可实现无基础运转，特别适合用作移动式压缩机，体积小、重量轻、占地面积少。

（4）适应性强、效率高。螺杆式空压机具有强制输气的特点，气体的回流泄漏少，同时无余隙容积，排气量几乎不受排气压力的影响，能在较宽的范围内保持较高的效率。

（5）多相混输。螺杆式空压机的转子齿面间实际上留有间隙，因而能耐液体冲击，可压送含液气体、含粉尘气体、易聚合气体等。

任务实施

一、活塞式空压机的操作规程及规范操作方法

（一）一般规定

第1条 司机必须经过培训，考试合格，取得合格证后上岗，方准操作。

第2条 司机应熟悉所操作空压机的结构、性能、工作原理、技术特征，能独立操作。

第3条 实习司机操作应经主管部门批准并指定专人指导监护。

第4条 空压机司机必须严格执行交接班制度和工种岗位责任制。司机接班前不得喝酒，接班后遵守劳动纪律，不得睡觉、打闹。

（二）操作前准备工作

第5条 启动前的准备和检查，要求做到：

（1）各紧固螺栓无松动。

（2）传动皮带的松紧适度，无断裂、跳槽及翻扭现象。

（3）护罩安装牢靠，电气设备接地良好。

（4）各润滑油腔油脂油量合适，油路畅通，油质洁净。

（5）冷却水畅通，水量充足，水质洁净，水压符合规定。

（6）超温、超压、断油、断水保护装置灵敏可靠。

（7）各指示仪表齐全可靠。

（8）电动机炭刷、滑环接触良好无卡阻，无烧伤。

（9）隔离开关、油开关应在断开位置。

第6条 盘车2~3圈，无卡阻，无异响。但停车时间不足8h者可免做。

（三）操作

第7条 空压机启动运行（空压机必须无负荷启动）。

（1）启动（或操作）辅助设施。

1）开启冷却水路，观察回水漏斗应有充足的水流过。

2）打开空压机与储气罐间排气管道上的闸阀。

3）对卸荷器进行人为卸荷，有压力调节器的将三通阀接通大气，使汽缸余隙解除封闭。

4）用手摇油泵将润滑油打入汽缸、十字头轴承及曲轴轴瓦等处。

（2）启动电动机。

1）同步电动机异步启动后，增速至额定异步转速时，及时励磁牵入同步；励磁可以调至过激，以改善网路功率因数，但过激电流、电压应符合所用励磁装置的工作曲线。

2）绕线式异步电动机采用变阻器启动时，电动机滑环手把应在"启动"位置，启动前应将电阻全部投入，待启动电流开始回落时，逐步将电阻缓缓切除，直至全部切除，电动机进入正常转速，然后将电动机滑环手把打到"运行"位置，将启动器手把返回"停止"位置。

3）感应电动机用频电阻启动时，启动后必须将电阻甩掉。

（3）当空压机达到正常压力时，应立即解除人为卸荷，对于压力调节器，切断三通阀的大气通路，闭合余隙阀。

第8条 空压机正常运行后，司机应定期巡回检查（一般为每小时一次）。如发现不正常现象，应及时汇报处理，巡回检查内容如下：

（1）各发热部位温升情况，并记录在运行日志内。

（2）记录各风压、油压、水压、电压、电流等数值。

（3）电动机、空压机运行情况。

（4）注油器、压力调节器工作情况。

（5）冷却系统、供油系统、排气系统工作时应无严重的漏水、漏油、漏气现象，各安全保护和自动控制装置动作灵敏可靠。

第9条 空压机正常停机（必须无负荷停机）。

（1）停机步骤：

1）人为卸荷。

2）停止电动机运转。

3）解除人为卸荷。

（2）停机后，待汽缸温度降至室温后，关闭冷却水。放尽机体内残存冷却水，以防冻裂设备。

第10条 空压机紧急停机。

（1）当出现下列情况之一时，应紧急停机：

1）空压机或电动机有故障性异响、异振。

2）冷却水不正常，出口水温超过规定。如周围温度低于0℃时，停机应放尽冷却水。

3）电动机冒烟、冒火或电动机电流表指示超限。

4）油泵压力不够，润滑油中断或压力降到0.1MPa以下时。

5）保护装置及仪表失灵。

6）其他严重意外情况。

（2）紧急停机按以下程序进行：

1）发生故障时，可直接断电停机（情况允许可卸荷停机）。

2）因电源断电自动停机时，应断开电源开关。

3）上报主管部门。

4）在冬季停机时，当汽缸温度降至室温以下时，关闭冷却水，同时放掉机体内全部冷却水。

第11条 空压机司机的日常维护：

（1）每班把风包内的油（水）放 1~2 次。

（2）每班试验安全阀和断水保护（或断水信号）一次，并做好记录。

（3）每周试油压和超温保护装置及压力调节器一次，并做好记录。

（4）每运行 100~150 h 检查汽缸吸、排气阀一次，必要时加以更换。

第 12 条　司机应严格遵守以下安全守则和操作纪律：

（1）操作高压电器时，要一人操作，一人监护。操作时要戴绝缘手套，穿绝缘靴，垫绝缘垫。

（2）司机不得随意变更保护装置的整定值。

（3）下列情况禁止操作：

1）在安全保护装置失灵情况下，禁止开机或运行。

2）在电动机、电气设备接地不良情况下，禁止开机或运行。

3）在指示仪表损坏不安全情况下，禁止开机或运行。

4）在设备运行中，禁止紧固地脚螺栓。

5）汽缸、风包有压情况下，禁止敲击和碰撞。

（4）在处理事故期间，司机应严守岗位，不准离开机房。

（四）收尾工作

第 13 条　如实填写并保存好各种记录。

第 14 条　工具、备件等摆放整齐，搞好设备及室内外卫生。

二、交接班的具体内容

必须规范交接班制度，面对面交流当班所运行的设备及其工况。具体要求如下：

（1）交接班在现场进行，口对口、手对手交接。

（2）交班人员必须认真向接班人员介绍当班设备运转情况，做到交班清楚，接班明白，尤其对设备故障和隐患以及当班未处理完毕的工作，必须交接详细，必要时要分清责任。

（3）交接清楚材料、工具、配件的数量及增减情况。

（4）交班人发现接班人喝酒、有病或精神不正常时，不得交班；交班不符合交接班制度或非当班司机交班时，接班人员可以拒绝接班。发生上述情况都应及时向领导汇报。

（5）交班人员要如实、认真填写运转日记和交接班记录本，经双方同意并签字后方为有效。

（6）交接班不认真，接班后发生问题，由当班负责。

（7）已到交班时间，如接班人未到，交班人不得擅自离岗。

三、启动、停车操作方法及练习

操作要领说明：

各种型号空压机的操作包含准备、开机、运行、停机和换机五个步骤。空压机启动前，必须进行全面检查，检查各连接部位的紧固情况；检修后启动时，要密切注意空压机运行状态；电动机及机动设备是否正常，牢记无水、无油不得开车的安全要领，并尽可能轻载启动，不要违反正常的操作顺序等。

注意事项：

在停机卸压时，不论压力高低，都不能把放空阀门开得过大、过快，尤其是大中型中压以上空压机和高压部位的阀门，以防止气流速度过快而引起管道激烈振动或剧烈摩擦的静电起火，引起爆炸。

四、运转中重大事故的防止

运转中重大事故的防止措施：

（1）一般曲轴、连杆、活塞的损坏及撞缸的重大事故是同时产生的。因此，在检修、维护、运转中要特别注意的是：曲轴上的平衡铁一定要牢固；连杆的连接螺栓要固定好；活塞的间隙要合适；汽缸中绝对禁止掉入金属碎块及其他硬物；运转中保持润滑良好、油路畅通；冷却水不得中断；进风清洁。

（2）空压机的基础不许下沉，地脚螺栓不得松动和断裂，机座在基础上要牢固。

（3）为防止爆炸，汽缸、储气罐、管道上的积垢要及时清除，储气罐要定时排污。

（4）对停运的空压机，要放净水套中的积水，以防冬季冻坏汽缸。

技能拓展

一、《煤矿安全规程》关于空气压缩设备的相关规定

第四百三十七条 空气压缩机必须有压力表和安全阀。压力表必须定期校准。安全阀和压力调节器必须动作可靠，安全阀动作压力不得超过额定压力的1.1倍。使用油润滑的空气压缩机必须装设断油保护装置或断油信号显示装置。水冷式空气压缩机必须装设断水保护装置或断水信号显示装置。

第四百三十八条 空气压缩机的排气温度单缸不得超过190℃、双缸不得超过160℃。必须装设温度保护装置，在超温时能自动切断电源。

空气压缩机吸气口必须设置过滤装置。

空气压缩机必须使用闪点不低于215℃的压缩机油。

第四百三十九条 空气压缩机的风包，在地面应设在室外阴凉处，在井下应设在空气流畅的地方。在井下，固定式压缩机和风包应分别设置在两个硐室内。风包内的温度应保持在120℃以下，并装有超温保护装置，在超温时可自动切断电源和报警。

风包上必须装有动作可靠的安全阀和放水阀，并有检查孔。必须定期清除风包内的油垢。新安装或检修后的风包，应用1.5倍空气压缩机工作压力做水压试验。在风包出口管路上必须加装释压阀，释压阀的口径不得小于出风管的直径，释放压力应为空气压缩机最高工作压力的1.25~1.4倍。

二、喷油螺杆式空压机

（一）喷油螺杆式空压机简介

喷油螺杆式空压机正成为当今空气压缩机发展的新主流，与同等功率下的活塞式空压机相比，具有无可比拟的优点，性能优越而可靠。其振动小、噪声低、效率高、无易损件，主、副转子间以及转子与机体外壳间的精密配合减小了气体回流泄漏，提高了效率；只有转子的相互啮合，无汽缸的往复运动，减少了振源和噪声源；独特的润滑方式带来了诸多优点：

（1）凭借自身产生的压力差，不断向压缩室和轴承注入润滑油，简化了复杂的机械结构。

（2）注入的润滑油可在转子之间形成油膜，主转子可直接带动副转子转动，无需高精密度的同步齿轮。

（3）喷入的润滑油可增加压缩的气密性。

（4）润滑油吸收大量的压缩热，因此即使单级压缩比高达 16，机头仍然可以控制在一般润滑油的结碳及劣化温度以下，转子与机壳之间也不会因膨胀系数不同而产生摩擦。

（5）润滑油可减低高频压缩所产生的噪声。

（二）喷油螺杆式空压机机体构造

喷油螺杆式空压机是一种双轴容积式回转型压缩机。进气口位于机壳上端，排气口开于下部，两只高精度主、副转子平行安装在机壳内。主转子有 5 个齿，副转子有 6 个齿；齿形呈螺旋状，两者相互啮合。主副转子两端均由轴承支撑定位。

（三）螺杆式空压机压缩原理

1. 吸气过程

如图 14-34（a）所示，当转子转动时，主、副转子所形成的齿间容积逐渐扩大，该容积仅与吸气口连通，外界空气被吸入齿间容积内。当齿间容积增到最大时，齿间容积与吸气口断开，吸气结束，此为"进气过程"。

2. 封闭及输送过程

如图 14-34（b）所示，在吸气终了时，主、副转子齿峰会与机壳封闭，在齿间容积内的空气即被封闭在由主、副转子及壳体组成的封闭腔内，此即"封闭过程"。两转子继续转动，主、副转子齿相互啮合，啮合面逐渐向排气端移动，齿间容积内的空气也跟着向排气端输送，即"输送过程"。

3. 压缩及喷油过程

在输送过程中，随着转子的旋转，齿间容积由于转子齿的啮合而不断减小，齿间容积内的气体体积也随之减小，气体被压缩，压力升高，此即"压缩过程"。压缩的同时，润滑油因压力差而喷入齿沟内与空气混合。

4. 排气过程

当转子转到齿间容积与机壳排气口相通时，被压缩的气体开始排出，这个过程一直持续到齿末端的型线完全啮合，此时齿间容积为零，气体被完全排出，即完成"排气过程"。

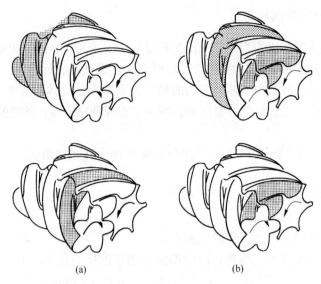

(a)　　　　　　　　(b)

图 14-34　喷油螺杆式空压机吸气和封闭及输送过程

(a) 吸气过程；(b) 封闭及输送过程

（四）空气系统流程及零件功能

11~45kW 喷油螺杆式空压机系统流程详图如图 14-35 所示。

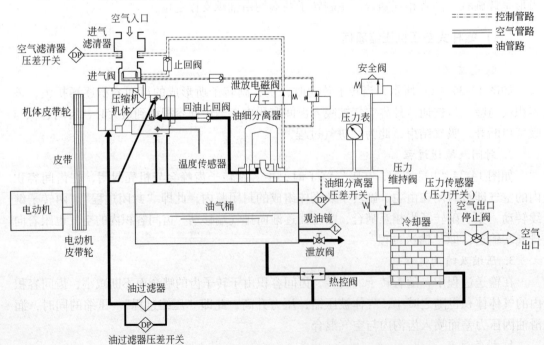

图 14-35　11~45kW 喷油螺杆式空压机系统流程详图

空气由空气滤清器滤去尘埃之后，经由进气阀进入压缩机机体内进行压缩，并与润滑油混合。与油混合的压缩空气排入油气桶，经油气桶和油细分离器去除油分后，纯净的空气经压力维持阀、后部冷却器，送入使用系统。

1. 空气滤清器

空气滤清器滤芯为干式纸质过滤滤芯，其主要功能是过滤空气中的尘埃。当控制面板上空气滤清器阻塞指示灯亮时，表示空气滤清器滤芯必须清洁或更换，但压缩机仍继续运转。

空气滤清器外壳为铁质或塑料，内装旋风除尘装置，可去除绝大部分灰尘，大大延长滤芯的寿命。

2. 进气阀

进气阀是整个空压机空气流程及控制系统中的核心元件之一。进气阀打开或关闭的动作对应着空压机的两种运行状态（进气阀的打开或关闭是针对阀内的进气口而言的，进气阀打开即进气口打开）。

重车：进气阀全开，空压机满负荷运转，实现全气量输出。

空车：进气阀全关，空压机无负荷运转，无压缩空气输出。

容调：进气阀部分打开，空压机部分负荷运转，压缩空气输出量在 0~100% 之间。

11~45kW 机型采用活塞式进气阀，结构如图 14-36 所示，主要由上盖、底座、活塞等部分组成。当空压机运转时，只要管口 1 无压力输入，微孔 2 就会泄放掉活塞底部的气体，活塞就会在转子旋转产生的真空吸力下往下运动，进气口打开，空气被吸入，空压机重载运转。当管口 1 有压力输入时，且此压力足以克服真空吸力，则活塞受气压推动向上运动直至与上盖接触，关闭进气口，空压机空载运转。管口 1 的压力供给与否由泄放电磁阀控制。

55kW 及以上机型采用蝶式进气阀，结构如图 14-37 所示，主要由蝶片、单摆式止回阀、伺服汽缸、壳体等部分组成。伺服汽缸内的活塞上下运动推动蝶片轴旋转，从而带动蝶片打开或关闭进气口。蝶片自然状态下是关闭的，这使得空压机启动时不带负荷启动。当管口 1 有压力输入，且此压力能克服伺服汽缸内弹簧力时，此气压力将推动伺服汽缸内活塞向上运动，则活塞上的顶杆使蝶片绕其中间的轴旋转，这时进气阀打开，空压机重

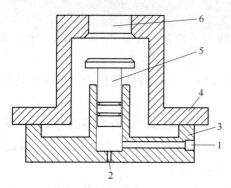

图 14-36 活塞式进气阀的结构
1—管口；2—微孔；3—底座；4—上盖；
5—活塞；6—进气口

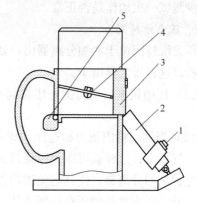

图 14-37 蝶式进气阀的结构
1—管口；2—伺服汽缸；3—壳体；
4—蝶形阀；5—单摆式止回阀

车。当管口 1 的压力泄放掉后，伺服汽缸的活塞在弹簧力作用下恢复到平常位置，蝶片也在其带动下复位，则进气口关闭，空压机空车。当管口 1 有压力输入但不足以完全克服弹簧力时，活塞会在中间某位置保持平衡，相应蝶片也会稳定在某一角度，使进气阀保持部分打开，空压机容调运转。管口 1 的输入压力由三向电磁阀和反比例阀控制。

进气阀的蝶片下方还设有单摆式止回阀，当紧急停机时，止回阀可防止系统内高压的油气反冲喷出进气阀外。

需要说明的是：空车时仍有少量的空气被机体吸入（蝶式进气阀从蝶片上的防真空孔吸入，活塞式进气阀从系统中的防真空管路吸入），吸入的空气被压缩后通过泄放电磁阀泄放；因为有泄放节流，吸入的气体会与泄放的气体达到平衡，系统内的压力维持在 0.2~0.3MPa，以保证润滑油的正常循环。

3. 膨胀接头

膨胀接头安装于机体排气端至油气桶进气口之间的管路上，用于补偿管路因热膨胀产生的变形及机组振动引起的变形。

4. 油气桶

油气桶的作用有两个，即储存润滑油及油气第一次分离。压缩机体排出的油气混合气首先排至油气桶，经油气桶第一次分离，绝大部分油被分离出来，沉降于油气桶底部，参与下次循环，而仍含有少量油分的压缩空气将送至油细分离器。

油气桶侧装有观油镜用于观察油位，正常的油位是：机器重车运转时，油位位于油镜两条红线之间。如重车运转时发现油位高于上红线则油位过高，油位低于下红线则油位过低。建议此时立即停机加油。

由于停机后系统内的油回流到油气桶中，故停机时的油位可能位于上红线上方。

油气桶备有加油口，用于添加润滑油。底部有泄油口，用于排放冷凝水及换油时排放润滑油。

5. 安全阀

若系统发生故障使油气桶内压力达到设定排气压力 1.1 倍以上时，安全阀即会打开，使压力降至设定排气压力以下。安全阀在出厂前已调整好，请勿随便调整。安全阀应每半年至少测试一次动作是否正常。

6. 压力维持阀

压力维持阀位于油细分离器出口处，其开启压力一般设定在 0.4~0.5MPa。压力维持阀之所以这样设定是由于：

（1）压缩机刚启动时优先建立起系统内润滑油循环所需的最低压力，确保机体良好润滑。

（2）当油气桶内压力超过压力维持阀的设定开启压力时，压力维持阀方开启，允许压缩空气排出，这样就可避免因流过油细分离器的空气流速过快而降低其油气分离效果，也可保护油细分离器，使其避免因内外壁压差过大而受损。

另外，压力维持阀还有止回功能。当空压机空车时，空压机系统内压力较低，用户系统较高的压力因压力维持阀的存在而不会倒流回来。

压力维持阀出厂时已设置好，使用中无需调整。

（五）润滑油系统流程及零件功能

喷油螺杆式空压机的润滑油循环是靠油气桶内的压力与压缩机体内喷油口处的压力差来自动实现的，无需配备专门的油泵。具体流程为：高温的润滑油从油气桶出来后，经过热控阀，进入油冷却器冷却，再经过油过滤器去除杂质颗粒；然后分为两路，绝大部分油由机体下端喷入压缩室，参与压缩过程，小部分油则通往机体前后端，用以润滑机体轴承组；润滑轴承油最后回到吸气口同空气一起进入压缩室，参与压缩过程；与油混合的压缩空气进入油气桶，油气桶分离出绝大部分的油直接沉降于油气桶底部，以备下次循环；空气中剩余的极少量油分经过油细分离器分离出来，经回油管、止回阀流回机体吸气端。

1. 热控阀

油路中热控阀能有效地防止冷凝水的大量析出，其功能如下：热控阀总共有三个接口，即入油口、出油口和旁通口。旁通口接油冷却器入口，常态时关闭。当入油口的油温较低时（如冷态机组刚启动时），热控阀不动作，油不经过冷却器直接流入油过滤器。当油温渐渐上升到 67℃ 以上时，热控阀开始动作，旁通口逐渐打开，出油口逐渐关闭，一部分油开始进入油冷却器冷却。当油温继续上升至 72℃ 以上时，旁通口全部打开，出油口全部关闭，润滑油全部流经油冷却器进行冷却。这样可以保证排气温度高于 70℃，从而避免压缩空气中的冷凝水在机组中大量析出。

2. 油过滤器

油过滤器是一种纸质的过滤器，其功能是除去油中颗粒杂质。当控制面板上油过滤器压差指示灯亮时，表示油过滤器阻塞，必须更换，但压缩机仍然继续运转。新机在经过第一次运转 1000h 左右的磨合期后即需要更换油过滤器，如更换不及时，将可能导致进油量不足，排气温度过高，同时因油量不足还会影响轴承寿命。

3. 油细分离器

油细分离器是喷油螺杆式空压机的关键元件之一，其芯部由多层细密的玻璃纤维制成，外边有固定用的铁网保持架以及法兰、外壳等。经油细分离器分离后，压缩空气中的含油量可控制在 $3×10^{-6}$ 以下（油细分离器对以蒸气状态存在于空气中的油则无能为力，故这部分油会被空气带走）。油细分离器是一次性使用的部件。

正常情况下，油细分离器芯的寿命可达 4000h。但某些因素对其使用寿命影响很大。如：

（1）润滑油的洁净程度。如润滑油中灰尘等杂质很多，油细分离器芯就会很快被堵塞。故须特别注意环境的清洁及空气滤清器的保养。

（2）润滑油品质。如润滑油品质不佳或已变质，会严重影响其寿命。

一般而言，油细分离器是否损坏可由以下方法判断：

（1）空气管路中所含的油分是否增加。

（2）在油气桶与油细分离器间装有油细分离器压差开关，当油细分离器前后压差超过设定值 0.1MPa 时，则压差指示灯亮，表示油细分离器已阻塞，应立即更换。

（3）检视油压是否偏高。

（4）电流是否增加。

（六）冷却系统

冷却系统是空气压缩机中非常重要的部分，因为空气被压缩后释放出大量的热，这些热量都要靠冷却系统作热交换后带走。冷却系统分风冷式和水冷式两大类。

1. 风冷式冷却系统

风冷式冷却系统包含风扇和冷却器两大部件，冷却器采用铝制板翅式换热器，当风扇将冷空气强制吹向冷却器，空气在流过冷却器散热翅片时，与压缩空气或润滑油进行热交换，将热量带走，达到冷却压缩空气和冷却润滑油的效果。

使用风冷型机组需注意：

（1）冷空气的温度（基本等同于环境温度）很重要，不能过高，建议不超过40℃。

（2）冷却器暴露于空气中，翅片上会沾带灰尘，如聚集灰尘太多，会严重影响冷却器换热效果，故应经常用压缩空气将翅片表面的灰尘吹干净。如情况严重无法吹干净时，必须用清洁剂清洗。清洗机组零部件时，严禁使用易燃易爆、易挥发的清洗剂。

（3）清洁时，可拆开冷却器支架侧面的盖板，使用手持风枪向上吹扫。

2. 水冷式冷却系统

水冷式冷却系统采用管壳式冷却器，一般分两支，一支为后部冷却器，用来冷却压缩空气，另一支为油冷却器，用于冷却喷入机体前的润滑油。这种冷却器是在管壳中平行排布许多薄壁换热铜管，水走铜管内，热油或热空气走铜管外，通过热交换后，水将油和空气的热量带走。

水冷式冷却器对环境温度条件较不敏感，且较容易控制排气温度。但如果冷却水水质太差，则冷却器容易结垢阻塞，或被腐蚀，导致维护成本增加，甚至造成冷却器严重损坏而报废。建议冷却水至少应达到以下要求：水压控制在0.2~0.5MPa；进口水温不大于32℃；水量依机型不同而不同，具体可向生产厂家技术部门咨询。

在水质较硬的地区，必须在循环水中加入水质软化剂，并定期换水。如水中杂质太多，必须在空压机冷却水进口管路上加装水过滤器。

水冷型机组也会安装一个小型风扇，用于机箱内的散热。

（七）操作

1. 新机试车

（1）确认压缩机的安装及配管满足所有要求。

（2）确认供电线路接线无误，接好接地线。

（3）松开防震台、支撑架或电动机上运输固定螺栓。

（4）检查油桶内油位是否在规定油位。

（5）若交货很久才试车，应从进气阀内加入约0.5L润滑油，并用手转动空压机数转，防止启动时空压机内失油烧损。须特别注意不可让异物掉入压缩机体，以免损坏压缩机。

（6）送电至压缩机控制盘。如电源相位不符，液晶屏会显示"电源相序错误"信息。此时只需切断供电电源，将电源线中任意两相对调即可。测试主电压是否正确，三相电压是否平衡。

（7）打开压缩机空气出口，确认机组内各泄水阀关闭。水冷式机型打开冷却水进出口。

（8）将配套设备先开机运转，如干燥机、冷却塔等，并确认其运转正常。

（9）转向测试：按下"ON"键，压缩机转动，立即按"紧急停止按钮"，确认压缩机转向。正确转向请参考压缩机体上的箭头。冷却风扇亦需注意转向。虽然压缩机在生产过程已测试过，转向测试仍然是新机试车的重要步骤。

（10）启动：再次按下"ON"键启动压缩机进行运转。

（11）观察显示仪表及指示灯是否正常，如有异常声音、振动、泄漏，立即按下"紧急停止按钮"停机检修。

（12）运转温度调整：压缩机运转 40min 后，调整回水阀开度，控制重车排气温度在 80℃上下（气冷式不须调整）。调整时，逐渐减小回水阀开度，视压缩机排气温度反应后，再行调整开度。

（13）停止：按下"OFF"键，压缩机延时 15s 后停止运转。

（14）压缩机的各种保护功能在出厂前的试机中已经测试调整好，故不必再次测试，可以放心使用。因为如果重新测试这些保护功能，许多零件需要重新调整。对机组而言，这些测试不一定是经济和有益的，例如过载保护、高温跳机保护、安全阀起跳压力等的测试。

2. 日常开机前检查

日常开机前检查是压缩机正常运转的必要工作，应切实执行。

（1）油气桶泄水：打开油气桶的泄水阀些许，将停机时的凝结水排出，直到有润滑油流出时，立刻关闭。

（2）检查油位：油位应在观油镜上线附近，以保证运转时油位不至于过低。

（3）电气检查。电路中松动的接头、破损的电线有时可能造成意想不到的重大事故，所以电气检查必须每两个月进行一次。

（4）周边设备准备。送电，接入冷却水塔、水泵，打开压缩机出口阀，运转压缩空气干燥机。

（5）启动压缩机。

3. 运转中的注意事项

（1）当运转中有异音及不正常振动时应立即停机。

（2）在运转中应经常检查油位，若发现油位计上的油位接近下限，应及时停机补充，不要等到油位过低才加油，因为油量不足容易导致高温跳机，润滑油变质加快等危害。

（3）检查管路有无泄漏。松动的管接头、破损的 O 形圈会造成机组内油、气的泄漏，应每周检查有无泄漏，包括机组外的各部分管路。

（4）运转中每 8h 检查仪表一次，记录电压、电流、气压、排气温度、油位等运转资料。其中需特别注意排气温度的观察与记录，排气温度正常范围在 70~95℃，如超出此范围可通知产品生产公司协助检查。

（5）压缩机严禁带负载启动。停机时系统内（压力维持阀之前的管路）如果有压力就构成了启动时电动机的负载，此时启动会造成电动机电流过大，引起线路跳闸或电动机、空压机的损坏。故每次停机后需等 1~2min 待系统压力降为零后再启动。如发现面板上排气压力不为零，切不可贸然启动空压机，需查明原因并排除故障。

4. 长期停机的处理方法

停机两个月以上视为长期停机，应仔细依下列方法处理，特别是在高湿度的季节或地区。

（1）控制盘等电气设备，用塑胶布或油纸包好，以防湿气侵入。

（2）将油冷却器、后部冷却器内的水完全排放干净（水冷机组）。

（3）将所有开口封闭，以防湿气、灰尘进入。

（4）建议停用前将润滑油换新，并运转 30min，隔日将油气桶及油冷却器中的凝结水排出。若停用前润滑油刚换不久，也可不换油，但必须运转后隔日放水。

（5）若有任何故障，应彻底排除，以利将来使用。

长期停机后的重新开机程序：

（1）除去保护塑胶布或油纸。

（2）测量电动机的对地绝缘，应在 1MΩ 以上。

（3）依新机试车步骤重新开机使用。

若停机时间在两个月以内，建议不作长期停机处理，可每周运行机组 1h 左右，隔日排净冷凝水。

任务考评

本任务考评的具体要求见表 14-3。

表 14-3　任务考评表

任务 14　矿用空压机的使用与操作			评价对象：　　　　　　学号：	
评价项目	评价内容	分值	完成情况	参考分值
1	矿用空压机的作用、类型、结构和工作原理	10		每组 2 问，1 问 5 分
2	矿用活塞式空压机的主要性能参数及含义	5		每组 1 问，1 问 5 分
3	矿用活塞式空压机的理论工作循环	5		每组 1 问，1 问 5 分
4	影响矿用活塞式空压机实际工作循环的因素	5		每组 1 问，1 问 5 分
5	矿用活塞式空压机的两级压缩	10		每组 2 问，1 问 5 分
6	矿用空压机的操作规程及操作方法	10		每错一项或少一项扣 5 分
7	矿用空压机交接班的具体内容	5		每错一项或少一项扣 5 分
8	分组进行矿用活塞式空压机和螺杆式空压机的启动、停车操作	25		检查 5 分，操作 20 分
9	《煤矿安全规程》对于空气压缩设备的相关规定	5		每错一项扣 5 分
10	完整的任务实施笔记	10		有笔记 4 分，内容 6 分
11	团队协作完成任务情况	10		协作完成任务 5 分，按要求正确完成任务 5 分

能 力 自 测

14-1 空压机各组成部分的名称及作用是什么？

14-2 简述活塞式空压机的工作原理。

14-3 影响活塞式空压机工作循环的因素有哪些？

14-4 活塞式空压机两级压缩的原因和优点是什么？

14-5 空压机的操作规程规定了哪些方面的事项？

14-6 简要说明空压机操作程序。

14-7 简述活塞式空压机的结构组成。

14-8 简述螺杆式空压机的工作原理。

14-9 简述螺杆式空压机的优点。

14-10 《煤矿安全规程》对空压机有哪些规定？

任务15　矿用空压机的维护与保养

任务描述

矿用空压机是在高温、高压条件下连续运转的动力设备，经过长期的运行，其零部件会有不同程度的磨损，使其性能降低，甚至失效。因此，矿用空压机的维护就成了一项重要的日常管理工作，其作业质量的高低，事关设备的正常运转和安全运行。为了保证矿用空气压缩设备应有的基本运转性能和持续、正常地供气，要求操作和维护人员必须遵照有关规定，认真做好矿用空气压缩设备的维护保养和检查修理工作。

通过本任务学习，要求学生具备以下知识或技能：掌握矿用空气压缩设备的质量完好标准、空压机各部位注油要求；会分析空压机用润滑油的性能；会判别空压机用油油质的好坏；会进行空压机的日常维护工作；能对空压机运转部位的温度升高情况进行判别；会正确读出空压机各种测量仪器仪表的读数；能进行正常的注油操作等。

知识准备

活塞式空压机的质量完好标准

（一）机体

机体的质量完好标准如下：

（1）汽缸无裂纹，不漏水，不漏气。

（2）排气温度：单缸不超过190℃，双缸不超过160℃。

（3）阀室无积垢和炭化油渣。

（4）阀片无裂纹，与阀座配合严密，弹簧压力均匀。气阀用水试验，阀座和阀片保持原运行状态，盛水持续3min，每个阀片渗水不超过5滴为合格。

（5）十字头滑板运转时无异常响声，滑板与滑道间隙、活塞与汽缸余隙符合有关技术文件的规定，一般不得大于表15-1的规定。

表15-1　几种L型空压机的主要间隙　　　　　　　　　　　　　　　　（mm）

空压机型号	一级汽缸余隙		二级汽缸余隙		十字头滑板顶间隙
	内	外	内	外	
1-10/8	1.5~3.0	1.5~3.0	1.5~3.0	1.5~3.0	0.12~0.25
1-20/8	1.7~3.0	1.7~3.0	2.0~4.0	2.0~4.0	
1-40/8	3.0~5.0	3.0~5.0	3.0~5.0	3.0~5.0	0.21~0.48
1-100/8	2.5~4.0	2.5~4.0	2.0~3.0	2.0~3.0	0.15~0.42

空压机型号	一级汽缸余隙		二级汽缸余隙		十字头滑板顶间隙
	内	外	内	外	
4L-20/8	1.2~2.2	2~3	1.2~2.2	2.0~3.0	0.15~0.25
L5.5-40/8	2.5~3.5	2.5~3.5	2.0~5.0	2.0~5.0	0.21~0.34
5L-40/8	1.8~2.6	2.6~3.2	1.3~1.9	2.2~2.8	0.250~0.345
L8-60/7	1.5~2.5	2.0~3.0	1.5~2.5	2.0~3.0	0.142~0.360
7L-100/8	3.0~5.0	3.0~5.0	2.5~4.5	2.5~4.5	0.410~0.627

（二）冷却系统

冷却系统的质量完好标准如下：

（1）水泵符合质量完好标准。

（2）冷却系统不漏水。

（3）冷却水压力不超过 0.25MPa。

（4）冷却水出水温度不超过 40℃，进水温度不超过 35℃。

（5）中间冷却器及汽缸水套要定期清扫，水垢厚度不超过 1.5mm 。

（6）中间冷却器、后冷却器不得有裂纹，冷却水管无堵塞、无漏水。后冷却器排气温度不超过 60℃。

（三）润滑系统

润滑系统的质量完好标准如下：

（1）汽缸润滑必须使用压缩机油，其闪点不低于 215℃，并应经过化验，有化验合格证。

（2）有十字头的曲轴箱，油温不大于 60℃；无十字头的曲轴箱，油温不大于 70℃。

（3）曲轴箱一般应使用机油润滑，如果曲轴箱的油能进入汽缸，必须使用与汽缸用油牌号相同的压缩机油。

（4）汽缸以外部分的润滑，用油泵供油时油压为 0.1~0.3MPa，润滑油必须经过过滤。过滤装置应完好。

（四）安全装置与仪表

安全装置与仪表的质量完好标准如下：

（1）压力表、温度计齐全完整，灵活可靠，每年校验一次。

（2）中间冷却器、后冷却器、风包必须装有安全阀。安全阀必须灵活可靠，其动作压力不超过使用压力的 10%，每年校验一次。

（3）在风包主排气管路上应安装释压阀，释压阀动作灵活可靠，动作压力要高于工作压力 0.2~0.3MPa。

（4）压力调节器灵敏可靠。

（5）水冷式空压机有断水保护和断水信号，灵敏可靠。

（6）空气压缩机应有断油保护或断油信号，灵敏可靠。

（7）安放测量排气温度的温度计，其套管插入排气管内的深度不小于管径的1/3，或按厂家规定。汽缸排气口应装有超温时能自动切断电源的保护装置。

（五）风包、滤风器与室内管路

风包、滤风器与室内管路的质量完好标准如下：

（1）空气压缩机的进出风管和风包每年清扫一次。

（2）风包要有入孔和放水孔。

（3）滤风器要定期清扫，间隔期不大于3个月。金属网滤风器清扫后应涂黏性油，不许用挥发性油代替。油浴式滤风器应用与汽缸用油牌号相同的压缩机油。

（六）运转和出力

运转和出力的质量完好标准如下：

（1）空气压缩机的盘车装置应与电气启动系统相闭锁。

（2）运转无异常响声和异常振动。

（3）排气量每年要测定一次，在额定压力下，不应低于设计值的90%。

（4）有供风管路系统图、供电系统图。

任务实施

活塞式空压机的维护与保养

合理安排各种维护活动，可使空气压缩机在整个寿命周期内，保持其运行的安全性和可靠性，保持良好的技术状态，延长使用寿命；达到维修费用最低，创造价值最高，即提高设备综合效率。

空气压缩机的维护与修理应坚持日常维护保养和计划检修相结合的设备检修制度。空气压缩机的维修活动，一般可分为"两保"和"两修"。"两保"指的是日常维护保养和定期保养；"两修"指的是项修和大修。"两修"是在"两保"的基础上来确定和进行的。

空气压缩机的维护保养（包括检查和一般修理）分为日常保养和定期保养，维护保养的周期和内容原则上应按技术文件上的规定要求进行。

（一）日常维护保养

日常维护保养是空气压缩机一切活动的基础，要求做到经常化、制度化。它由操作人员在班前、班后和设备运行时进行。

（1）检查。开机前对设备进行认真检查，严格按照操作规程使用设备；设备在运行中要经常认真地巡回检查，发现问题及时处理；停机后认真擦拭、清扫和进行必要的调整，做好各种记录。做到整齐、清洁、润滑、安全。

（2）日常保养工作的重点应是运行中的检查和调整。日常保养工作的内容是检查设备的润滑、冷却系统及其调节，安全装置有无异常。对各处阀门应经常加油、旋动，保持清洁、灵活，以免锈蚀，尤其是室外和很少操作的阀门。

（3）日常检查除了靠各种仪表来监测外，还要依靠操作者的五官感觉，即看、摸、听、闻结合运用的方法检查空气压缩机的运转情况。

看：随时观察各级汽缸的工作压力和温度是否正常，冷却系统的效率和流量变化，润滑系统的工作情况，传动系统是否有松动现象，各个连接处是否有漏气、漏水、漏油现象等。

摸：触摸有关部位的发热程度，从而判定其摩擦、润滑及冷却状况，察觉振动情况。

听：声音异常处往往就是故障部位。若能采用话筒做检查设备运转声响的传送器，则效果会更佳。

闻：强烈的异味源（如煳味、焦味等）说明该处已损坏或缺油干磨，应迅速采取措施或停机处理。

（二）定期维护保养

在做好日常维护、检查工作的基础上，参照说明书的具体规定，进行系统分析，结合设备的实际使用状况，制定出经济、合理的定期维护保养制度。

1. 保养内容

保养内容主要有：

（1）清洗进气阀、排气阀、汽缸、活塞、排气管道、冷却器，除去油垢积炭。

（2）清除空气滤清器滤网上的尘污积垢。

（3）调整校验安全阀、压力表、温度计，以确保其灵敏可靠性。

（4）拆洗曲轴、畅通油路，清洗油池。

（5）检查漏气、漏油、漏水处，消除日检时发现而未处理的问题。

2. 注意事项

注意事项主要有：

（1）检查、保养及修理的时间、内容等情况应详细做好记录，并注意保管易损件和零部件测绘的图纸资料以及积累经验。

（2）拆卸和装配时，不得生敲乱打，以免损坏机件，尤其注意各摩擦表面，应当采用专用工具拆装。

（3）清洗时最好用煤油，一般不用汽油。清洗后要等煤油彻底挥发或揩干后才能进行装配，清洗汽缸时，禁止用汽油。

（4）要防止杂物、工具等遗漏在油池、汽缸、管道和储气罐内，装配前要做好机件的清洁，不得擦干必要的润滑。

（5）在对零部件拆装时，应遵循一定的原则。拆卸时做好标记，记准顺序，先拆的后装，后拆的先装，不得互换。

（6）巴氏合金摩擦面，禁止用砂布打磨或用锉刀锉削。

（7）定期保养后的空气压缩机，一定要经过空负荷试运转，待正常后才能投入正常运行。

（8）在进行设备维修前，必须将电源开关停电闭锁，挂"禁止合闸"警示牌，以保证安全。

技能拓展

喷油螺杆式空压机的保养与检查

对喷油螺杆式空压机进行细心的维护和保养，可使压缩机始终保持良好的状态，发挥最大的效能，并能及时排除可能引起故障的不良因素，延长各零部件的使用寿命，因此是非常值得认真做好的工作。认为喷油螺杆式空压机没有故障就疏于维护保养的想法是十分危险的，这样会使机组故障可能性增加，而且等到故障发生了才去维修，既要花费维修费用，又要承受停工的损失。

（一）耗品清洁和更换

1. 空气过滤器

空气过滤器壳体有旋风除尘装置，除尘口需经常挤压排尘，以免阻塞而影响除尘效果。压缩机每运转 1000h，或空气过滤器压差指示灯亮时，应将空气过滤器拆出并清洁。一般每 2000h 更换一次，如环境较差则缩短时间。

空气过滤器拆装及清洁方法如下：

（1）松开空气过滤器箱盖的锁紧螺母，取下空气过滤器箱盖。

（2）松开滤芯锁紧螺母，取下滤芯。

（3）用低压压缩空气（小于 0.3MPa 的干燥压缩空气）由内向外喷吹滤芯。整个滤芯各处都要吹到。

（4）装回滤芯。

2. 前置过滤器

前置过滤器每 1~2 周须拆下清洗干净，不必更换，如环境较差则缩短清洗时间。

3. 油过滤器

油过滤器初次更换是在压缩机运转 1000h 后，之后一般每 2000h 更换一次。如环境较差造成润滑油较脏，可能使用寿命不到 2000h 就已阻塞，这时控制面板上油过滤器阻塞指示灯会亮，液晶显示油过滤器阻塞，此时也需要立即更换油过滤器。

油过滤器更换方法如下：

（1）将油过滤器滤芯从油过滤器壳体上拆下。可使用链条扳手或布带扳手。

（2）清洁油过滤器壳体。

（3）在新滤芯的密封圈上抹上一薄层润滑油。

（4）装上新滤芯。先手动旋转使其密封圈与壳体接触紧密后，再用链条扳手或布带扳手上紧 1/4~1/3 圈。

注意：使用链条扳手或布带扳手时需小心，勿将滤芯外壳压扁。

4. 油细分离器

当油细分离器阻塞指示灯亮，液晶显示油细分离器阻塞时，或油压比气压高时必须更换，一般更换周期为 4000h。如环境较差，其更换时间会缩短。

外置式油细分离器具体拆装方法同油过滤器滤芯。注意更换油细分离器时，须防止不洁物品掉入油气桶内，以免影响空压机的运转。

对于内置式油细分离器，更换时需按以下步骤操作：

（1）空压机停机后，将空气出口关闭，泄水阀打开，确认系统已无压力。

（2）将油气桶上方的管路拆开，同时将压力维持阀出口至后冷却器之间的管路拆下。

（3）拆下回油管。

（4）拆下油气桶上盖的固定螺栓，移开油气桶上盖。

（5）取下油细分离器并检查 O 形圈，换上新油细分离器。

（6）依拆开之反顺序将油气桶装好。

5. 润滑油

初次换油是在压缩机运转 1000h 左右时，而后每 3000h 更换一次（排气温度在 80~90℃）。如环境状况较差，排气温度较高时则须缩短。

换油步骤如下：

（1）排干净系统中的润滑油。

1）机组完全停机并且油气桶内完全没有压力。

2）断开主电路，并在电闸处及空压机控制面板中做维护标记，以防他人启动机组。

3）擦掉加油盖周围可能的污垢。

4）拧开加油口盖。

5）拧开油气桶、冷却器、机体排气管的放油球阀。当油处于热态时有利于油的排放。故可在停机后不久进行放油工作。

6）拆下油过滤器，倒出里面的油并重新装好。

（2）清洗系统。

1）关闭各部分放油阀。

2）从加油口注入 50% 的新油（本机型正常注油量约 30L）。

3）锁紧加油盖。

4）启动机组运行 20~30min 停机。

5）重复步骤（1）彻底放净系统中的油。

（3）加入正常油量，锁紧加油口盖，机组即可正常运转。

清洗的必要性：虽然要求尽量将系统中各部分油排放干净，但一些管路和接头中仍有少量油无法排放出来。这些油残留在系统中很快就会变质，并会影响新油，加快新油的变质，造成不可预计的后果。通过清洗可以最大限度地冲洗掉这些残留的油，以及其他一些残留的细微杂质，保证新加入的油的纯净。

每次消耗品的更换和润滑油添加的时间、数量均应做好详细记录，技术人员可从中分析机组的运转状况，并给出有益的建议，从而使压缩机的运行更可靠经济。

（二）定期检查与维护

定期检查与维护项目如表 15-2 所示。

表 15-2 定期检查与维护项目

检查项目	工作内容	日常	每周	两个月 (1000h)	四个月 (2000h)	六个月 (3000h)	一年 (6000h)	四年 (25000h)	备注
机组内外清洁	清洁	○							
前置过滤网	清洁	○							
润滑油位	检查补充	○							
排出冷凝水	检查	○							
管路有无泄漏	检查		○						
电气线路完好	检查		○						
空气滤清器	清洁更换	○		○	●				
油过滤器	更换			※		●			
油细分离器	更换					○●			
润滑油	更换	○		※		●			
皮带	检查调整				○				
电磁阀	功能检查						○		
压力维持阀	功能检查						○		更换 O 形圈
安全阀	功能检查						○		
进气阀	功能检查						○		更换 O 形圈
冷却器	，清洁检查			○风冷		○水冷			
压差开关	检查						○		
传感器	检查校正						○		
热控阀	功能检查						○		
油气桶	泄漏检查							○	
防震垫	检查更换						○		
胶管	检查更换						○		
观油镜	清洁更换					○			
电气元件及接头	检查			○					
电动机轴承油脂	补充更换				○				
电动机绝缘测试	检查							○	
压缩机体	轴承油封							○	

注：○—检查、清洁、调整、补充；●—更换；※—新机 1000h 更换 。

任务考评

本任务考评的具体要求见表 15-3。

表 15-3　任务考评表

任务 15　矿用空压机的维护与保养				评价对象：　　　　学号：
评价项目	评价内容	分值	完成情况	参考分值
1	矿用空压机的质量完好标准	10		每组 2 问，1 问 5 分
2	矿用空压机的日常维护保养方法	10		每组 2 问，1 问 5 分
3	矿用空压机的定期维护保养	10		每组 2 问，1 问 5 分
4	分组完成矿用活塞式空压机和喷油螺杆式空压机的保养与检查	30		检查 10 分，保养 20 分
5	完整的任务实施笔记	20		有笔记 5 分，内容 15 分
6	团队协作完成任务情况	20		协作完成任务 5 分，按要求正确完成任务 15 分

能 力 自 测

15-1　空压机的完好标准对空压机机体、冷却系统、润滑系统、安全装置和仪表、风量、滤清器、室内管路等有何规定？

15-2　如何对空压机进行保养？

任务 16　矿用空压机的安装与调试

任务描述

矿用空压机的安装质量直接关系着设备的运行工况，是其正常运行的基础和保障。掌握空压机的安装知识对从事空压机维修工作会有很大帮助，对搞好其他机械的安装也会是非常有益的。空压机从结构组成和安装实际工作来看，活塞式空压机是最复杂的，因此我们把熟悉活塞式空压机的安装方法作为任务的重点。考虑到空压机安装的特殊性，对安装基础、管网敷设等相关知识在这里一并列出，供大家学习和作为实际安装参考。

通过本任务学习，要求学生具备以下技能：会找平、找正空压机的主体；会安装空压机传动轴和电动机；会安装空压机滤风器及风包装置；会进行空压机试运转；知道空压机安装安全技术措施编写方法。

知识准备

活塞式空压机安装前的准备

（一）活塞式空压机的布置原则

空气压缩机站位置的选择宜靠近用风负荷中心；空气压缩机站的集中或分散、井上或井下设置，应通过技术经济比较后确定。空气压缩机站的选择，以前大型矿井设计都强调设置地面集中空气压缩机站，但近年来由于国产适用于矿山井下的空气压缩机新产品的发展，以及投产的部分矿井开采面积大，巷道距离远，为保证掘进头风动工具的使用压力，提高工效，往往要求设置井下空气压缩机站或采用小型随掘进头移动式空气压缩机。

一般情况下，大多数空气压缩机站位置应选择在地面，如果选择安装在井下，必须要考虑井下的气流、温度、供水等因素。对于那些地温较高、通风能力不大的矿井，尽量不要将空气压缩机站布置在井下。一般空气压缩机的布置遵守下述要求：

（1）空气压缩机站内设备布置应满足安装、检修及抽出活塞的要求，通道宽度一般取 1.5m 以上。

（2）空气压缩机站的朝向，宜使机器间有良好的穿堂，通道宽度 0.8~1.5m，与电气设备之间距离 1~2m，并应尽量减少西晒，在炎热地区的机房面积应适当加大，宜对设备和管道采取减少热量散发的措施，并需设天窗，加强通风。空气压缩机进、排气管不应与建筑物连接，设备基础不要与墙基相连。

（3）空气压缩机站内一般应留有放置钳工台和储藏工具、备品的地方，必要时尚需设休息室，隔音电话间和站外储油间。

（4）当站内安装单机排气量不小于 $20m^3/min$，且总安装容量不小于 $60m^3/min$ 的空气压缩机站时，宜设检修用起重设备，其起重能力应按空气压缩机组的最重部件确定。通常选用手动单梁起重机。

（5）空气压缩机站除机器间外，还应设置辅助间，其组成和面积应在充分利用所在企业协作条件的前提下，根据空气压缩机站的规模、机修体制和操作管理等需要确定。

（6）机器间内设备和辅助间的布置，以及与机器间相连的其他建筑物布置，不宜影响机器间的自然通风和采光。

（7）储气罐应布置在室外，并应位于机器间的北面。立式储气罐与机器间外墙的净距，不应影响采光和通风，并不宜小于 1.0m。

（8）机器间内的空气压缩机组，宜单排布置。机器间通道的宽度，应根据设备操作、拆装和运输的需要确定，其净距不宜小于有关规定，如表 16-1 所示。

表 16-1　空气压缩机站内设备间距要求

名　　称		空气压缩机排气量 $Q/m^3 \cdot min^{-1}$		
		$Q<10$	$10 \leqslant Q<40$	$Q \geqslant 40$
		净距/m		
机器的主要通道	单排布置	1.5		2.0
	双排布置	1.5	2.0	
空气压缩机组之间或空气压缩机与辅助设备之间的通道		1.0	1.5	2.0
空气压缩机组与墙之间		0.8	1.2	1.5

注：1. 本表适用于活塞式空压机，螺杆式空压机按产品情况确定。

　　2. 当必须在空气压缩机组与墙之间的通道上拆装空气压缩机的活塞杆与十字头连接的螺母零部件时，表中净距的数值应适当加大。

　　3. 设备布置时，除保证检修时能抽出汽缸中的活塞部件、冷却器中的芯子和电动机的转子或定子外，宜有不小于 0.5m 的余量。

　　4. 吸气过滤器应装在便于维修之处。必要时，应设置平台和扶梯。

　　5. 空气压缩机站内的地沟应能排除积水，并应铺设盖板。

（9）空气干燥装置设在空气压缩机站内时，宜布置在靠近辅助间的一端，其操作维护用通道不宜小于 1.5m。

（10）空气压缩机站内，当需设置专门的检修场地时，其面积不宜大于一台最大空气压缩机占地和运行所需的面积。

（11）空气压缩机组的联轴器和皮带传动装置部分，必须装设安全防护设施。

（12）螺杆式空压机安装时，不需要混凝土或其他特殊地基，可直接安装在任何水平地面上。为了避免共振声音的传播，建议在机组的底座下，垫一层硬橡胶或软木垫。

（13）当空气压缩机的立式汽缸盖高出地面 3m 时，应设置移动的或可拆卸的维修平台和扶梯，维修平台和同步电动机地坑的周围，应设置防护栏杆，栏杆的下部应设防护网或板。

（14）在站内布置风冷式螺杆空压机时，由于所需冷却风量很大，且机组进气口在其周边外罩上，不便于设置进气管道，所以站房结构应有良好的通风进气条件。由于机组发热量大，为防止夏季机房环境温度过高，站房除考虑自然通风换气外，还宜在机组排气孔上方设热风道将机组散发的热风引至机房外。在北方地区还应注意冬季站内的保温、采暖问题。

（15）为有效降低机房内噪声（主要由空气动力噪声、机械噪声和电动机噪声三者叠加）对值班人员的影响，应设隔音值班控制室，噪声达不到《工业企业噪声控制设计规范》的要求时，应在机房、值班控制室内的墙面贴附多孔矿棉吸音板，以吸收混响噪声，降低站内噪声声级。

（16）在地面集中设置空气压缩机的数量不宜超过 5 台；在低瓦斯矿井中，送气距离较远时，可在井下主要运输巷道附近新鲜风流通过处设置空气压缩机站；但每台空气压缩机的能力不宜大于 $20m^3/min$，数量不宜超过 4 台；空气压缩机站内宜设 1 台备用空气压缩机；当分散设置的空气压缩机站之间有管道连接时，应统一设置备用空气压缩机。

（二）安装基础的一般要求

空气压缩机的基础除了承受机器的重量外，还承受机器内部没有得到平衡的惯性力和惯性力矩。如果空气压缩机是用皮带传动的，则还要承受皮带的拉力。在这些作用力中，机器的重量和皮带的拉力是固定的，不平衡惯性力、惯性力矩的大小和方向都是周期性变化的。这些数值和方向都在变化的力和力矩，是引起机组振动的原因。机组的振动，可通过土壤传到机房或机房以外相当远的地方。强烈的振动不仅使仪表和设备的工作受到影响，而且使空气压缩机的基础下沉，并导致与空气压缩机相连的管道或其他连接件拉断。所以，安装基础应该使地基能可靠地承受机组的重量和防止机组产生过大的振动。空气压缩机基础沿面允许的振幅如表 16-2 所示。

表 16-2 空气压缩机基础振动参数允许值 （mm）

振幅形式		每分钟振动频率				
方位	符号	≤500	>500	>700	>1000	>1500
垂直振幅	A_z	0.15	0.12	0.09	0.075	0.06
水平振幅	A_x	0.20	0.16	0.13	0.11	0.09

（三）管道热伸长量计算及伸缩器的选择

1. 管道热伸长量计算

管道热伸长量（mm）可按下式计算：

$$\Delta L = 0.012 L^{\Delta t} \tag{16-1}$$

式中 L——管段的长度，m；

Δt——输气时最高温度与大气的最低温度差，℃。

2. 伸缩器（膨胀器）的选择

伸缩器（膨胀器）的选择类型有：

（1）填料式伸缩接头。一般应用在井筒中，管段的热伸长量应在伸缩接头的伸缩范围之内。

（2）Ⅱ型膨胀器。一般应用于地面，在安装膨胀器时，必须考虑当时的气温，预先拉伸一部分伸长量。

（四）管道防腐和防锈

1. 埋地管道的防腐

为了防止埋地压气管道受土壤的腐蚀，应在管道表面涂上一层绝缘涂料，使管道与周围土壤隔离开来。目前绝缘涂料普遍采用的石油沥青加填充物，视土壤的腐蚀性能和管道是否易于检修，区别为普遍绝缘、加强绝缘和极强绝缘三种绝缘形式，如表 16-3 所示。

表 16-3　绝缘的形式和结构

形　式	结　构	最小厚度/mm	土壤特性
普通绝缘	底层—沥青涂层—牛皮纸①	3	低腐蚀性
加强绝缘	底层—沥青涂层—牛皮纸—沥青涂层—牛皮纸	6	腐蚀性较高
极强绝缘	底层—沥青涂层—石棉防水油毡—沥青涂层—石棉防水油毡—沥青涂层—牛皮纸	9	腐蚀性最高

① 可以用玻璃布代替牛皮纸。

各种土壤的腐蚀性等级是根据土壤一年中的最小电阻率来区别的，表 16-4 列出了土壤腐蚀级别。

表 16-4　土壤腐蚀级别

土壤的最小电阻率/$\Omega \cdot m^{-1}$	>100	100~20	20~10	10~5	<5
土壤腐蚀等级	低	中级	较高	高	最高

绝缘涂料的主要组成为石油沥青，它是采用氧化法从硫含量低的不含蜡的石油中获得，应具有下列规格：软化点不低于 70℃，在 25℃ 时拉伸度不小于 3mm，在 25℃ 时针入度在 21~40 的范围内，氯仿或苯中溶解度至少为 99%，闪点不低于 230℃。

绝缘涂料中用的充填物一般为高岭土，它是白色的黏土质岩石，制成粉末掺和到石油沥青中，以提高涂抹层的机械强度，渗入量为 20%~25%（质量分数）。

底漆是用石油沥青与汽油调制成的，质量比例为 1∶(2.25~2.5)。

涂防腐层的施工方法如下：

（1）清刷管子外表面的铁锈、铁渣及污垢。

（2）涂底漆。

（3）沥青涂料加热后涂刷于管子上，为达到 3mm 的厚度，可分为二次涂刷，但要在前一层冷却后再涂第二层。

（4）等沥青涂料冷却到尚温暖时，外面包上牛皮纸或玻璃布。

2. 地面管道的防锈

为了延长地面或地沟中管道的使用年限，同时也为了识别和美观，对空气压缩机站内管道也都要涂上一定颜色的油漆，一般先涂一遍防锈漆，再涂一遍调和漆。供水管道先涂一遍底漆，再涂一遍沥青漆。

不同管道需要涂上不同的颜色和画上表示气体流动方向的箭头，各种管道涂什么颜色应有统一规定，以便识别。

（五）管道安装技术条件

1. 管材和零件的备料

管材和零件的备料要求如下：

（1）管材、法兰、垫圈和其他管道附件的材料、规格以及技术要求，应符合相应的国家标准或部颁标准。

（2）无缝钢管订货时，对矿山压缩空气用公称压力 p_g<10MPa 的管道，应按力学性能

供应。对于有合格证且在室外存放不到 6 个月的钢管，使用前可不再检查，对存放时间超过 6 个月及没有合格证的钢管，应按有关规定进行检查。

2. 外观检查

外观检查要求如下：

（1）管道外表面不得有裂纹、折叠、轧折、离层、发纹、结疤、重刮伤或非金属夹杂物等缺陷。若有这些缺陷，应用锉刀或砂轮加以修整，修整后凹陷处应圆滑过渡，其壁厚不得超出规定的负公差范围。不超过公差范围的凹陷、细微刮伤和因生产方法不够完善引起的其他局部缺陷，允许不清除。不得用焊补或捻合的方法来消除缺陷。

（2）外径及壁厚的公差，对 $p_g < 10\text{MPa}$ 的管子，应符合有关规定的普通级精确度公差范围。

（3）壁厚不均匀度及圆度偏差，不应超过该种管子壁厚及外径的公差范围。在气割后应去掉熔渣和毛刺，切割面与轴线应垂直，垂直度偏差应符合表 16-5。

表 16-5　管子切口的垂直度偏差

管子外径 D_w/mm	≤108	133~529	≥600
偏差值 Δ/mm	≤0.012	≤1.5	≤3

注：1. 管道弯曲应尽量采用煨弯，只有当空间限制时，才采用焊接弯头。煨弯时管壁变薄不得超过壁厚的 15%，管壁起皱高度为：当公称直径 $D_g ≤ 65\text{mm}$ 时，不超过 $3\%D_w$；当 $D_g > 65\text{mm}$ 时，不超过 $8\%D_w$。

2. 焊接弯头和异径管可按动力设施国家标准图集中《热力管道零件》的要求在现场焊制。

3. 三通支管可先开口，在保证焊缝厚度均匀的前提下，再在现场组合。$p_g < 4\text{MPa}$ 的管道，直接焊的三通支管外径不应大于管道外径的 0.6 倍。

4. 最大允许直线度偏差不得大于 1.5mm/m。

5. 管子的最小长度不得短于 1.5m。

3. 工艺试验及分析

对于空气压缩管道（$p_g < 10\text{MPa}$）的管子，应取样按有关规定进行拉力试验。每 200 根为一批，取样 2 根，每根取试样一件，如剩下管不够 100 根者可并入任一批中，如剩下管超过 100 根，则应作为另一批取样。

各种阀门安装前拆开清洗，对于 $p_g < 10\text{MPa}$ 且有合格证的阀门，应进行水压强度试验及密封面和填料函的气密性试验。试验压力按有关规定的要求设定，强度试验以 5min 内压力不下降的为合格，气密性试验时应把阀门放在水中或涂肥皂液中，以 5min 内不出现气泡的为合格。

4. 零件制造要求

管子切割应尽可能采用机械切割法，特殊情况下也可用气割。不能保证上述条件时则应按有关要求制造焊接三通。

（1）$p_g ≤ 2.5\text{MPa}$ 的管道法兰，应采用 GB/T 9115.1—2000 规定的焊接钢法兰。

（2）焊接。

1）$p_g ≤ 2.5\text{MPa}$ 的管道，当 $D_g < 50\text{mm}$ 和 $S < 3.5\text{m}$ 时，允许采用气焊，其余压力管壁厚的管道应采用电焊。

2）管道焊接应分别按下列技术规程进行：

$p_g ≤ 2.5\text{MPa}$，当 $D_g < 50\text{mm}$ 和 $S < 3.5\text{mm}$ 的管道采用气焊时，应符合有关的技术规程。

$p_g \leqslant 10MPa$ 的管道（除上条采用气焊之外）采用电焊时，应符合有关的技术规程。

5. 管道表面的清洁处理

（1）管道内表面的清洁处理有以下几种：

1）机械除锈。先用喷砂法或钢刷打光，然后用压力吹洗（吹洗时气流速度一般不小于 15m/s），边吹边用小锤敲击管道，直到管道出口处蒙的白布不再出现尘粒为止。

2）用干净布擦。

3）酸洗。酸洗应在机械除锈后进行，酸洗后的管道应呈金属本色，无油污。酸洗溶液的配方、温度及酸洗时间，可根据具体条件而定。酸洗后的管道应经中和、清水漂洗，最后用压缩空气吹干。

4）磷化处理。磷化液的配方及处理工序可由具体条件决定。

（2）空气压缩机站各种管道清洁处理的要求如下：

1）空气压缩机吸气管、排气管、上下水管、油水吹除管等管道，一般只需机械除锈，然后用压缩空气吹洗干净即可。

2）用于上述系统的镀锌管、铜管及直径较小的管子（$D_g < 15mm$），可用干净布擦的方法代替机械除锈。

3）有净化要求的压缩空气管道除机械除锈外，还需进行酸洗、磷化处理，最后用除油的压缩空气吹洗干净。

6. 管道的安装

管道的安装要求如下：

（1）管道及其他附件在安装前应按前述要求进行检查，只有符合标准的管道与附件才能用于安装。

（2）现场切割、钻孔与焊接完毕后，管道内应予以清理，不允许留有金属熔渣、残杂物及其他脏物。

（3）管道水平、垂直方向的位置与设计图纸规定的位置偏差不能超过 ±5mm；坡度大小的偏差不得超过 ±0.0005mm。

（4）管道上的逆止阀、截止阀、减压阀、流量孔板等有方向性的阀件在安装时，应注意方向要符合管内介质的流向。

（5）管道在支架上的固定采用半固定支架时，管子与管卡的密合长度不应小于 1/3 圆周长，采用抗振支架时，垫木与管子密合长度不应小于 4/5 圆周长。振动较大的管子需用弹簧垫圈，以防止螺母松动。

（6）法兰密封面对管子中心线的垂直度偏差不应超过 1/100。

（7）两个组对的法兰应保持平行及螺栓孔对正，法兰之间的间隙应按垫片厚度控制。螺栓孔的偏移不能超过如表 16-6 所示的值（按孔边测量）。

表 16-6 螺栓孔的偏移值

孔径 d/mm	<14	18~27	34	41
偏移 A/mm	0.15	1	1.5	2

（8）管道支架应按设计要求选用，不得将固定支架改为活动支架，也不得将活动支架改为固定支架。方形补偿器安装时，应进行预拉伸，预拉伸长度为管道热补偿量的一半。

（9）管道安装结束后，水管道用净水冲洗，气体管道按清洁处理要求的不同，分别用普通压缩空气或经过除油的压缩空气进行吹洗，以除去安装过程中留在管内的脏物。

7. 管道的试验

管道安装完毕后，在涂漆和接上设备仪表之前，应对管道系统进行强度和气密性试验。

（1）水压强度试验压力要求如下：

工作压力 $p<0.5MPa$，试验压力 $p_s=1.5p$，但须满足 $p_s \geqslant 0.2MPa$；$5 \leqslant p<10MPa$，试验压力 $p_s=1.5p$，但须满足 $p_s \geqslant p+0.3MPa$。

（2）管道在试验压力下保持 20min，然后降至工作压力，并在此压力下进行处理检查，用约 1kg 的小铁锤敲打焊接处。

（3）无压排水管，允许以灌水试验来代替水压强度试验，延续时间为 4h，无漏水现象即合格。

（4）压气管道经强度试验后应进行气密性试验，根据具体要求，试验气体分别用普通压缩空气或除过油的压缩空气或氮气。试验压力为 $1.05p$，压力应缓慢上升，当达到下述压力时进行外观检查：

$p_s<0.2 \sim 0.6MPa$；

$p_s>0.2 \sim 0.3MPa$。

当没有发现异常情况时方允许断续升高压力。当压力升到试验压力并保持 24h 后进行测量，其每小时渗漏量（%/h）（考虑温度的变化后）按下式计算：

$$\Delta p = \frac{100}{24} \times \left[1 - \frac{p_2(t_1 + 273)}{p_1(t_2 + 273)} \right] \qquad (16\text{-}2)$$

式中　p_1，t_1——试验开始时的压力和温度；

　　　p_2，t_2——试验结束时的压力和温度。

渗漏量标准：$\Delta p \leqslant 1\%/h$。

（5）放空管和油水吹除管可不进行试验。

（六）空气压缩机站设备的防振

空气压缩机的振动原因可分为气流振动和机械振动两种。振动会产生噪声污染环境，也会引起设备运转不正常。当气流的脉动与管道的固有频率一致，或机械振动与机组的固有频率或基础的固有频率一致而造成共振时，其破坏性将更为严重；在共振情况下，管道的激振力异常增大，使管道及管道附件产生疲劳破坏。共振使空气压缩机的工作压力波动，工作性能不稳定，弹簧、阀片等迅速损坏，严重时导致机器损坏；建（构）筑物和基础等出现裂缝。因此，必须尽量防止共振。气体管路中的气流脉动和振动将使空气压缩机进出口工况发生变化，严重时会影响空气压缩机的可靠运行。振动还将使附近的计测仪表失真或损坏，并使噪声加大。常用的防振方法为：

（1）正确设置吸、排气管，在空气压缩机吸、排气管口装设柔性接管，切断及抑制向管路的振动传递。避免管道支架间距过长，减少弯头、急弯、异径的数量，在管路中装缓冲器，合理设计总管直径，减小气流压力脉动和管路激振。设置弹性支吊架，吸、排气管不应与建筑物相连，防止建筑物的门窗、玻璃、墙壁振动。

（2）提高安装质量，消除机器运转中不应有的不平衡力，防止机器零部件及结合件的松动。做好日常维护检修工作，保证机组的正常运行。

（3）做好空气压缩机基础的设计、施工工作。选择坚固地基作为设备地基。在地基条件差时，应做好基础地基的处理。设计基础时应取地基的固有频率为空气压缩机激振频率的两倍以上，以消除共振。设备地基应与建筑物基础分开，必要时可考虑采取措施，如在基础与机器底座间加入隔振橡胶垫或弹簧减振器，以便降低机组的固有频率，防止机器振动传给基础。

任务实施

活塞式空压机的安装

（一）安装步骤

往复式 L 型空压机具有构造紧凑、维护方便和安装容易等优点，目前在矿山使用较普遍。下面就以 4L-20/8 型空压机为例，对其整体安装做一介绍。

1. 4L 型空压机设备安装程序

4L 型空压机设备安装程序，如表 16-7 所示。

表 16-7　4L 型空压机设备安装程序

程序	安装项目	安装内容
1	基础	空压机的地基基础，由土建施工单位承担
2	地基基础检查与验收工作	1. 埋设基准标高点和固定挂线架； 2. 挂上安装基准线，检查地基标高和基础螺栓孔的位置
3	垫板布置	1. 测算垫板组厚度，按质量标准摆放垫板； 2. 用平尺配合水平尺对垫板组进行找平，并铲好地基基础上的麻面
4	设备开箱检查	1. 按装箱单和产品说明书清点检查设备及零部件的完好情况和数量； 2. 清洗并除掉机械零部件表面防腐剂
5	空压机主体就位	1. 选择合适的起重工具，将空压机主体放在垫板组平面上（地脚螺栓先放在基础地脚螺栓孔内）； 2. 穿上地脚螺栓，并带上螺母
6	空压机主体找正、找平	1. 找标高； 2. 用三块方水平尺，分别放在一、二级汽缸壁上，找正空压机主体； 3. 按安装基准线找正空压机主体横向、纵向位置
7	电动机	1. 在空压机的三角胶带轮和电动机的三角胶带轮上拉线进行找正； 2. 找正后，将垫板组点焊成一体，进行二次灌浆
8	空压机机体内零部件	1. 安装传动部分零部件：曲轴、连杆、十字头； 2. 安装压气部分零部件：活塞、活塞环、汽缸盖、吸排气阀盖（吸排气阀待负荷试运转时安装）； 3. 安装润滑部分零部件：齿轮油泵、柱塞泵和油管

续表 16-7

程 序	安装项目	安 装 内 容
9	风包	1. 测算垫板组厚度，并将垫板摆放在基础平面上； 2. 风包吊装就位，并进行找平、找正； 3. 二次灌浆
10	冷却水泵站	1. 测算垫板组厚度，并将垫板摆放在基础平面上； 2. 安装单级离心式水泵，找正、找平后进行二次灌浆
11	管路及附属部件	1. 安装吸风管、排风管、冷却水管、油管等； 2. 安装油压表、风压表、安全阀、压力调节装置
12	基础抹灰	用压力水清洗基础表面后，进行基础面抹灰工作
13	水压试验	对安装完毕的机体、管路、风包进行水压试验（试验压力为工作压力的 1.5 倍）
14	设备粉刷	对设备和管路进行粉刷，涂油漆
15	空压机试运转	1. 对空压机和水泵站进行空负荷、半负荷、全负荷试运转； 2. 对压力表、安全阀、压力调节装置进行调整
16	移交使用	1. 清扫机房； 2. 整理图纸资料； 3. 移交生产单位

2. 机体就位

机体就位过程如下：

（1）在空压机机体吊装前，应把二级汽缸下带座弯头与机体连接好，并将带座弯头的下部滑道同时装好，穿上地脚螺栓，如图 16-1 所示。

（2）在空压机的基础上，按规定放好垫板组（地脚螺栓两旁和低压缸中心线下的两侧），并对各垫板组进行找平（靠胶带轮一侧的垫板组应和机身底座边缘平齐，以免碰撞胶带轮，其他处垫板组仍按规定伸出长度布置），同时将地脚螺栓放在基础的地脚螺栓孔内。

（3）在空压机基础上设置吊装工具（人字架或三脚架及链式起重机，4L 型空压机用 3t 链式起重机，因机身重为 2.7t），用钢丝绳套拴住一级汽缸和中间冷却器的外围进行吊装就位。就位前要穿好地脚螺栓，并按规定带好螺母，如图 16-2 所示。

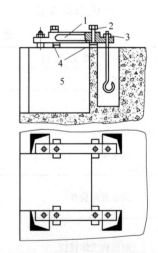

图 16-1 带座弯头的滑道安装
1—空压机机身；2——级汽缸；
3—中间冷却器；4—地脚螺栓；
5—排气管安装空间

3. 空压机机体的找平、找正

空压机机体就位后，以空压机房布置的纵、横基准线及机身和汽缸盖的连接螺栓孔为基准，在机身对口面上画出十字中心线，进行找正。机身找正后，再通过一级汽缸和二级汽缸对机身找平。首先把一、二级汽缸体的缸盖、活塞、活塞杆及吸、排气阀全部卸下来，露出气缸壁的加工面（对新出厂的空压机可以不拆活塞及活塞杆，在活塞的上平面上，从纵、横两个方向进行找平、找正）作为测量面（见图 16-3）。方水平尺①、③用来测机身的纵向水平度；方水平尺②用来测量横向水平度（机身垂直于曲轴方向为纵向，平行于曲轴方向为横向）。找平、找正后对机身和带座弯头的滑道进行二次灌浆。

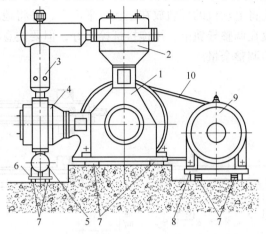

图 16-2　整体安装后示意图

1—带座头滑道；2—弯头连接螺栓；3—二级汽缸；4—垫板；5—带座弯头；
6—带座弯头滑道；7—垫板组；8—电动机导轨；9—电动机；10—三角带

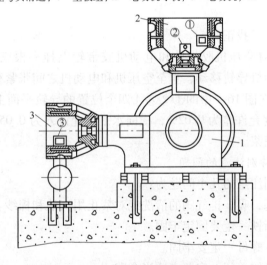

图 16-3　空压机机体测量找平示意图

1—机身；2——级汽缸；3—二级汽缸；①~③—精密方水平尺

在同一空压机房安装两台以上空压机时，其相互间标高误差不得大于 5mm，以保证管路连接的顺利进行。

4. 空压机零部件的装配

空压机的曲轴，连杆，十字头，填料箱，活塞及活塞杆，吸、排气阀等部件，在安装时需仔细检查和装配，并要对连杆瓦、连杆套、十字头和机身滑道进行刮研工作。装配工艺及质量应符合要求。

5. 空压机的电动机安装

空压机的电动机安装，是以保证空压机胶带轮和电动机胶带轮的安装质量为前提进行的。

（1）电动机就位。

电动机吊装前，先将电动机的导轨放在垫板组平面上，并将地脚螺栓穿上，如图 16-4 所示，再将电动机吊放在调整导轨上，用连接螺栓接好，但要注意将电动机放在导轨的中间位置，留出电动机的调整余量。

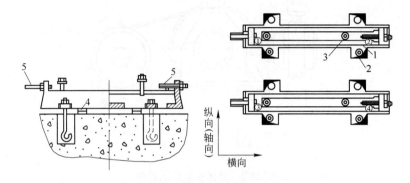

图 16-4　电动机导轨安装

1—电动机导轨；2—地脚螺栓；3—连接电动机螺栓；4—垫板；5—电动机调位顶丝

（2）电动机的找平、找正。

1）电动机找正。在空压机胶带轮和电动机胶带轮上挂一根三角胶带（见图 16-2），通过调节螺栓，使电动机导轨移动，直至空压机和电动机之间张紧程度合适。

2）电动机找平。在图 16-4 中的①②③④四个位置的导轨平面上立钢板尺，用水准仪进行找平（纵向水平度允许差为 0.02%，横向水平度允许差为 0.05%）。找平、找正后对电动机导轨进行二次灌浆。

6. 空压机安装要特别注意的问题

空压机安装要特别注意的几个问题为：

（1）对汽缸，活塞，吸、排气阀的清洗绝对禁止用汽油和棉纱。

（2）曲轴上的平衡铁一定要固定牢固。

（3）连杆的螺栓、螺母一定要牢固。

（4）活塞端面与汽缸盖间一定要有适当余隙。

（5）汽缸内严禁掉入东西。

（6）汽缸与汽缸盖、汽缸与中间冷却器、汽缸与带座弯头、风包与管路接口，以及距空压机 100m 以内的管路法兰盘接口处所用的垫一定要用石棉垫，不得用纸垫或橡胶垫。

（二）压气管网的布置及敷设

1. 压气管网的布置系统

当全矿井设一个空气压缩机站时，一般采用单树枝状管网供气系统，此系统用于风动工具间断供气比较适合。一般情况下，管道本身的寿命是很长的，即使是直接埋地的管道，只要采用合适的防腐绝缘层，也能保持 20 年左右不致损坏，其他架空或敷设于地沟内的管道使用的时间更长些。不过管道附件，特别是经常操作的附件易于损坏，因此对于那些操作频繁、需经常检修的阀门，可用装两个阀门的办法解决。在串联的两个阀门中，第一个经常操作，损坏时可以更换；而第二个阀门经常开启，仅在第一个阀门需要更换和检修时，第二个阀门才关闭，与系统切断，这样可不影响整个供气系统的工作。当设置空气压缩机分站时，如有条件应考虑采用联络管道或环形供气，这样可以提高供气的可靠性，而且压力较稳定，末端压力损失较小。

2. 管道的连接

压气管道的连接方式分永久性连接和临时性连接，永久性连接又可分为固定式连接（焊接连接）和可卸式连接（法兰连接和螺纹连接）。

焊接连接与可卸式法兰连接相比较，可节省法兰、螺栓、螺母和较多的机械加工量，由此可减轻管道系统的重量，减少管道系统的泄漏，而且具有使用可靠、初次投资及平均管理费用较低等优点，但管道拆修较不便。可卸式连接的优点是便于拆装检修，但必须注意做好密封，防止泄漏。一般来说，管道与设备、阀门等相连接处，均采用可卸式连接。不需要检修的地方则尽量采用焊接连接。

常用的法兰形式有平口焊接式钢法兰和活动焊接环式钢法兰，临时需要移动的管道连接可采用快速接头，它由管箍、密封橡胶圈和带有凸台的管接头组成。管箍部分用可锻铸铁或铸钢制成，耐压试验达 3.0~3.5MPa。管道快速接头在压气支管上装配后，两天内在压气管正常送气条件下，压力在 0.6~0.7MPa 时有漏气现象。

快速接头具有下列优点：安装拆卸简单方便；密封性能好；重量轻；允许管口有一定的偏角，留有管道膨胀余地，不必加伸缩接头；断面尺寸小。如果到货的是一般管件，则可在管端焊接上带有凸台的管接头即可。

3. 管道敷设

矿山压气管道通常由地面和地下两部分组成。地面管道在空旷处多直接沿地面敷设在混凝土管墩上，如需通过道路时，则采用外加套管，埋在与道路尽可能垂直的地面下。当压气管外径小于 200mm 时，套管内径为压气管外径加 100mm；当压气管外径大于200mm 时，套管内径为压气管外径加 150~200mm。在穿过铁路时，套管顶至路基面的深度应不小于 1.2m，而穿过公路时，则不应小于 0.8~1.0m。不论公路或铁路，套管顶至路边排水沟底的深度都不得小于 0.5m，且套管长度应等于路两侧水沟外边之间的距离再加2m。对于气温较低的地区，压气管道的地面部分必须埋设在冻结线以下，沿空气流动方向应有0.3%~0.5%的坡度。根据需要可在井口设置油水分离器，井下管道最低部分和上山入口处，也应设置油水分离器以排出管道内的油和凝结水。

压气管在竖井中固定，需设支撑管和卡箍、管托等来固定于管道梁上，卡箍的间距应不超过固定机械手册所列数据。

在倾斜巷道中，压气管径大于 200mm 时可安装在巷道底板上的专用木座或混凝土墩上，管道的下部应装设带座弯管。每隔 75~100mm 应安设一个带拉杆的管夹子。管径小于200mm 时，如需架设于巷道壁上，应固定在专设的管子支架上。

在运输平巷中，压气管一般设在人行道上方，大部分采用铁丝捆绑悬吊方法来固定，固定间距一般为 4~6m。固定后管道底部净空应不小于 1.8m。当与水管一起敷设时应在水管上方。

当用管道支架固定且为均匀负荷时，最大跨距按下式求得：

$$L_{\max} = \sqrt[0.7]{\frac{\sigma_W W}{F_m}} \qquad (16\text{-}3)$$

式中 $L_{\max}$——最大跨距，mm；

σ_W——管子材料额定许用弯曲应力，一般取 98MPa；

F_m——每米管道上的负荷，沿地面敷设时尚需考虑其他因素引起的荷重，N/m；

W——管子断面系数，cm³；可从管子规格性能表中查得，或由下列公式计算得出：

$$W = \frac{\pi(D_W^4 - E_n^4)}{32 D_W} \qquad (16\text{-}4)$$

D_W——管子外径，cm；

E_n——管子内径，cm。

跨距中有管附件时，则按附加集中负荷计算：

$$L_{\max} = \frac{\sqrt{F_W^2 + 20 F_m W} - F_W}{F_m} \qquad (16\text{-}5)$$

式中 F_W——附加集中负荷，N。

（三）管道附件的安装

1. 闸门

闸门是压气管道中常用的一种启闭阀件。其优点是：工作介质流动阻力较小；因工作介质压力垂直作用于闸板，故开关力较小；随着闸板开启大小，可较方便地调节流量；安装时无方向性，工作介质可以从两个方向流动。其缺点是：密封面容易擦伤，检修较为困难；尺寸较大，安装位置受限制时，安装不便；结构复杂；制造较费工，故价格较高。

闸阀的结构形式，按阀杆能否直接看到，可分为明杆阀及暗杆阀两种；按阀板结构形式，可分为平行式及楔式两种。楔式闸阀多制成单闸板，两密封面成一角度；平行式闸阀多制成双闸板，两密封面平行。

2. 截止阀

截止阀是广泛使用的一种启闭阀件。其优点是：结构简单；制造、维修均较方便；密封性好；操作可靠；可以较容易地调节流量。其缺点是：流动阻力大，一般比闸阀大 10~50 倍；因流体压力作用于阀芯上，故开关力较大。

3. 逆止阀

逆止阀是用来使工作介质只做一定方向流动，防止工作介质回流引起设备损坏的一种阀件。在压气系统中，空气压缩机出口管上常装有逆止阀。

常用的逆止阀有旋启式和升降式两种。旋启式逆止阀的密封性较差，噪声较大，一般用于水管中。升降式逆止阀的密封除了靠阀前后压差外，还有阀芯本身的重量，有时也有弹簧压紧力，故密封性较好。此外，因阀芯行程较小，噪声也较小，故空气压缩机站常用升降式逆止阀。近来有些制造厂未供应此种用排气阀改装的逆止阀，也可利用排气阀备件自行加配外壳使用。

4. 安全阀

安全阀是一种在工作压力超过规定值时能自动开启，压力复原又能自动关闭的阀件，在系统中它能起防止设备和管道因超压引起破坏的作用。

安全阀按结构形式可分为弹簧式和杠杆式两种。弹簧式安全阀结构简单，占地小，因此在压气系统中，只要不是在高温下（≤300℃）就被大量采用。

安全阀的选择计算是按气流通过阀口时的流速达到临界流速而定。气体的临界流速（m/s）为：

$$v_s = \sqrt{2g\frac{K}{K+1}p_1\gamma_1} = \sqrt{2g\frac{K}{K+1}RT_1} \tag{16-6}$$

故阀门最小通流截面应为：

$$S = \frac{Q}{\mu\gamma_1} = \frac{Q}{\sqrt{2g\dfrac{K}{K+1}RT_1}} \tag{16-7}$$

式中 S——安全阀阀口面积，m^2；

$\quad K$——气体的绝热指数，对空气 $K=1.4$；

$\quad p_1$——系统工作压力，Pa；

$\quad \gamma_1$——装设安全阀处气体的质量体积，m^3/kg；

$\quad R$——气体常数，对空气 $R=29.27$ N·m/(kmol·K)；

$\quad T_1$——气体绝对温度，K；

$\quad \mu$——流量系数，一般取 $\mu=0.6$；

$\quad Q$——通过安全阀的气体流量，m^3/s。

安全阀的通流面积应按阀口处圆柱形通道计算，即

$$S = \pi dh \tag{16-8}$$

式中 d——阀口直径，m；

$\quad h$——阀芯提升高度，m。

通过安全阀的气体流量，应按安全阀所在地点（容器或管道）最大的进气量选取。

安全阀的选取应考虑以下几点：

（1）一般压气系统的压力释放装置最好选用弹簧式安全阀。爆破片可以代替安全阀，或与正确设计、安装的安全阀连用。

（2）大流量压缩机，当其释放的流量超过额定数量的安全阀所能处理的流量时，可以采用爆破片，保护设备的最大许用工作压力应比预计的压缩机工作压力大得多，以防止爆破片由于屈服或疲劳过早损坏。

（3）应在爆破片上面标明在特定温度下的爆破压力。

（4）压力释放装置的设计应考虑到各种膨胀、收缩、粘胶和沉积的影响。

（5）压力释放装置的材料应适合在有关的压力、温度、腐蚀等条件下使用，可将合适的、安全可靠的非金属衬垫用于安全阀的阀瓣中，不应使用在工作条件下可能产生变形的纤维及其他材料。在腐蚀条件下应考虑使用隔膜阀。

（6）安全阀的结构应使运动件有良好的导向，并在所有的工作状态下有适当的间隙，阀杆不应配填料函。

（7）安全阀的结构，应在零件破裂和装置产生故障时，不会妨碍气体自由排出。

（8）安全阀的结构，应使其不会因价格昂贵而被调整到超出其标定的排放压力范围。

（9）当安全阀用螺旋弹簧加载时，在最大排放状态下，螺旋弹簧圈间仍应有钢丝直径的一半或者至少 2mm 的自由空间。

（10）每个安全阀都应有下列永久标记：

1）制造厂名称。

2）气体流动方向。

3）开启压力。

4）排气系数、相对的净流面积或阀的流通能力。

5. 压力释放装置的安装

压力释放装置的安装位置应靠近要保护的系统，并且不允许用阀门隔开，除非带有可以切换的双重或多重释放装置，其释放量应保证在最大连续供气流量下，系统压力不超过 1.1 倍的最高许用工作压力。

（1）对于大多数压缩机及其辅助系统的超压保护，只在压缩机每一级排气侧装上一个压力释放装置。通常当上述释放装置工作时，能保证压力系统中最弱元件的压力不会超过其最高许用工作压力的 1.1 倍。

（2）进入释放装置的气体流经的阀门、连接件及管道，其有效流通面积至少应等于释放装置进口处有效流通面积。

（3）气体流过释放装置进气管后的最大压力降，应不超过最大流量条件下开启压力的 3%。

（4）被释放的气体应尽可能直接排入大气，但向大气排放或排放管口的位置应设在对人身无危害的地方。

（5）所使用的排放管的尺寸，应不降低释放能力。

（6）装有两个或多个可预期同时工作的压力释放装置的排放管道，释放量以其出口面积的总和为依据，并应考虑下游释放装置由压力降所带来的修正量。

（7）带有支架固定的排放管道的结构设计，应能承受反作用力，并不让过多的力传到压力释放装置上。

（8）安全阀排气管道的设计结构，应使其任何部位均不产生集液现象。

6. 压力表

（1）压力表应安装在：

1）储气罐上。

2）有效工作压力大于 0.1MPa 的活塞、螺杆及滑片压缩机的末级上。

3）有效工作压力大于 0.3MPa 的隔膜压缩机的每一级上。

4）输入功率大于 20kW 的压缩机的每一级上。

（2）建议排气压力表上应有红色的刻度线表示最高许用工作压力，另一刻度线表示额定工作压力。

（3）额定工作压力应处在压力表的全量程中段。

（4）本级压力表上的最大压力量程应是储气罐最大许用工作压力值的 1.5~2 倍，压力表上的刻度单位应与安全阀使用的压力单位一致。

（5）输入功率大于 75kW 的压缩机，应装有一个指示润滑系统中润滑油压力的压力表。

（6）对于有效许用工作压力大于 1MPa 和表壳直径大于 60mm 的压力表，应使用带有防碎玻璃面和卸载孔的安全型压力表。

（7）对受压力脉动影响的压力表，应采取防护措施保证压力表有适当的可读性。

7. 弯管

一般管道弯头应尽可能采用煨弯弯头，管径 25mm 以下的管道，允许用手工弯管机进行冷弯，如有较好的机动弯管机，则冷弯的最大管径允许增大到 100mm。管径较大的管子则应装砂加热后煨弯，煨弯的允许弯曲半径如下：

冷弯　　　　 $4D_w$

装砂热弯　　 $3.5D_w$

其中，D_w 表示管子外径。

如果管道安装位置受限制，不能采用弯曲半径较大的弯头，对矿井压气管道可采用焊接弯头或特殊加工的热压弯头。

8. 四通和异径管

三通、四通和异径管在矿用压气系统使用压力 $p<4MPa$ 情况下，可在现场切割、开口焊接而成。

9. 软管接头

压气管道和风动工具之间的连接需用软管接头，以便接上软管。常用的软管接头已设计成国家标准图集，如 CR607《快速软管接头》、CR606《带减压孔板的软管接头》、CR604-4《旋入式供气阀》、CR604-1《插入式供气阀》等，可供选用。

任务考评

本任务考评的具体要求见表 16-8。

表 16-8　任务考评表

任务 16　矿用空压机的安装与调试				评价对象：　　　　学号：
评价项目	评价内容	分值	完成情况	参考分值
1	空压机的布置原则	5		每组 1 问，1 问 5 分
2	空压机安装基础的一般要求	10		每组 2 问，1 问 5 分
3	空压机管道热伸长计算方法	5		每组 1 问，1 问 5 分
4	空压机管道防腐和防锈方法	10		每组 2 问，1 问 5 分
5	空压机管道安装技术条件	10		每组 2 问，1 问 5 分
6	活塞式空压机的安装步骤	10		缺一步或错一步扣 5 分
7	分组进行活塞式空压机的安装	30		缺一步或错一步扣 5 分
8	完整的任务实施笔记	10		有笔记 4 分，内容 6 分
9	团队协作完成任务情况	10		协作完成任务 4 分，按要求 正确完成任务 6 分

能 力 自 测

16-1 空压机如何安装布置?

16-2 安全阀、释压阀选取有何要求?

16-3 空压机机体找平、找正有何意义?

16-4 简述空压机的安装步骤。

任务 17 矿用空压机的检修与故障处理

任务描述

矿用空压机是矿山重要的固定设备之一，正确地判断和及时处理空压机运行时出现的各种故障，对设备自身安全运行和保障井下开拓生产都很关键。空压机操作不当，安装、维护质量不善都会导致空压机运行状况异常，甚至发生重大故障和事故，如内部有异常声响、汽缸温升过高、机身振动过大、排气量不足、甚至是发生爆炸等。

通过本任务学习，要求学生会检修空压机的主要部件；会诊断及处理空压机常见的故障；知道空压机检修安全技术措施的编写方法。

任务实施

一、空压机检修内容

空压机的检修工作分为大、中、小修。中、小修合称为项修，项修即是指单项或多项维修，大多数项目已在定期保养时进行。

小修就是指日常检查中，对个别零部件进行的调整、更换或修复少量磨损的零部件，基本上不拆卸设备的主体部分，以恢复设备的使用性能。

中修或称一般检修，是根据设备的使用状态，对设备精度、功能达不到要求的项目，进行部分解体检修，以恢复设备的精度和性能。

大修是指对设备进行彻底解体检修，使设备完全恢复正常状态和额定出力。

（1）大修时间周期。

根据设备技术文件的规定、设备运行时间、运行及维护保养记录与资料，结合设备的精度、性能现状等进行综合分析，来确定空压机的大修时间周期。

（2）大修前的准备。

1）技术准备主要有修前预检、修理图纸、资料的准备、制定修理方案、编制修理工艺、确定修理工器具。

2）生产准备主要是修理所需更换的零部件、外购件的配套和特殊材料的准备。

3）劳动组织准备主要是针对修理设备的工作量、劳动强度、技术精度要求以及修理工的技术熟练程度和操作水平等方面进行合理安排分工。

（3）大修内容。

1）空压机全部解体清洗。

2）镗磨汽缸，更换汽缸套，并做水压试验，未经修理的汽缸使用 4~6 年后，需试压一次。

3）检查更换连杆大小头瓦、主轴瓦，按技术要求刮研和调整间隙。

4）检查曲轴、十字头与滑道的磨损情况，进行修理或更换。

5）修理或更换活塞与活塞环，检查活塞杆长度及磨损情况，必要时应进行更换；检查全部填料，无法修复时应予以更换。

6）曲轴、连杆、连杆螺栓、活塞杆、十字头销（活塞销），不论新旧应做无损探伤检查。

7）矫正各配合部件的中心与水平，检查、调整带轮（飞轮）径向、轴向跳动。

8）检查、修理汽缸水套、各冷却器、油水分离器、储气罐、空气过滤器、管道、阀门等，无法修复者予以更换，直至整件更换，并进行水压试验、气密性试验。

9）检查油管、油杯、油泵、注油器、逆止阀、油过滤器，更换已损坏的零件和过滤网。

10）检验全部仪表、安全阀，失效时应予以更换。

11）检修负荷调节器和油压、油温、水压继电器等安全保护装置。

12）检查全部气阀及调节装置，更换损坏的全部零部件。

13）检查机身、基础的状态，并修复缺陷。

14）防腐涂漆。

（4）大修后的空压机，在装配过程中，应测量下列项目：

1）活塞内外止点间隙。

2）十字头与滑道的径向间隙和接触情况。

3）连杆轴径与大头瓦的径向间隙和接触情况。

4）十字头销与连杆小头瓦的径向间隙和接触情况。

5）填料各处间隙。

6）连杆螺栓的预紧度（拧紧力）。

7）活塞杆全行程的跳动。

对不符合要求的，应予以修理、调整。

二、空压机的常见故障分析及排除方法

（一）活塞式空压机的常见故障分析及排除

空压机的多数故障（包括性能下降）主要原因是零部件制造时材料选用不当或加工精度差、安装不符合技术要求、长期运转后机件的自然磨损、操作不当、维修欠妥等。空压机的排气量、功率消耗等参数，主要取决于活塞与汽缸的间隙值和余隙容积，而间隙值和余隙容积则又取决于运动机构各有关零部件的尺寸、形位公差。

空压机的常见故障大致表现在油、水、气、温、声等方面。

1. 润滑系统故障

润滑系统故障一般表现为液压下降、油温过高、耗油量过大、供油不良等。

（1）油压突然降低（正常工作压力为 0.1～0.3MPa）。原因一般是：油池的油量不足、油压表失灵、油冷却器吸油管路或油过滤网严重堵塞、刮油环损坏、齿轮油泵泵体或管路故障（如轴套磨损过大、逆止阀失灵、管路或连接管堵塞、破裂）等。经检查确定后可采取清洗、修理或更换损坏件的相应方法来排除。

（2）油压逐渐降低。其产生的可能原因及排除方法如表 17-1 所示。

表 17-1　油压逐渐降低产生的可能原因及排除方法

原　因	排除方法	原　因	排除方法
油管漏气	修补、更换或加衬垫	油泵密封垫漏气	更换密封垫
油过滤器太脏或过滤网堵塞	清　洗	润滑油牌号不对（太稀）	按规定牌号换油
连杆大小头瓦磨损间隙过大	更换零件	油温过高、机件温度过高	降低温度
油泵齿轮磨损使轴向间隙过大	更换零件		

（3）油压过高。危险性比油压低时更大，运转中油压突然升高说明某处油管路堵塞，应当立即停机检查清除。油的黏度大也会使油压升高（油的黏度与温度成反比例关系），应按规定牌号用油。

（4）润滑油温过高。其产生的可能原因及排除方法如表 17-2 所示。

表 17-2　润滑油温过高产生的可能原因及排除方法

原　因	排除方法	原　因	排除方法
油池油量不足	补充油	冷却水水量不足或进水温度太高	增大水量或降低水温
油池油质不好	清洗机身后换油	运动部件装配间隙不合适	修理调整
油冷却器太脏或阀门未打开	清洗或开阀门	油泵供油量不足，油压过低	修理油泵、调节供油量

（5）齿轮油泵故障。各配合间隙因磨损而间隙过大、油压调节阀与阀座磨损、调节弹簧失效、吸油管或滤网堵塞等都会导致油泵供油不良，造成油压下降。应及时修理或更换磨损过大的零部件直至整个油泵。

（6）汽缸润滑机构故障。其产生的可能原因及排除方法如下：

1）汽缸进油量过少。原因是逆止阀不严密。

2）注油器供油不良。原因是油管堵塞、柱塞与套磨损或是滚珠与座密封不好。应清洗检查、修理或更换严重超差的零件后，正确调整柱塞行程。

3）汽缸内壁、排气腔内、活塞与活塞环及气阀上焦渣、积炭严重。原因如下：

①吸入空气过脏。空气中的灰尘、杂质等在一定的温度和压力下与油中的有机物混合焦化成黑色油渣，长时间便形成积炭。应拆下清洗，除去积炭；对空气过滤器应经常清洗除垢。

②压缩空气温度过高。应加强冷却，必要时采取强制通风、散热等方法来改善冷却效果。

③汽缸供油过多促使焦渣形成。应适当调节注油器的刮油环。

④油质太差容易炭化。应换成优质润滑油。

⑤刮油环（包括填料的刮油环）密封不严或已损坏，刮油效果变差使油窜入汽缸而增加缸内供油量。应修理或更换损坏的刮油环。

（7）润滑油消耗量过大。产生的可能原因及处理方法如下：

1）油路连接处漏油。应紧固连接螺母或更换密封垫。

2）注油器供油过多。应调节活塞行程，减少供油量。

3）活塞环磨损严重或油池油位过高。应更换活塞环，保持合适的油位。

4）刮油环刮油效果太差。应修理或更换损坏的刮油环。

2. 冷却系统故障

冷却系统故障一般为冷却不良、漏水等。

（1）出水温度低于40℃，但排气温度过高。原因是冷却水供应不正常。调整供水量、清洗水管路，检修冷却器（对脱落部位应重新浸锡锌合金）。

（2）水温度超过40℃。原因是水量不足、进水温度过高或进水管路破裂。应调整水量，控制进水温度，检修管路。

（3）管路漏水造成水量减少、水压降低。应修补或更换管路。

（4）汽缸内积水，是因为汽缸密封垫损坏而漏水。确定后应立即停机检修。

（5）气体带水（不同于空气湿度大时的带水）。一般是中间冷却器故障或汽缸密封垫损坏。

（6）停水断路器失灵。原因是浮筒破损后失去浮力或电气触点锈蚀。应修复或更换。

（7）冷却水消耗量过大，主要是渗漏或进出水温度过高而导致蒸发量加大。应排除渗漏和温度过高因素。

3. 压力异常与排气温度过高

正常运行时，两级以上压缩机各级压力应是比较平稳的，但当气阀或压缩容积部分（如活塞环等）、附属管道或装置有故障时，就会使各级压力发生较大波动。比如某一级压力的突然升高，某一级压力的突然下降，这种情况就是由于进、排气阀的突然泄漏所致，这时应及时将各级压力尽量调节在规定范围。

气阀和活塞环是空压机上最容易发生故障的部位，并将直接导致压力异常、气体温度升高和排气量降低。

压力异常一般表现为排气压力过高或过低，大多是由于气阀损坏、漏气、启闭不及时、通道面积减少等原因所引起。气阀工作是否正常，可观察压力表数值变化并结合阀盖温度和漏气时产生的噪声来确定。

修理或更换损坏的零部件，保证良好的润滑和冷却。更换气阀弹簧时必须使整个阀上的所有弹簧的弹力及高度一致。如果运行中出现阀片、阀簧、活塞环等断裂，应紧急停车，以免其落入缸内造成冲击而损坏其他部件。

4. 异常声响

正常运行的空压机各运动部件所发出的是有节奏、均匀、平稳、与转速有关的响声。

异常声响的原因有：汽缸掉落异物、进水，连接紧固件松动，配合间隙不合适，各运动机构件损伤或相互配合件的形状位置公差超标，安全阀未调整好或已损坏造成的漏气声或摩擦声。对造成异常声响的原因，找准故障部位后修理调整。

5. 不正常的振动和噪声

（1）振动。

由于运动机构在回转过程中的回转惯性力、往复惯性力以及反力矩，或多或少地会引起机组和基础振动。强烈的振动会影响设备的正常运行，引起基础下沉，导致与压缩机连接的管道、附属部件损坏。运行中压缩机的不正常振动主要是互为因果的机组振动和管道振动。

1）机组振动。

使机组产生振动的主要原因有：

① 压缩机基础本身设计不合理，运动部件的惯性力不平衡。

② 气缸余隙过小，活塞撞击汽缸内端面，发出沉闷的金属撞击声和振动。

③ 活塞紧固螺母松动或汽缸密封垫损坏。

④ 主轴承（包括电动机轴承）磨损过大；滑道与十字头之间的间隙过大。

⑤ 安装或检修时汽缸内掉入异物引起敲击声和振动。

⑥ 安装误差或安装上的失误。

排除机组振动的方法是：适当加大基础来消除设计的不当、惯性力不平衡引起的振动；条件具备时，各机组之间采用防振槽；安装时必须达到技术要求规定；严格按照操作规程操作设备，加强对设备的维护保养；对于因零部件磨损超限等引起的振动必须及时进行修理。

2）管道振动。

压缩机排出的空气流不连贯，具有脉动性，从而引起管道振动。振动会加剧机组振动，破坏管道连接件的强度和密封性，导致仪表失灵。气流脉动引起的振动，一般在振源附近；机组振动和基础振动，通过管道传递较远。

管路设计时要考虑：管道受热的膨胀变形、管道支撑刚度及支撑点设置、管径大小等。

管路安装时应考虑：避免管路的急剧转弯，管道的管卡松紧合适，固定牢靠。

安装管路时尽量采用具有较好减振效果的管道支架形式，把支撑和振动段悬挂在弹性支架上，并在振动段的管道与支撑间加木质或橡皮垫来减振。

（2）噪声。

空压机的噪声有机械噪声、吸气噪声、排气噪声、电动机噪声。

1）最根本的办法是降低噪声源的噪声强度，如提高零部件的加工精度，正确安装，尽量减少机件的碰撞、摩擦（加强冷却和润滑），搞好回转件的动、静平衡等。

2）吸声和隔声处理采用疏松多孔的吸声材料和各种吸声结构件。

3）隔振处理采用弹性支撑和能吸收能量的隔振装置；在机座下装隔振器来隔绝噪声；在基础和地板之间加一层弹性材料。

4）装设消声器。在吸气口装设能阻止声音传播、气流又能顺利通过，并可减少空气动力噪声的消声器。

5）在空气压缩机站周围植树绿化。

6. 燃烧与爆炸

引起空气压缩机燃烧与爆炸的主要原因是积炭和润滑油过热。常发生在储气罐、管道、汽缸、曲轴箱等部位。

积炭的燃烧是由于润滑油大量不足，黏度较大而过度氧化，使得油过热；由于高温和受机械冲击而产生静电火花或从外部引起火灾，从而引起积炭和润滑油燃烧。温度急剧升高，使含油达 30% 的积炭中的油迅速气化形成油蒸气，当油蒸气达到爆炸浓度（即 1 kg 空气中含 30~40mg 润滑油蒸气）时，油燃烧转为爆炸。

润滑油氧化后，再与金属粉末混合会降低着火点。积聚在老化油中的过氧化物，也是容易引起燃烧与爆炸的物质。

如果设计不当也会发生爆炸，如：排气管道的突然扩张和存在盲管或管径较大而使气流速度低于 10~12m/s 时会发生爆炸；选用材料强度不够，长期工作造成疲劳或因严重的氧化腐蚀、强度减弱到不能承受气体压力时，也会发生爆炸。

另外，操作、维修、装配时的失误，有时也会引起爆炸。

防止空压机燃烧与爆炸的措施主要是：按规定牌号用油，正确选择供油量、注意油质、黏度不能太大，降低压缩空气中的润滑油浓度；保证设备运行中良好的冷却；避免高温和长时间的空载运行（此时应降低供油量），以减缓积炭的形成速度；严格按照操作规程及技术要求使用和维护设备，使空压机各部位始终清洁，无污垢、无积炭、无泄漏，保持完好状态；另外还要防止形成静电。

7. $p-V$ 示功图显示分析故障

$p-V$ 示功图是表示活塞式空压机在机械运转过程中，汽缸内气体压力 p 和体积 V 随活塞位置而周期变化的图形，又称为压容图。根据示功图中的 $p-V$ 图形面积可以计算出空压机发出的指示功率。

从示功图上分析、研究工质在汽缸内的气体压力 p 和体积 V 变化的工作情况，可以判定功耗是否经济；同时也可发现空压机工作的不正常现象。

示功图可以通过示功器来测绘。示功器有压电式、气电式、电子式、机械式等。

（1）汽缸余隙容积过大。

膨胀线离开正常位置右移，吸气线较正常线短，示功图面积较正常小。

排除方法：调整汽缸余隙符合技术要求。

（2）排气阀卡住。

开始排气时卡住、开启缓慢，排气开始点高于正常位置；排气终了时卡住、关闭缓慢，部分气体倒流回汽缸，膨胀线离开正常位置右移，示功图面积较正常小。

排除方法：清洗、检修排气阀。

（3）进气阀卡住。

开始吸气时卡住、开启缓慢，吸气开始点低于正常位置；吸气终了时卡住、关闭缓慢，部分吸入气体回流，压缩线较正常位置左移，示功图面积较正常时小。

排除方法：清洗、检修进气阀。

（4）气阀不严密。

进气阀不严密、排气过迟，压缩线离开正常位置左移，排气线较正常短。排气阀不严密、气体倒流吸入汽缸内，膨胀线离开正常位置右移，吸气线较正常线短。进、排气阀均不严密，进、排气开始时，都没有耗费开启阀所需的功，故进、排气开始时均没有形成正常情况下应有的突出部分。

排除方法：清洗、检修不严密的进、排气阀。

（5）活塞环漏气。

压缩线倾斜较缓，离开正常位置左移；因活塞环漏气和气阀开启缓慢，排气开始时，排气点没有形成正常时的突出部分；在膨胀线未到吸气线前，受活塞环漏气影响，吸气开始处成一曲线，膨胀线离开正常位置左移。

排除方法：清洗活塞，更换漏气的活塞环。

（6）排气阀或排气管通道面积小。

排气线较正常位置高，排气终了时又恢复到正常位置，形成一条逐渐向下倾斜的排气线，示功图面积较正常大。

排除方法：清洗、检修排气阀和排气管道的通道面积。

（7）进气阀或进气管通道面积小。

吸气线较正常位置低，在吸气开始时形成两个大小不同的突包。

排除方法：清洗滤清器，检查、清洗进气阀和进气管道的通道面积。

（8）进气管太长。

由于进气管太长，受吸入气体的惯性作用，使开始吸气时吸气线较正常位置低，吸气终了时又较正常位置高而形成一条向上倾斜的吸气线。

排除方法：适当缩短进气管的长度。

（9）排气阀片跳离阀座。

由于排气阀片跳开，压力产生突变，膨胀线向上形成一小钩，并离开正常位置右移；排气阀片虽跳开，但压力没有突变，排气开始时无小钩，排气线较正常位置略高，排气终了时恢复到正常位置，形成一条倾斜线；吸气线较正常短；示功图面积较正常小。

排除方法：清洗、检修排气阀。

示功图上显示的故障，多为气阀、活塞环、气道的故障。因此，在平时操作和维修时，应对这些部位多加注意。

为方便检索、分析和处理，活塞式空压机的故障及排除方法，如表 17-3 所示。

表 17-3　活塞式空压机的故障及排除方法

故障现象	故障分析	排除方法
启动困难	1. 电压偏低； 2. 运动副咬死； 3. 长期停用锈蚀，机油干固黏住	1. 检修电路； 2. 拆检排除； 3. 拆检排除
空压机发出不正常声响	1. 汽缸的余隙太小； 2. 活塞杆与活塞连接螺母松动； 3. 汽缸内掉进阀片、弹簧等碎体或其他异物； 4. 活塞端面螺母松扣、顶在汽缸盖上； 5. 活塞杆与十字头连接不牢，活塞撞击汽缸盖； 6. 气阀松动或损坏； 7. 阀座装入阀室时没放正，阀室上的压盖螺栓没拧紧； 8. 活塞环松动	1. 调整余隙大小； 2. 锁紧螺母； 3. 立即停机，取出异物； 4. 拧紧螺母，必要时进行修理或更换； 5. 调整活塞端面死点间隙，拧紧螺母； 6. 上紧气阀部件或更换； 7. 重新装正阀座，拧紧阀室上的压盖螺栓； 8. 更换活塞环
汽缸过热	1. 冷却水中断或供水量不足； 2. 冷却水进水管路堵塞； 3. 汽缸水套、中间冷却器内水垢太厚； 4. 注油器的供油量不足	1. 停机检查，增大供水量； 2. 检查疏通； 3. 清除水垢； 4. 检修注油器，增大供油量
轴承及十字头滑道过热	1. 润滑油过脏，油压过低； 2. 轴承配合不符合要求； 3. 曲轴弯曲或扭曲； 4. 润滑油或润滑脂过多	1. 清洗油池，换油，检查油泵，调整油压； 2. 检查、调整轴承的装配状况； 3. 更换或修理曲轴； 4. 减少供油量或装脂量

续表 17-3

故障现象	故障分析	排除方法
排气量不够	1. 转速不够； 2. 滤清器阻力过大或堵塞； 3. 气阀不严密； 4. 活塞环或活塞杆磨损，气体内泄； 5. 填料箱、安全阀不严密，气体外泄； 6. 气阀积垢太多，阻力过大； 7. 汽缸水套和中间冷却器的水垢太厚，气体进入汽缸有预热； 8. 余隙容积过大； 9. 汽缸盖与汽缸体结合不严	1. 查找原因，提高转速； 2. 清洗滤清器； 3. 检查修理； 4. 检查修理或更换； 5. 检查修理； 6. 清洗气阀； 7. 清除水垢； 8. 调整余隙； 9. 刮研汽缸盖与汽缸体结合面或换汽缸垫
填料漏气	1. 密封圈内径磨损严重，与活塞杆密封不严； 2. 密封圈上的弹簧损坏或弹力不够； 3. 活塞杆磨损； 4. 油管堵塞或供油不足； 5. 密封元件间有脏物	1. 检修或更换密封圈； 2. 更换弹簧； 3. 进行修磨或更换； 4. 清洗疏通油管，增加供油量； 5. 检查清洗
齿轮油泵压力不够或不上油	1. 油池内油量不够； 2. 滤油器、滤油盒堵塞； 3. 油管不严密或堵塞； 4. 油泵盖板不严； 5. 齿轮啮合间隙磨损过大； 6. 齿轮与泵体磨损间隙过大； 7. 油压调节阀调得不合适，或调节弹簧太软； 8. 润滑油质量不符合规定，黏度过小； 9. 油压表失灵	1. 添加润滑油； 2. 进行清洗； 3. 检查紧固，清洗疏通； 4. 检查紧固； 5. 更换齿轮； 6. 更换齿轮油泵； 7. 重新调整，更换弹簧； 8. 更换润滑油； 9. 更换油压表
注油器供油不良	1. 柱塞与泵体磨损过大； 2. 管路堵塞或漏油； 3. 逆止阀不严密	1. 更换柱塞或泵体； 2. 清洗疏通或拧紧螺母、加垫，更换油管； 3. 进行研磨修理
各级压力分配失调	1. 当二级达到额定压力时，一级排气压力过低（低于 $2 \times 10^5 \mathrm{Pa}$），一级吸、排气阀损坏漏气； 2. 一级排气压力过高（高于 $2.25 \times 10^5 \mathrm{Pa}$），二级吸、排气阀损坏漏气	1. 研磨一级吸、排气阀阀座、阀盖、阀片或更换阀片与弹簧； 2. 研磨二级吸、排气阀阀座、阀盖、阀片或更换阀片与弹簧
排气温度过高	1. 一级进气温度过高； 2. 冷却水量不足，水管破裂，水泵出故障； 3. 水垢过厚，影响冷却效果； 4. 气阀漏气，压出的高温气体又流回汽缸，经压缩而使排气温度增高； 5. 活塞环破损或精度不够，使活塞两侧互相窜气	1. 降低进气温度； 2. 更换水管，检修水泵； 3. 消除水套、中间冷却器中的水垢； 4. 研磨阀座、阀盖、阀片或更换阀片与弹簧； 5. 更换活塞环
汽缸中有水	1. 腔或缸体垫片漏水； 2. 中间冷却器密封不严或水路破裂	1. 拧紧汽缸连接螺栓，更换垫片； 2. 拆下检修，必要时更换水管
压力表跳动	1. 吸、排气阀阀片滞住，进、排气过程不正常； 2. 仪表管路内有异物，水油污物； 3. 压力表损坏； 4. 仪表板振动	1. 检查排除或更换零件； 2. 清除异物； 3. 更换压力表； 4. 加固仪表板
压力表失灵	1. 缓冲管至压力表之间气管路不畅通或堵塞； 2. 压力表失灵，读数不正确	1. 清除管路或更换； 2. 更换压力表
功率消耗增大	1. 活塞、活塞环与汽缸咬住； 2. 连杆瓦、连杆衬套或轴承损坏； 3. 吸、排气路不畅，阻力增大	1. 检查、换件； 2. 更换零件； 3. 检查排除
整机振动过大	1. 电动机与主机不同心； 2. 曲轴平衡不好	1. 重新调整； 2. 重新平衡

（二）螺杆式空压机的常见故障分析及排除

螺杆式空压机的常见故障分析及排除方法，如表 17-4 所示。

表 17-4 螺杆式空压机的常见故障分析及排除方法

故障现象	产生的可能原因	排除方法
压缩机不加载	1. 气管路上压力超过额定负荷压力，压力调节器断开； 2. 电磁阀失灵； 3. 油气分离器与卸荷阀间的控制管路上有泄漏	1. 不必采取措施，气管路上的压力低于压力调节器加载（位）压力时，压缩机会自动加载； 2. 拆下检查，必要时更换； 3. 检查管路及连接处，若有泄漏则需修补
压缩机超温	1. 无油或油位太低； 2. 油过滤器阻塞； 3. 断油阀失灵，阀芯卡死； 4. 油气分离器滤芯堵塞或阻力过大； 5. 油冷却器表面被堵塞	1. 检查，必要时加油，但不允许加油过多； 2. 更换油过滤器； 3. 拆下检查； 4. 拆下检查或更换； 5. 检查，必要时清洗
耗油过多	1. 油位过高； 2. 油气分离器滤芯失效； 3. 泡沫过多； 4. 油气分离器滤芯回油管接头处限流孔阻塞； 5. 用油不对	1. 检查泊位，卸除压力后排油至正常位置； 2. 拆下检查或更换； 3. 更换推荐牌号的油； 4. 清洗限流孔； 5. 更换推荐牌号的油
噪声增大	1. 进气端轴承损坏； 2. 排气端轴承损坏； 3. 电动机轴承损坏	1. 拆下更换； 2. 拆下更换； 3. 拆下更换
排气量、压力低于规定值	1. 耗气量超过排气量； 2. 空气滤清器滤芯阻塞； 3. 安全阀泄漏； 4. 压缩机失效； 5. 油气分离器与卸荷阀间的控制管路上有泄漏	1. 检查相连接的设备，清除泄漏点或减少用气量； 2. 拆下检查，必要时应清洗或更换滤芯； 3. 拆下检查，如修理后仍不密封则更换； 4. 与制造厂联系，协商后检查压缩机； 5. 检查管路及连接处，若有泄漏则需修补
停车后空气油雾从空气滤清器中喷出	压缩机单向阀泄漏或损坏	拆下检查，如有必要则更换，并应同时更换空气滤清器滤芯
停车后空气过滤器中喷油	断油阀堵塞	拆下检查清洗，并更换空气滤清器滤芯
运行过程中不排放冷凝液	1. 排放管堵塞； 2. 自动疏水阀失灵	1. 检查并疏通； 2. 拆下检查
加载后安全阀马上泄放	安全阀失灵	拆下检查，更换损坏的零部件
压缩机运转正常，停机后启动困难	1. 使用油牌号不对或用混合油； 2. 油质黏、结焦； 3. 轴封严重漏气； 4. 卸荷阀瓣原始位置变动	1. 清洁后彻底换油； 2. 清洁后彻底换油； 3. 拆下更换； 4. 重新调整位置

三、空压机事故案例分析

空压机冷却效果的好坏与功率消耗、排气量和排气温度都有很大关系。提高冷却效果的途径主要有三条：一是尽量降低冷却水的进水温度，严格控制水质，为此可设置高效能的冷却塔；二是保证有适当的冷却水量（按机器规定的量）；三是定期用 5% 的盐酸溶液清洗汽缸水套、中间冷却器和后冷却器的冷却芯子，水垢除去后，再用清水或5%的碳酸钠溶液进行中和清洗，在此过程中，应将缸套或冷却器上的排水孔打开，并严禁接近明火，水垢较厚时，也可采用机械方法铲除。

空压机在高温下运行，润滑油容易氧化而形成积炭。积炭的存在不仅会增大气流阻力，而且在高温下容易自燃和爆炸，成为安全隐患。

[案例1] 甲、乙两矿在同一时期各自购置一台同机型的排气量为100m³/min的活塞式空压机，安装、使用几乎同步。甲矿使用不到一年，机壳发黑（因长期超温炭化），后冷却器发热烧毁，修复后仍在使用，经测定其效率达不到70%。而乙矿机器一直使用至今，仍运转正常，机器外观及其功能良好，测定其效率达90%以上。造成以上两种现象的原因除各自定期检修的检修质量差异外，最主要的原因是冷却水的水质差异。前者使用的冷却水是井下水（排出直接使用），只作简单的物理净化，未作任何化学处理，水质差、硬度大，循环使用也未安装机械式冷却塔。由于进水温度高、水硬度大、机器结垢严重，又未及时清理，造成该机器长期在"超温"的状况下工作，导致设备性能的下降。而后者使用的是经过软化处理的自来水，又在冷却水循环过程中加装了机械式冷却塔，显而易见，效果反之。

[案例2] 某矿一台100m³/min空压机在年终检修后仍出现排气温度过高现象。当时经分析，对产生该现象的各个原因进行了逐项排查。（1）一级进气温度过高，这种可能不存在，因为当时是冬季，气温较低，一级进气温度肯定不高。（2）怀疑冷却水量不足，水管破裂，水泵出故障，经检查水泵正常，进水水压正常。（3）怀疑水垢过厚，影响冷却效果，但检修时已作酸洗，中间冷却器已更换。（4）怀疑气阀漏气，压出高温气体又流回汽缸，再压缩而使排气温度增高。但检修时，阀压、阀盖、阀片已研磨，受损阀片和失效弹簧已更换，以上四点都可以排除。最后开缸检查时，才发现高压缸活塞环有两处金属脱落影响密封，造成活塞两侧互相窜气，更换活塞环后，排气温度过高的故障随之排除。

任务考评

本任务考评的具体要求见表17-5。

表17-5 任务表评表

任务17 矿用空压机的检修与故障处理			评价对象： 学号：	
评价项目	评价内容	分值	完成情况	参考分值
1	空压机检修内容	10		错一个或缺一个扣5分
2	活塞式空压机的常见故障分析及排除方法	20		故障原因分析10分，故障处理10分
3	螺杆式空压机的常见故障分析及排除方法	20		故障原因分析10分，故障处理10分
4	分组进行空压机事故案例分析与防范措施制定	20		故障原因分析10分，防范措施10分
5	完整的任务实施笔记	15		有笔记5分，内容10分
6	团队协作完成任务情况	15		协作完成任务5分，按要求正确完成任务10分

能 力 自 测

17-1 气阀的检查和修理方法是什么?

17-2 汽缸的裂纹和渗漏的检查和修理方法是什么?

17-3 活塞、活塞环、活塞杆易出现哪些问题,如何修理装配?

17-4 空压机润滑油消耗量过大,可能的原因有哪些,如何处理?

17-5 如何从 $p-V$ 示功图中判断活塞环漏气?

17-6 空压机启动困难,可能的原因有哪些,如何处理?

教学情境V 矿井提升设备使用与维护

知识目标

　　了解矿井提升系统的类型、主要组成部分及工作原理。掌握提升机的类型、各组成部分的结构及工作原理；提升机安全操作规程、使用与操作方法；提升机维护、检修方法的内容；提升机各组成部分的相关规定和要求；提升钢丝绳的结构和类型；钢丝绳的检验方法；钢丝绳的维护方法；提升机故障的诊断方法。了解提升机操作、检修安全技术措施的编写要求；提升机事故案例分析方法。

技能目标

　　会使用与操作提升机和正确交接班；会对钢丝绳进行日常检查；会对提升容器进行日常检查维护；掌握防坠器的日常检查维护；掌握防坠器的试验方法；会对提升机进行维护与保养；会对提升机进行安装与调试；会对提升机进行检修；会诊断及处理提升机常见的故障；知道提升机操作、安装、检修安全技术措施的编写方法；知道提升机事故的原因分析，并能提出防范措施。

情境描述

　　矿井提升设备的任务是：（1）沿井筒提升矿石、矸石；（2）升降人员和设备；（3）下放材料。它是井下生产系统和地面工业广场相连接的枢纽，是矿山运输的咽喉。提升设备在运行的过程中要求具有安全性、可靠性和经济性。因此，矿井提升设备在矿山生产的全过程中占有极其重要的作用。

　　矿井提升机是矿山重要的固定设备之一，从以往矿山机电设备的事故类型看，提升设备事故占矿山机电设备事故的比例很大，所以，提升机选型、安装与调试、使用与操作、维护与保养、检修等是非常重要的。矿井主提升机操作工是矿山特殊工种，主提升机司机必须通过培训，持证上岗。掌握提升机的机构、工作原理、操作方法、检修方法等，将为从事相关职业岗位打下坚实的基础。

任务18 矿井提升机的维护与检修

知识准备

一、矿井提升系统和设备

　　矿井提升设备的主要组成部分是：提升容器、提升钢丝绳、提升机及拖动控制系统、井架（或井塔）、天轮及装卸载设备等。

由于井筒条件（立井或斜井）及选用的提升容器和提升机的类型不同，可组成各种不同的矿井提升系统。较常见的有：

（1）立井单绳缠绕式箕斗提升系统；

（2）立井单绳缠绕式罐笼提升系统；

（3）斜井箕斗提升系统；

（4）斜井串车提升系统。

图18-1所示是单绳缠绕式箕斗提升系统示意图。处在井底车场的重矿车8，把矿车内的煤炭卸入井底煤仓9，再经装载设备11把煤炭装入主井底的箕斗内。与此同时，已提至井口卸载位置的重箕斗4，通过井架3上的卸载曲轨5的作用，使箕斗底部的闸门开启，把煤炭卸入地面煤仓6中。处在井上、井下的两箕斗分别通过连接装置与两根提升钢丝绳7连接，两根提升钢丝绳7的另一端则绕过安装在井架3上的天轮2，以相反的方向固定在提升机滚筒1上。启动提升机，一根钢丝绳向滚筒上缠绕，使井底重箕斗向上运动；另一根钢丝绳自滚筒上松放，使井口轻箕斗向下运动，从而完成一次提升煤炭的任务。

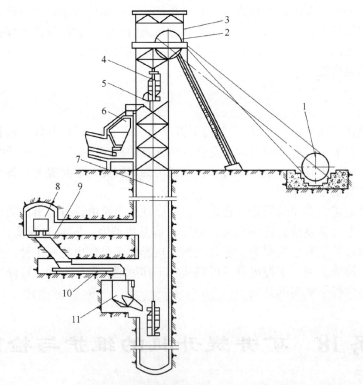

图18-1　单绳缠绕式箕斗提升系统示意图

1—提升机滚筒；2—天轮；3—井架；4—箕斗；5—卸载曲轨；6—地面煤仓；7—提升钢丝绳；
8—矿车；9—井底煤仓；10—给煤机；11—装载设备

图18-2所示是斜井箕斗提升系统示意图。与立井单绳缠绕式箕斗提升系统相似，该提升系统也在井底车场设有井底煤仓和装载设备，地面设有卸载煤仓和地面煤仓。

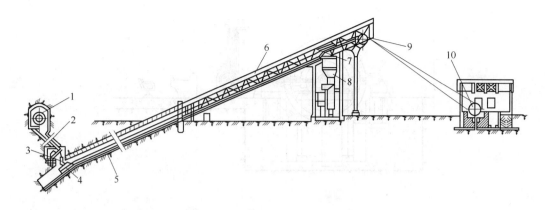

图 18-2 斜井箕斗提升系统示意图

1—翻笼硐室；2—装煤仓；3—装煤闸门；4—箕斗；5—井筒；6—井架栈桥；

7—卸载曲轨；8—卸煤仓；9—天轮；10—提升机

图 18-3 所示是塔式多绳摩擦式罐笼提升系统示意图。多绳摩擦轮安装在提升井塔上，提升钢丝绳 5 搭放在提升机摩擦轮 1 上，其两端通过连接装置分别与处于井口和井底的两个罐笼 4 连接，两罐笼的底部通过尾绳环与尾绳 6 连接。当启动摩擦轮时，依靠钢丝绳和摩擦轮之间的摩擦力进行传动，使得两个罐笼一上一下，分别到井底和井口进行装卸载工作，完成提升任务。

如果把摩擦轮放在地面，提升钢丝绳通过井架上的天轮，则为落地式多绳摩擦提升系统。目前，多绳摩擦提升系统主要用于较深竖井或载重量大的矿井，对二者兼备的矿井尤为适宜。

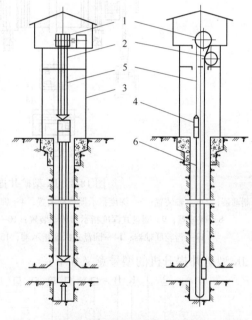

图 18-3 塔式多绳摩擦式罐笼提升系统示意图

1—提升机摩擦轮；2—导向轮；3—井塔；4—罐笼；

5—提升钢丝绳；6—尾绳

二、矿井提升机的主要组成、作用及工作原理

（一）主要组成

JK 型矿井提升机布置示意图，如图 18-4 所示。矿井提升机作为一个大型的机械-电气机组，它的主要组成有：工作机构（包括主轴装置及主轴承）；制动系统（包括制动器和制动器控制装置）；机械传动装置（包括减速器、离合器和联轴器）；润滑系统（包括润滑油泵站和管路）；检测及操纵系统（包括操纵台、深度指示器及传动装置和测速发电装置）；拖动、控制和自动保护系统（包括主电动机、电气控制系统、自动保护系统和信号系统）以及辅助部分（包括机座、机架、护罩、导向轮装置和车槽装置）等。

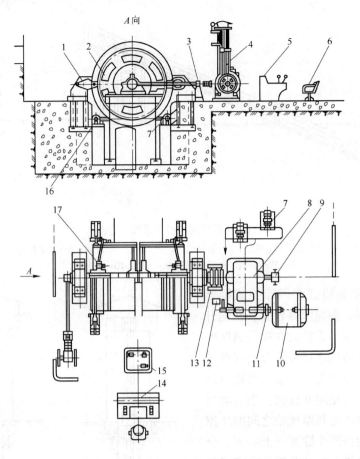

图 18-4 JK 型矿井提升机布置示意图

1—制动器；2—主轴装置；3—深度指示器传动装置；4—牌坊式深度指示器；5—操纵台；6—座椅；7—润滑油站；
8—减速器；9—圆盘式深度指示器传动装置；10—电动机；11—弹簧联轴器；12—测速发电机；
13—齿轮联轴器；14—圆盘式深度指示器；15—液压站；16—锁紧器；17—齿轮离合器

JK 型矿井提升机的型号意义如下：

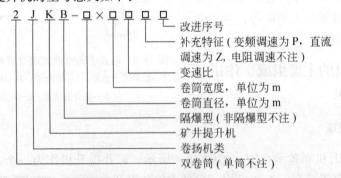

JK 型矿井提升机技术参数规格如表 18-1 所示。

（二）主要组成部分的作用

1. 工作机构的作用

工作机构（包括主轴装置及主轴承）的作用主要有：

（1）缠绕或搭放提升钢丝绳。

表 18-1　JK 型矿井提升机技术参数规格表

产品型号	卷筒 个数	卷筒 直径	卷筒 宽度	卷筒 两卷筒中心距	钢丝绳最大静张力	两根钢丝绳最大静张力差	钢丝绳最大直径	提升高度或运输长度 一层缠绕（不大于）	二层缠绕（不大于）	三层缠绕（不大于）	最大提升速度	减速器速比	电动机转速（不大于）
单位		m		mm	kN		mm	m			m/s		r/min
JK-2×1.5/20	1	2.0	1.50		62		24	305	650	1025	5.2	20.0	1000
JK-2×1.5/31.5												31.5	
JK-2×1.8/20			1.80					375	797	1246		20.0	
JK-2×1.8/31.5												31.5	
JK-2.5×2/20		2.5	2.00		83		28	448	945	1475	5.0	20.0	750
JK-2.5×2/31.5												31.5	
JK-2.5×2.3/20			2.30					525	1100	1712		20.0	
JK-2.5×2.3/31.5												31.5	
JK-3×2.2/20		3.0	2.20		135		36	458	966	1513	6.0	20.0	
2JK-2×1/11.2	2	2.0	1.00	1090	62	40	24	182	406	652	7.0	11.2	
2JK-2×1/20												20.0	
2JK-2×1/31.5												31.5	
2JK-2×1.25/11.2			1.25	1340				242	528	838		11.2	
2JK-2×1.25/20												20.0	
2JK-2×1.25/31.5												31.5	
2JK-2.5×1.2/11.2		2.5	1.20	1290	83	65	28	242	528	843	8.8	11.2	750
2JK-2.5×1.2/20												20.0	
2JK-2.5×1.2/31.5												31.5	
2JK-2.5×1.5/11.2		2.5	1.50	1590	83	65	28	319	685	1080	8.8	11.2	
2JK-2.5×1.5/20												20.0	
2JK-2.5×1.5/31.5												31.5	
2JK-3×1.5/11.2		3.0	1.50	1590	135	90	36	289	624	994	10.5	11.2	
2JK-3×1.5/20												20.0	
2JK-3×1.5/31.5												31.5	
2JK-3×1.8/11.2			1.80	1890				362	770	1217		11.2	
2JK-3×1.8/20												20.0	
2JK-3×1.8/31.5												31.5	
2JK-3.5×1.7/11.2		3.5	1.70	1790	170	115	40	349	746	—	12.6	11.2	
2JK-3.5×1.7/20												20.0	
2JK-3.5×2.1/11.2								450	950			11.2	
2JK-3.5×2.1/20												20.0	
2JK-4×2.1/10		4.0	2.10	2190	245	160	48	421	891	—	12.6	10.0	600
2JK-4×2.1/11.2												11.2	
2JK-4×2.1/20												20.0	
2JK-5×2.3/10		5.0	2.30	2390	280	180	52	533	—	—	12	10.0	500
2JK-5×2.3/11.2												11.2	

（2）承受各种正常载荷（包括固定静载荷和工作载荷），并将此载荷经过轴承传给基础。

（3）承受在各种紧急制动情况下所造成的非常载荷，在非常载荷作用下，主轴装置的各部分不应有残余变形。

（4）当更换提升水平时，能调节钢丝绳的长度（仅限于单绳缠绕式双滚筒提升机）。

2. 制动系统的作用

制动系统包括制动器和液压传动装置。

（1）制动器的作用。

1）在提升机停止工作时，能可靠地闸住滚筒。

2）在减速阶段及下放重物时，参与提升机的控制。

3）紧急制动情况时，能使提升机安全制动，迅速停车。

4）双筒提升机在调节钢丝绳的长度时，应能制动住提升机的游动滚筒。

（2）液压传动装置的作用。

1）调节制动力矩。

2）在各种事故状态下进行紧急制动（即安全制动）。

3）为单绳双滚筒提升机调绳装置的调绳离合器油缸提供所需的压力油。

3. 机械传动系统的作用

机械传动系统包括减速器和联轴器。

（1）减速器的作用。根据提升速度的要求，提升机主轴的转速一般在 $20\sim60r/min$ 之间，而拖动提升机的电动机转速，通常在 $480\sim960r/min$ 的范围内。因此，除采用低速直流电动机拖动外，不能把电动机与主轴直接连接，必须经过减速器减速。因而减速器的作用是减速和传递动力。

（2）联轴器的作用。主要是用来连接提升机的旋转部分，并起传递动力的作用。

4. 润滑系统的作用

润滑系统的作用是在提升机工作时，不间断地向主轴承、减速器轴承和啮合齿面压送润滑油，以保证轴承和齿轮能良好地工作。润滑系统必须与自动保护系统和主电动机联锁，即润滑系统失灵时（如润滑油压力过高或过低、轴承温升过高等），主电动机断电，提升机进行安全制动。启动主电动机之前，必须先开动润滑油泵，以确保提升机在充分润滑的条件下工作。

5. 检测及操纵系统的作用

检测及操纵系统包括操纵台、深度指示器及传动装置和测速发电装置。

（1）操纵台的作用。

1）操纵台上装有各种手把和开关，是操纵提升机完成提升、下放及各种动作的操纵装置。

2）操纵台上装有各种仪表，可向司机反映提升机的运行情况及设备的工作状况。

（2）深度指示器的作用。

1）指示提升容器的运行位置。

2）提升容器接近井口卸载位置和井底停车场时，发出减速信号。

3）当提升机超速和过卷时，进行限速和过速保护。

4）对于多绳摩擦式提升机，深度指示器还能自动调零，以消除由于钢丝绳在主导轮摩擦衬垫上滑动、蠕动和自然伸长等造成的指示误差。

（3）测速发电装置的作用。

1）通过设在操纵台上的电压表向司机指示提升机的实际运行速度。

2）参与等速运行和减速阶段的超速保护。

6. 拖动、控制和自动保护系统的作用

拖动、控制和自动保护系统包括主电动机、电气控制系统、自动保护系统和信号系统。

主电动机可采用交流绕线型感应电动机或直流他激电动机。直流拖动较之交流拖动的优点是：调速性能好，且与负荷大小无关，从一种工作方式向另一种工作方式转换方便；低速特性强；调速时电能消耗小以及容易实现自动化等。但是直流拖动需要增加一套整流装置，特别是采用变流机组时，需要增加两个与主电动机同等大小的大型电动机。交流拖动虽然没有直流拖动的优点，但在采用了双电动机拖动、动力制动、低频制动和微机拖动等措施之后，交流拖动在技术性能上基本满足了提升机的要求，因而获得了广泛的应用。目前我国因受高压换向器和交流接触器容量的限制，单机 1000kW 以上，双机 2×1000kW 以上时才使用直流拖动。但是随着电子工业的发展，直流拖动的应用范围将有所扩大。今后在大容量的副井提升和多绳摩擦提升上，PLC 控制的拖动方式将会更加广泛。

交流低压电动机为 JR 型，交流高压电动机为 JR、JRQ、JRZ 或 YR 型。直流电动机为 ZD 型或 ZJD 型。

自动保护系统的作用是在司机不参与的情况下，发生故障时能自动将主电动机断电并同时进行安全制动而实现对系统的保护。

（三）提升机工作原理

目前我国广泛使用的提升机可分为两大类：单绳缠绕式和多绳摩擦式。

单绳缠绕式提升机的工作原理是：把钢丝绳的一端缠绕在提升机滚筒上，另一端绕过天轮悬挂提升容器，这样，利用滚筒转动方向的不同，将钢丝绳缠上或放松，以完成提升或下放提升容器的任务。目前这种提升机在我国矿山应用比较广泛。

多绳摩擦式提升机的工作原理是：把钢丝绳搭放在主导轮（摩擦轮）上，两端各悬挂一个提升容器（也可一端悬挂平衡锤），当电动机带动主导轮转动时，借助于安装在主导轮的衬垫与钢丝绳之间的摩擦力传动钢丝绳，完成提升和下放重物的任务。这种提升机体积小、质量轻、提升能力大，适用于中等深度和比较深的矿井（不超过 1700m），是提升机发展的方向。

三、单绳缠绕式提升机结构

（一）提升机主轴装置

JK 型双滚筒提升机主轴装置结构如图 18-5 所示。主轴装置是提升机的主要工作和承载部分，包括滚筒、主轴、主轴承以及调绳离合器等。固定滚筒的右轮毂用切向键固定在主轴上，左轮毂滑装在主轴上。游动滚筒的右轮毂经衬套滑装在主轴上，装有专用润滑油杯，以保证润滑。衬套用于保护主轴和轮毂，避免在调绳时轴和轮毂的磨损和擦伤。左轮毂用切向键固定在轴上，并经调绳离合器与滚筒连接。滚筒为焊接结构，轮辐由钢板制成。筒壳外边一般均装有木衬，木衬上车有螺旋绳槽，以便使钢丝绳有规则地排列，并减少钢丝绳的磨损。

木衬应用柞木、橡木、水曲柳、榆木或桦木等硬木制作，每块厚度不应小于钢丝绳直径的 2 倍，一般为 150~200mm；宽度根据卷筒直径适当选取，一般为 100~150mm；木衬断面应加工成扇形，固定衬木用的螺钉头，应沉入木衬厚度的 1/2，并用木块粘堵螺栓孔，磨损后至螺钉不足 10mm 时，要重新更换。螺旋沟槽是钢丝绳直径的 0.35 倍，螺距为钢丝绳直径加上 2~3mm。对螺栓或铆钉要经常采用锤击检查，不许松动。卷筒皮两半钢板对口处应留有 2~4mm 间隙。钢丝绳固定端应用绳卡等固定在卷筒轮辐上。

对卷筒出绳孔及活动卷筒的要求：

卷筒的出绳孔不得有棱角和毛刺，活动卷筒装配后，将离合器打开后应转动灵活无卡阻现象，活动卷筒衬套与轴的间隙应符合相关的规定。

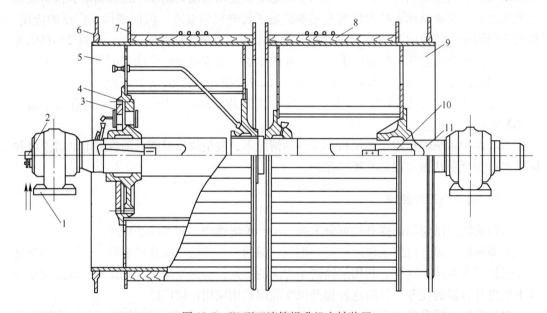

图 18-5　JK 型双滚筒提升机主轴装置

1—主轴承；2—密封头；3—调绳离合器；4—尼龙套；5—游动滚筒；6—制动盘；
7—挡绳板；8—衬木；9—固定滚筒；10—键；11—主轴

双滚筒提升机都装有调绳离合器，其作用是使游动滚筒与主轴连接或脱开，以便需要调节绳长或更换提升水平时，两个滚筒可以有相对运动。调绳离合器主要有三种类型：齿轮离合器、摩擦离合器和蜗轮蜗杆离合器。应用最多的是齿轮离合器。

如图 18-6 所示为 JK 系列提升机齿轮离合器的结构。齿轮的离合采用液压控制，游动滚筒的左轮毂通过键与主轴相连，在该轮毂上沿圆周的三个孔中装有离合油缸，离合油缸通过三个销子将轮鼓与外齿轮联在一起，将力矩传到滚筒上。离合油缸的左端盖同缸体一起用螺钉固定在外齿轮上，外齿轮滑装在游动滚筒的左轮毂上，因此当压力油进入油缸时，活塞不动，而缸体沿缸套移动。若向油缸左腔供压力油，右腔接油池，缸体便同外齿轮一起向左移动，使外齿轮与内齿圈脱离啮合，游动滚筒与主轴脱开；若向油缸右腔供油，左腔回油，离合器接合，游动滚筒与主轴相连。调绳离合器在提升机正常工作时，左右腔均无压力油。

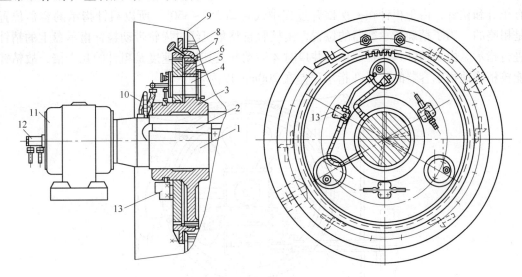

图 18-6　JK 系列提升机齿轮离合器的结构

1—主轴；2—键；3—轮毂；4—离合油缸；5—橡胶缓冲垫；6—齿轮；7—尼龙瓦；8—内齿轮；
9—滚筒轮辐；10—油管；11—主轴承；12—密封头；13—联锁阀

橡胶缓冲垫的作用是齿轮向右移动时起缓冲作用。

联锁阀是一个安全保护装置。其阀体固定在齿轮的侧面，离合器处于合上状态时，阀中的活塞销靠弹簧的作用力牢牢地插在游动滚筒左支轮上的凹槽中，这样可以防止在提升机运转过程中，调绳离合器因振动等原因而自动脱开造成事故。

密封头由密封体、空心轴、空心管等组成，主轴转动时，空心轴、空心管与主轴一起转动，而密封体与进油管一起不动，从而把油缸的油路连接起来。密封头是调绳离合器的进油装置，因为在提升机正常运转或调绳时，调绳油缸都和主轴一起转动，而压力油源是固定不动的，因而就必须有一个装置把进油管和油缸连接起来，密封头就起这种作用。

（二）深度指示器

深度指示器是矿井提升机不可缺少的一种起到检测保护作用的设施。目前矿井使用的深度指示器有机械牌坊式、圆盘式和数字式三种。过去生产的 KJ 系列提升机采用机械牌坊式深度指示器，这种深度指示器目前在我国矿山仍使用较多，优点是指示清楚、工作可靠；缺点是体积大、指示精度不高、不便于实现提升机远距离控制。JK 系列提升机采用了圆盘式深度指示器，也有机械牌坊式，还有圆盘式和机械牌坊式共同使用的。在新建和技术改造后的矿井中，数字式深度指示器已开始应用，它解决了机械牌坊式指示精度不高和圆盘式指示不直观清楚的缺点，这种深度指示器在矿山提升机上必将得到越来越广泛的应用。

1. 圆盘式深度指示器

圆盘式深度指示器由两部分组成，即深度指示器传动装置（发送部分）和深度指示盘（接收部分），如图 18-7 和图 18-8 所示。深度指示器传动装置中，传动轴经过齿轮传动，将其旋转运动传给发送自整角机。该自整角机再将讯号传给圆盘深度指示盘上的接收自整角机，二者组成电轴，实现同步联系，从而达到指示容器位置的目的。深度指示盘上有粗针和精针，由于粗针在一次提升过程中仅转动 25°～350°，所以粗针指示的容器位置是粗略的。为了精确指示容器的位置，由接收自整角机经过齿轮带动精针指示盘上的精针进行指示。由于精针只在容器接近井口时才转动并且其旋转速度是粗针的几十倍，故精针能较精确地指示容器的位置（指示误差在 200mm 以内）。

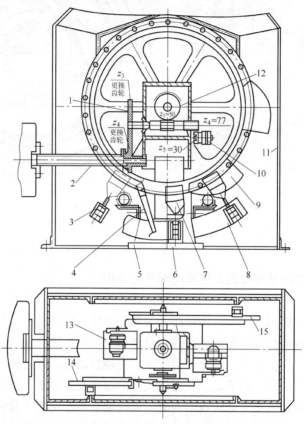

图 18-7　圆盘式深度指示器传动装置

1—传动轴；2—更换齿轮；3—过卷开关；4—右轮锁紧装置；5—机座；6—减速开关；7—碰板装置；
8—开关架装置；9—限速凸轮板；10—发送自整角机装置；11—外罩；12—自整角机限速装置；
13—右限速圆盘；14—左限速圆盘；15—蜗轮蜗杆

2. 数字式深度指示器

DPV 型数字式深度指示器是矿井提升机机电一体化专用电子部件，具有标准电平的并行接口电路和标准 RS232C 串行接口电路，可以方便地与可编程控制器（PLC）或工业控制计算机等具有相应接口的控制装置配套使用，装在操作台上作为提升容器的粗针指示和精针指示。该数字式深度指示器由六位数字显示器组成，能显示容器所处的位置及正负号。数字式深度指示器具有四象限深度指示功能，即：井口停车点为 ±0，停车点以上为 +，表示过卷距离，停车点以下为 -，表示容器在井筒中的位置。深度指示器的分辨率为 0.01m，最大指示高度为 ±999.99m。

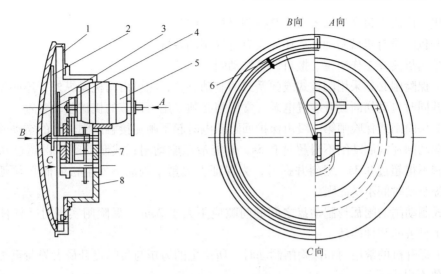

图 18-8　圆盘式深度指示器

1—指示圆盘；2—精针；3—粗针；4—有机玻璃罩；5—接收自整角机；6—停车标记；7—齿轮；8—架子

通过软件编程，PLC 将计数值同预置值进行比较，从而设置各种位置点，如减速点、精针投入点、限速点、各水平停车点等。在提升机的运行过程中，PLC 发出不同的位置信号，并根据提升工艺完成相应的操作控制。

由于 PLC 中采取数据保护措施，深度指示值不会出现因停电而造成与实际值不符，即所谓的失步的现象。为了防止由于钢丝绳滑动、蠕动引起的深度指示误差，PLC 系统对深度值进行自动校正以保证指示精度。

（三）制动系统的作用、类型与要求

1. 制动系统的作用和类型

矿井制动系统的作用有以下四个方面：

（1）在提升终了或停机时，能可靠地闸住提升机的滚筒或摩擦轮，即正常停车。

（2）在减速阶段及下放重物时，控制提升容器的运行速度，即工作制动。

（3）当提升机发生紧急事故时，能迅速且合乎要求地自动闸住提升机，保护提升系统，即安全制动。

（4）双滚筒提升机在更换提升水平、更换钢丝绳或调绳时，能闸住游动滚筒。

制动系统按制动器的结构分为块闸（角移式或平移式）和盘闸；按传动机构中传动动力的不同分为液压式、气动式及弹簧式等。

2. 制动装置的有关规定和要求

为了使制动系统能完成上述工作，保证提升机工作安全顺利地进行，制动装置的使用和维护必须按照《煤矿安全规程》第 428～433 条及有关技术规范的要求进行。

（1）提升机必须装备有司机不离开座位即能操纵的常用闸（即工作闸）和保险闸（即安全闸）。保险闸必须能自动发生制动作用：

当常用闸和保险闸共同使用一套闸瓦制动时，操纵机构和控制机构必须分开。

双滚筒提升机的两套闸瓦的传动装置必须分开。对具有两套闸瓦只有一套传动装置的

双滚筒机，应改为每个滚筒各自有其控制机构的弹簧闸。

提升机除设有机械制动外，还应设有电气制动装置。

严禁司机离开工作岗位、擅自调整制动闸。

（2）保险闸必须采用配重式或弹簧式的制动装置，除可由司机操纵外，还必须能自动抱闸，并同时自动切断提升装置电源。常用闸必须采用可调节的机械制动装置。

（3）保险闸或保险闸第一级由保护回路断电时起至闸瓦接触到闸轮上的空动时间：压缩空气驱动闸瓦式制动闸不得超过 0.5s，储能液压驱动闸瓦式制动闸不得超过 0.6s，盘式制动闸不得超过 0.3s。对斜井提升，为保证上提紧急制动不发生松绳而必须延时制动时，上提空动时间不受此限。

盘式制动闸的闸瓦与制动盘之间的间隙应不大于 2mm。保险闸实闸时，杠杆和闸瓦不得发生显著的弹性摆动。

（4）提升机的常用闸和保险闸制动时，所产生的力矩与实际提升最大静荷重旋转力矩之比 K 值不得小于 3。

在调整双滚筒提升机滚筒旋转的相对位置时，制动装置在各滚筒闸轮上所发生的力矩，不得小于该滚筒所悬重量（钢丝绳重量和提升容器重量之和）形成的旋转力矩的 1.2 倍。

计算制动力矩时，闸轮和闸瓦摩擦系数应根据实测确定，一般采用 0.30~0.35，常用闸和保险闸的力矩应分别计算。

（5）立井和倾斜井巷中，提升装置的保险闸发生作用时，全部机械的减速度必须符合《煤矿安全规程》第 433 条的规定。摩擦式提升机常用闸或保险闸的制动，除必须符合上述（3）、（4）条的规定外，还必须满足以下防滑要求：

1）各种载荷（满载或空载）和各种提升状态（上提或下放重物）下，保险闸所能产生的制动减速度的计算值不能超过滑动极限。

2）钢丝绳与摩擦轮间摩擦系数的取值不得大于 0.25。由钢丝绳自重所引起的不平衡重必须计入。在各种载荷及各种提升状态下，保险闸发生作用时，钢丝绳都不出现滑动。

3）严禁用常用闸进行紧急制动。

（6）提升机除有制动装置外，应加设定车装置，以便调整滚筒位置或修理制动装置时使用。

（四）块闸制动系统

块闸制动系统用于老产品 XI 系列提升机上。在双卷筒提升机上，两副制动器位于两卷筒的内侧；在单卷筒提升机上，则位于两卷筒的外侧。块闸制动器按结构分为角移式、平移式和综合式。角移式结构简单，但压力及磨损分布不均，制动力矩较小，多用在中、小型提升机上。平移式及综合式压力分布较均匀，产生的制动力矩较大，但是结构复杂，主要用在大型提升机上。

1. 角移式制动器

（1）角移式制动器的结构。

角移式制动器的执行机构如图 18-9 所示。制动时上抬三角杠杆 5，通过拉杆 4 使安在制动梁 2 和 7 上的两组闸瓦 6 压向制动轮 9 进行制动。调节螺钉 8 用于调整闸瓦和制动轮间的总间隙，而定位顶丝 1 则用于调整左右两闸瓦间隙，以保证其间隙相等。由此结构可以看出，两个滚筒不能单独制动，在打开调绳离合器前，需用地锚把游动滚筒锁住。

由于提升机的制动闸是提升系统的一个关键部件，所以其制动力的大小和闸瓦间隙的调整都有严格的规定，需要专业人员利用专门的工具和检测方法来进行调整，因此严禁提升机司机擅自调整制动闸，否则闸瓦间隙过大或过小易造成重大事故的发生。

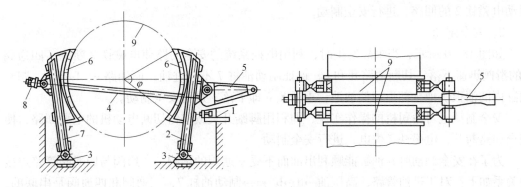

图 18-9　角移式制动器

1—顶丝；2—前制动梁；3—轴承；4—拉杆；5—三角杠杆；6—闸瓦；7—后制动梁；8—调节螺钉；9—制动轮

（2）角移式制动器的油压制动系统。

1）工作制动。

制动时，司机把制动手把拉向身边，如图 18-10 所示，借助差动杠杆 4，三通阀 6 的滑阀下降，管路 a 与 c 接通，制动油缸 7 内的压力油经油路 a—三通阀—油路 c 流回储油池，重锤 8 随着油的排出而下降，带动制动杠杆 3 顺时针方向转动，通过立杆 1 给制动轮施加制动力。此时，随着制动杠杆 3 的转动角度的逐渐增加，经差动杠杆 4 传动，使三通阀的滑阀上升，逐渐返回到原来的位置，切断制动油缸 7 的回油通路，保持一定制动力。

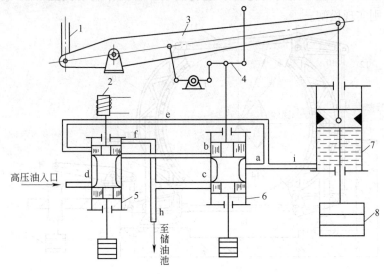

图 18-10　油压制动系统示意图

1—立杆；2—电磁铁；3—制动杠杆；4—差动杠杆；5—四通阀；6—三通阀；7—制动油缸；8—重锤

同理，若司机将制动手把推向前方，即工作制动的松闸。由上述情况可知，制动力的大小与制动手把的位置相对应。所以，当闸瓦磨损后，闸瓦与制动轮间的间隙变大，虽然制动手把在同一位置，但制动力矩达不到相应值，甚至不能产生制动力。为了避免因过度磨损引起的制动失效，装有闸瓦磨损开关，当产生过度磨损时，此开关被断开，切断安全制动电磁铁 2 的回路，进行安全制动。

2）安全制动。

如图 18-10 所示，当事故发生时，利用电控系统的安全回路使电磁铁 2 断电，四通阀 5 的滑阀迅速下落，切断油路 d 和 b，保证制动油缸 7 不能进油；而油路 e、f 相通，制动油缸内的油很快地全部返回储油池，重锤 8 立即下落，进行安全制动。

安全制动也可由司机的操作实现，即利用脚踏开关或按钮切断电动机的电源回路，使安全回路断开，电磁铁 2 失电，进行安全制动。

为了在安全制动时，油缸能顺利出油而不受三通阀的影响，三通阀与四通阀管路连接的关系如下：对于进油管路，高压油→d→b→a→制动油缸 7，三通阀和四通阀是串联的，只要其中一个不通，进油管路就不通，闸就松不开，也就无法开车；对于排油管道，一方面制动油缸→i→a→c→储油池；另一方面制动油缸→i→e→f→储油池，三通阀和四通阀是并联的，只要其中一个接通，就能排油进行制动，这就保证了安全性。

解除安全制动，必须给电磁铁 2 重新通电，将四通阀的滑阀吸上去，切断油路 e 与 f，开放油路 d 与 b，制动器才能重新处于工作制动状态。

2. 平移式制动器

（1）平移式制动器的结构。

平移式制动器的结构如图 18-11 所示，采用压气控制系统。当工作制动汽缸 3 充气或安全制动汽缸 2 放气时，制动立杆 4 以 A 为支点上抬，通过三角杠杆 6、横拉杆 11 等使前、后制动梁上的两闸瓦压向制动轮 14，进行制动。若工作制动汽缸 3 放气或安全制动汽缸 2 充气，则实现松闸。

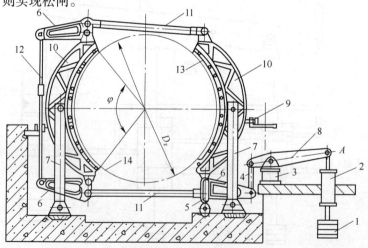

图 18-11　平移式制动器

1—安全制动重锤；2—安全制动汽缸；3—工作制动汽缸；4—制动立杆；5—辅助立杆；6—三角杠杆；7—立柱；
8—制动杠杆；9—顶丝；10—制动梁；11—横拉杆；12—可调节拉杆；13—闸瓦；14—制动轮

这种制动器前后制动梁是近似平移的，因为后制动梁只有一根立柱 7 支撑，很难保证其平移性，所以用顶丝 9 来辅助改善工作情况。

在安全制动时，先是工作制动汽缸 3 进气，给出第一级制动力，经过一定的时间，安全制动汽缸 2 的气压降低而不足以平衡安全制动重锤 1 的重力时，重锤下降以工作制动汽缸为支点给出第二级制动力，这种制动过程称为二级制动。

（2）压力调节器。

工作制动的制动力矩的大小，由工作制动汽缸的气压确定，而气压的控制是利用压力调节器来进行的。

压力调节器原理如图 18-12 所示。平时风包、大气和工作制动汽缸 5 三个通道互不相通，当司机将制动手把拉向身边时，经传动使压力调节器的滑阀 2 左移，风包与工作制动汽缸 5 相通，缸内压力随之而上升，产生工作制动。同时高压气经滑阀上的小孔 7，使 B 腔内的压力增加，由于旁通管 8 的存在，A 腔压力亦增加，直到 B 腔压力超过弹簧 3 的作用力，滑阀右移，直至工作制动汽缸与风包的通路被切断，工作制动汽缸的压力停止上升，滑阀也停止右移，制动力达到一定的稳定值。同理，松闸时将制动手把向前推，滑阀右移，工作制动汽缸与大气相通，放气松闸。同时 B、A 腔压力亦下降，当其小于弹簧的作用力时，滑阀左移堵住放气通路，汽缸中的压力停止放出。

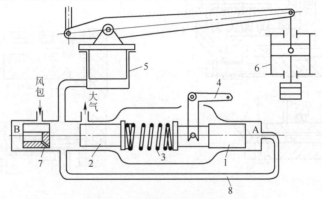

图 18-12 压力调节器原理

1—活塞；2—滑阀；3—弹簧；4—拨叉；5—工作制动汽缸；6—安全制动汽缸；7—小孔；8—旁通管

利用压力调节器，能保证制动力矩与闸瓦的磨损无关，只与制动手把的位置相对应，所以性能较好。

（五）盘闸制动系统

盘闸制动系统是 20 世纪 70 年代以来应用到矿井提升机上的一种新型制动器，与块闸制动系统比较，它结构紧凑、重量轻、动作灵敏，空行程不超过 0.3 s，安全可靠程度高，制动力矩可调性好，安装、使用和维护方便，便于矿井提升自动化。盘闸制动系统包括盘闸制动器和液压站两部分。

1. 盘闸制动器及其工作原理

盘闸制动器是应用于矿井提升机上的新型制动器，它的特点是闸瓦不作用于制动轮上，而是作用于制动盘上。它与块闸制动器相比，具有体积小、质量轻、惯量小、结构紧凑、动作灵敏、安全可靠、制动力矩可调性好、零件通用、维修方便等优点。盘闸制动器的另一个特点是多副制动器同时工作，根据所要求的制动力矩的大小，每一台提升机少则两副，多则四副、六副、八副等（每一对为一副），假若部分制动器失灵，一般情况下仍可制动住提升机。

盘闸制动器的结构如图 18-13 所示。两个制动缸组件装在支座 2 上，支座 2 为整体铸钢件，经过垫板 1 用地脚螺栓固定在基础上，内装活塞 5、柱塞 11、调整螺栓 6、碟形弹簧 4 等零件，制动器体 9 可以在支座的内孔往复移动。闸瓦 14 用铜螺钉或燕尾槽的形式固定在衬板 13 上。

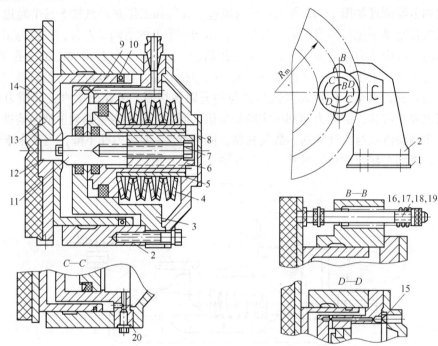

图 18-13　盘闸制动器的结构

1—垫板；2—支座；3—油缸；4—碟形弹簧；5—活塞；6—调整螺栓；7—螺钉；8—端盖；9—制动器体；
10—密封圈；11—柱塞；12—销子；13—衬板；14—闸瓦；15—放气螺钉；16—回复弹簧；
17—螺栓；18—衬垫；19—螺母；20—塞头

盘闸制动器的工作原理如图 18-14 所示。它是靠碟形弹簧产生制动力，靠油压松闸。当压力油充入油缸时，压力油推动活塞压缩碟形弹簧，并带动制动器体和闸瓦离开制动盘，呈松闸状态；当油缸内油压降低时，碟形弹簧就恢复其压缩变形，靠弹簧力推动制动器体、闸瓦，带动活塞移动，使闸瓦向制动盘进行制动。制动状态时，制动力的大小取决于油缸内工作油的压力，当缸内油压为最小时，弹簧力几乎全部作用在活塞上，此时制动盘上正压力最大，呈制动状态；反之，当工作油为系统最大油压时，呈全松闸状态。

2. 液压站

液压站的作用是：在工作制动时，产生不同的工作油压，以控制盘闸制动器获得不同的制动力矩；在安全制动时，能迅速回油，实现二级安全制动；产生压力油控制双滚筒提升机游动滚筒的调绳装置。

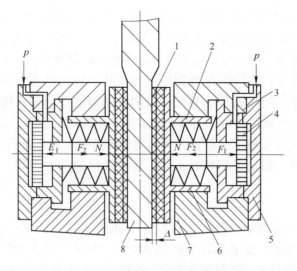

图 18-14 盘闸制动器的工作原理

1—闸瓦；2—碟形弹簧；3—油缸；4—活塞；5—后盖；6—制动器体；7—制动器；8—制动量

液压站的工作原理如图 18-15 所示。液压站有两套压力源，一套工作，一套备用。

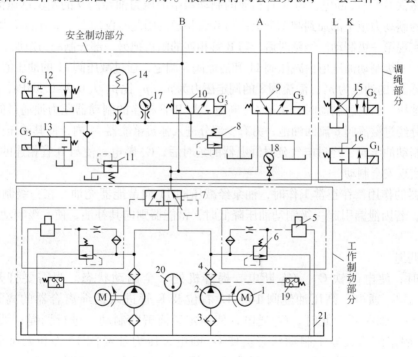

图 18-15 液压站的工作原理

1—电动机；2—油泵；3—网式滤油器；4—纸质滤油器；5—电液调压装置；6，8—溢流阀；7—液动换向阀；
9，10—安全制动阀；11—减压阀；12，13—电磁阀；14—弹簧蓄能器；15—二位四通阀；
16—二位二通阀；17，18—压力表；19—压力继电器；20—温度表；21—油箱

（1）工作制动。

正常工作时，电磁铁 G_1、G_2、G_5 断电，G_3、G_3' 和 G_4 通电，叶片泵产生的压力油

经滤油器 4、液动换向阀 7、安全制动阀 9、10 的右位，从 A 管、B 管分别进入固定滚筒和游动滚筒的盘闸制动器油缸。工作油压的调节，由并联在油路的电液调压装置 5 及溢流阀 6 相互配合进行。制动时，司机将制动手把拉向制动位置，在全制动位置时，自整角机发出的电压为零，对应的电液调压装置动线圈输入电流为零，挡板处在最上面位置，油从喷嘴流出，液压站压力最低，盘闸制动器进行制动；松闸时，将制动手把拉向松闸位置，在全松闸位置时，自整角机发出的电压约为 30V，相应的动线圈输入电流约为 250mA，挡板处在最下面位置，将喷嘴全部盖住，液压站压力为最大工作油压，盘闸制动器进行松闸。制动手把位置不同，液压站供油压力不同，从而可以产生不同的制动力矩。

（2）安全制动。

安全制动时，为保证既能以足够大的制动力矩迅速停车，又不产生过大的制动减速度而给设备带来过大的动负荷，要求采用二级安全制动。二级安全制动就是将提升机的全部制动力矩分成两级进行。施加第一级制动力矩后，使提升机产生符合《煤矿安全规程》规定的安全制动减速度，然后再施加第二级制动力矩，使提升机平稳可靠地停车。工作原理为：当发生紧急情况时（包括全矿停电），电气保护回路中的 KT 线圈断电，电动机 1、油泵 2 停止转动，电磁铁 G_3、G_3' 断电，与 A 管相通的制动器中的压力油经阀 9 的左位迅速流回油池，该部分闸的制动力矩全部加到制动盘上；与 B 管相通的闸此时仅加上一部分制动力矩，提升机停住，实现第一级制动。经延时后，与 B 管相连的闸再把另一部分制动力矩加上，进行第二级制动。一级制动油压值由减压阀 11 和溢流阀 8 调定，通过减压阀 11 的油压值为 p_1'，故弹簧蓄能器 14 的油压为 p_1'，溢流阀 8 的调定压力为 p_1，p_1 比 p_1' 大 0.2~0.3MPa，p_1 即为第一级制动油压。当紧急制动时，由于 G_3' 断电，与 B 管相连的制动器压力油通过阀 10 的左位，一部分经过溢流阀 8 流回油池，另有少部分进入弹簧蓄能器 14 内，使其油压由 p_1' 增加到第一级制动油压 p_1，经过电气延时继电器的延时后，G_4 断电，使与 B 管相连的制动油压降为零，实现安全制动。

蓄能器的作用：在正常工作时，油泵经减压阀 11 向蓄能器充油，在一级制动后的延时过程中，若因泄漏引起一级制动油压降低时，蓄能器则向其补油，使一级制动油压保持基本稳定。

（3）调绳。

调绳时，使电磁铁 G_3、G_3' 断电，提升机处于全制动状态。当需要打开离合器时，使 G_1、G_2 通电，高压油经阀 16、15 右位及 K 管进入调绳离合器的离开腔，使游动滚筒与主轴脱开。此时，G_3 通电，使固定滚筒解除制动，进行调绳；调绳结束，G_3 断电，固定滚筒又处于制动状态。使 G_2 断电，压力油经阀 15 左位及 L 管进入调绳离合器的上腔，使游动滚筒与主轴合上。最后使 G_1 断电，切断油路，并解除安全制动，恢复正常提升。在整个调绳过程中，各电磁铁的动作及连锁动作均由操纵台上的调绳转换开关控制。

3. JK 系列 2~3.5m 提升机的制动系统维护及注意事项

制动装置担负着确保提升系统安全运转的使命，所以它的维护质量有着十分重要的意义，每日接班后司机要配合维护人员的检查工作。除检查闸瓦间隙外，要十分留心制动压力的变化和闸瓦的质量变化，而且还要注意动作时间是否合乎规程的要求，以保证提升工作的顺利进行。

（1）盘闸制动器的注意事项：

1）闸瓦与制动盘的间隙为 1~1.5mm。如闸瓦磨损超过 2mm 时应及时调整，以免影响制动力矩，同时检查闸瓦磨损开关是否起作用。

2）在连续下放重物时，必须严格注意闸瓦的温升，其最高温升不得超过 100℃，以免闸瓦产生高温降低摩擦系数，甚至造成闸瓦烧焦影响制动力矩。

3）要经常检查制动盘和闸瓦工作表面是否沾有油污，如有油污必须清洗干净，并及时处理盘形闸和调绳装置渗漏油处，否则将会影响制动力矩。

（2）液压站的检查及注意事项：

1）液压站制动油压最大不得超过 6.5MPa，其工作油压应根据实际提升载荷来确定最大工作油压，其残压不得超过 0.5MPa，其制动力矩不得超过《煤矿安全规程》的规定。

2）检修或调整液压站时，除应使安全阀电磁铁断电外，还应利用锁紧装置将滚筒锁住以保安全。

3）液压站油箱内的油量应经常观察是否在油面指示线范围内。当油面有大量泡沫或沉淀物，或是油质变质及混入水分时，必须立即更换。

任务实施

矿井提升机的维护与检修

提升机是矿山重要的大型固定机械设备，一般分为主井提升设备（只将井下采掘的有用矿物从井底车场提升到地面）和副井提升设备（完成提升矸石、升降人员、下放材料和设备等作业）。提升设备的提升容器一次有益提升为 30~50t，其在井筒内运行的速度可达铁路列车的运行速度，每秒已达到 20~25m，一台提升机的驱动电动机容量最大已达 1 万~1.5 万千瓦。因此，使它们安全可靠而又经济地运转，对保证矿井安全、经济生产都具有重大的意义。如果忽视它运转的安全可靠性，将会造成矿井生产的停顿，甚至可能导致不堪设想的后果。

（一）矿井提升机质量完好标准及日常维修事项

提升机质量完好标准及日常维修事项如表 18-2 所示。

表 18-2　提升机质量完好标准及日常维修事项

检查项目	质量完好标准
螺栓、螺母、背帽、垫圈、开口销、防护罩	齐全、完整、紧固
滚筒	1. 无开焊、裂纹及变形，铆钉、键等不松动； 2. 活动卷筒离合器和定位机构动作灵活可靠，衬套润滑良好； 3. 卷筒衬木磨损后，距螺栓头不小于 5mm； 4. 卷筒上钢丝绳的固定和缠绕，符合《煤矿安全规程》第 395~397 条规定
减速箱	1. 齿轮咬合面沿齿长不小于 50%，沿齿高不小于 40%； 2. 齿厚磨损不得超过原齿厚的 15%，齿间剥落不得超过齿有效面积的 25%； 3. 油质合格，不漏油； 4. 运行中无异响

续表 18-2

检 查 项 目	质量完好标准
信号与仪表	1. 信号要声、光具备，清晰可靠，有与信号工联络专用电话或传话筒； 2. 电流表、电压表、电力表、温度计齐全，指示准确，定期校验

联轴节

1. 端面间隙及同心度误差，应符合规定：

类型	最大外径 /mm	端面间隙 /mm	同心度误差	
			径向位移/mm	端面倾斜/%
齿式	300~500	7~10	0.2	1.2
	500~700	11~14	0.3	0.12
	800~900	15~18	0.3	0.12
弹性		最大窜量+（2~4）	0.15	0.12
蛇形			0.15	0.12

2. 弹性联轴节胶圈外径与孔径差不超过 2mm；
3. 齿式联轴节齿厚磨损不超过 20%；
4. 蛇形弹簧厚度磨损不超过 10%

轴　承

1. 主轴及减速箱的水平度偏差不超过 0.2%；
2. 轴瓦无裂纹与剥落；
3. 滑动轴承的配合间隙不超过下表规定：

轴颈直径/mm	最大间隙/mm	轴颈直径/mm	最大间隙/mm
50~80	0.2	260~360	0.45
80~120	0.24	360~500	0.55
120~180	0.3	500~600	0.65
180~260	0.38	600~700	0.75

4. 轴承最大振幅不超过下表规定：

转数/r·min^{-1}	750	600	500 以下
允许振幅/mm	0.12	0.6	0.2

5. 滑动轴承温度不超过 65℃，滚动轴承温度不超过 75℃；
6. 轴与下瓦接触应符合下表规定：

轴颈直径/mm	沿轴向接触范围	在下瓦中部接触弧面
≤300	不小于轴瓦长度的 3/4	90°~120°
>300	不小于轴瓦长度的 2/3	60°~90°

制动系统

1. 制动系统传动杆件灵活可靠，各销轴不松动，不缺油；
2. 闸轮无磨损和变形；
3. 闸瓦与闸轮接触严密，松闸后的间隙：平移式不大于 2mm，且上下相等；角移式在闸瓦中心，不大于 2.5mm；盘形闸不大于 2mm；
4. 闸的工作行程不超过全行程的 3/4；
5. 油压制动系统不漏油；蓄压器在停机后连续 15min，活塞下降距离不超过 100mm；
6. 风压制动系统不漏风，停机后连续 15min，压力下降不超过正常压力的 10%；
7. 盘形闸的液压系统要求：液压管路不漏油；最大压力下能充分松闸，残压不大于700kPa；液压站压力与操纵手柄位置要一致；
8. 制动装置的试验，符合《煤矿安全规程》第 408~410 条规定

检查项目	质量完好标准
润滑系统	1. 润滑系统油质合格，油量适当，油压正常，油路畅通； 2. 油圈转动灵活，各部不漏油
深度指示器与 安全保护装置	1. 深度指示器指示准确，指针行程不小于全行程的 3/4； 2. 有松绳和闸瓦磨损信号； 3. 有过卷、过速、限速、紧急制动脚踏开关，低电压、过电流、油压、风压、换向器和栅栏门保护闭锁，减速警铃等安全装置，并齐全、准确可靠
电气装置	1. 电动机、高压开关柜应符合质量完好标准； 2. 高压换向器与磁力站、触头接触良好； 3. 不漏电、消弧装置齐全、完整、无裂纹； 4. 继电保护装置定期校验，准确可靠； 5. 电阻器接触良好、不冒火，接地良好
整洁、资料	1. 设备与机房整洁，工具与备件存放整齐； 2. 有符合《煤矿安全规程》有关规定的文件和检查、检修记录

（二）衬木与衬垫的更换与车削

1. 衬木

单绳缠绕式提升机主轴装置的滚筒外面一般设有衬木，但也有不带衬木结构的（直接在滚筒板上加工绳槽）。衬木的作用是作为钢丝绳的软垫。衬木应用柞木、水曲柳或榆木等制作。松木不适于作衬木，因为它在横过纤维的压力作用下，经常开裂，使用寿命仅为几个星期。衬木每块的长度与滚筒宽度相等，每块的厚度应不小于钢丝绳直径的两倍，一般为 100mm 左右（对于直径大于 50mm 的钢丝绳，以采用 150mm 厚为宜），每块的宽度在 150~200mm 之间，断面成扇形。固定衬木的螺钉，其螺钉头应沉入衬木厚度 1/3 以上；当全部衬木固定完以后，应用木塞蘸胶水将螺钉孔塞死，并须用木楔将衬木夹缝填满。使用中的衬木，当因磨损使螺钉头的沉入深度小于 10mm 时，即应更换。

滚筒衬木必须刻制绳槽，其沟槽深度 A 按下式计算：

$$A = 0.35d_K$$

式中　d_K——沟槽的宽度，mm。

两相邻沟槽的中心距 f（mm）可参照下式计算：

$$f = d_K + (2\sim3)$$

滚筒衬木的加工可手工加工，也可将手工加工好的半成品（即绳槽没有刻制，其余部分全部按图纸加工好），装在滚筒上后，再用车床车削外圆与绳槽，这种方法与手工刻制绳槽相比，具有滚筒外圆的椭圆度小，绳槽精度高，但停产时间长，车削时易出现将螺距间隔的 2~3mm 的木棱碰、挤掉及出现废品等现象。

2. 衬垫

多绳摩擦式提升机的主导轮上装有摩擦衬垫，它的作用是：当拉紧的钢丝绳以一定的正压力紧压在摩擦衬垫上时，在钢丝绳和摩擦衬垫之间便产生很大的摩擦力，此摩擦力足以克服提升机在各种可能的工作情况下，使钢丝绳在摩擦衬垫上产生滑动的力量。摩擦衬垫应具备下列的性能：

（1）与钢丝绳对偶摩擦时有较高的摩擦系数，使用中的水和油对摩擦系数不应有影响或降低摩擦系数。

（2）具有较高的比压。

（3）耐磨性好，使用寿命长。磨损时的粉尘对人和机器无害。

（4）材料来源容易，价格便宜，加工和拆装方便。

摩擦衬垫的各项性能中，最主要的一项是摩擦系数，在比压和磨损相同的情况下，提高摩擦系数会带来更大的经济效果和安全性。例如，一个 9t 双箕斗提升的矿井，井深为 500m，当摩擦系数 $f=0.2$ 时，比压 $q=2MPa/cm^2$。计算表明要选用 2.8×4 多绳摩擦式提升机；同样情况下，当摩擦系数提高到 $f=0.25$ 时，则可以选用 2.25×4 多绳摩擦式提升机，此两种规格的提升机在购置费用上相差很大，由此不难看出提高摩擦系数的重要性。

3. 衬木与衬垫的车削

（1）衬木的车削。

车削法主要是采用专用机床，将车床固定在司机的操作方向，其传动是车床的光杠与提升机减速器的高速轴采用链轮相连接，司机操作提升机转动时，链轮即带动车床的变速机构转动，使整个车床的走刀、进刀都可以自动和手动，从而进行衬木的车削和加工。车削刀具应是圆弧刀，车床的转速应控制为与减速器的高速轴转数相同，滚筒的转速应能控制在最大与最小的情况下，一次进刀量应为 0.3mm。

（2）衬垫的车削。

多绳摩擦式提升机在新装和更换后的衬垫上需要车削绳槽，在使用中因绳槽的磨损不均匀，产生张力不一致或是蠕动时，也需要重新车削绳槽，使绳槽直径一致。新设备出厂时都配有车槽装置，在车槽时应以主导轮两侧的制动盘外圆为基准，用深浅尺测量所车削绳槽的深度。如若主导轮为单闸盘，则应放一平尺，用水平仪将平尺找平后再测量所车削绳槽的深度。车削技术要求按出厂技术文件的规定执行。

（三）卷筒辐板的装配及卷筒挡绳板、制动盘的焊接

受用途、结构、装运条件的限制，有的卷筒及制动盘由制造厂粗加工，这时卷筒的连接和焊接工作已做完，有的要搬运到现场进行组装和焊接。现场组装工作应按以下顺序进行。

1. 辐板与轮毂的连接

用螺栓先将辐板与轮毂连接起来。螺栓分两种：一种是普通螺栓；另一种是自制过渡配合螺栓。螺栓按间隔分布。先将普通螺栓穿入，但不拧紧，然后逐一将各过渡配合螺栓轻轻打入，统一拧紧。装配前必须按出厂标记校对装配位置，否则由于过渡配合的存在和加工孔时分度有误差，有可能装不上。

2. 卷筒焊接

（1）焊接顺序：先焊挡绳板、卷筒辐板，再焊卷筒面，最后焊接制动盘。

（2）焊条：采用 T506、T507 或 T502 标号的电焊条，使用前应经 300℃ 左右的温度烘烤 1h。

（3）焊前应清除焊缝处的油污、水分及氧化物并开坡口。

（4）焊接在焊缝的正反两侧对称进行（见图 18-16）。每层焊缝若因焊宽较大，要用窄焊道进行焊接，不宜做较宽的左右摆动（见图 18-17）。焊接突出的焊缝应用软轴手砂轮进行打磨平整。

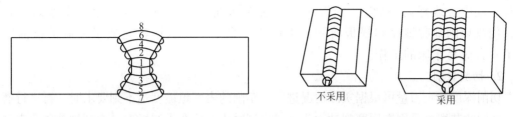

图 18-16 卷筒对称焊接示意图   图 18-17 宽窄焊道示意图

（5）焊接质量要求：无气孔、夹渣、裂纹、未熔合、未焊透等缺陷。

（四）制动盘的车削

受用途结构及装运条件的限制，有的制动盘需要在安装现场进行加工。在现场加工的制动盘一般制造厂只进行粗加工，厚度留有 6mm 左右的加工余量。制动盘的加工精度要求较高，表面粗糙度不大于 1.6μm，端面跳动不大于 0.5mm。

1. 加工设备的选择

（1）选用何种装置带动卷筒转动，可由现场具体情况决定，一般有两种方法。第一种方法是在提升机主轴装置、减速器、主电动机、微拖动装置系统安装完毕后，利用微拖动装置带动卷筒；第二种方法是不设微拖动装置，而采用矿上现有的链板运输机或胶带机用的减速器和电动机，放在一个特制的机座上（见图 18-18），在减速器输出轴上装一个 B 型三角胶带轮（此三角胶带轮直径应满足切削速度为 0.4~0.5m/s，卷筒转速为 3~4r/min 的要求），用三角胶带将其与提升机主减速器传动轴上的三角胶带轮（带动测速发电机用）相连接，使主轴旋转。

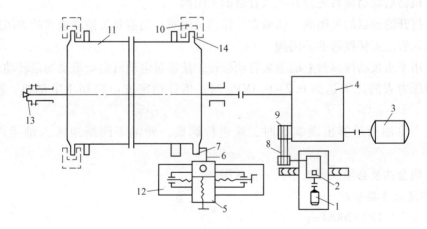

图 18-18 制动盘加工示意图

1，3—电动机；2，4—减速器；5—进刀量控制装置；6，7—刀具；8—三角带；9—带轮；
10—制动闸；11—滚筒；12—车床溜板；13—密封头；14—翻动盘

（2）选用何种加工设备也根据现场具体情况决定，但要保证加工设备本身的精度和走刀机构的刚度。最好用 C640、C630 型车床溜板。为缩短刀杆长度，可将 C630 车床溜板转动 180°固定，用型钢和钢板焊接一个固定架（高度必须保证切削刀具刀尖与主轴中心线标高一致）。固定架上面装车床溜板，下面装在盘形闸座基础位置上，用盘形闸地脚螺栓和锚板将固定架固定在基础上，这样就完成了在制动盘前安装了一台简易车床的工作。

2. 切削磨削

切削深度和走刀量可根据实际情况进行。车削的表面粗糙度达不到要求时，再进行磨削，磨削的装置可采用专用磨削动力头，或自制磨头安装在小溜板上。磨削推荐砂轮直径为 250~300mm，粒度为 46 号，转速为 1000~1450r/min。

3. 活动卷筒与固定卷筒的固定

加工活动卷筒制动盘时，为防止活动卷筒的轴向窜动，应事先在活动卷筒的右挡绳板与固定卷筒的左挡绳板之间，用 4~6 根角钢沿圆周方向临时焊在一起，待制动盘加工完毕后铲掉。加工时为防止主轴轴向窜动（发生车刀刀尖扎进制动盘的事故），应在主轴左端轴承圆周孔上连接一个活顶尖架，使主轴始终压向右侧。

（五）提升机的润滑

1. 滚筒的润滑

KJ 型 2~3m 提升机的润滑是由油杯向铜轴套定期挤压润滑脂；蜗轮与蜗杆的润滑可用 2 号钙基润滑脂，蜗杆的齿套使用 N150 号的机械油，用油壶定期浇注。4m 提升机的润滑要在游动滚筒的两个球面套与固定滚筒的左轮毂，由注油孔定期地注入 2 号钙基润滑脂。

2. 润滑系统的操作

（1）机器启动前应首先打开吸入管道的关闭阀。

（2）打开滤油器的关闭阀，切断直接作用关闭阀，当需要关掉滤油器的关闭阀时，需打开与压入管道直接接通的关闭阀。

（3）用手指按动操纵台上的油泵启动按钮，使油泵电动机启动带动油泵转动。当操纵台的润滑压力表的压力达到 0.2~0.3MPa 时，指针稳定方可启动主电动机，使提升机转动。

（4）当供油指示器出现满油时，应进行调整，使油不间断地流入轴承内，进行润滑。

（5）两套油泵必须一套工作，一套备用。

3. 润滑站主要参数

工作压力：100~200kPa；

最大流量：70L/min；

副油箱容积：63L；

减速器工作温度：50℃；

润滑油牌号：90~150 号极压工业齿轮油或新产品 N220~N320 号极压工业齿轮油（夏季与冬季应适当更换油的黏度）。

4. 提升机润滑部位注油表

提升机润滑部位注油表（单位：油—L；脂—kg）如表 18-3 所示。

表 18-3 提升机润滑部位注油表

注油点 编号	注油(脂)部位	注油点 个数/个	注油 方式	应使用油(脂)名称、牌号	第一次 注油量	备 注
1	液压站油箱	1	倾注	N32~N46 号油	490	
2	游动滚筒轴套	2	油杯	2 号钙基脂	1.5	
3	游动滚筒尼龙套	1	油杯	2 号钙基脂	0.6	
4	固定滚筒左支轮	1	油杯	2 号钙基脂	0.5	半月注一次
5	主轴滚动轴承	2	油枪	2 号钙基脂	3/腔	
6	主轴滑动轴承	2	集中	N120~N320 号中极压工业齿轮油	循环	润滑站供油
7	主电动机滚动轴承	2	手工	2 号钙基脂	3/腔	检修时注入
8	主电动机滑动轴承	2	倾注	N46 号机械油	15	
9	减速机	1	倾注	N120~N320 号中极压工业齿轮油	540~780	
10	弹簧联轴器	1	手工	1~2 号钙基脂	10	
11	齿轮联轴器	1	手工	1~2 号钙基脂	15	
12	微拖减速器	1	倾注	N680 号蜗轮蜗杆油	20	
13	微拖电动机轴承	2	手工	2 号钙基脂	3/腔	
14	离合器移动毂	2	油枪	2 号钙基脂	0.2	
15	离合器齿块	2	油枪	2 号钙基脂	0.5	
16	离合器内齿圈	1	手工	2 号钙基脂	涂一层	
17	离合器调绳油缸	3	油杯	2 号钙基脂	0.1	
18	离合器汽缸连接轴	3	倾注	N68 号机械油	注满	
19	离合器汽缸	3	倾注	N68 号机械油	注满	
20	深度指示器传动齿轮箱	1	倾注	N68~N100 号机械油	10~15	
21	深度指示器丝杆与丝母	2	油刷	N68~N100 号机械油	刷遍	每班一次
22	深度指示器齿轮对	1	手工	2 号钙基脂	刷遍	
23	深度指示器传动轴轴承	2	倾注	N100~N120 号机械油	0.2	
24	深度指示器传动镶齿轮	1	手工	2 号开式齿轮油	0.1	
25	盘形闸缸体	4~16	油杯	2 号钙基脂	0.05	
26	制动系统传动杠杆	多处	油杯	2 号钙基脂	0.05	或油枪
27	各操作手柄下销轴	多处	壶浇	N68~N100 号机械油	注满	
28	司机座椅下转轴	1	壶浇	N68~N100 号机械油	注满	

注：1. 此表适用于 KJ、2JK、JKM 提升机。

2. 主减速器每年换油一次，每班检查油面高度一次。

3. 液压站每半年换油一次或按质换油，并应定期检查油质与油量。

(六)滑动轴承间隙的测量与调整

滑动轴承间隙的测量方法，常用厚薄规（即塞尺）、压铅丝测量方法，其中选用塞尺的测量速度较快，选用压铅丝方法测量较为准确。测量轴间隙时，需将轴推移到极端位置，然后用塞尺或百分表测量。

1. 用塞尺测量法

轴瓦与轴颈之间的侧间隙及轴套和轴承间隙，因不能或不便用压铅丝方法进行检查时，通常用塞尺测量，如图 18-19 所示。注意测量时，塞尺塞进间隙中的长度，不应小于轴瓦长度的 2/3。

2. 压铅丝测量法

测量时选用的铅丝直径不能太大或太小，最好为规定顶间隙值的 1.5~2 倍，长度为 30~100mm，铅丝应柔软（将铅丝加热到 140℃ 后放入水中淬火）。测量时，先把轴承盖打开，将小段铅丝涂上一点油脂，放在轴颈上部及轴承上下瓦的接合处，如图 18-20 所示，然后盖上轴承盖，均匀地拧紧轴承盖螺栓，待螺栓紧到位后，再松开螺栓，取下轴承盖，用游标卡尺测量出每节铅丝压扁了的厚度，再按公式求出轴承的顶间隙。计算方法为：将各个轴颈上方铅丝的厚度，减去相对应位置轴瓦结合面上铅丝厚度的平均值，各差额的平均值即等于轴承顶间隙的平均值，即：

$$A_1 = \frac{a_1 + b_1}{2}; \qquad A_2 = \frac{a_2 + b_2}{2}$$

因此得顶间隙的平均值为：

$$\Delta = \frac{(c_1 + A_1) + (c_2 - A_2)}{2}$$

当顶间隙的测量数值超过极限数值时，应通过减少瓦口调整垫片厚度来进行调整，以使其顶间隙值恢复到初始间隙数值。与此同时，还应检查下瓦面上轴颈与轴瓦磨损后的接触角，若接触角接近或达到 120° 时，说明下瓦磨损已达极限，必须在减少调整垫片的同时刮下瓦，使接触角恢复到初始接触角。当测量轴套径向最大间隙达到或超过极限允许间隙数值时，说明轴套磨损严重，应当更换轴套。

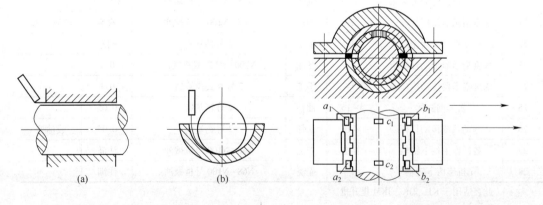

图 18-19　用塞尺检查轴承间隙　　　　　图 18-20　压铅丝法测量顶间隙

（七）轴瓦及轴套的刮研

运转中轴颈和轴瓦之间要发生摩擦，轴颈和轴瓦的表面愈光滑则摩擦阻力愈小，同时又应当使轴颈的压力均匀地分布在轴瓦表面上。对刮研轴瓦的要求，不仅要使轴颈与轴瓦接触细密、均匀，而且还要使轴承具有一定的间隙，所以刮研轴瓦是一项细致而又费时的工作。

刮研主轴轴瓦是提升机安装中很重要的一道工序，瓦刮研工作的好与坏，直接关系着安装质量和轴承寿命。轴瓦的刮研次数越少越好，因轴承合金的厚度尺寸有限，所以这项工作必须慎重做好。

1. 刮瓦时盘车方法

（1）刮轴瓦时先在轴颈上轻轻地涂一层显示剂，然后盘车。由于提升机主轴装置重量大，盘车次数又多，人工盘车有困难，因此采用如图 18-21 所示的方法进行盘车。具体方法是在滚筒上将两根钢丝绳分别缠绕成正出、反出两个方向各 4~5 圈，钢丝绳头一端与滚筒固定，另一头与绳钩连接。盘车时开动小绞车，牵引钢丝绳使滚筒转动。正反转盘车时，只需倒换一下绳钩卡环即可。

（2）盘车时，为了防止轴瓦与轴一起转动，采用如图 18-22 所示的方法固定轴瓦。在轴瓦瓦口的对角处，放置两组压板，利用轴承座的螺栓孔将其固定，并在固定螺栓的外径套一个适当长度的钢管，然后拧紧螺母。但要注意，两边的压板不能过长碰轴。

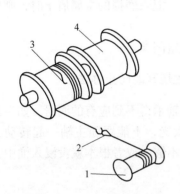

图 18-21 用小绞车盘车示意图

1—小绞车；2—卡环；3—绳钩；4—滚筒

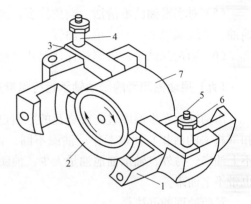

图 18-22 盘车时轴瓦固定方法

1—轴承体；2—轴下瓦瓦衬；3—压板；4—套筒；

5—固定螺栓；6—螺母；7—轴颈

2. 轴瓦的刮研要求

轴瓦间隙的测定、调整，按前面讲述的方法进行。刮瓦时要设专人，中途尽量不换人，防止发生责任事故和增加刮瓦时间。当轴瓦刮研即将完成时，要注意复测主轴的水平度。刮瓦的工作程序是一遍狠、二遍稳、三遍准。下瓦的接触点应中间密两边逐渐变疏，接触面与非接触面间不应该有明显界线。

3. 主轴瓦的刮研流程

对主轴承梁进行二次灌浆后，经过一周即可进行轴瓦的刮研工作。刮轴瓦时，要根据着色点接触情况，对轴瓦进行全面判断后，刮去部分或全部接触点，根据两个轴瓦的情况，有时刮一个瓦，有时刮两个瓦。刮瓦一定要以轴刮瓦，刮瓦时要掌握一遍狠，二遍稳，三遍准。刮瓦时要使轴颈与轴瓦的接触点、接触角、间隙合乎要求，一般工作方法是应先刮接触点，与此同时照顾接触角，最后刮侧间隙。刮瓦时要勤换刮研方向（第一遍向左，第二遍向右），以免将轴瓦刮偏。

（八）滑动轴承温升过高甚至造成烧瓦事故的预防措施

提升机的主轴承、减速器轴承，不少是滑动轴承，特别在 20 世纪 80 年代末以前国产的提升机，更大部分是滑动轴承。滑动轴承在工作中，由于供油量不足，或油的黏度达不到要求时，不能形成足够厚的油膜，轴和轴承合金之间便会直接接触，引起轴承的磨损，同时产生大量热量。油流不能把它完全带走，轴承温度便会越转越高。如果不能及时发现，甚至供油中断，当温度升高到合金熔点时，轴承表面局部被熔化，便发生烧瓦事故。

由于油质不清洁、混入硬质杂物、轴瓦间隙过小，也能引起轴承产生高温。预防和处理的措施有：

（1）保证合适的供油量，在运行中加强检查，及时调整。

（2）保证油的质量，不用不合格的润滑油。

（3）随时检查轴承温度，发现异常时，应停车处理。

（4）已经发现烧瓦事故时，应分解轴瓦进行检查。如烧瓦不严重时，可以用刮刀进行刮研即可；如很严重则应重挂合金。

（5）对润滑油已不清洁、杂质较多，或使用日久、混入磨损的金属屑末时，则应重新换油，清洗润滑系统的油箱、油管。

（6）轴瓦间隙小，可调整瓦口垫片厚度，保持规定间隙。

（九）用油圈润滑的滑动轴承运行温度过高或产生烧瓦的防止办法

滑动轴承发生温度过高或烧瓦的原因也是缺油，轴承得不到应有的润滑。如：油圈脱扣（搭头的活扣）而被卡住；油圈不圆；油圈内圆太光，不能跟随主轴一起转动，而带不上油来；另外，轴承油池油量太少，油圈浸入深度不够，或者根本就没浸入油中，因而也带不上油来。

预防处理的办法是：

（1）经常检查油圈工作情况，发现松扣，及时紧固；发现脱扣，应将其连接；发现油圈不转，应处理内表面，使其粗糙一些。

（2）油圈入油面深度，应在 $0.1 \sim 0.14D$（D 为油圈直径）。油池油量应保持在规定深度。

（3）油圈最好用黄铜制作，在油圈内表面车几个窄圆槽，可以增加其带油能力。

（4）更换椭圆的油圈。

（十）制动系统的调整

1. 安全制动（或安全制动第一级）的空动时间与《煤矿安全规程》规定

空动时间是指由保护回路断电时起至闸瓦刚刚接触到闸轮的一段时间。《煤矿安全规程》规定：压缩空气驱动闸瓦式制动闸不得超过 0.5s，储能液压驱动闸瓦式制动闸不得超过 0.6s，盘式制动闸不得超过 0.3s。对斜井提升，为了保证上提紧急制动不发生松绳而必须延时制动时，上提空动时间可以不受本规定的限制。盘式制动闸的闸瓦与制动盘的间隙不大于 2mm。安全制动施闸时，杠杆和闸瓦不得发生显著的弹性摆动。空动时间是灵敏性、可靠性的重要指标。

为了保证制动器正常地进行工作，必须正确地调节闸瓦与制动轮或制动盘的间隙。间隙调节正确，制动时就灵敏可靠，工作缸的活塞行程就可以缩短，也就减少了制动器空行程的时间。因此对制动器间隙调整是一项非常重要又仔细的工作。

2. 角移式制动器的调整

（1）制动器闸瓦的调整。

1）在制动时应使每个制动梁上的闸瓦与制动轮的接触面积不小于闸瓦总面积的60%，必须在滚筒没有挂钢丝绳之前试验，调整闸瓦。

2）在松闸时，闸瓦与制动轮的间隙，在闸瓦中心处不大于2.5mm，两侧闸瓦间隙不大于0.5mm。用一个止推螺栓（操纵台前面的制动梁）调整和限制闸瓦与制动轮的间隙和离开距离。

3）制动闸瓦应紧紧地贴在梁上，并用沉头螺栓拧紧。

（2）传动杠杆系统。

1）在松闸时，各传动杠杆应灵活，闸瓦应迅速地离开制动轮形成规定的间隙。

2）制动系统的所有接合处应定期注油，保证各销轴不松动，不缺油，转动灵活、可靠。

（3）重锤液压蓄力器的调整。

1）齿轮泵的旋转方向应是顺时针方向（从齿轮泵传动装置的一头看过去）。在泵开动时，油压不许超过0.7MPa，带重锤的活塞应平稳上升，不得急跳，油泵工作和停止时油压的动荡值不得大于0.05MPa，否则应进行检查、调整、处理。

2）必须用每个齿轮泵检查液压蓄力器的工作5~6次以上。油从油缸出来经过泄油旋塞排到集油箱，在齿轮泵停止时，溢出蓄力器漏过止回阀和其他装置的油，在15min内，不超过1L（或重锤在15min内下降距离不得超过50mm），油缸导管和其他装置不得有漏油现象。

3）蓄力器的检查如图18-23所示。蓄力器支柱上装有连杆17、终点开关5（两个开关）和触头18、19，当重锤下落距下面木衬垫位置100mm时，连杆17应碰击终点开关下面连杆，电路接通，使齿轮泵开动，当重锤由木衬垫上升800mm时，连杆17应碰击终点开关上面连杆，此时电路切断，齿轮泵停止运转。

（4）液压传动装置的调整。

1）四通滑阀的上下行程必须与电磁铁上下行程一致，其行程为50mm，当电磁铁断电时，四通阀的滑阀不应落到最低位置，滑阀与底部应有2~3mm的间隙，以免电磁铁断电时，滑阀与缸底相碰。电磁铁通电与断电时，滑阀上升与下降的动作应在瞬时内就随同产生，其上升下降的距离要等于行程全高。

2）当压力调节器（三通阀）、滑阀杆与差动杠杆相连，而差动杠杆端有一关节未与制动杠杆的拉杆连接时，用动方法使滑阀上下移动（至两尽头）应是很灵活的。

当未连接滑阀时，斜面操纵台上制动手把的移动也应当很灵活，制动手把与手把架上的弧形板之间，不应有摩擦。所有工作制动用的杠杆系统与压力调节器的滑阀连接之后，移动制动手把到"抱闸"或"松闸"极端位置时，不应有费力的感觉。制动手把在抱闸位时，有定位滚子来固定手把，其作用是不允许任意将手把从抱闸位置向前移动。该定位滚子的工作应当可靠无误。

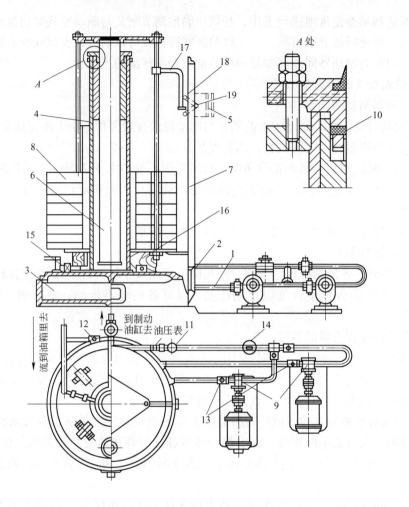

图 18-23　KJ 型提升机蓄力器示意图

1—输油管；2—油标；3—油箱；4—油缸；5—终点开关；6—活塞；7—支撑架；8—重锤；9—齿轮泵；
10—皮碗；11—止回阀；12—安全阀；13—直通旋塞；14—薄片过滤器；15—泄油旋塞；
16—木衬垫；17—连杆；18—开车触头；19—停车触头

压力调节器的最初位置是：

① 制动器液压传动装置的主杠杆，应是往上提升的位置，此时活塞与制动油缸盖接触，而制动重锤位于上端位置。

② 压力调节器的滑阀提升到顶端的位置。

③ 执行机构的杠杆应在"松闸"的位置。

④ 四通阀的滑阀和通电的电磁铁在上面位置。

3）制动器的试验和调整。

重锤液压蓄力器油箱内的油经油泵压入蓄力器的油缸，其重锤位置及压力达到定值后，再将通向压力调节器（三通阀）、四通阀及制动缸输油管上的阀门慢慢打开，使压力油输入到压力调节器、四通阀、制动缸内。制动系统充满压力油后，应仔细地检查一遍，是否有漏油现象，是否有不符合规定和要求的部位，否则应进行处理和调整。用手将差动杠杆慢慢地向下推，使压力下降，压力油从制动缸内排出，重锤下落，提升机处于制动状态。

当抱闸后，重锤的动作应灵活，迅速可靠。活塞行程（即重锤的最大行程）不得超过409mm。松闸与抱闸应连续进行多次的试验，以保证其动作可靠。将制动手把置于松闸位置（即位于司机最前位置）。

当制动手把由"松闸"极限位置回转全行程的1/8时，主杠杆及重锤应开始下落，否则应重新调整。制动手把的死行程是由于压力调节器的滑阀堵住出油孔和进油孔而产生的。为了使制动重锤保持在最上面稳定位置，压力调节器的滑阀应经常把进油孔稍微打开一点，使少量的油从液压蓄力器流到制动油缸里，以便补充制动油缸内泄漏的油。为了调整制动手把的死行程，各拉杆的一端为左螺纹，一端为右螺纹，以便调整时使用。

为使压力调节器的滑阀适应制动手把的需要，可缩短或增长拉杆的长度，以便调整。在制动手把开始动作时，应有最小的行程，这样就可能利用手把的移动直接使制动器动作。

从"松闸"位置移动制动手把，会引起重锤及制动杠杆相应的移动直至制动系统的弹性变形使重锤平衡时为止。继续移动制动手把，使压力调节器的滑阀也往下移动，从而将出油孔打开。制动手把由"松闸"位置移至"抱闸"位置及在相反方向移动时应一样灵活而不费力。在制动器动作时，手把的移动必须使制动重锤有相应的移动，当手把在某一中间位置固定时，重锤也应在某一稳定的中间位置。

当工作制动调整好后，就应该用四通阀上的电磁铁来调整、检查安全制动的工作情况。电磁铁的行程为50mm，当电磁铁芯向上吸时，四通阀的滑阀不应顶到头，必须保证有2~5mm的间隙，以免电磁铁通电时滑阀与顶盖相碰。当电磁铁断电时，滑阀也不应与底盖相碰，但两者之间的间隙不得大于3mm，此时，四通阀的出油孔应完全打开，使制动油缸的油流入油箱。当电磁铁通电与断电时，与四通阀相连的铁芯应随之上升和下降，从电磁铁断电时起，制动重锤落下的时间不得超过0.5s。

3. 平移式制动器的调整

（1）制动器调节顺序。

1）将制动梁与制动轮置于抱紧状态。

2）拧动顶丝使其与制动梁相接触（闸瓦与制动轮必须处在制动的情况下），同时将辅助立柱的拉杆调整好，这样才能保证制动轮与闸瓦间具有均匀的间隙。

3）在提升机抱闸的时候，必须保证顶丝与制动梁间的间隙为2mm，所以在松闸时，制动梁也就离开制动轮2mm。

4）闸瓦与制动轮间的间隙应保持最小的间隙，最大不得超过2mm。司机必须每班检查。当汽缸的活塞达到了最大的行程120mm时，闸瓦与闸轮间不得有任何间隙的存在。

5）拉紧上下水平横拉杆，使杠杆位于水平位置，同时，连接螺帽应适当地旋在一对垂直拉杆上，旋在拉杆上的螺纹长度不小于拉杆的直径，但也不大于直径的 $1\frac{1}{2}$。

在调整上下拉杆时应在松闸的情况下进行，必须保证工作汽缸的活塞降到汽缸的底部，活塞与缸底的间隙应保持5~10mm。

（2）闸瓦磨损后制动器的调节。

1）随着闸瓦磨损，顶丝与制动梁间的间隙会逐渐增加。因此，必须经常将顶丝向前拧动，使间隙在制动的情况下保持 2mm。

2）随着闸瓦的磨损，在制动器松闸时若制动梁的上部与闸轮仍接触而产生摩擦，则需按（1）中第 2）条所述的方法进行调节。

当工作汽缸的活塞行程太大，超过 80mm 时，必须利用拉紧螺帽拉紧垂直拉杆，直至活塞行程正常为止。

若拉紧螺帽已拧至极限位置时，则按（1）中第 5）条所述方法利用上下水平拉杆继续调节。当拉杆的全部螺纹已使用完时，而活塞行程仍旧继续增加时，就必须重新更换闸瓦。

（3）闸瓦的更换。

1）更换闸瓦时，两提升容器必须空载并置于井筒的中间位置（交缝处），挂牢锁。

2）把工作制动手把扳到"抱闸"位置。

3）在安全制动器的重锤下面垫以木块，以防重锤下降。

4）把安全制动手把扳到"抱闸"位置，关闭空气总管与空气筒相连接管上的闸门。

5）将顶丝旋出，松开水平拉杆，使闸瓦与制动轮间有足够更换闸瓦的距离。

6）分开制动梁，取下旧闸瓦，装上新闸瓦。闸瓦的材质必须用柳木或杨木制作，应注意不得用木芯制作，不用湿的和有裂缝的木料制作。

7）安装闸瓦时应细心地找正、垫平，必须保证其接触面积不低于 60%以上。

8）利用拉紧螺杆、顶丝和辅助立柱等调节闸瓦与制动轮间的间隙，使环抱着的全部弧线间每一处的正常间隙为 2mm，然后再将螺帽紧固好。

9）打开阀门进行充气，拿掉垫木块，将提升机刹住。

10）在制动的情况下，将闸瓦的固定螺栓拧紧，然后拿去锁，以试运行。

4. 盘形制动器的调整及液压站、斜面操作台与电控调试

（1）盘形制动器装置的调整。

1）放气装配制动器及管路或维修后重新充油时都必须放出管路和制动油缸中的空气，如不放出空气对制动器的功能有很大影响。其方法是给制动油缸以 0.5MPa 的低油压充入油缸，再慢慢地拧松放气螺钉，直到有气和油冒出为止，随即将放气螺钉拧紧。

2）压缩弹簧先将闸瓦间隙指示器的指针取下，旋出调节螺母紧固螺钉，再旋转调节螺母，使闸瓦紧贴于制动盘上，然后充入机器给定的最大工作油压 p_x，此时碟形弹簧组即被压缩。

3）调节闸瓦间隙，在油缸内充入最大工作油压的状态下，用扳手旋转调节螺母，使闸瓦逐渐靠近制动盘工作面，同时用一块 1mm 厚的钢尺置于制动盘与闸瓦之间，当能用手紧紧地抽出时，表示闸瓦间隙已到 1mm，反复试验数次，以求无误。

4）调整闸瓦间隙指示器和弹簧疲劳指示器，分别调到闸瓦间隙达到 2mm 时和弹簧疲劳量为 1mm 时，微动开关应动作。

（2）液压站和斜面操作台与电控进行联合调试。

1）制动手把在全抱闸位置时，斜面操作台上的毫安表电流读数为零。制动油缸压力表残压 $p \leqslant 0.5MPa$。

2）制动手把在松闸位置时，记录毫安表电流值 $I_{MN}/2$；制动油缸应为最大工作油压值 p_x。

3）制动手把在中间位置时，毫安表读数应近似为 $I_{MN}/2$，而油压值应近似为 $p_x/2$。根据 I_{MN} 调整控制屏上的电阻，保证自整角机转角为手把全行程。应尽量减少手把空行程。

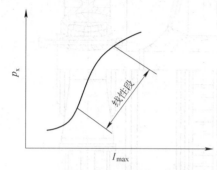

图 18-24　电流和油压特性曲线图

4）测定制动特性曲线，应近似为直线关系，即电流和电压应成为近似正比关系。其方法是：将制动手把由抱闸位置到全松闸位置分若干等距级数（一般可分为 15 级左右），手把每推动一级，记录毫安表电流值和油压值，手把从全制动位置逐级拉回到全制动位置各做三次，根据记录的电流和油压值作出图 18-24 所示的特性曲线图，作为整定其他部分的依据。最后调整好后，再进行制动器闸瓦间隙的调整，并确定闸瓦贴闸时的油压和电流值。将确定后的贴闸电流和全松闸、全抱闸的电流值供电器控制部分作为初步整定电控的依据。最后电控整定所需的电流值，还要到负荷试车阶段才能最后确定，因负荷试车时，最大工作油压值还要调整，因此电流值还要改变。

技能拓展

一、多绳摩擦提升机

（一）JKM 型多绳摩擦提升机的主轴装置

JKM 型多绳摩擦提升机主轴装置如图 18-25 所示，由主导轮、主轴、滚动轴承和锁紧装置组成。主导轮是用 16Mn 钢板焊接而成。大型的多绳摩擦提升机（2.8/4 以上）的主导轮带有支环结构，以增加主导轮的刚度。制动盘焊接在主导轮的端部，近年来，为了克服运输和安装的不便，制动盘采用组合方式连接，即用螺栓把制动盘与主导轮连接起来。根据提升能力的大小不同，提升机配备的制动器数不同。

主轴用 45 号钢锻造后经过加工而成。主轴与减速器（或电动机）采用刚性联轴器连接。主轴与铸钢轮毂采用热压配合。

主轴装置轴承采用滚动轴承（双列向心球面滚子轴承），右端滚动轴承由两端盖固定，不允许有轴向窜动，左端滚动轴承外圈两端盖与端盖止口之间留有 1~2mm 间隙，以适应主轴受力弯曲和热胀冷缩而产生的轴向位移。每侧轴承端盖上下都有油孔，供清洗轴承时注放油使用，清洗完毕后油孔用丝堵堵死，防止脏物侵入。

（二）锁紧装置

锁紧装置为一枪栓式结构，主要是在更换钢丝绳、摩擦衬垫，维修盘形制动器时，为保证安全而设置的辅助部件。目前大多数 JKM 型提升机已不用锁紧器，而用一组或几组盘形制动器来锁紧主轴装置。

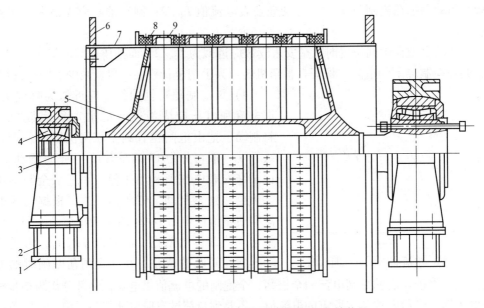

图 18-25 JKM（D）型多绳摩擦提升机主轴装置

1—垫板；2—轴承梁；3—主轴；4—滚动轴承；5—轮毂；6—制动盘；7—主导轮；8—摩擦衬垫；9—固定块

摩擦衬垫（见图 18-26）是用固定块和压块（由铸铝或塑料制成）通过螺栓固定在筒壳上，不允许在任何方向有活动。由于摩擦提升是靠摩擦力来传递动力的，并且摩擦衬垫还要承担提升钢丝绳、容器、货载、尾绳的重力及运行中产生的动载荷与冲击载荷，所以要求摩擦衬垫必须具有足够的摩擦系数和较高的抗压强度及耐磨损能力。为此，要求摩擦衬垫具有下列性能：

（1）与钢丝绳对偶摩擦时有较高的摩擦系数，且摩擦系数受水、油的影响较小；

（2）具有较高的比压和抗疲劳性能；

（3）具有较高的耐磨性能，磨损时粉尘对人和设备无害；

（4）在正常温度范围内，能保持其原有的性能；

（5）材料来源容易，价格便宜，加工和安装方便；

（6）应具有一定的弹性，能起到调整一定的张力偏差的作用，并减少钢丝绳之间蠕动量的偏差。

衬垫的上述性能中最主要的是摩擦系数，提高摩擦系数将会提高提升设备的经济效果和安全性。

我国以前在多绳摩擦提升机上主要采用聚氯乙烯（PVC）衬垫。20 世纪 80 年代末已开始使用聚氨酯橡胶衬垫，摩擦系数可达 0.23 以上。近两年来，有关科研人员又研制出新型高性能的摩擦衬垫，并已投入使用（摩擦系数可达 0.25 以上）。摩擦衬垫在使用中一定要压紧，要经常检查固定螺栓的紧固程度；要保持其清洁，不允许粘上油类，以防止降低摩擦系数。

（三）车槽装置

车槽装置（见图 18-27）的用途是在机器安装和使用过程中，在主导轮衬垫上车制绳

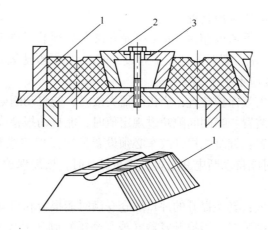

图 18-26 衬垫结构及安装示意图
1—衬垫；2—压块；3—螺栓

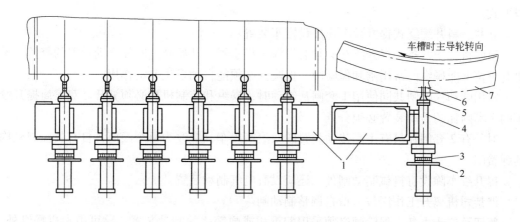

图 18-27 车槽装置
1—车槽架；2—手轮；3—刻度环；4—刀杆导套；5—刀杆；6—车刀；7—主导轮衬垫

槽，并根据磨损情况，不定期地对绳槽进行车削，以保证各绳槽直径相等，磨损均匀，并使各钢丝绳张力达到平衡。

车槽装置结构安装在主导轮的下方，每个摩擦衬垫上都有一个单独的车刀装置相对应，可以进行单独车削。在车削绳槽时，先将各车刀与校准尺对齐，并将各车刀装置的刻度调整到零位，然后转动手轮即可进刀或退刀。

二、《煤矿安全规程》对提升机和提升装置的相关规定

《煤矿安全规程》对提升机和提升装置有下列规定：

第四百二十七条 提升装置必须装设下列保险装置，并符合下列要求：

（一）防止过卷装置：当提升容器超过正常终端停止位置（或出车平台）0.5m 时，必须能自动断电，并能使保险闸发生制动作用。

（二）防止过速装置：当提升速度超过最大速度 15% 时，必须能自动断电，并能使保险闸发生作用。

（三）过负荷和欠电压保护装置。

（四）限速装置：提升速度超过 3m/s 的提升绞车必须装设限速装置，以保证提升容器（或平衡锤）到达终端位置时的速度不超过 2m/s。如果限速装置为凸轮板，其在一个提升行程内的旋转角度应不小于 270°。

（五）深度指示器失效保护装置：当指示器失效时，能自动断电并使保险闸发生作用。

（六）闸间隙保护装置：当闸间隙超过规定值时，能自动报警或自动断电。

（七）松绳保护装置：缠绕式提升绞车必须设置松绳保护装置并接入安全回路和报警回路，在钢丝绳松弛时能自动断电并报警。箕斗提升时，松绳保护装置动作后，严禁受煤仓放煤。

（八）满仓保护装置：箕斗提升的井口煤仓仓满时能报警和自动断电。

（九）减速功能保护装置：当提升容器（或平衡锤）到达设计减速位置时，能示警并开始减速。

防止过卷装置、防止过速装置、限速装置和减速功能保护装置应设置为相互独立的双线形式。

立井、斜井缠绕式提升绞车应加设定车装置。

第四百二十八条　提升绞车必须装设深度指示器、开始减速时能自动示警的警铃与不离开座位即能操纵的常用闸和保险闸，保险闸必须能自动发生制动作用。

常用闸和保险闸共同使用 1 套闸瓦制动时，操纵和控制机构必须分开。双滚筒提升绞车的 2 套闸瓦的传动装置必须分开。

对具有 2 套闸瓦只有 1 套传动装置的双滚筒绞车，应改为每个滚筒各自有其控制机构的弹簧闸。

提升绞车除设有机械制动闸外，还应设有电气制动装置。

严禁司机离开工作岗位、擅自调整制动闸。

第四百二十九条　保险闸必须采用配重式或弹簧式的制动装置，除可由司机操纵外，还必须能自动抱闸，并同时自动切断提升装置电源。

常用闸必须采用可调节的机械制动装置。

对现用的使用手动式常用闸的绞车，如设有可靠的保险闸时，可继续使用。

用于辅助物料运输的滚筒直径在 0.8m 及其以下的绞车或提升重量在 8t 以下的凿井用稳车，可用手动闸。

第四百三十条　开凿立井时，悬挂吊盘、水泵和其他设备的稳车，必须装设可靠的制动装置和防逆转装置，并设有电气闭锁。

第四百三十一条　保险闸或保险闸第一级由保护回路断电时起至闸瓦接触到闸轮上的空动时间：压缩空气驱动闸瓦式制动闸不得超过 0.5s，储能液压驱动闸瓦式制动闸不得超过 0.6s，盘式制动闸不得超过 0.3s。对斜井提升，为保证上提紧急制动不发生松绳而必须延时制动时，上提空动时间不受此限。盘式制动闸的闸瓦与制动盘之间的间隙应不大于 2mm。保险闸施闸时，杠杆和闸瓦不得发生显著的弹性摆动。

第四百三十二条　提升绞车的常用闸和保险闸制动时，所产生的力矩与实际提升最大静荷重旋转力矩之比 K 值不得小于 3。对质量模数较小的绞车，上提重载保险闸的制动减速度超过本规程第四百三十三条所规定的限值时，可将保险闸的 K 值适当降低，但不得小于 2。凿井时期，升降物料用的绞车 K 值不得小于 2。

在调整双滚筒绞车滚筒旋转的相对位置时，制动装置在各滚筒闸轮上所发生的力矩，不得小于该滚筒所悬重量（钢丝绳重量与提升容器重量之和）形成的旋转力矩的 1.2 倍。

计算制动力矩时，闸轮和闸瓦摩擦系数应根据实测确定，一般采用 0.30~0.35；常用闸和保险闸的力矩应分别计算。

第四百三十三条 立井和倾斜井巷中使用的提升绞车的保险闸发生作用时，全部机械的减速度必须符合表 18-4 的要求。

表 18-4 全部机械的减速度规定值

减速度规定值/m·s⁻² 倾角 运行状态	<15°	15°≤θ≤30°	>30°
上提重载	≤A_c①	≤A_c	≤5
下放重载	≥0.75	≥0.3A_c	≥1.5

① $A_c = g(\sin\theta + f\cos\theta)$

式中 A_c——自然减速度，m/s²；

g——重力加速度，m/s²；

θ——井巷倾角，(°)；

f——绳端载荷的运行阻力系数，一般取 0.010~0.015。

对摩擦轮式提升绞车常用闸和保险闸的制动，除必须符合本规程第四百三十一条和第四百三十二条的规定外，还必须满足以下防滑要求：

（一）各种载荷（满载或空载）和各种提升状态（上提或下放重物）下，保险闸所能产生的制动减速度的计算值，不能超过滑动极限。钢丝绳与摩擦轮间摩擦系数的取值不得大于 0.25。由钢丝绳自重所引起的不平衡重必须计入。

（二）在各种载荷及提升状态下，保险闸发生作用时，钢丝绳都不出现滑动。

严禁用常用闸进行紧急制动。

计算或验算，以本条第二款第（一）项为准；在用设备，以本条第二款第（二）项为准。

第四百三十四条 主要提升装置必须配有正、副司机，在交接班升降人员的时间内，必须正司机操作，副司机监护。

每班升降人员前，应先开 1 次空车，检查绞车动作情况；但连续运转时，不受此限。

发生故障，必须立即向矿调度室报告。

第四百三十五条 新安装的矿井主要提升装置，必须经验收合格后方可投入使用。投入运行后的设备，必须每年进行 1 次检查，每 3 年进行 1 次测试，认定合格后方可继续使用。

检查验收和测试内容，应包括下列项目：

（一）本规程第四百二十七条所规定的各保险装置。

（二）天轮的垂直和水平程度、有无轮缘变形和轮辐弯曲现象。

（三）电气、机械传动装置和控制系统的情况。

（四）各种调整和自动记录装置以及深度指示器的动作状况和精密程度。

（五）检查常用闸和保险闸的各部间隙及连接、固定情况，并验算其制动力矩和防滑条件。

（六）测试保险闸空动时间和制动减速度。对于摩擦轮式绞车，要检验在制动过程中钢丝绳是否打滑。

（七）测试盘形闸的贴闸压力。

（八）井架的变形、损坏、锈蚀和震动情况。

（九）井筒罐道的垂直度及固定情况。

检查和测试结果必须写成报告书，针对发现的缺陷，必须提出改进措施，并限期解决。

第四百三十六条　主要提升装置必须具备下列资料，并妥善保管：

（一）绞车说明书。

（二）绞车总装配图。

（三）制动装置结构图和制动系统图。

（四）电气系统图。

（五）提升装置（绞车、钢丝绳、天轮、提升容器、防坠器和罐道等）的检查记录簿。

（六）钢丝绳的检验和更换记录簿。

（七）安全保护装置试验记录簿。

（八）事故记录簿。

（九）岗位责任制和设备完好标准。

（十）司机交接班记录簿。

（十一）操作规程。

制动系统图、电气系统图、提升装置的技术特征和岗位责任制等必须悬挂在绞车房内。

任务考评

本任务考评的具体要求见表18-5。

表18-5　任务考评表

任务18　矿井提升机的维护与检修				评价对象：　　　　学号：	
评价项目	评价内容	分值	完成情况	参考分值	
1	矿井提升系统的类型及工作原理	10		每组2问，1问5分	
2	矿井提升机的主要组成、作用及工作原理	10		每组2问，1问5分	
3	单绳缠绕式提升机的主要零部件的作用、结构及相关要求或规定	10		每组2问，1问5分	
4	矿井提升机的质量完好标准及日常维修事项	10		每组2问，1问5分	
5	《煤矿安全规程》对提升机和提升装置的规定	10		每组2问，1问5分	

任务 18　矿井提升机的维护与检修			评价对象：　　　　学号：	
评价项目	评价内容	分值	完成情况	参考分值
6	分组完成单绳缠绕式提升机的检修方案的制定	30		检修方案中检修顺序的正确性 15 分，检修内容的完整性 15 分
7	完整的任务实施笔记	10		有笔记 4 分，内容 6 分
8	团队协作完成任务情况	10		协作完成任务 5 分，按要求正确完成任务 5 分

能 力 自 测

18-1　矿井提升系统和提升设备主要由哪些部分组成？

18-2　简述矿井提升机的主要部件及作用。

18-3　简述矿井提升机的工作原理。

18-4　简述矿井提升机制动系统的作用及《煤矿安全规程》对制动装置的规定和要求。

18-5　简述盘闸式制动器的工作原理。

18-6　调绳离合器的作用是什么？

18-7　煤矿安全规程对深度指示器有哪些要求？

18-8　何时需要更换衬木？

18-9　轴承烧瓦的预防措施有哪些？

18-10　刮研轴瓦的注意事项是什么？

18-11　《煤矿安全规程》对提升机有哪些规定？

任务 19　矿井提升机的使用与操作

任务描述

提升机的操作、维修和管理人员都应当熟知和掌握矿井提升机的性能、结构、各部件的作用和动作原理，做到精心操作、精心维护、加强管理、严格执行各项规章制度，实行定期检修，及时排除隐患，消除不安全因素，这是确保提升机安全运行的重要措施。所以，要正确掌握提升机的操作方法。矿井提升机的操作主要包括正常操作、调绳操作和紧急停车。为了正确掌握提升机的操作方法，必须熟悉提升机的主要组成结构及工作原理，熟悉提升机操作台的组成及结构原理。

通过本任务学习，要求学生掌握矿井提升机的使用与操作方法。

知识准备

矿井提升机操作台的组成及结构原理

矿井提升机的操纵台上面装有操纵提升机的手把、开关和检测提升机工作情况的各种仪表。各种提升机的操纵台基本相同。

JK 型提升机常用的操纵台，如图 19-1 所示。操纵台上有两个手把，一是制动手把 21，一是电动机操作手把 20。司机左手扳动的是制动手把，该手把的作用是操纵制动系统进行抱闸和松闸，向前推为松闸，向后拉为抱闸。制动手把通过转轴与下面的自整角机连接，自整角机通过输出电压的变化，来控制液压站电液调压装置动线圈的电流，从而改变油液的压力，进而改变制动器的制动力矩。当制动手把推到最前位置时，自整角机发出最大电压，提升机处于全松闸状态；当制动手把拉回到最后位置时，自整角机发出最小电压——零电压，提升机处于全抱闸状态。手把由全松闸位置到全抱闸位置的回转角度为 70°，手把在这个角度范围内扳动时，自整角机的输出电压相应变化，从而改变液压系统油压，使制动系统获得不同的制动力矩。

司机右手扳动的是电动机操纵手把（通常称为主令控制手把），作用是控制主电动机的启动、停止和正反转。它通过下面的链条与主令控制器连接，使主电动机转子回路接入或切除电阻，以使提升机减速或加速。手把在中间位置时，主电动机处于断电状态；由中间位置向前推动时，主电动机反转（向前转动）；由最前位置拉回到中间位置，主电机减速直至断电停止，提升机完成一次提升。当手把由中间位置向后拉时，主电动机正转（向后转动）手把由最后位置推到中间位置，主电动机又减速至断电停止，提升机完成一次下放。

操纵台平面的中部装有四个转换开关，供机器过卷、调绳和转换提升机工作方式用。平面右侧装有 4 个主令开关、4 个按钮开关；左侧有 8 个按钮开关。在操作台斜面两侧还有 5 个电表、2 个油压表、12 个信号灯。若为动力制动时，应将指示控制回路的交流电压

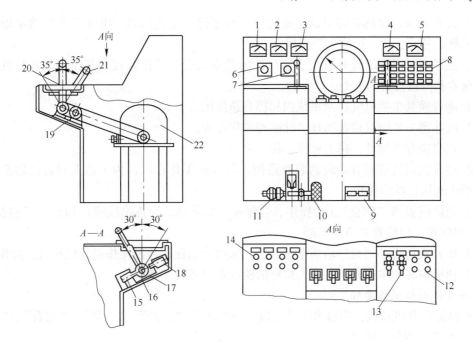

图 19-1 JK 型提升机操纵台

1—交流电压表（控制回路）；2—直流毫安表（指示调压装置动线圈电流）；3—直流电压表（测速发电机绳速指示）；
4—交流电压表（主电动机）；5—交流电流表（主电动机）；6—油压表（润滑油路）；7—油压表（制动油缸）；
8—信号灯；9—安全制动脚踏开关；10—动力触动脚踏开关；11—自整角机（控制电液调压装置）；
12、14—按钮开关；13—主令开关；15—限位开关Ⅰ（控制主电动机）；16—碰块Ⅰ；17—碰块Ⅱ；
18—限位开关Ⅱ；19—自整角机（直流拖动用）；20—操作手把；21—制动手把；22—主令控制器

表调装成直流电流表。在斜面中间装有一个圆盘深度指示器，用来指示提升容器在井筒中的位置。

操纵台底部装有一个紧急制动脚踏开关，当提升机在提升过程中发生异常情况时，只要踩踏此开关，提升系统即可进行安全制动，避免意外事故的发生。左侧装有一个供动力制动用的脚踏动力制动开关。在进行动力制动时，先踩后踏板，通过杠杆使行程开关动作，切断主电动机的高压交流电，投入动力制动直流电，接着踩前踏板转动自整角机，使自整角机在30°范围内转动，以调节动力制动的制动力矩。

操纵台左侧下部装有两个工作制动闭锁开关，由与制动手把相连的碰块所控制。

提升机的各种安全保护装置是保证提升机安全运转的重要技术措施，但是，若提升机司机操作不当，仍然会发生事故。因此，提升机的安全操作是很重要的工作。

〖任务实施〗

一、提升机操作前的准备

（一）对提升机司机的一般要求及操作要领

1. 对提升机司机的一般要求

提升机司机的责任重大，要求应非常严格，一般应达到如下要求：

（1）提升机司机应具有初中以上文化程度和懂得一定的机械、电气等方面的基础知识，并了解矿井采、掘、运的生产流程。

（2）熟悉自己所操纵提升机主要零部件的基本构造、动作原理及其作用，并且具有维护、保养和检修设备的能力。

（3）能看懂其主要电气控制系统图和提升速度图。

（4）应熟悉主要电气设备的技术性能和动作原理。

（5）司机应身体健壮，精力充沛，视、听力好。

（6）提升机司机应具有高尚的职业道德、严肃的工作作风，为了他人和自己的幸福而认真严格地执行操作规程。

（7）司机应做到"四会"（会操作、会保养、会维修、会排除故障）和向"三包制"（包开、包维护、包检修）方向发展。

（8）提升机司机必须经过培训考核合格，取得合格证，才准操作提升机和监护操作。

（9）司机应参加本提升机的各类检修的验收和试运转工作。

2. 提升机司机操作要领

有经验的提升机司机，通过多年的实践，总结出了"一严"、"二要"、"三看"、"四勤"、"五不走"的操作要领。

"一严"：严格执行《煤矿安全规程》及操作规程。在交接班上下人员和进行特殊吊运时，为保证提升工作的安全，两个司机必须一人操作，另一人监护。

"二要"：司机上了操纵台，手扶制动闸操纵手柄要坐端正，思想要集中。

"三看"：启动看信号、方向、卷筒绳的排列；运行看仪表、深度指示器；停机看深度指示器或绳记。做到稳、准、快，即启动、加速、减速、停机要稳；辨明方向要准，停机位置要准；做到铃响、灯亮、提升机转，操作中遇到异常现象大脑反应要快，采取措施要快。

"四勤"：司机下了操纵台，要勤听、勤看、勤摸、勤检查。

"五不走"：当班情况交代不清不走，任务没有完成不走，设备和机房清洁卫生搞不好不走，有故障能排除而未排除不走，接班人不满意不走。

（二）操作前的检查

操作前的检查包括：

（1）按巡回检查路线对重点检查部位进行一次检查。

（2）制动系统应处于制动位置。

（3）司机上岗要精神集中，端坐姿态应正确。

（4）启动前的准备按下列程序执行：

1）合上高压隔离开关。

2）合上辅助控制盘上的开关，向低压用电系统供电。

3）启动直流发电机组（指直流提升机）。

4）做好动力制动的直流电源供电工作（指用动力制动的提升机）。

5）启动润滑油泵。

6）启动空气压缩机（指用压缩空气控制的提升机）或制动油泵。

7）启动冷却水泵（指有水冷系统的提升机）。

二、提升机的运行操作

（一）提升机的操作

1. 启动（手动或半自动操纵的提升机）

启动操作如下：

（1）将保险闸操纵手把移至松闸位置。

（2）将常用闸操纵手把移至一级制动位置。

（3）根据信号所知的提升方向，将主令控制器扳到第一位置。

（4）缓缓松开常用闸启动，依次扳动主令控制器（半自动操纵的提升机一下移到极限位置），使提升机加速到最大速度。

2. 提升机启动运行中司机应注意的事项

提升机启动运行中司机应注意的事项如下：

（1）司机在整个操作过程中应精神集中，随时注意操纵台上的主要仪表的读数。

（2）提升机在运转中，司机应注意深度指示器的指示位置。

（3）随时注意各转动部位在运动中的声响。

（4）注意信号盘信号的变化。

（5）注意钢丝绳在卷筒上（指单绳缠绕式提升机）的排列是否正常。

（6）提升机在运转中发现下列情况之一时，应立即断电，工作闸制动停机：

1）电流过大，加速太慢，启动不起来。

2）压力表（气压和油压）指示的压力不足。

3）提升机声响不正常。

4）钢丝绳在卷筒上缠绕（指单绳缠绕式提升机）排列发现异状。

5）出现不明信号。

6）速度超过规定值，而限速、过速保护又未起作用。

（7）提升机在运转中发现下列情况之一时，应立即断电，保险闸制动停机：

1）出现紧急停机信号或在加减速过程中出现意外信号。

2）主要部件失灵。

3）接近井口尚未减速。

4）其他严重的意外故障。

（8）提升机在常速运转时，电动机操纵手把应在推或扳的极限位置，以免启动电阻过度发热（交流电动机）。

3. 停机

停机操作如下：

（1）当发生减速警铃后，将主令控制器手把扳或推至断电位置，切断主电动机电源。

（2）给以机械减速（用工作闸点动施闸）。

（3）根据终点信号，及时正确地用工作闸闸住提升机。

4. 正常终点停机时司机应注意的事项

正常终点停机时，司机应注意的事项如下：

（1）当接近终点时，司机应注意深度指示器终端位置或绳记（指用提升机卷筒上绳记指示停机位置），随时准备施闸。

（2）使用工作闸制动时，不得过猛和过早，直流提升机应尽量使用电闸，机械闸一般在提升容器接近井口位置时才使用（紧急事故除外）。

（3）提升机减速时不准给反电顶车，必须将主令控制器手把放在断电位置，适当用闸。

（4）提升机断电的时机应根据负荷来决定，如过早，要给二次电；过晚，要过度使用机械闸。这两种情况都应尽量避免。

（5）停机后必须将主令控制器手柄放在断电位置，将制动闸闸紧。

（二）提升机运行中的有关规定及注意事项

1. 信号规定

提升机司机操作时必须按信号执行：

（1）每一提升机除有常有的声光信号（同提升机控制电路闭锁）外，还必须有备用信号装置。井口和提升机操纵台之间还应装设直通电话或传话筒。

（2）司机必须熟悉全部信号的使用，并逐步掌握信号系统线路，提高包机和处理事故的能力。

（3）司机如收到的信号不清或信号有疑问时，不准开机，应用电话问清对方，待信号工再次发出信号后，再执行运行操作。

（4）司机接到信号后，因故未能及时执行，司机应立即通知信号工，说明原因，申明前发信号作废，改发暂停，事后由司机通知信号工可以开机，待信号工重发信号，才可开机。

（5）司机不得无信号自行开机，需开机时，应通知信号工，待发来所需信号后，才可开机。

（6）提升机停止运转15min以上，需继续运转时，如信号工未与司机联系，就发了信号，那么司机应主动与信号工取得联系，经联系后，才可开机。

（7）司机如收到信号与事先口头联系的信号不一致时，司机不能开车，应与信号工联系，证实信号无误时，才准开机。

（8）提升设备检验期间，经事先通知信号工，可由信号工发送一次信号（以后不需再等信号），就可以自由开机，待工作完毕后应通知信号工。

（9）提升机正常运转中，如出现不正常信号时，司机应按提升机在启动运行中注意事项的要求，用工作闸或保险闸进行制动停机，然后取得联系，查明原因。

（10）全部信号（包括紧急信号和备用信号）每天应试验一次，以检查信号系统的动作是否可靠。

（11）常用信号发生故障时，司机应及时与信号工取得联系，改用备用信号。

2. 提升速度的规定

提升速度应严格按提升机的速度图和规定要求进行。

（1）提升机正常提升矿石或其他物料的加速、等速及减速的时间，不得小于技术定额规定的时间，当提升容器接近井口时，其提升速度不得大于2m/s。

（2）升降人员时的加速、等速及减速的时间必须不小于技术定额中对升降人员规定的时间。

（3）运送炸药或电雷管时，罐笼升降速度不得超过 2m/s；吊桶升降速度无论运送何种火药，都不得超过 1m/s。司机在启动和停车时，不得使罐笼或吊桶发生震动。

（4）吊运大型特殊设备及其他器材需要吊挂在罐底时，其速度应按具体情况由吊运负责人与司机临时商定，一般不超过 1m/s。

（5）用人工验绳的速度不大于 0.5m/s。

（6）调绳速度不大于 0.5m/s。

3. 监护制

（1）每台提升机，每班应有两名提升机司机值班，在进行以下提升时，应进行监护制，即一人操作，一人在旁边监护。

1）升降人员。

2）运送雷管、炸药等危险品。

3）调运大型特殊设备和器材。

4）提升容器顶上有人工作。

（2）监护司机的职责。

1）及时提醒操作司机进行减速、施闸和停机。

2）必要时监护司机可直接操纵保险闸操纵手柄或紧急停机开关。

3）在不需要监护时，非当值司机应进行巡回检查，擦拭机器，清理室内卫生，接待来人及其他必要的工作。

4. 提升机司机应遵守的纪律

（1）在操作时间内，禁止与人谈话。

1）信号联系只能在停机时进行，开机后不得再打电话联系。

2）对监护司机的示警性喊话，禁止对答。

（2）司机在操作时间禁止吸烟，在接班上岗后严禁睡觉、打闹。

（3）司机操作时不得擅离操纵台。

（4）司机应轮换操作，每人连续操作一般为半小时，最长不得超过一小时，但在一钩提升中，严禁换人。

5. 检查与调整中司机应注意的事项

（1）提升机的一切拆修和调整工作，均不得在运转中进行，也不得擦拭各转动部位。

（2）提升机司机应提高维护检修能力，以逐步适应机制要求。

（3）在检修人员重新校对与调整机件前（如深度指示器，过速、限速保护装置，制动闸机构以及各指示仪表等），司机应主动了解校对与调整的原因、目的；校对与调整后应了解其结果。

（4）提升机经过大修后，必须有主管负责人、检修负责人会同司机进行下列验收工作，全部无误后才能正式运转。

1）对各部件进行外表检查。

2）根据检修的内容要做相应的测定即实验（如检修了提升机的制动阀，就要测定空行程时间，保险制动时的减速度值）。

3）空负荷和满负荷运转各不少于 5 次。

（5）提升机进行下列工作后，必须经过额定负荷提升实验，才能正式运转。

1）更换新绳 8 次以上。

2）更换提升容器、连接装置 5 次以上。

3）剁绳头 3 次以上。

4）吞绳根 3 次以上。

6. 提升机运转中的检查及注意事项

（1）提升机在运转中，不担任操作的司机，每小时按巡回检查线路检查一次。

（2）电气方面检查电动机、发电机等运转设备的声音与温度是否正常。换向器、接触器、继电器等的动作是否灵活，线圈温度是否超过规定，启动电阻有无过热、发红、刺火等现象。

（3）机械方面检查轴瓦的温升及润滑情况是否正常，各处螺栓及销轴有无松动现象，制动系统的工作是否正常、可靠。

（4）安全保护装置过卷、松绳、紧急停车开关、紧急制动开关等工作情况是否正常。

（三）提升机调绳操作

1. 调绳操作

（1）两提升容器必须空载，并将游动滚筒上的容器置于井上装载位置，落下该侧保险闸。

（2）拉动调绳手柄，打开离合器。

（3）对游动滚筒轴套加油后再进行调绳。

（4）离合器合上之前，应进行对齿，并在齿上加油后，拉回调绳手柄使离合器闭合。

（5）当离合器啮合过紧，打不出或打不进时，可以送电使滚筒少许转动，如仍进、出困难，应检查原因，将故障排除，再进行离或合的工作。

（6）调绳期间，严禁作为单滚筒提升机进行单钩提升。

（7）调绳结束后，要进行空载运行，无问题后方可恢复正常的提升。

（8）调绳过程中不允许提升人员或重物。

2. 2JK-4×1.8/20E 型单绳缠绕式矿井提升机调绳操作方法（案例）

先将两容器拉空，对游动滚筒锁住地锁和相应的油路阀门，将"工作/调绳"开关打到中间的位置，"离合器合"指示灯亮。

（1）分离合器。

将"G_2 阀控制"旋钮打至右侧，此时 G_2 阀带电，然后选方向，打信号，启动液压站，推工作闸手柄，液压站油压上升，离合器开始分开。需安排相关人员在离合器处观察离合器分合情况，当离合器分到位后，应立即告知司机，司机将工作闸手柄收回，此时离合器应压住分到位行程开关，操作台上"离合器分"亮，"离合器合"不亮。

（2）单滚筒转。

离合器分到位后，将固定滚筒侧油路打开，将操作台的"SA2.13"即"调绳连锁"开关打至右侧，让安全回路接通，之后和正常开车相同，需打点，启动相应装置，实现单滚筒转车，直至转到相应合适位置后，再将操作台的"SA2.13"，即"调绳连锁"开关打至左侧，此时安全回路断开。

（3）合离合器。

将"G₁ 阀控制"旋钮打至右侧，此时 G₁ 阀带电，然后选方向，打信号，启动液压站，推工作闸手柄，液压站油压上升，离合器开始合。需安排相关人员在离合器处观察离合器分合情况，当离合器合到位后，应立即告知司机，司机将工作闸收回，此时离合器应压住合到位行程开关。操作台上"离合器合"亮，"离合器分"不亮。

调绳结束后，应将"调绳/工作"旋钮打回正常工作位，按下"故障解除"按钮，安全回路接通，即可正常开车。

至此，一次调绳结束。

班中巡回检查制度和绞车司机监护制度按照正常制度进行。

（四）2JK-2×1.2L 型单绳缠绕式矿井提升机操作规程（案例）

1. 一般要求

（1）操作工应经过培训合格后方可上岗。

（2）操作工必须熟悉所用提升机的结构、性能、工作原理和操作方法；熟悉信号联系方法；会检查、维修、润滑、保养提升机并会处理一般性的故障。

（3）操作工还必须了解斜巷长度、坡度、变坡地段、中间水平车场（甩车场）巷道支护方式、轨道状况、安全设施配置及轨道牵引车数。

（4）当班操作工必须头脑清醒、精力充沛。神志不清或有视听障碍者不得上岗开车。

2. 开车前的检查与准备

（1）提升机各连接件和锁紧件是否齐全。螺母、销子等有无松动、脱落，特别要注意检查基础螺栓和轴承体固定螺栓的紧固情况。

（2）液压调绳机构中的移动毂、拨动环每个班次都要注油 3~5 次，保持充分润滑，防止拨动环与移动毂相对旋转发生烧结。

（3）各制动装置的操作机构和传动杆件的动作是否灵活可靠，制动盘与闸瓦的间隙是否符合规定，施闸时操纵手柄的行程不得超过全行程的 3/4。

（4）深度指示器指示是否准确，检查过卷、超速、过电流和欠电压、脚踏开关等保护装置的动作是否灵敏可靠。

（5）各仪表指示是否正常，信号是否准确，声光设备是否齐全、可靠。

（6）合上高压电源柜的隔离开关，操纵台上电压表指示线路电压为 6kV，合上少油开关。

（7）合辅助柜内的自动开关，启动不间断电源（UPS）。

（8）将主令控制器手柄置于零位，工作闸手柄置于全抱闸位置，过卷复位转换开关置于工作位置。

（9）旋转闭合操纵台上钥匙开关，送上控制电源。此时若安全回路无故障，安全继电器吸合，操纵台上安全信号灯亮，安全电磁阀通电。至此，开车前准备工作完毕。

3. 提升机的正常运行的操作程序、注意事项

提升系统的运行可以分为启动、加速、等速、减速、爬行、施闸等几个阶段，一般有以下几种基本运行方式：启动加速—等速运行—减速—停车；验绳；调绳。

（1）启动加速—等速运行—减速—停车。

1）司机做好开车前的准备工作，等待开车信号；

2）开车信号，任何情况下只有当系统收到开车信号后才允许司机开车；

3）选向；

4）启动加速；

5）等速运行阶段控制线路无变化；

6）减速；

7）施闸停车。

（2）验绳方式。

利用将操纵台上的开关选择验绳方式，控制闸实现低速开车验绳。

（3）调绳方式。

本系列产品采用手动调绳，用户需要时再配备调绳联锁装置进行调绳。

4. 提升机运行时的注意事项

（1）必须看准、听清声光信号，信号不清或没听清不得开车。

（2）设备要慢速启动。启动时，控制器手柄向前（或向后）扳动，同时将常用闸逐步松闸，随着提升机的加速，将常用闸手柄和控制器手柄逐步扳到最大位置，严禁猛力一次扳到最大位置。

（3）提升机运行中司机不得与人交谈。

（4）上提停车时，应先逐步拉回控制器，后扳常用闸，逐步把常用闸扳紧。

（5）下放停车时，应先逐步扳回常用闸，后拉控制器，使控制器手柄拉到零位，直到把提升机放稳。

（6）运行中要严密注视各种仪表、指示灯、深度指示器及钢丝绳的排列和松绳情况，注意提升机各部位有无异常声响和异常气味，发现异响、异味、异状应立即停车检查。

（7）不允许电动机在不给电的情况下松闸下放重物。

（8）一般情况下不允许使用保险闸制动。只有在下列情况下方可制动或手动保险闸：

1）提升机长时间停止运转；

2）电动机过负荷或线路断电；

3）提升容器过卷；

4）提升机运转不平稳，钢丝绳打卷，电流急剧加大；

5）提升机机构损坏；

6）有碍人身安全。

特殊情况使用保险闸后，必须对钢丝绳、提升机部件等进行认真检查，排除故障后，方可恢复开机。

5. 停车后的注意事项

（1）提升机正常停车后，各种手柄都应放到零位；长时间停车或司机离开操作台时必须切断电源，闸住保险闸。

（2）司机停车后应经常检查提升机各部件情况，发现问题及时处理，处理不了的应及时汇报。

下班前必须认真填写运转日志，坚持在现场进行交接班。

任务考评

本任务考评的具体要求见表 19-1。

表 19-1 任务考评表

任务 19 矿井提升机的使用与操作				评价对象: 学号:
评价项目	评价内容	分值	完成情况	参考分值
1	矿井提升机操作台的组成及结构原理	10		每组 2 问，1 问 5 分
2	提升机司机操作要领	10		每组 2 问，1 问 5 分
3	提升机操作前的检查内容	10		每组 2 问，1 问 5 分
4	提升机运行中的有关规定及注意事项	10		每组 2 问，1 问 5 分
5	提升机调绳操作方法	10		每组 2 问，1 问 5 分
6	分组完成提升机操作前的检查，并按要求操作提升机	30		检查 10 分，操作 20 分
7	完整的任务实施笔记	10		有笔记 4 分，内容 6 分
8	团队协作完成任务情况	10		协作完成任务 5 分，按要求正确完成任务 5 分

能 力 自 测

19-1 简述矿井提升机操作系统的组成和作用。

19-2 提升机操作前的准备与检查有哪些？

19-3 提升机运行中检查注意事项有哪些？

19-4 通过学习你对提升机操作工作有何认识？

任务 20　矿井提升钢丝绳的使用与维护

任务描述

矿井提升钢丝绳的作用是悬吊提升容器并传递动力。它是矿井提升设备的重要组成部分。对提升钢丝绳的正确选择、合理使用和及时保养，是确保提升安全、延长钢丝绳使用寿命和经济运行的重要环节，因此对于提升钢丝绳必须予以足够的重视。

为了正确选择、合理使用、及时保养提升钢丝绳，就要了解钢丝绳的结构类型和特点，掌握钢丝绳的日常检查工作内容和《煤矿安全规程》对钢丝绳的有关要求，掌握钢丝绳的注（涂）油操作、检验，熟悉换绳的方法。

通过本任务学习，要求学生掌握提升钢丝绳的使用与维护方法。

知识准备

一、钢丝绳的结构

钢丝绳都是丝-股+芯-绳结构，即先由一定数量的钢丝捻成绳股，再由一定数量的绳股围绕绳芯捻制成绳。图 20-1 所示为钢丝绳各部分的名称。

钢丝绳的钢丝为优质碳素结构钢冷拔而成的，钢丝的直径一般在 0.2~4.4mm。直径过细的钢丝易于磨损，过粗难以保证抗弯疲劳性能。钢丝的公称抗拉强度为 1370MPa、1470MPa、1570MPa、1670MPa、1770MPa、1870MPa。其中，1370MPa 只用于制造扁钢丝绳。在承受相同载荷情况下，抗拉强度大的钢丝绳，其绳径可以选小，但抗拉强度过高的钢丝绳可弯曲性差。通常矿井提升钢丝绳抗拉强度选用 1570MPa 和 1770MPa 为宜。

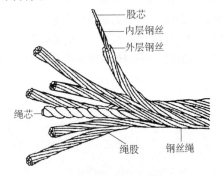

图 20-1　钢丝绳的结构

为了增加钢丝绳的抗腐蚀能力，钢丝的表面可以镀锌，称为镀锌钢丝，未镀锌的称为光面钢丝。钢丝的表面状态标记代号为：光面钢丝，NAT；A 级镀锌钢丝，ZAA；AB 级镀锌钢丝，ZAB；B 级镀锌钢丝，ZBB。

绳芯分为金属芯和纤维芯两种，其作用是：支持绳股，减少股间钢丝的接触应力，从而减少钢丝的挤压和变形；钢丝绳弯曲时允许股间或钢丝间相对移动，借以缓和其弯曲应力，并起弹性垫层作用，使钢丝绳富有弹性；储存润滑油，防止绳内钢丝锈蚀，并减少钢丝间的摩擦。绳芯的标记代号：纤维芯（天然或合成的），FC；天然纤维芯，NF；合成纤维芯，SF；金属丝绳芯，IWR；金属丝股芯，IWS。

二、钢丝绳的分类、特点及应用

（一）不同钢丝绳的种类、用途、韧性标志

钢丝绳种类可以按捻向分为同向捻和交互捻；或按接触方式分为点接触、线接触和面接触；或按绳股断面形状分圆形股和异形股。

钢丝绳的韧性标志分为特号、Ⅰ号和Ⅱ号三种。提升矿物用的钢丝绳可使用特号或Ⅰ号韧性的钢丝；提升人员用的钢丝绳必须使用特号韧性的钢丝；斜井提升物料用的钢丝绳可以使用Ⅰ号或Ⅱ号韧性的钢丝。

在同一钢丝绳的各股中，相同直径钢丝的公称抗拉强度应相同。不同直径的钢丝允许采用相邻的公称抗拉强度，但韧性号都应相同。

（二）钢丝绳的捻向、断面形状、股间接触方式及其特点

钢丝绳按捻法分为右交互捻（ZS）、左交互捻（SZ）、右同向捻（ZZ）、左同向捻（SS）四种，如图 20-2 所示。标记代号中，第一个字母表示钢丝绳的捻向；第二个字母表示股的捻向；"Z" 表示右捻向，"S" 表示左捻向。

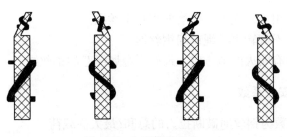

图 20-2　钢丝绳的捻向

钢丝绳股间接触方式，如图 20-3 所示。

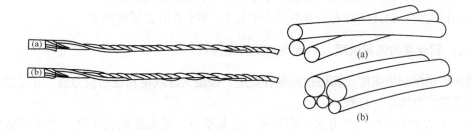

图 20-3　点接触和线接触钢丝绳区别示意图
（a）点接触；（b）线接触

（三）特种钢丝绳

特种钢丝绳有多层股不旋转钢丝绳、密封和半密封绳、扁钢丝绳。

（四）钢丝绳的标记说明

例：钢丝绳 6×37-15.0-1700-Ⅰ-甲-镀右同 GB 1102—74。

扁钢丝绳的标记：子绳数×子绳股数×子绳股的钢丝数，如扁钢丝绳 8×4×19。

（五）钢丝绳结构特点

（1）光面钢丝与镀锌钢丝（防锈）（外层粗抗磨、内层细柔韧）。

（2）断面形状与股间接触形式（决定丝间的安定性和耐磨性）。

（3）捻向（同向捻易检查、交互捻安定性高）等。

（六）选用钢丝绳结构时应考虑的因素

选用钢丝绳结构时应考虑的因素有：

（1）对于单绳缠绕式提升，一般宜选用光面右同向捻、断面形状为圆形股或三角股、点或线接触形式的钢丝绳；对于矿井淋水大，水的酸碱度比较高，以及在出风井中，腐蚀比较严重时，应选用镀锌钢丝绳。

（2）在磨损严重的条件下使用的钢丝绳，如斜井提升等，应选用外层钢丝尽可能粗的钢丝绳；斜井串车提升时，宜采用交互捻钢丝绳。

（3）对于多绳摩擦提升，一般应选用镀锌、同向捻且左右捻各半的钢丝绳，断面形状最好是三角股。

（4）罐道绳最好用表面光滑、耐磨的密封钢丝绳。

（5）尾绳最好用不旋转钢丝绳或扁钢丝绳。

（6）用于高温或有明火的地方时，最好用金属绳芯的钢丝绳。

（七）钢丝绳的安全系数

钢丝绳的安全系数为钢丝绳破断拉力的总和/最大静载荷。

（八）《煤矿安全规程》的有关规定

专为提人时，钢丝绳的安全系数不小于9，小于7时必须更换；

专为提物时，钢丝绳的安全系数不小于6.5，小于5时必须更换等。

（九）钢丝绳的选用说明（以缠绕式钢丝绳为例）

我国矿用钢丝绳强度计算仍按照规程规定，按最大静载荷和破断拉力值，并考虑一定的安全系数的方法进行计算。

（1）最大静载荷的统计方法：容器重、货载质量、最大悬绳长质量（含可见绳长影响有效提升载荷）。

（2）按公式计算出每米钢丝绳质量，从钢丝绳规格表中选与计算值相近的较大标准数值的钢丝绳。

（3）校验钢丝绳的安全系数，不满足应重新选，但也不能使安全系数过大，因为这样会造成提升机的规格加大，从而不经济。

（十）钢丝绳直径与滚筒、天轮直径的关系

钢丝绳直径与滚筒、天轮直径的关系为 80 倍的钢丝绳直径以上。

任务实施

一、钢丝绳的检查

对钢丝绳的使用、检查有如下的规定和要求：

（1）提升钢丝绳必须每天检查一次，平衡钢丝绳和井筒悬吊钢丝绳至少每周检查一次，对易损坏和断丝锈蚀较多的一段应停车详细检查。断丝的突出部分应在检查时剪下，检查结果应记入钢丝绳检查记录本内。验绳时应以 0.3m/s 的速度进行。

（2）检查断丝时应注意在一个捻距内的断丝情况。一般来说，断丝有两种，一是表面的断丝钢丝翘起来，容易发现；另一种则是绳股内部断丝，其断丝不翘起，用眼看不易发现，必须注意绳径的变化情况或用钢丝绳探伤仪检查。发生断丝的原因很多，其断口形状也不尽相同，主要有疲劳断丝、磨损断丝、锈蚀断丝、拉断断丝、扭拉断丝等几种。各种钢丝绳在一个捻距内断丝断面积，与钢丝绳总断面积之比达到下列规定时，必须更换：

1）升降人员或升降人员和物料用的钢丝绳为 5%。

2）专为升降物料用的钢丝绳、平衡钢丝绳、防坠器的制动绳（包括缓冲绳）和兼作运人的钢丝绳胶带输送机的钢丝绳为 10%。

3）罐道钢丝绳为 15%。

（3）检查时发现绳径变细，应注意观察分析绳径变细的原因。造成绳径变细的原因有的是由于长期磨损，钢丝绳直径均匀地变细，一般在斜井用绳中较普遍；有的是由于紧急停车、坠罐（或箕斗）情况造成钢丝绳局部突然变细，这种现象是由于内部断丝或绳芯被拉断所造成；此外还有因局部锈蚀严重造成绳径变细。其中，绳芯被拉断对钢丝绳的强度影响不大，但因绳股失去支撑而易变形，导致绳的使用寿命大大降低。绳径由于磨损变细，说明有效金属断面积减小，钢丝绳强度降低。不论哪种原因造成，钢丝绳直径减小到下列数值时，必须更换：

1）提升钢丝绳或制动钢丝绳为 10%。

2）罐道钢丝绳为 15%。使用密封钢丝绳时，外层钢丝厚度磨损达到 50%。

3）如遇到突然卡罐、坠罐和非常载荷及紧急制动时，必须对绳径的变化及断丝情况及时进行检查。检查绳径变化时，应首先对较细的部位清洗油迹和杂物，再用游标卡尺测量钢丝绳外接圆直径。

（4）检查钢丝绳时，应特别注意绳的锈蚀状况。锈蚀对钢丝绳的强度和耐冲击性能影响很大，从某种意义上讲，它要比断丝和磨损更为重要。因此，《煤矿安全规程》规定：钢丝绳的钢丝有变黑、锈皮、点蚀、麻坑等损伤时，不得用作升降人员；钢丝绳锈蚀严重，点蚀、麻坑形成沟纹，外层钢丝松动时，不论断丝数或绳径变细多少，都必须立即更换。

如检查时发现钢丝出现"红油"，说明绳芯无油，内部锈蚀，应引起注意，及时剁绳或破绳检查内部锈蚀情况。

（5）检查钢丝绳时，如发现钢丝绳的绳股在某一段塌下绳内，即称"塌股"，这是由于各股受力不均造成的。塌股处表面油比其他股黑，这段绳易出现断丝，检查时应引起重视。

（6）新绳在使用初期易发现伸长变化的现象，即称为"伸长"。大约两周左右变化日趋稳定，这是正常现象。如使用中绳的伸长突然加快，应立即停车检查其伸长部位的伸长量、断丝数、绳径的减小值，如超过《煤矿安全规程》规定：遭受猛烈拉力的一段，其长度伸长 0.5% 以上时，应将受力段剁掉或更换全绳；在钢丝绳使用后期，如发现在某一捻距内每天都有断丝出现，或连续三天出现显著伸长，必须立即更换。

（7）绳头与绳卡的检查。要特别注意检查绳头（桃形环）处与绳卡处的断丝及锈蚀情况。因为此处钢丝绳在运行中不仅遭受冲击力，而且还产生横向振动和附加动应力，同时此处绳的润滑条件也不好，容易使钢丝绳过早地出现疲劳断丝，缩短其使用寿命。目前，为了避免绳头处断丝，普遍采用了楔形连接装置。其取代了带绳卡的桃形环，提高了钢丝绳连接处的安全可靠性。

二、钢丝绳的维护

（一）钢丝绳维护的目的

使用中的钢丝绳维护，主要是指对钢丝绳定期进行润滑和涂油，其目的是：

（1）保护外部钢丝不锈蚀。

（2）起润滑作用，减少股间和丝间的磨损。

（3）防止湿气和水分等浸入绳内，并经常补充绳芯油量。

（二）钢丝绳用油的定额

提升钢丝绳涂抹润滑剂的消耗定额，按每月涂抹次数和每次涂抹润滑剂量计算月消耗定额。

（1）涂抹次数。摩擦轮提升钢丝绳，一般 20 天涂抹一次，每月 1.5 次，缠绕式提升钢丝绳，每半月涂抹 1 次，每月 2 次。

（2）每月涂抹润滑剂用量。润滑剂消耗定额按每米钢丝绳每毫米绳径的绳芯浸油用润滑油 3g、表面涂润滑脂约为 5g。

（三）涂油操作练习

（1）手工涂油，用棕刷涂、麻布抹、在天轮或导向轮处浇。

（2）使用涂油器，分为箱式或管式涂油器。

（3）喷油器涂油，靠离心雾化原理涂油。

（4）绳芯注油器，用液压缸加压注油。

三、钢丝绳的更换方法

（一）更换提升绳与尾绳的安全作业规定

更换提升绳与尾绳的安全作业规定如下：

（1）新绳在悬挂前必须具备出厂质保书，产品合格证，试验证明，并符合《煤矿安全规程》的有关规定，否则不准使用。

（2）因各矿井的具体情况不同，设备条件不一样，所以应针对本单位的具体情况由分管技术的工程技术人员编写施工方案和施工安全技术措施，并传达贯彻到每一个施工人员和提升机司机。

（3）单绳缠绕式提升机换绳时，两容器必须空载。将固定滚筒侧的容器用 5~7 倍安全系数的工字钢梁搭在井上口。搭牢后拆除旧绳，缠绕新绳。待新绳缠绕完毕与容器连接好后，抽掉搭梁，将此容器慢速下放至井下口，游动滚筒侧的容器即提升至井上口，重复以上工序更换游动滚筒的提升绳。

（4）多绳摩擦式提升机更换提升绳与尾绳时，必须根据各矿井的现有设备条件决定一次换绳的根数和具体的施工方法。严防尾绳扭转和打结。

（5）新绳在倒绳和施工期间，不准出现急弯和扭曲，严防打结和外部机械损伤。多层股钢丝绳不准采用预放钢丝绳的施工方法。

（6）新更换的钢丝绳在试运转后要及时对绳。新绳投入使用后，必须加强验绳。如在两周内不出现异常，方可恢复正常验绳制度，如发现绳径局部突变、断丝超限、绳股松散，必须停止使用。

（二）钢丝绳的更换方法

1. 换绳前的准备工作

提升钢丝绳在使用过程中，由于断丝、磨损、锈蚀等原因，强度逐渐降低。当断丝、磨损等达到《煤矿安全规程》规定时，必须及时更换，并按照规定做好以下准备工作。

（1）剁绳试验。

确定所使用的新绳后，即应检查该绳的出厂合格证，各项技术数据是否齐全、符合要求，铭牌、资料是否完整、相符，并剁取绳样 2m 去试验站试验。

（2）计算使用长度。

计算立井缠绕式提升机钢丝绳需用长度应了解以下几个数据，如图 20-4 所示。长度（m）计算即：

$$L = A + B + C + D + E + F + G$$

式中　A——提升容器在井下装载位置时，桃形环或楔形环到天轮中心的距离；

　　　B——绳头回弯长度；

　　　C——天轮围包角内绳长度；

　　　D——天轮到滚筒切点之间的距离；

　　　E——三圈摩擦段长度，$E = 3\pi d$（d 为滚筒直径）；

　　　F——剁六次试验绳头之长（每次 3~5m）；

　　　G——绳根需要长度。

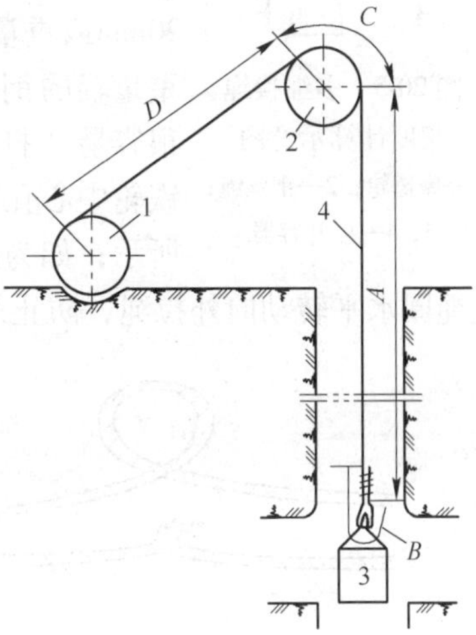

图 20-4　换绳长度计算示意图
1—提升绞车；2—天轮；3—提升容器；
4—钢丝绳

剁绳次数各矿井可根据矿井使用绳的寿命情况适当增加或缩短，如有些单位使用普通圆股钢丝绳，其寿命只有一年多，留二次或三次试验长度就够了；如采用三角股钢丝绳，其使用寿命可达三年以上，即留六次试验长度。此外，有些矿井在运转中有"咬绳"问题，为错开"咬绳"位置，剁绳时需多剁去一段，这样就应适当地将全长有意加长一些，以防还能继续使用的钢丝绳因无法做试验而报废。有些矿井使用的绳寿命可达 4～5 年之久，更应适当加长。斜井用绳所需长度的计算方法与立井类似，不作叙述。

塔式多绳摩擦式提升机的用绳长度，只计算一根即可。计算时需知图 20-5 所示的数据（一根绳的长度）（m）：

$$L = A + B + C + D$$

式中　A——提升容器在井下装载位置时，桃形环或楔形环到摩擦轮中心距离；

　　　B——摩擦轮围包角内的立绳长，可按 $\pi d/2$ 计算（d 为摩擦轮直径）；

　　　C——提升容器在上井口卸载位置时，绳环到摩擦轮中心距离；

　　　D——两倍绳环回绳长度。

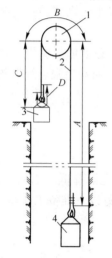

图 20-5　多绳换绳
长度计算示意图
1—摩擦轮；2—钢丝绳；
3，4—提升容器

将上述各长度加起来就是所需换绳长度，然后再加上换绳时必需的附加长度就是订货长度。使用单位在物质供应部门领取钢丝绳时，应严格检查所供绳的结构、直径、长度是否符合所需要的要求，并向供应部门或保管部门索取出厂质量证明书和验收试验单。如验收、试验日期超过一年，还应剁绳送试验站重新做试验。根据验绳记录和试验单可以看出钢丝绳是否符合要求，安全系数是否符合规程的规定等。如验绳合格，可做下一步准备工作。

（3）倒绳。

倒绳就是将新绳由厂家装绳的木轮上倒到换绳时用的木轮或铁轮上。倒绳时可以一方面检查钢丝绳的质量，一方面丈量尺寸。

出厂的新钢丝绳，每条绳要单独包装。一般情况下，直径大于 20mm 或重量大于 700kg 的钢丝绳，用木轮或金属轮包装。绳径小或重量轻的钢丝绳用麻袋布包装。因绳有扭转力，若解卷方法不对，很容易"打结"。正确的解卷方法：如木轮或铁轮包装，可在木轮或铁轮中心孔穿上轴，将轮子架起，使轮子转动，向外拉绳，如图 20-6 所示；如为麻袋布包装，可去掉包装将绳套放在可转动的三脚架上，使绳圈水平转动向外拉绳，防止绳"打结"。

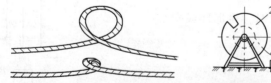

图 20-6　倒绳示意图
1—出厂装绳木轮；2—倒绳用木轮或铁轮；3—钢丝绳；4—木板

钢丝绳倒绳时可将绳轮 1 和准备缠新绳的木轮或铁轮 2 都架好。两轮中间垫上木板，防止钢丝绳与地接触，损伤钢丝绳。

为加大换绳速度，缠绕式提升机凡采用普通桃形环或楔形环（即偏心式或对称式）的可在倒绳时把绳头与备用的绳环做好。钢丝绳在绳环上弯好后，两边必须服贴，然后上绳卡，绳卡与钢丝绳接触长度不应小于两倍绳径，数目和间距可根据实际情况确定。

绳环做好后就可以倒绳了。首先将绳环固定在木轮 2 上的外侧面，钢丝绳可搭放在木轮挡绳板的凹槽里，然后用人工转动木轮 2，使钢丝绳缠在木轮的滚筒上，此时木轮 1 也随之转动。倒绳时边检查外观质量，边丈量尺寸。丈量尺寸可在两轮之间一次量 5 ~ 10m，两头做好记号，每量一段在绳上做个标记。丈量时不得马虎从事，力求准确。对缠绕式提升机，按事先计算出到滚筒绳眼（锁绳孔）处的长度位置，用铁丝绑好作记号，以此记号穿入滚筒绳眼，将此绳头在滚筒内卡牢。如若计算得准确，换绳后就不必再调绳的长度。对单滚筒双绳缠绕式提升机，因调整绳的长度较费事，其意义更大。

将新绳倒过去后，把绳尾固定好，然后再把已倒空的绳轮放在提升机房下出绳口 20m 左右处架好，以便缠绕旧绳用。

准备工作除上述内容外，还要准备井口搪罐用的工字钢或道轨及拆绳环用的工具，切割与吊拉钢丝绳的用具、绳卡、绳扣、滑轮等。准备工作应有专人负责并亲自检查所准备的工具、材料、措施等是否齐全。

2. 缠绕式提升机钢丝绳的更换

（1）双筒提升机钢丝绳的更换。

双筒提升机的滚筒，一个是固定滚筒，一个是游动滚筒。因滚筒不同，所以换绳的方法就略有区别，现首先介绍一下固定滚筒的换绳方法，如图 20-7 所示。其步骤如下：

1）搪罐。首先将固定滚筒侧的提升容器乙，提至井上口出车位置，用工字钢搪好，或是用绳扣将容器锁在井口的罐道梁上。

2）打开离合器。在离合器没有打开之前，应首先将游动滚筒 2 用地锁锁牢，打开深度指示器传动轴的离合器，然后再进行打开离合器的操作。

3）拆除绳环。将提升容器乙的绳环拆除，为防止绳环扭动，可用棕绳将绳环系好拉至井口平地之处，先用铅丝在第一道绳卡上面将提升绳捆扎好，以免气割时产生绳股松散，再气割提升绳。

4）用旧绳将新绳带进车房。将气割后的旧绳头与新绳用绳卡或铅丝连接在一起，以验绳的速度转动提升机，将新绳绕过天轮带入车房，并临时把新绳头固定在车房内。

5）拆除旧绳启动提升机。把旧绳从车房下出绳口拉出，绕在事先准备好的木绳轮 6 上（如是木轮也可盘在地上）。剩最后两圈绳时停车，拆除旧绳根的绳卡，然后继续开车把旧绳根拉出。

6）缠新绳。把新绳绳头穿入固定滚筒绳眼，到适当的位置并用绳卡固定好，然后启动提升机转动，缠绕新绳。

7）连接提升容器。合上离合器将已做好的新绳环从木轮上取下，装在提升容器乙上，装好后即可稍微上提抽出搪罐梁，然后再将容器乙继续上提一段距离以备钢丝绳伸长（一般为井深的 0.4%）。进行离合器合上的操作，同时把游动滚筒的地锁拆除和解除制动，准备试车。

8）试车。先以慢速提升 1 次，无问题后，方可全速提升 2 ~ 3 次，仍无问题，则再重罐试验 8 ~ 10 次左右，以备新绳伸长后调绳。

9）调整新绳。将一提升容器放在井下装载位置，观看井上口容器与卸载位置高差多少，若影响装卸载时，则应打开离合器调绳。调绳时应注意将上井口容器稍高一点，以备绳的继续伸长。

　　游动滚筒的换绳方法与上述相似，所不同之处是离合器打开与闭合多几次，其他步骤均相同，参见图20-7。

　　（2）单滚筒提升机钢丝绳的更换。

　　更换双绳单滚筒提升机中的一条钢丝绳时，其方法步骤如下，并参考图20-8。

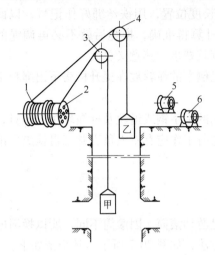 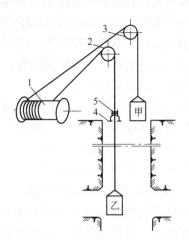

图20-7　双筒提升机换绳示意图

1—固定滚筒；2—游动滚筒；3，4—天轮；

5，6—木绳轮；甲，乙—提升容器

图20-8　单滚筒提升机换绳示意图

1—滚筒；2，3—天轮；4—工字钢梁；

5—绳卡；甲，乙—提升容器

　　以更换提升容器甲的旧绳为例：

　　1）卡绳。首先把提升容器乙放在井下口，在上井口卡绳。卡绳时可在上井口穿两根工字钢梁，并用螺栓相连为一体，把钢丝绳夹在两梁中间，然后在梁上部用绳卡把钢丝绳卡牢。

　　2）抽出容器乙的绳根，转动滚筒内缠绳轮，往外拉绳，拆除绳根的绳卡并拉出滚筒，使缠绕在滚筒上的绳圈松弛后与滚筒脱离接触，用铅丝绑好并吊在起重梁上。

　　3）换绳。更换容器甲的钢丝绳与更换双筒提升机固定滚筒钢丝绳的方法一样。

　　4）恢复容器乙的绳根，将容器乙的绳根松开，将缠在滚筒上的绳圈拉紧，绳根穿进滚筒并用绳卡卡好，转动滚筒内缠绳轮缠绳，直到缠紧为止。

　　5）拆除提升容器乙在井上口的工字钢搪梁及绳卡，启动提升机试车，其过程如前所述。

　　3. 多绳摩擦式提升机钢丝绳的更换

　　（1）换绳前的准备。

　　1）清除钢丝绳表面油脂。由于摩擦提升的要求，钢丝绳表面所涂的防护油脂必须清洗干净，如钢丝绳出厂时注明绳表面所涂的防护油脂为戈倍油或增摩脂则不要洗掉。其洗油的方法有以下两种：

　　①柴油清洗法。用铁板做一个长10m、宽0.6m的油槽，下焊角铁腿。槽内装柴油，下面可用几个焦炉加热，使油温在90~100℃之间。使钢丝绳从槽内通过，从而使新绳从木轮拉出后经过柴油的洗涤，缠绕在另一端的木轮上。钢丝绳在油槽通过时，用钢丝刷子随走随刷，钢丝绳离开油槽后用棉纱擦净，如图20-9所示。

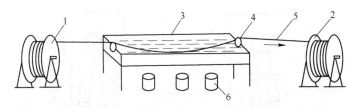

图 20-9　槽式洗绳

1—新绳木轮；2—缠绳木轮；3—油槽；4—导绳轮；5—钢丝绳；6—焦炉

②蒸汽洗绳法。上述方法如操作不慎，易产生着火。为了安全起见，可采用蒸汽法洗绳，其设备简单，如图 20-10 所示。

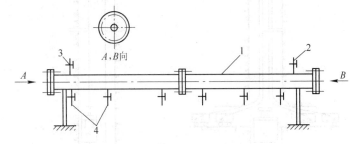

图 20-10　蒸汽洗绳装置示意图

1—钢管；2—入气管；3—排气管；4—排油、水管

图 20-10 中 1 是两节直径 150mm 钢管，中间用法兰盘连接，长约 15~20m，两端用带中心孔的圆盘封口，圆盘与管子之间用旧运输胶带密封，运输胶带中心孔比钢丝绳直径稍大，比圆盘中心孔直径小些，以免钢丝绳与铁盘摩擦。在管子的一端接入气管 2，在另一端装排气管 3，并在下部焊装一放油和放水的带闸阀管 4，然后将管子架起来。在管子两端架好绳轮。

洗绳前先把绳子穿过钢管 1，如因管子较长，不好穿绳时，可将中间法兰盘拆开，待绳穿入后再接好，把绳头固定在空木轮上。洗绳时向管内通入蒸汽（温度约 100℃），并以 0.3~0.5m/s 的速度转动木轮。这样洗出的钢丝绳较干净，且安全。但蒸汽的水分进入绳芯，钢丝绳锈蚀较快，应及时采用向绳芯内注油的措施，以防锈蚀。

2）准备换绳设备、工具、材料。按施工方法将所需的设备、工具、材料、备件等准备齐全，数量充足，起重用具安全系数满足安全的要求，并完整无损，按指定的位置摆放、吊挂、安装好。

3）备好新绳。在换绳前根据换绳方案的要求，把已试验合格的绳缠到井口的专用慢速绞车上或其专用设备上，并把新绳头拉至提升机房内。

（2）换绳。

因各单位的设备条件及习惯不一样，多绳摩擦式提升机的绳数也不一样，所以有的一次换一根，有的一次换两根。现以一台四绳提升机换绳的方法为例介绍如下（一次换四根绳），并参照图 20-11。

1）首先将四根新绳分别缠到慢速绞车 6、7、8、9 上，通过滑轮 1、2、3、4、12、13 把绳头拉至主导轮 5 以下暂时与工字梁固定好。待施工开始时，将容器用井口的起重小绞车 10、11 吊住，井下口的容器 b 用工字钢梁 20 搪牢。

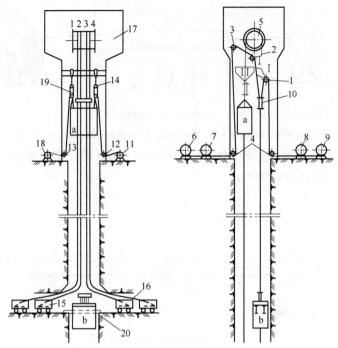

图 20-11　四绳绞车一次换绳方法示意图

1~4, 12, 13—滑轮；6~9—慢速绞车；5—主导轮；10, 11—起重小绞车；14, 19—滑轮组；

15, 16—矿车；17—绞车房；18—转向接头；20—工字钢梁；a, b—提升容器

2）将旧绳与转向接头 18 连接好（新绳头与转向接头 18 事先连接好），气割旧绳（应连接一根割一根，不能将没连接的绳割掉），待四根旧绳与四根新绳和转向接头全部连接好后，再气割井下口容器 b 的旧绳，将四根旧绳割断后，与井上口工程负责人取得联系，准备下放新绳。

3）组织好井下口辅助人员拉旧绳。待一切准备好检查无误后，开始放绳。启动慢速绞车以 6m/min 的速度向井下放绳，井下口的辅助人员将旧绳盘在事先准备好的矿车 15、16 内。

4）待新绳全部放完后，在井上口将新绳用绳卡临时固定在工字钢梁上。井下口拆除转向接头，并把新绳的绳头与容器连接好。再将井上口临时用绳卡固定的新绳绕过主导轮 5 后与容器口连接，待连接好后再拆除新绳的临时绳卡，拆除吊拉容器口的起重小绞车的滑轮组 14 与 19，井下口将搪容器 b 的工字钢梁抽掉，准备恢复提升。

5）由专人检查施工临时设施及施工工具是否全部收回，各绳与容器的连接是否有误，待检查无问题后，启动提升机以验绳速度将容器口下放到与容器 b 交锋处，进行油缸充油调绳，将四根绳的张力调均匀后，进行慢速运行检查绳的拉紧及伸缩，再将两容器运行至交锋位置停住，再进行一次四根绳张力的微调，然后将油缸螺母背死，准备正常提升即可。

4. 落地式摩擦提升机钢丝绳的更换

落地式摩擦提升机的换绳方法与井塔式摩擦多绳提升机略有不同，其步骤如图 20-12 所示。

（1）首先将容器提至井上口，用搪罐工字钢或钢丝绳搪住或系住，再将容器 b 的提

升绳在井上井口卡住，稍上提容器口，抽掉该容器绳环中的 1、4 号绳或 2、3 号绳，并引到慢速绞车上缠绕，抽掉搪罐梁或解除绳系，松掉容器 b 井上口提升绳的绳卡，启动提升机以 0.5~0.6m/s 的速度下放容器 a，慢速绞车也以 0.5~0.6m/s 的速度缠绕 1、4 号绳或 2、3 号绳。

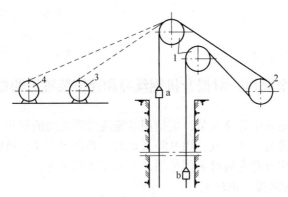

图 20-12　落地多绳更换钢丝绳示意图

1—天轮；2—主导轮；3，4—慢速绞车；a，b—提升容器

（2）待容器口下放到井底位置，容器 b 提至井上口位置，用工字钢或钢丝绳将其搪住或系住，拆除 1、4 号或 2、3 号绳。拆除后的绳头引至井口房外，将慢速绞车上的绳倒缠在事先准备好的木轮上，然后再将新绳倒缠在慢速绞车上，并将新绳头绕过天轮与容器 b 的绳环连接好。以慢速下放容器 b，上提容器口（提升机与慢速绞车必须同步）。

重复上述过程更换另外两根钢丝绳。调绳、试车与上述相同。

5. 更换钢丝绳时的注意事项

（1）组织领导。更换钢丝绳是多人、多工种联合作业，必须事先做好组织工作。首先由主管技术的负责人与有经验的老工人商定施工方案和安全技术措施，并将安全技术措施传达给每一个参加施工的人员，使每个人员明确分工、任务要求、时间安排等。

（2）换绳前应由施工负责人对换绳时所用设备、工具、材料全面检查一遍，看是否有不安全的因素存在。每个在井口工作的人员必须严格执行安全措施，严禁违章作业。

（3）搪梁要有一定的长度和强度。其长度比井口锁口梁每端必须长出 0.6~1m，其强度应以容器落在该梁上不变形、不弯曲为准。

（4）拆绳头时应注意将连接装置用棕绳拴好，使其随松绳慢慢倒下，防止突然倒下伤人。

（5）连接新、旧绳的绳卡一定要按措施要求上紧，分布均匀。卡好后应有专人负责对绳卡的松、紧情况检查一次，否则不能施工。

（6）从滚筒上向外出绳时，应设专人监视滚筒下部的松绳情况是否正常，防止"打结"。放绳速度应与木轮缠绳的速度同步。

（7）换新绳过程中应避免与其他硬物相碰撞，经过地点要垫上木板。向滚筒上缠绕新绳时，车房出绳口处设专人指挥，如发现打结、排列不整齐、绳速不均等现象时，应停车处理。对绳排列不整齐时，可用铜锤敲打或是石锤敲打。

（8）双筒提升机在打开离合器之前，应挂好地锁。当需要下放时，一定要严格执行施工措施，并设专职维护员对机械、电控加强监视，以免事故的发生。

（9）斜井的换绳过程与立井相似，不同之处是斜井上、下口都有车场，不需搪罐。其他步骤均相同。

（10）换绳时一定要有规定的井上、井下联络信号；井上、井下口严禁同时作业，否则应有专门措施。

技能拓展

《煤矿安全规程》对提升机钢丝绳和连接装置等的相关规定

第三百八十条　立井中升降人员，应使用罐笼或带乘人间的箕斗。在井筒内作业或因其他原因，需要使用普通箕斗或救急罐升降人员时，必须制定安全措施。

凿井期间，立井中升降人员可采用吊桶，并遵守下列规定：

（一）应采用不旋转提升钢丝绳。

（二）吊桶必须沿钢丝绳罐道升降。在凿井初期，尚未装设罐道时，吊桶升降距离不得超过 40m；凿井时吊盘下面不装罐道的部分也不得超过 40m；井筒深度超过 100m 时，悬挂吊盘用的钢丝绳不得兼作罐道使用。

（三）吊桶上方必须装保护伞。

（四）吊桶边缘上不得坐人。

（五）装有物料的吊桶不得乘人。

（六）用自动翻转式吊桶升降人员时，必须有防止吊桶翻转的安全装置。严禁用底开式吊桶升降人员。

（七）吊桶提升到地面时，人员必须从井口平台进出吊桶，并只准在吊桶停稳和井盖门关闭以后进出吊桶。双吊桶提升时，井盖门不得同时打开。

第三百八十一条　专为升降人员和升降人员与物料的罐笼（包括有乘人间的箕斗）应符合下列要求：

（一）乘人间层顶部应设置可以打开的铁盖或铁门，两侧装设扶手。

（二）罐底必须满铺钢板，如果需要设孔时，必须设置牢固可靠的门；两侧用钢板挡严，并不得有孔。

（三）进出口必须装设罐门或罐帘，高度不得小于 1.2m。罐门或罐帘下部边缘至罐底的距离不得超过 250mm，罐帘横杆的间距不得大于 200mm。罐门不得向外开，门轴必须防脱。

（四）提升矿车的罐笼内必须装有阻车器。

（五）单层罐笼和多层罐笼的最上层净高（带弹簧的主拉杆除外）不得小于 1.9m，其他各层净高不得小于 1.8m。带弹簧的主拉杆必须设保护套筒。

（六）罐笼内每人占有的有效面积应不小于 0.18m^2。

罐笼每层内 1 次能容纳的人数应明确规定。超过规定人数时，把钩工必须制止。

第三百八十二条　提升装置的最大载重量和最大载重差，应在井口公布，严禁超载和超载重差运行。箕斗提升必须采用定重装载。

第三百八十三条　升降人员或升降人员和物料的单绳提升罐笼、带乘人间的箕斗，必须装设可靠的防坠器。

第三百八十四条 立井使用罐笼提升时，井口、井底和中间运输巷的安全门必须与罐位和提升信号连锁：罐笼到位并发出停车信号后安全门才能打开；安全门未关闭，只能发出调平和换层信号，但发不出开车信号；安全门关闭后才能发出开车信号；发出开车信号后，安全门打不开。井口、井底和中间运输巷都应设置摇台，并与罐笼停止位置、阻车器和提升信号系统连锁：罐笼未到位，放不下摇台，打不开阻车器；摇台未抬起，阻车器未关闭，发不出开车信号。立井井口和井底使用罐座时，必须对罐座设置闭锁装置，罐座未打开，发不出开车信号。升降人员时，严禁使用罐座。

第三百八十五条 提升容器的罐耳在安装时与罐道之间所留的间隙：使用滑动罐耳的刚性罐道每侧不得超过5mm，木罐道每侧不得超过10mm；钢丝绳罐道的罐耳滑套直径与钢丝绳直径之差不得大于5mm；采用滚轮罐耳的组合钢罐道的辅助滑动罐耳，每侧间隙应保持10~15mm。

第三百八十六条 罐道和罐耳的磨损达到下列程度时，必须更换：

（一）木罐道任一侧磨损量超过15mm或其总间隙超过40mm。

（二）钢轨罐道轨头任一侧磨损量超过8mm，或轨腰磨损量超过原有厚度的25%；罐耳的任一侧磨损量超过8mm，或在同一侧罐耳和罐道的总磨损量超过10mm，或者罐耳与罐道的总间隙超过20mm。

（三）组合钢罐道任一侧的磨损量超过原有厚度的50%。

（四）钢丝绳罐道与滑套的总间隙超过15mm。

第三百八十七条 立井提升容器间及提升容器与井壁、罐道梁、井梁之间的最小间隙，必须符合表20-1规定。

表20-1 立井提升容器间及提升容器与井壁、罐道梁、井梁间的最小间隙值

罐道和井梁布置		容器与容器之间	容器与井壁之间	容器与罐道梁之间	容器与井梁之间	备注
罐道布置在容器一侧		200	150	40	150	罐耳与罐道卡子之间为20
罐道布置在容器两侧	木罐道		200	50	200	有卸载滑轮的容器，滑轮与罐道梁间隙增加25
	钢罐道		150	40	150	
罐道布置在容器正面	木罐道	200	200	50	200	
	钢罐道	200	150	40	150	
钢丝绳罐道		500	350		350	设防撞绳时，容器之间最小间隙为200

提升容器在安装或检修后，第1次开车前必须检查各个间隙，不符合规定时，不得开车。

采用钢丝绳罐道，当提升容器之间的间隙小于表20-1规定时，必须设防撞绳。

凿井时，2 个提升容器的导向装置最突出部分之间的间隙，不得小于 $0.2+H/3000m$（H 为提升高度，m）；井筒深度小于 300m 时，上述间隙不得小于 300mm。

第三百八十八条　钢丝绳罐道应优先选用密封式钢丝绳。每个提升容器（或平衡锤）设有 4 根罐道绳时，每根罐道绳的最小刚性系数不得小于 500N/m，各罐道绳张紧力之差不得小于平均张紧力的 5%，内侧张紧力大，外侧张紧力小。1 个提升容器（或平衡锤）只有 2 根罐道绳时，每根罐道绳的刚性系数不得小于 1000N/m，各罐道绳的张紧力应相等。单绳提升的 2 根主提升钢丝绳必须采用同一捻向或不旋转钢丝绳。

第三百八十九条　对金属井架、井筒罐道梁和其他装备的固定和锈蚀情况，应每年检查 1 次。发现松动，应采取加固或其他措施；发现防腐层剥落，应补刷防腐剂。检查和处理结果应留有记录。

建井用金属井架，每次移设后都应涂防腐剂。

第三百九十条　检修人员站在罐笼或箕斗顶上工作时，必须遵守下列规定：

（一）在罐笼或箕斗顶上，必须装设保险伞和栏杆。

（二）必须佩戴保险带。

（三）提升容器的速度，一般为 0.3~0.5m/s，最大不得超过 2m/s。

（四）检修用信号必须安全可靠。

第三百九十一条　提升装置的各部分，包括提升容器、连接装置、防坠器、罐耳、罐道、阻车器、罐座、摇台、装卸设备、天轮和钢丝绳，以及提升绞车各部分，包括滚筒、制动装置、深度指示器、防过卷装置、限速器、调绳装置、传动装置、电动机和控制设备以及各种保护和闭锁装置等，每天必须由专职人员检查 1 次，每月还必须组织有关人员检查 1 次。发现问题，必须立即处理，检查和处理结果都应留有记录。

第三百九十二条　井口和井底车场必须有把钩工。

人员上下井时，必须遵守乘罐制度，听从把钩工指挥。开车信号发出后严禁进出罐笼。

严禁在同一层罐笼内人员和物料混合提升。

第三百九十三条　每一提升装置，必须装有从井底信号工发给井口信号工和从井口信号工发给绞车司机的信号装置。井口信号装置必须与绞车的控制回路相闭锁，只有在井口信号工发出信号后，绞车才能启动。除常用的信号装置外，还必须有备用信号装置。井底车场与井口之间，井口与绞车司机台之间，除有上述信号装置外，还必须装设直通电话。

1 套提升装置服务几个水平使用时，从各水平发出的信号必须有区别。

第三百九十四条　井底车场的信号必须经由井口信号工转发，不得越过井口信号工直接向绞车司机发信号；但有下列情况之一时，不受此限：

（一）发送紧急停车信号。

（二）箕斗提升（不包括带乘人间的箕斗的人员提升）。

（三）单容器提升。

（四）井上、下信号连锁的自动化提升系统。

第三百九十五条　用多层罐笼升降人员或物料时，井上、下各层出车平台都必须设有信号工。各信号工发送信号时，必须遵守下列规定：

（一）井下各水平的总信号工收齐该水平各层信号工的信号后，方可向井口总信号工发出信号。

（二）井口总信号工收齐井口各层信号工信号并接到井下总信号工信号后，才可向绞车司机发出信号。

信号系统必须设有保证按上述顺序发出信号的闭锁装置。

第三百九十六条　在提升速度大于 3m/s 的提升系统内，必须设防撞梁和托罐装置，防撞梁不得兼作他用。防撞梁必须能够挡住过卷后上升的容器或平衡锤；托罐装置必须能够将撞击防撞梁后再下落的容器或配重托住，并保证其下落的距离不超过 0.5m。

第三百九十七条　立井提升装置的过卷和过放应符合下列规定：

（一）罐笼和箕斗提升，过卷高度和过放距离不得小于表 20-2 所列数值。

（二）吊桶提升，其过卷高度不得小于按表 20-2 确定数值的 1/2。

（三）在过卷高度或过放距离内，应安设性能可靠的缓冲装置。缓冲装置应能将全速过卷（过放）的容器或平衡锤平稳地停住；并保证不再反向下滑（或反弹）。吊桶提升不受此限。

（四）过放距离内不得积水和堆积杂物。

表 20-2　立井提升装置的过卷高度和过放距离

提升速度[1]/m·s⁻¹	≤3	4	6	8	≥10
过卷高度、过放距离/m	4.0	4.75	6.5	8.25	10.0

[1]提升速度为表中所列速度的中间值时，用插值法计算。

第三百九十八条　使用和保管提升钢丝绳时，必须遵守下列规定：

（一）新绳到货后，应由检验单位进行验收检验。合格后应妥善保管备用，防止损坏或锈蚀。

（二）对每卷钢丝绳必须保存有包括出厂厂家合格证、验收证书等完整的原始资料。

（三）保管超过 1 年的钢丝绳，在悬挂前必须再进行 1 次检验，合格后方可使用。

（四）直径为 18mm 及其以下的专为提升物料用的钢丝绳（立井提升用绳除外），有厂家合格证书，外观检查无锈蚀和损伤，可以不进行本条第一款第（一）项、第（三）项所要求的检验。

第三百九十九条　提升钢丝绳的检验应使用符合条件的设备和方法进行，检验周期应符合下列要求：

（一）升降人员或升降人员和物料用的钢丝绳，自悬挂时起每隔 6 个月检验 1 次；悬挂吊盘的钢丝绳，每隔 12 个月检验 1 次。

（二）升降物料用的钢丝绳，自悬挂时起 12 个月时进行第 1 次检验，以后每隔 6 个月检验 1 次。

摩擦轮式绞车用的钢丝绳、平衡钢丝绳以及直径为 18mm 及其以下的专为升降物料用的钢丝绳（立井提升用绳除外），不受此限。

第四百条   各种用途的钢丝绳悬挂时的安全系数必须符合表20-3的规定。

表 20-3   钢丝绳安全系数最低值

用 途 分 类			安全系数的最低值[①]
单绳缠绕式提升装置	专为升降人员		9
	升降人员和物料	升降人员时	9
		混合提升时[②]	9
		升降物料时	7.5
	专为升降物料		6.5
摩擦轮式	专为升降人员		$9.2 \sim 0.0005H$[③]
提升装置	升降人员和物料	升降人员时	$9.2 \sim 0.0005H$
		混合提升时	$9.2 \sim 0.0005H$
		升降物料时	$8.2 \sim 0.0005H$
	专为升降物料		$7.2 \sim 0.0005H$
倾斜钢丝绳牵引带式输送机	运 人		$6.5 \sim 0.001L$[④]，但不得小于6
	运 物		$5 \sim 0.001L$，但不得小于4
倾斜无极绳绞车	运 人		$6.5 \sim 0.001L$，但不得小于6
	运 物		$5 \sim 0.001L$，但不得小于3.5
架空乘人装置			6
悬挂安全梯用的钢丝绳			6
罐道绳、防撞绳、起重用的钢丝绳			6
悬挂吊盘、水泵、排水管、抓岩机等用的钢丝绳			6
悬挂风筒、风管、供水管、注浆管、输料管、电缆用的钢丝绳			5
拉紧装置用的钢丝绳			5
防坠器的制动绳和缓冲绳（按动载荷计算）			3

①钢丝绳的安全系数，等于实测的合格钢丝绳拉断力的总和与其所承受的最大静拉力（包括绳端载荷和钢丝绳自重所引起的静拉力）之比；
②混合提升指多层罐笼同一次在不同层内提升人员和物料；
③H为钢丝绳悬挂长度，m；
④L为由驱动轮到尾部绳轮的长度，m。

第四百零一条   提升装置使用中的钢丝绳做定期检验时，安全系数有下列情况之一的，必须更换：

（一）专为升降人员用的小于7。

（二）升降人员和物料用的钢丝绳：升降人员时小于7；升降物料时小于6。

（三）专为升降物料用和悬挂吊盘用的小于5。

第四百零二条   新钢丝绳悬挂前的检验（包括验收检验）和在用绳的定期检验，必须按下列规定执行：

（一）新绳悬挂前的检验：必须对每根钢丝绳做拉断、弯曲和扭转三种试验，并以公称直径为准对试验结果进行计算和判定：

（1）不合格钢丝绳的断面积与钢丝绳总断面积之比达到 6%，不得用作升降人员；达到 10%，不得用作升降物料；

（2）以合格钢丝绳拉断力总和为准算出的安全系数，如低于本规程第四百条的规定时，该钢丝绳不得使用。

（二）在用绳的定期检验：可只做每根钢丝绳的拉断和弯曲两种试验。试验结果，仍以公称直径为准进行计算和判定：

（1）不合格钢丝的断面积与钢丝总断面积之比达到 25% 时，该钢丝绳必须更换；

（2）以合格钢丝拉断力总和为准算出的安全系数，如低于本规程第四百零一条的规定时，该钢丝绳必须更换。

（三）新绳和在用绳的韧性指标必须符合表 20-4 的规定。

表 20-4　不同钢丝绳的韧性指标

钢丝绳用途	钢丝绳种类	钢丝绳韧性指标下限		说　明
		新　绳	在用绳	
升降人员或升降人员和物料	光面绳	MT716 中光面钢丝韧性指标	新绳韧性指标的 90%	在用绳按 MT717 标准（面接触绳除外）
	镀锌绳	MT716 中 AB 类镀锌钢丝韧性指标	新绳韧性指标的 85%	
	面接触绳	GB/T16269—1996 中钢丝韧性指标	新绳韧性指标的 90%	
升降物料	光面绳	MT716 中光面钢丝韧性指标	新绳韧性指标的 80%	
	镀锌绳	MT716 中 A 类镀锌钢丝韧性指标	新绳韧性指标的 80%	
	面接触绳	GB/T16269—1996 中钢丝韧性指标	新绳韧性指标的 80%	
罐道绳	密封绳	特	普	按 GB352—88 标准

第四百零三条　摩擦轮式提升钢丝绳的使用期限应不超过 2 年，平衡钢丝绳的使用期限应不超过 4 年。如果钢丝绳的断丝、直径缩小和锈蚀程度不超过本规程第四百零五条、第四百零六条、第四百零八条的规定，可继续使用，但不得超过 1 年。

井筒中悬挂水泵、抓岩机的钢丝绳，使用期限一般为 1 年；悬挂水管、风管、输料管、安全梯和电缆的钢丝绳，使用期限一般为 2 年。到期后经检查鉴定，锈蚀程度不超过本规程第四百零八条的规定，可以继续使用。

第四百零四条　提升钢丝绳、罐道绳必须每天检查 1 次，平衡钢丝绳、防坠器制动绳（包括缓冲绳）、架空乘人装置钢丝绳、钢丝绳牵引带式输送机钢丝绳和井筒悬吊钢丝绳必须至少每周检查 1 次。对易损坏和断丝或锈蚀较多的一段应停车详细检查。断丝的突出部分应在检查时剪下。检查结果应记入钢丝绳检查记录簿。

第四百零五条　各种股捻钢丝绳在 1 个捻距内断丝断面积与钢丝总断面积之比，达到下列数值时，必须更换：

（一）升降人员或升降人员和物料用的钢丝绳为 5%。

（二）专为升降物料用的钢丝绳、平衡钢丝绳、防坠器的制动钢丝绳（包括缓冲绳）和兼作运人的钢丝绳牵引带式输送机的钢丝绳为 10%。

（三）罐道钢丝绳为 15%。

（四）架空乘人装置、专为无极绳运输用的和专为运物料的钢丝绳牵引带式输送机用的钢丝绳为 25%。

第四百零六条　以钢丝绳标称直径为准计算的直径减小量达到下列数值时，必须更换：

（一）提升钢丝绳或制动钢丝绳为 10%。

（二）罐道钢丝绳为 15%。

使用密封钢丝绳外层钢丝厚度磨损量达到 50% 时，必须更换。

第四百零七条　钢丝绳在运行中遭受到卡罐、突然停车等猛烈拉力时，必须立即停车检查，发现下列情况之一者，必须将受力段剁掉或更换全绳：

（一）钢丝绳产生严重扭曲或变形。

（二）断丝超过本规程第四百零五条的规定。

（三）直径减小量超过本规程第四百零六条的规定。

（四）遭受猛烈拉力的一段的长度伸长 0.5% 以上。

在钢丝绳使用期间，断丝数突然增加或伸长突然加快，必须立即更换。

第四百零八条　钢丝绳的钢丝有变黑、锈皮、点蚀麻坑等损伤时，不得用作升降人员。

钢丝绳锈蚀严重，或点蚀麻坑形成沟纹，或外层钢丝松动时，不论断丝数多少或绳径是否变化，必须立即更换。

第四百零九条　使用有接头的钢丝绳时，必须遵守下列规定：

（一）有接头的钢丝绳，只可在下列设备中使用：

（1）平巷运输设备；

（2）30°以下倾斜井巷中专为升降物料的绞车；

（3）斜巷无极绳绞车；

（4）斜巷架空乘人装置；

（5）斜巷钢丝绳牵引带式输送机。

（二）在倾斜井巷中使用的钢丝绳，其插接长度不得小于钢丝绳直径的 1000 倍。

第四百一十条　平衡钢丝绳的长度必须与提升容器过卷高度相适应，防止过卷时损坏平衡钢丝绳。使用圆形平衡钢丝绳时，必须有避免平衡钢丝绳扭结的装置。

第四百一十一条　主要提升装置必须备有检验合格的备用钢丝绳。

对使用中的钢丝绳，应根据井巷条件及锈蚀情况，至少每月涂油 1 次。

摩擦轮式提升装置的提升钢丝绳，只准涂、浸专用的钢丝绳油（增摩脂）；但对不绕过摩擦轮部分的钢丝绳，必须涂防腐油。

第四百一十二条　立井提升容器与提升钢丝绳的连接，应采用楔形连接装置。每次更换钢丝绳时，必须对连接装置的主要受力部件进行探伤检验，合格后方可继续使用。楔形连接装置的累计使用期限：单绳提升不得超过 10 年；多绳提升不得超过 15 年。

倾斜井巷运输时，矿车之间的连接、矿车与钢丝绳之间的连接，必须使用不能自行脱落的连接装置，并加装保险绳。

倾斜井巷运输用的钢丝绳连接装置，在每次换钢丝绳时，必须用 2 倍于其最大静荷重的拉力进行试验。

倾斜井巷运输用的矿车连接装置，必须至少每年进行 1 次 2 倍于其最大静荷重的拉力试验。

第四百一十三条　新安装或大修后的防坠器，必须进行脱钩试验，合格后方可使用。对使用中的立井罐笼防坠器，应每 6 个月进行 1 次不脱钩试验，每年进行 1 次脱钩试验。对使用中的斜井人车防坠器，应每班进行 1 次手动落闸试验、每月进行 1 次静止松绳落闸试验、每年进行 1 次重载全速脱钩试验。防坠器的各个连接和传动部分，必须经常处于灵活状态。

第四百一十四条　立井和斜井使用的连接装置的性能指标和投用前的试验，必须符合下列要求：

（一）各类连接装置主要受力部件以破断强度为准的安全系数必须符合下列规定：

（1）专为升降人员或升降人员和物料的提升容器的连接装置，不小于 13；

（2）专为升降物料的提升容器的连接装置，不小于 10；

（3）斜井人车的连接装置，不小于 13；

（4）矿车的车梁、碰头和连接插销，不小于 6；

（5）无极绳的连接装置，不小于 8；

（6）吊桶的连接装置，不小于 13；

（7）凿井用吊盘、安全梯、水泵、抓岩机的悬挂装置，不小于 10；

（8）凿井用风管、水管、风筒、注浆管的悬挂装置，不小于 8；

（9）倾斜井巷中使用的单轨吊车、卡轨车和齿轨车的连接装置，运人时不小于 13，运物时不小于 10。

（二）各种环链及吊桶提梁等的安全系数，必须以曲梁理论计算的应力为准，并同时符合以下两项要求：

（1）按材料屈服强度计算的安全系数，不小于 2.5；

（2）以模拟使用状态拉断力计算的安全系数，不小于 13。

（三）各种连接装置主要受力件的冲击功必须符合下列规定：

（1）常温（15℃）下大于或等于 100J；

（2）低温（-30℃）下大于或等于 70J。

（四）各种保险链以及矿车的连接环、链和插销等，必须执行下列规定：

（1）批量生产的，必须做抽样拉断试验，不符合要求时不得使用；

（2）初次使用前和使用后每隔 2 年，必须逐个以 2 倍于其最大静荷重的拉力进行试验，发现裂纹或永久伸长量超过 0.2% 时，不得使用。

第四百一十五条　开凿立井和倾斜井巷时，升降人员和物料的提升装置的连接装置，不得作其他用途。

任务考评

本任务考评的具体要求见表 20-5。

表 20-5 任务考评表

任务 20 矿井提升钢丝绳的使用与维护				评价对象： 学号：
评价项目	评价内容	分值	完成情况	参考分值
1	钢丝绳的结构	10		每组 2 问，1 问 5 分
2	钢丝绳的类型、特点	10		每组 2 问，1 问 5 分
3	钢丝绳的检查方法	10		每组 2 问，1 问 5 分
4	钢丝绳的维护方法	10		每组 2 问，1 问 5 分
5	钢丝绳的更换方法	10		每组 2 问，1 问 5 分
6	《煤矿安全规程》对提升机钢丝绳和连接装置等的相关规定	10		每组 2 问，1 问 5 分
7	分组制定矿井提升机钢丝绳的换绳方案	20		方案完整 10 分，步骤正确 20 分
8	完整的任务实施笔记	10		有笔记 4 分，内容 6 分
9	团队协作完成任务情况	10		协作完成任务 5 分，按要求正确完成任务 5 分

能 力 自 测

20-1 简述矿井提升机钢丝绳的结构特点。

20-2 识读钢丝绳标记：18NAT6（9+9+1）+NF1770ZZ190117GB1102。

20-3 如何使用和检查钢丝绳？

20-4 更换钢丝绳时应注意哪些事项？

20-5 试归纳《煤矿安全规程》对矿井提升机钢丝绳和连接装置有何规定？

任务 21　矿井提升机提升容器的构造及维护

任务描述

　　矿井提升机提升容器是直接装运矿石、人员、材料和设备的工具。它是矿井提升设备的重要组成部分，按用途和结构不同，提升容器可分为箕斗、罐笼、矿车、吊桶等。对提升容器的正确使用、及时维护保养，是确保提升安全、延长提升容器使用寿命和经济运行的重要环节，因此我们要学习提升容器的构造和维护方法。

　　为了正确使用、及时维护保养提升容器，就要了解提升容器的类型、结构特点，掌握提升容器的日常检查工作内容和《煤矿安全规程》对提升容器的有关要求，掌握防坠器的日常维护内容及试验方法。

　　通过本任务学习，要求学生掌握矿井提升机提升容器的构造及维护方法。

知识准备

一、立井普通罐笼

　　罐笼分为立井单绳罐笼和立井多绳罐笼两种。大多数矿井使用的罐笼是标准的，小型矿井有采用自制的非标准罐笼。标准罐笼按固定车厢式矿车的名义载重质量确定为1t、1.5t 和 3t 三种形式，每种都有单层和双层两种；非标准罐笼按矿车的载重质量有0.6t、0.75t。

　　以单绳 1t 单层普通罐笼的结构图（见图 21-1）为例说明：罐笼通过主拉杆和双面夹紧楔形绳环与提升钢丝绳相连。为了方便矿车进出罐笼，罐笼底部敷设有轨道。为了防止提升过程中矿车在罐笼内移动，罐笼底部还装有阻车器及其自动开闭装置。为了防止罐笼在井筒内运动过程中任意摆动，在井筒内装设罐道为罐笼进行导向，罐笼上装设罐耳。

　　罐道可分为刚性罐道和柔性罐道两种类型。刚性罐道有钢轨罐道、木罐道及型钢组合罐道三种。柔性罐道即钢丝绳罐道。

　　为了保证人员和生产的安全，升降人员的罐笼必须装设性能可靠的防坠器。当钢丝绳或连接装置一旦断裂时，防坠器可使罐笼支撑在井筒内的罐道和防坠绳上，而不至于坠入井底造成重大事故。

　　根据使用条件和工作原理，防坠器有木罐道防坠器、钢轨罐道防坠器和制动绳防坠器三种。目前我国广泛采用 BF 型制动绳防坠器。

　　1. BF 型制动绳防坠器的组成

　　BF 型制动绳防坠器是我国设计的标准防坠器，可以配合 1t、1.5t 和 3t 矿车双层双车或单层单车罐笼使用。它的组成有以下四部分：

　　（1）开动机构：当发生断绳事故时，开动防坠器，使之发生作用。

　　（2）抓捕机构：它是防坠器的主要工作机构，靠抓捕支撑物（制动绳或钢罐道），把

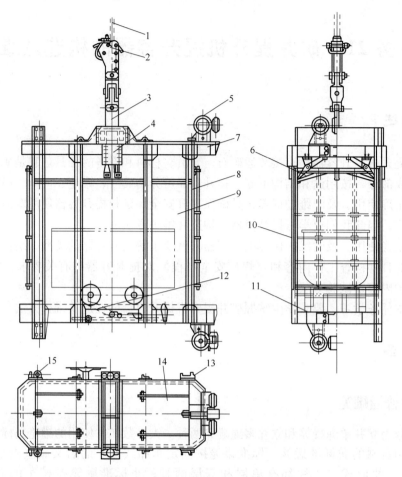

图 21-1　单绳 1t 单层普通罐笼结构

1—提升钢丝绳；2—双面夹紧楔形绳环；3—主拉杆；4—防坠器；5—罐耳；6—淋水棚，7—横梁；

8—立柱；9—钢板；10—罐门；11—轨道；12—阻车器；13—稳罐罐耳；14—罐篮；15—套管罐耳

下坠的罐笼悬挂在支撑上。

（3）传动机构：当开动机构动作时，通过杠杆系统传动抓捕机构。

（4）缓冲机构：用于调节防坠器的制动力，吸收下坠罐笼的动能，限制制动减速度。

2. BF 型防坠器的结构及工作原理

BF 型防坠器整个系统布置，如图 21-2 所示。制动绳 7 的上部通过连接器 6 与缓冲绳 4 相连，缓冲绳通过装在天轮平台上的缓冲器之后，绕过圆木 3 自由地悬垂于井架的一边，绳端用合金浇铸成锥形杯 1，以防止缓冲绳从缓冲器中全部拔出。制动绳的另一端穿过罐笼 9 上的防坠器的抓捕器 8 之后垂到井底，并用拉紧装置 10 固定在井底水窝的固定梁上。

（1）开动机构和传动机构的结构。

BF 型防坠器的开动机构和传动机构，如图 21-3 所示。开动机构和传动机构是相互连在一起的组合机构，由断绳时自动开启的弹簧和杠杆两部分组成。它采用垂直布置的弹簧 1 作开动机构，弹簧为螺纹旋入式接头，克服了弹簧易断的缺点。正常提升时，钢丝绳拉起主拉杆 3，通过横梁 4，连板 5 使两个拨杆 6 处于最低位置，此时弹簧 1 受拉。发生断绳时，主拉杆 3 下降，在弹簧 1 的作用下，拨杆 6 的端部抬起，使抓捕器的滑楔与制动绳接触，实现定点抓捕。

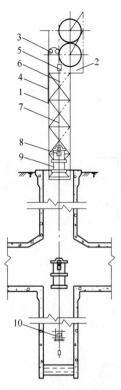

图 21-2 防坠器系统布置图
1—锥形杯；2—导向套；3—圆木；
4—缓冲绳；5—缓冲器；6—连接器；
7—制动绳；8—抓捕器；9—罐笼；
10—拉紧装置

（2）抓捕机构与缓冲机构的结构。

抓捕机构与缓冲机构的结构可以是联合作用的，也可以设置单独的缓冲机构。抓捕机构采用背面带滚子的楔形抓捕器，其结构如图 21-4 所示。缓冲机构采用安装在井架平台上的缓冲器，其结构如图 21-5 所示。

如图 21-4 所示，两个带有绳槽的滑楔 3，在拨杆的作用下向上移动可以抓捕穿过抓捕器的制动钢丝绳 7。滚子的作用主要是使抓捕器容易释放恢复。

如图 21-5 所示，缓冲机构靠缓冲器中的三个小轴 5、两个带圆头的滑块 6，使穿过其间的缓冲钢丝绳 3 受到弯曲，滑块 6 的背面连有螺杆 1 和螺母 2。转动螺杆便可以带动滑块左右移动，借以调节缓冲绳的弯曲程度，从而达到调节缓冲力的大小。

抓捕器的滑楔具有 1∶10 的斜度。正常情况下，滑楔与穿过抓捕器的制动绳每边有 8mm 间隙，断绳后滑楔上提消除间隙并压缩制动绳。制动绳的变形量为绳径的 20%，再考虑制动绳径磨损 10%，滑楔的三个位置如图 21-6 所示。这种抓捕器具有自锁机构，既安全可靠，又不损坏制动钢丝绳。

提升钢丝绳断绳后，抓捕器卡住制动绳，制动绳通过图 21-7 所示的连接器将缓冲绳从缓冲器中抽出一部分（根据终端载荷的不同，可抽出不同的长度）。这时，缓冲绳的弯曲变形和摩擦阻力吸收下坠罐笼的动能，使下坠的罐笼平稳地停住，从而保证提升安全。

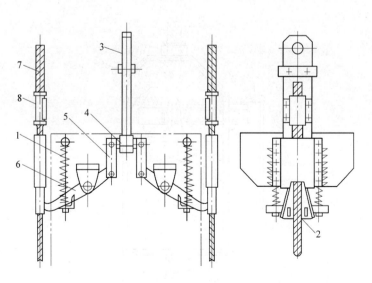

图 21-3 BF 型防坠器的开动机构和传动机构简图
1—弹簧；2—滑楔；3—主拉杆；4—横梁；5—连板；6—拨杆；7—翻动绳；8—导向套

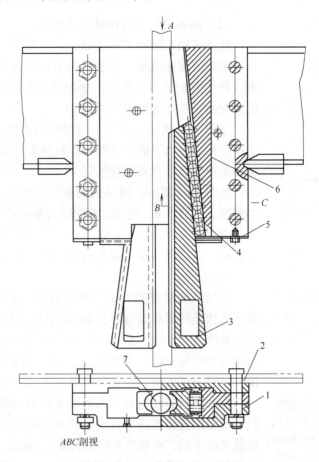

图 21-4 抓捕器结构图

1—上壁板；2—下壁板；3—滑楔；4—滚子；5—下挡板；6—背楔；7—制动钢丝绳

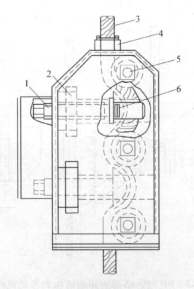

图 21-5 缓冲器结构图

1—螺杆；2—螺母；3—缓冲钢丝绳；4—密封；5—小轴；6—滑块

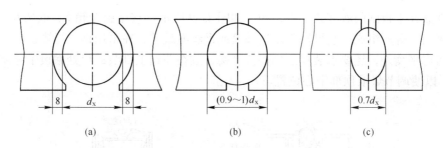

图 21-6　抓捕器滑楔不同位置图

（a）正常提升位置图；（b）滑楔开始接触制动绳位置图；（c）滑楔最大垂直行程位置图

（3）制动绳拉紧装置。

制动绳拉紧装置的结构如图 21-8 所示。制动绳靠绳卡 5、角钢 6 和可断螺栓 7 固定在井底水窝的固定梁上，然后装上张紧螺栓 2、压板 4 及张紧螺母 3，当制动绳的拉力大约为 10kN 左右时即可用可断螺栓 7 固定好。可断螺栓 7 在 15kN 力的作用下应能被拉断，这是考虑防坠器动作时，制动绳产生弹性振动，可能会把罐笼再次抛起，使抓捕器释放，致使第一次抓捕失效，再产生二次抓捕，这是有害的。如果有了可断螺栓，第一次抓捕后，制动绳的振波将把可断螺栓拉断，罐笼便可随制动绳一起振动，避免二次抓捕现象的发生。由于制动绳的伸长，因此需要定期调整拉紧装置。

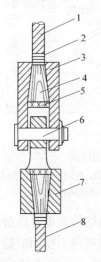

图 21-7　连接器结构图

1—缓冲钢丝绳；2—铜丝扎圈；3—上锥形体；
4—斜楔；5—巴氏合金；6—销轴；
7—下锥形体；8—制动钢丝绳

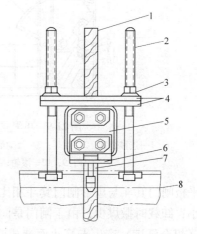

图 21-8　制动绳拉紧装置结构图

1—制动绳；2—张紧螺栓；3—张紧螺母；
4—压板；5—绳卡；6—角钢；
7—可断螺栓；8—固定梁

二、立井底卸式箕斗

箕斗是有益矿物和矸石的提升容器。根据卸载方式的不同，箕斗有翻转式、侧壁下部卸载式和底卸式三种，我国煤矿多采用底卸式箕斗。底卸式箕斗有扇形闸门和平板闸门两种，新型矿井和改造后的矿井广泛应用平板闸门。

单绳立井平板闸门底卸式箕斗结构，如图 21-9 所示。它是由斗箱 5、框架 6、连接装置 1 及闸门 7 等所组成。它可用于刚性罐道或钢丝绳罐道，在采用钢丝绳罐道时，除箕斗本身应考虑平衡外，还要求装煤后仍保持平衡，故在斗箱上部装载口处增设了可调节的溜煤板 3，以便调节煤堆顶部中心位置。

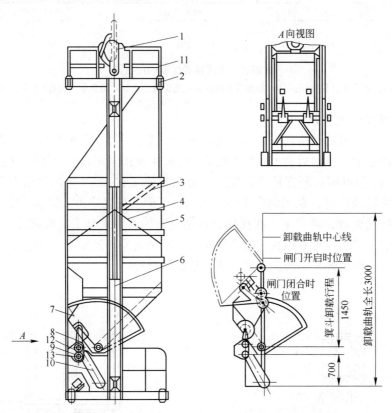

图 21-9　单绳立井平板闸门底卸式箕斗结构图

1—连接装置；2—罐耳；3—活动溜煤板；4—堆煤线；5—斗箱；6—框架；7—闸门；
8—连杆；9, 12—滚轮；10—曲轴；11—平台；13—机械闭锁装置

平板闸门箕斗与扇形闸门箕斗相比，有以下优点：闸门结构简单、严密；关闭闸门时冲击小；卸载时撒煤少；由于闸门是向上关闭，对箕斗存煤有向上捞回的趋势，故当煤未卸完（煤仓已满）产生卡箕斗而造成断绳坠落事故的可能性小；箕斗卸载时，闸门开启主要借助煤的压力，因而传递到卸载曲轨上的力较小，改善了井架受力状态等；过卷时闸门打开后，即使脱离了卸载曲轨也不会自动关闭，因此可以缩短卸载曲轨的长度。

这种闸门的缺点主要是箕斗运行过程中，由于煤和重力作用使闸门处于被迫打开的状态。因此，箕斗必须装设可靠的闭锁装置（两个防止闸门自动打开的扭转弹簧）。如闭锁装置一旦失灵，闸门就会在井筒中自行打开，打开的闸门会撞坏罐道、罐道梁及其他设备；并污染风流，增加井筒的清理工作量；也有砸坏管道、电缆等设备的危险，因此必须经常认真检查闭锁装置。

我国单绳箕斗系列有 3t、4t、6t、8t 四种规格。

为了在不增加提升机能力的情况下，靠减轻提升容器自身的质量，直接增加一次提升

有益货载，国外一些生产矿井，如美国、英国、德国、法国、加拿大等国，已采用铝合金提升容器，有的甚至提出采用塑料提升容器。近年来，我国的一些有色金属矿也已开始使用铝合金提升容器。铝合金的密度只有碳素钢的 35% 左右，且强度、抗氧化腐蚀能力均高于 A3 号钢，实践证明，利用铝合金制造的罐笼较我国现利用碳素钢制造的罐笼，质量可降低 40%，箕斗的质量可降低 50%，在同样提升能力下，采用铝合金提升容器，每次提升的货载量可增加 60%。铝合金提升容器的使用寿命也较钢制提升容器成倍增加。总之，铝合金提升容器的总体经济效益好。为此，我国有关科研部门正在研制推广此类提升容器。

三、斜井箕斗

由于斜井箕斗在倾斜的轨道上运行，因此其构造及卸载装置与立井箕斗完全不同。斜井箕斗多用后卸式。后卸式箕斗斗箱、底架一起倾斜。

后卸式箕斗的斗箱前壁封闭，后壁用扇形门关闭。卸载时，因为前轮的踏面宽，行走在与基本轨道倾角相同的宽卸载曲轨上。后轮沿倾角变小了的运行轨道（曲轨）前进。于是斗箱开始后倾。与此同时，扇形门上的滚轮被上轨推动，打开扇形门，煤炭卸出。

斜井提煤箕斗型号为 JXH（其中 J 为箕斗；X 为斜井；H 为后卸）。其名义货载质量为 3t、4t、6t 和 8t。

任务实施

一、防坠器的运行与维护

（一）木罐道防坠器的运行与维护

木罐道防坠器发生故障的主要原因是由于井筒弯曲，罐道不直，也有的是由于设计制造安装不当和维护不善等。运行中常见的故障如下。

1. 卡爪刮罐道

木罐道防坠器的卡爪与罐道之间的间隙应该大于罐耳与罐道的间隙，但由于安装的误差以及罐耳过分磨损或罐道维护不善，有卡爪刮罐道木的现象，这一现象不仅使罐道受刮损伤，而且会产生误动作，如罐笼下行时，卡爪齿尖及罐道受力而旋转，会使卡爪继续插入罐道，出现对罐笼制动的误动作。

2. 传动弹簧损坏

传动弹簧由于受疲劳应力的作用，或由于制造热处理不良，会发生断裂损坏现象，故必须定期检查传动弹簧，每半年做一次不脱钩检查性试验，以校核其应力。

为了保证防坠器正常工作，必须做好日常检查与维护。每日检查罐笼时，应同时检查防坠器零件有无损伤，联动工作是否可靠，各处螺栓是否有松动现象，弹簧是否有裂纹或折断以及桃形环和钢丝绳的连接是否牢固等。每 7 天进行一次周检。当罐笼位于罐座上时，将钢丝绳放松或提起，观察防坠器动作是否灵活，清扫防坠器上的污物、调整间隙并注油。

（二）制动绳防坠器的运行与维护

钢丝绳罐道制动绳防坠器运行中常由于罐道的接头不好，当罐笼运行时，罐耳冲击接头，使速度瞬间下降，引起抓捕器误动作。如果井筒或罐道有弯曲或有偏斜，尽管两罐道保持平行，也会使罐笼运行速度下降，引起抓捕器误动作。罐道梁弯曲也会使抓捕器误动作。当抓捕器一边刮住罐道梁时，抓捕器外壳便从罐笼盖上升起，使杠杆系统转动，抓捕器即抓捕制动绳。

钢丝绳在滚筒或天轮上跳动，有时脱出衬槽而使卷绳不均匀，或紧急制动时，罐笼发生振动，易使抓捕器发生误动作。

冬季井筒必须保温，防坠器应使用防冻润滑油，以防止抓捕器系统被淋水冻结，失去工作能力。

为了保证防坠器正常工作，必须经常进行检查和维护。每日应仔细检查一次抓捕器，检查所有可以接触到的零件，看是否有损坏、裂纹和其他缺陷。每周利用拉紧及放松主提升钢丝绳（在罐座上或在井口覆盖钢梁上）检查所有零件的动作情况，检查横梁上的可断止动销，如发现弯曲或断裂，必须立即更换。检查导向套与制动钢丝绳中心是否有偏差，如发现抓捕器上导向衬瓦每边已磨损 3mm 时，就必须更换，以免磨损抓捕器的滑楔及背板的工作表面。在罐笼上的下部导向衬瓦允许磨损 5mm，衬套不应有松动现象，松动时须将止动螺栓拧紧。检查抓捕器时，应将表面污物清扫干净，然后用稠油润滑。

罐笼以 0.3m/s 以内的速度运行，检查制动钢丝绳，人站在罐笼顶盖上使钢丝绳通过棉纱头来检查。如发现钢丝绳有断丝时，应将断丝切掉，并加以修整。

制动钢丝绳必须定期用润滑油润滑，防止生锈和磨损。钢丝绳每一捻距内断丝达总丝数的 10%时即不能再用。每年要求进行一次截样试验，截样应从拉紧装置下部的余量上截取 1.0~1.5m。

长期使用后的钢丝绳可能会有很大磨损，如钢丝直径磨损达 50%，应将其一根制动绳取下，从各部（上、中、下）截取三段进行拉断试验，若其破断强度小于原强度的80%，则第二根钢丝绳亦须更换。缓冲钢丝绳也应进行同样检查。

检查拉紧装置所有螺栓固得是否牢固，如有松动，必须将其拧紧。由于制动钢丝绳延伸所产生的松弛，必须定期拉紧。所有拉紧装置及钢丝绳端部的备用段，须涂上不易脱落的油，以防止生锈。注意井架缓冲器上钢丝绳固定件有无锈蚀现象。在缓冲器上作出标记，观察缓冲器的钢丝绳下滑距离，以检查其固定情况。

每日详细检查一次抓捕器。测量磨损部位及磨损情况，若零件强度降低 20%，则必须更换。滑楔和背板允许磨损程度不得超过 2mm。

为了保证防坠器动作的可靠性，防坠器的各个连接和传动部分，必须经常处于灵活状态。每天必须由专职人员检查 1 次，每月还必须组织有关人员检查 1 次，发现问题，必须立即处理，检查和处理结果都应留有记录。

防坠器的制动绳（包括缓冲绳）至少每周检查 1 次，如发现有断丝，要将断丝剪掉，并加以整修。当制动钢丝绳在一个捻距内断丝面积为钢丝总面积的 10%时，或者制动钢丝绳的直径减小量达到 10%时，必须更换。

二、防坠器的相关试验

新安装或大修后的防坠器，为了检验其安全性能是否良好，各项技术要求是否达到规定，必须进行脱钩试验，合格后方可使用。对使用中的立井罐笼防坠器，应每 6 个月进行 1 次脱钩试验，每年进行 1 次不脱钩试验。对使用中的斜井人车防坠器，应每班进行 1 次手动落闸试验、每月进行 1 次静止松绳落闸试验、每年进行 1 次重载全速脱钩试验。

防坠器的试验按下面的顺序进行：

（1）检查钢丝绳在松弛情况下防坠器的动作。在地面井口车场将罐笼放在罐座上，将提升钢丝绳放松一段，这时发动弹簧应当伸张，并使捕捉器的楔块或滑块闸瓦与制动钢丝绳接触。此时，测量主拉杆的行程，这个行程不应超过其最大值的 3/4。楔块或滑块闸瓦与制动绳之间不应有间隙。将每个罐笼提起并下放在罐座上不得少于 3 次。

（2）进行防坠器的静载检查。将罐笼坐落在置于井口的圆木上，用提升机将提升钢丝绳放松一段。卸下楔形环上的下部轴销，此时发动弹簧伸张，同时捕捉器卡住制动绳。静罐笼提起 600~700mm，此时已动作的捕捉器将沿制动绳滑动。提升机开反车，使提升钢丝绳放松一段，这时捕捉器沿制动绳下滑的行程不应大于 30~50mm。然后在第一次试验部位的上方，再重复试验两次。试验中，缓冲绳应不从缓冲器（使下坠罐笼的减速度不致造成对乘坐人员伤害的一种装置）中抽出。

若捕捉器沿制动绳滑动，这就意味着它工作不正常，必须排除故障，然后再进行第二次静载试验，只有通过静载试验后才能进行动载试验。

（3）进行罐笼初速度为零时防坠器的断绳动载试验。进行防坠器的断绳动载试验时，必须在罐笼与楔形环之间接入脱钩装置。脱钩装置的结构如图 21-10 所示。由小轴 8 固定的带斜面的两个耳爪 3 和 4 能卡住带有两个斜面的连接杆 5，耳爪 3 焊在脱钩器的外壳 1 上，外壳上还固定有手柄 9 和可转动的连杆 2，手柄 9 由销子 10 固定。脱钩装置由上、下拉杆 6 和 7 来与楔形环和罐笼连接。

进行脱钩试验前，先将罐笼提到井口上，在井口的罐笼下面铺放圆木封住井口，然后再将罐笼升离圆木 1.5m，转动脱钩器手柄 9，剪断销子 10，连杆 2 转至解除闭锁位置，于是罐笼脱钩，被断绳防坠器捕住。这时防坠器在制动绳上滑动的距离应在 50~150mm 内，而罐笼下坠距离应在 300~400mm。对于每个罐笼都应如此进行试验两次（其中一次无有益载荷，另一次装有满载煤车）。在装有满载煤车的罐笼进行脱钩试验时，制动绳从缓冲器中抽出的长度应为防坠器下滑距离的 1.25~1.3 倍。若未满足上述要求，则应进行调整，然后再进行试验，直到合格为止。

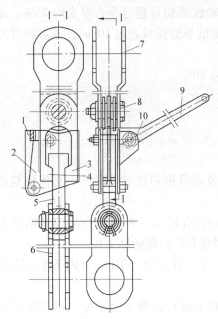

图 21-10　脱钩装置

1—外壳；2—连杆；3，4—耳爪；5—连接杆；6，7—拉杆；8—小轴；9—手柄；10—销子

三、信号闭锁

立井罐笼提升时，井口、井底等的安全门必须与罐位和提升信号连锁，详见《煤矿安全规程》第384条的具体规定。

四、提升容器与罐道等的间隙检查

据《煤矿安全规程》第385条规定，提升容器的罐耳在安装时与罐道之间所留的间隙：使用滑动罐耳的刚性罐道每侧不得超过5mm，木罐道每侧不得超过10mm；钢丝绳罐道的罐耳滑套直径与钢丝绳直径之差不得大于5mm；采用滚轮罐耳的组合钢罐道的辅助滑动罐耳，每侧间隙应保持10~15mm。《煤矿安全规程》第387条则要求立井提升容器间及提升容器与井壁、罐道梁、井梁之间的最小间隙，必须符合规程规定。

提升容器在安装或检修后，第1次开车前必须检查各个间隙，不符合规定时，不得开车。

采用钢丝绳罐道，当提升容器之间的间隙小于《煤矿安全规程》第387条规定时，必须设防撞绳。

凿井时，两个提升容器的导向装置最突出部分之间的间隙，不得小于$0.2+H/3000$m（H为提升高度，m）；井筒深度小于300m时，上述间隙不得小于300mm。

五、罐道和罐耳的检查

据《煤矿安全规程》第386条规定，罐道和罐耳的磨损达到下列程度必须更换：

（1）木罐道任一侧磨损量超过15mm或其总间隙超过40mm。

（2）钢轨罐道轨头任一侧磨损量超过8mm，或轨腰磨损量超过原有厚度的25%；罐耳的任一侧磨损量超过8mm，或在同一侧罐耳和罐道的总磨损量超过10mm，或者罐耳与罐道的总间隙超过20mm。

（3）组合钢罐道任一侧的磨损量超过原有厚度的50%。

（4）钢丝绳罐道与滑套的总间隙超过15mm。

六、井口安全作业规定

井口安全作业规定如下：

（1）工作前必须由专人与井口信号工、把钩工及提升机司机取得联系，交代清楚施工内容及要求。

（2）井口2m内作业人员必须佩戴安全帽和合格的保险带，并拴在合适牢靠的位置上，穿好工作服，扣好纽扣、扎好袖口。严禁穿塑料底及带后跟的鞋工作。

（3）井上下口、井架上及井筒内不得同时作业。上口作业时，下口5m内不准有人逗留，下口作业时，上口要设专人看好井口。

（4）井口作业必须烧焊或气割时，应按《煤矿安全规程》要求制定专门措施报矿总工程师批准。电焊机的地线应搭接在焊件的附近，以免电流经过钢丝绳或其他转动、连接部位造成零件及局部的损坏。乙炔与氧气必须按规定分开放置。

（5）施工前要清除井口杂物，施工中要有防止工具、物体坠落的措施。施工中严禁说笑打闹。

（6）检修后要有工程负责人全面检查并组织有关人员验收，无问题后方可运行。

七、安装或更换提升容器的安全作业规定

安装或更换提升容器的安全作业规定如下：

（1）施工前应由分管的技术人员仔细地校核新容器的各部分尺寸是否符合要求，零部件是否齐全、完整，防坠器各杆件、销轴动作是否灵敏，油质与油量是否符合要求，楔形或桃形环尺寸与钢丝绳直径是否配套，罐内阻车器与罐帘、扶手是否符合要求。

（2）由施工负责人向全体施工人员交代施工任务和措施要求、人员分工、完成时间等。

（3）施工前应认真详细地检查施工时所用的起吊工具、绳头、滑子、绳卡及专用慢速绞车等是否数量充足，安全系数是否符合要求。

（4）井口信号工和提升机司机必须服从施工中的信号指挥。

（5）新、旧容器进出井口时，容器两侧不准站立人员，容器的起、落要稳，严禁硬拉，以防变形。

（6）新容器更换后应进行对绳或调整好各绳的能力（多绳提升机），并锁死千斤顶。检查无误后，以 0.3m/s 的速度试运行一次，然后全速运行 3~4 次，无误后方可投入正常使用。带有防坠器的容器还必须做脱钩试验。

技能拓展

一、对提升容器的相关要求

（一）对罐笼使用的结构要求

对于专为升降人员和升降人员与物料的罐笼（包括有乘人间的箕斗），《煤矿安全规程》第 381 条对其结构做了以下规定：

（1）乘人层顶部应设置可以打开的铁盖或铁门，两侧装设扶手。当发生事故时，抢救人员可以通过梯子间上到罐顶，方便进入罐笼，对人员进行抢救和对设备进行维修，同时也便于更换罐道和下放超长物料。

（2）为保证人员的安全，并避免乘罐人员随身携带的工具或物料掉入井筒，罐底必须满铺钢板，如果需要设孔时，必须设置牢固可靠的门；两侧用钢板挡严，并不得有孔。

（3）进出口必须装设罐门或罐帘，高度不得小于 1.2m。罐门或罐帘下部边缘至罐底的距离不得超过 250m，罐帘横杆的间距不得大于 200mm。罐门不得向外开，门轴必须防脱。

（4）提升矿车的罐笼内必须装有阻车器，以保证可靠地挡住矿车，防止罐笼运行中矿车溜出造成恶性事故。

（5）单层罐笼和多层罐笼的最上层净高（带弹簧的主拉杆除外）不得小于 1.9m，其他各层净高不得小于 1.8m。带弹簧的主拉杆必须设保护套筒。

（6）罐笼内每人占有的有效面积不小于 $0.18m^2$。

罐笼每层内 1 次能容纳的人数应明确规定。超过规定人数时，把钩工必须制止。

（二）对斜井串车提升安全运行的要求

对斜井串车提升安全运行的要求如下：

（1）倾斜井巷矿车提升的各车场必须设有信号硐室及躲避硐室，运人斜井各车场必须设有信号硐室和候车硐室。候车硐室要具有足够的空间。

（2）倾斜井巷内使用矿车提升时，必须遵守《煤矿安全规程》第 370 条的规定：

1）在倾斜井巷内安设能将运行中断绳、脱钩的车辆止住的跑车防护装置。

2）在各车场安设能防止带绳车辆误入非运行车场或区段的阻车器。

3）在上部平车场入口安设能控制车辆进入摘挂钩地点的阻车器。

4）在上部平车场接近变坡点处，安设能阻止未连挂的车辆滑入斜巷的阻车器。

5）在变坡点下方略大于 1 列车长度的地点，设置能防止未连挂的车辆继续往下跑车的挡车栏。

6）在各车场安设甩车时能发出警号的信号装置。

上述挡车装置必须经常关闭，放车时方准打开，兼作行驶人车的倾斜井巷。在提升人员时，倾斜井巷中的挡车装置和跑车防护装置必须是常开状态，并可靠地锁住。

（3）斜井提升时，由于车辆在运行中易发生突发性事故，造成断绳跑车、脱轨掉道和翻车等，容易挤、碰和挫伤扒车和蹬钩摘挂车人员以及巷道的行人，因此斜井提升时，严禁蹬钩、行人。

（4）倾斜井巷运送人员的人车必须有跟车人，跟车人必须坐在设有手动防坠器手把或制动器手把的位置上。每班运送人员前，必须检查人车的连接装置、保险链和防坠器，并必须先放 1 次空车。

（5）倾斜人车必须设置使跟车人在运行途中任何地点都能向司机发送紧急停车信号的装置。

（6）倾斜井巷运送人员的人车必须有顶盖，车辆上必须装有可靠的防坠器。当断绳时，防坠器能自动发生作用，也能人工操纵。

（三）对防坠器的技术要求

防坠器应满足以下基本技术要求：

（1）必须保证在任何条件下都能制动住断绳下坠的罐笼，动作应迅速而又平稳可靠。

（2）制动罐笼时必须保证人身安全。为此在最小终端载荷下，罐笼的最大允许减速度不应大于 $50m/s^2$。减速延续时间不应大于 $0.2\sim0.5s$，在最大终端载荷下，减速度不应小于 $10m/s^2$。实践证明，当减速度超过 $30m/s^2$ 时，人就难以承受，因此设计防坠器时，最大减速度不超过 $30m/s^2$。当最大终端载荷与罐笼自重之比大于 3∶1 时，最小减速度可以不小于 $5m/s^2$。

（3）结构应简单可靠。

（4）防坠器动作的空行程时间，即从提升钢丝绳断裂使罐笼自由坠落动作后开始产生制动阻力的时间，一般不超过 0.25s。

（5）在防坠器的两组抓捕器发生制动作用的时间差中，应使罐笼通过的距离（自抓捕器开始工作瞬间算起）不大于 0.5m。

（四）罐笼乘人的安全注意事项

罐笼乘人的安全注意事项如下：

（1）要服从把钩工的指挥，按秩序进入罐笼。

（2）非提人时间严禁乘罐。

（3）在井口把钩工发出开车信号，红灯亮时严禁扒罐、抢罐。

（4）罐笼乘人不应超过核定人数。

（5）乘人应站立在罐内，两腿自然弯曲并扶好扶手，不允许坐在罐笼底板上。

（6）乘人所持工具或尖锐物件必须在底板上稳妥放好，防止伤人。

（7）在提升容器启动之前，要把两侧的防护帘全部放好。

（8）乘人在提升过程中应注意力集中，严禁嬉笑、打闹等。

（五）装卸罐笼的注意事项

装卸罐笼的注意事项如下：

（1）把钩工应按操作规程进车和出车。

（2）在装罐之前，应事先把罐笼另一侧的帘子放下，底板上的阻车器放好。

（3）不允许用一辆进车撞罐笼内的另一辆车出车。

（4）装进罐内的车辆必须固定牢固，提升前要把两侧帘子放下。

（5）对于直接放置在罐内的设备、物件必须固定好，不许出现滚动和倾倒事件；也不允许有露出罐笼的部分。

（6）对较长的物件，如导轨、钢管等物应从罐笼上盖处装入，并在罐内作相应固定。

（7）对一些不能直接装进罐笼内的较大物件或设备，应由主管区队的技术人员制定解体装车的技术措施，装罐时应注意按顺序下井，并注意车的方向。

（8）如果因矿车较重等原因出车不利时，把钩工不允许站在出车方向向外牵拉、撬动车辆。

（9）液态的物品如油料，装罐时必须加盖，易爆等危险品装罐要按相关要求严格制定安全措施，并注意整个过程的监护，等等。

（六）过卷问题及相关规定

1. 过卷高度的计算

（1）罐笼（包括带乘人间的箕斗升降人员时）在井口出车平台卸载时过卷高度：罐笼从出车平台卸载时的正常位置，自由地提升罐笼连接装置的上绳头同天轮轮缘接触时为止的高度，或者提升到罐笼某部分接触到井架某部分为止的高度。

（2）箕斗在卸载时的过卷高度：由井口卸载时的正常位置，提升到箕斗连接装置上绳头同天轮轮缘接触的高度，或者提升到箕斗顶盖同井架防撞梁接触为止，或者提升到某部分接触到井架某部分为止的高度。

（3）用吊桶提升时的过卷高度：从吊桶在倒矸时提起的最大高度能够自由地提升到上部滑架同天轮轮缘相接触为止的这段距离。

2. 有关规定

（1）过卷：容器超过正常卸载位置。

（2）过卷高度：容器过卷时所允许的缓冲高度。

（3）《煤矿安全规程》第397条对过卷高度规定的要点是：提升速度小于3m/s的罐笼，不得小于4m；超过3m/s的罐笼不小于6m；箕斗提升不小于4m；摩擦提升不小于6m；等等。

（4）过卷保护分别装在井口和提升机的深度指示器上，并接入安全回路。

（七）过卷保护装置检查与试验

过卷保护装置对安全提升是非常重要的，如果过卷开关动作不灵，在停车阶段，操作工稍一疏忽，就会发生过卷事故。如果过卷开关长时间不动作，机构和触点就可能被卡住或生锈而不能断开，所以每天都要检查试验一次。检查试验的内容包括：

（1）测量过卷开关的高度是否合乎0.5m的要求，否则应及时调整。

（2）检查过卷开关的动作是否灵活，机构是否牢固可靠。

（3）用提升机直接做过卷试验，即将提升容器以最低的速度越过过卷开关，试验安全制动动作的可靠性。

（4）对深度指示器和井架上的过卷开关应分别进行试验。当试验一个过卷开关时，应将另一个过卷开关短路。在做定期检修时，也应进行上述检查和做过卷试验。

二、《煤矿安全规程》对提升装置、提升容器等的相关规定

第四百一十六条　除移动式的或辅助性的绞车外，提升装置的天轮、滚筒、摩擦轮、导向轮和导向辊等的最小直径与钢丝绳直径之比值，应符合下列要求：

（一）落地式及有导向轮的塔式摩擦提升装置的摩擦轮及导向轮（包括天轮），井上不得小于90，井下不得小于80；无导向轮的塔式摩擦提升装置的摩擦轮，井上不得小于80，井下不得小于70。

（二）井上提升装置的滚筒和围抱角大于90°的天轮，不得小于80；围抱角小于90°的天轮，不得小于60。

（三）井下提升绞车和凿井提升绞车的滚筒、井下架空乘人装置的主导轮和尾导轮、围抱角大于90°的天轮，不得小于60；围抱角小于90°的天轮，不得小于40。

（四）矸石山绞车的滚筒和导向轮，不得小于50。

（五）在以上提升装置中，如使用密封式提升钢丝绳，应将各相应的比值增加20%。

（六）悬挂水泵、吊盘、管子用的滚筒和天轮，凿井时运输物料的绞车滚筒和天轮，倾斜井巷提升绞车的游动轮，矸石山绞车的压绳轮以及无极绳运输的导向轮等，不得小于20。

第四百一十七条　立井的天轮、主动摩擦轮、导向轮的直径或滚筒上绕绳部分的最小直径与钢丝绳中最粗钢丝的直径之比值，必须符合下列要求：

（一）井上的提升装置，不小于 1200。

（二）井下和凿井用的提升装置，不小于 900。

（三）凿井期间升降物料的绞车和悬挂水泵、吊盘用的提升装置，不小于 300。

第四百一十八条　天轮到滚筒上的钢丝绳的最大内、外偏角都不得超过 1°30′。单层缠绕时，内偏角应保证不咬绳。

第四百一十九条　各种提升装置的滚筒上缠绕的钢丝绳层数严禁超过下列规定：

（一）立井中升降人员或升降人员和升降物料的，1 层；专为升降物料的，2 层。

（二）倾斜井巷中升降人员或升降人员和物料的，2 层；升降物料的，3 层。

（三）建井期间升降人员和物料的，2 层。

（四）现有生产矿井在用的绞车，如果在滚筒上装设过渡绳楔，滚筒强度满足要求且滚筒边缘高度符合本规程第四百二十条规定，可按本条第一款第（一）项、第（二）项所规定的层数增加 1 层。

移动式的或辅助性的专为升降物料的（包括矸石山和向天桥上提升等）以及凿井时期专为升降物料的，准许多层缠绕。

第四百二十条　滚筒上缠绕 2 层或 2 层以上钢丝绳时，必须符合下列要求：

（一）滚筒边缘高出最外 1 层钢丝绳的高度，至少为钢丝绳直径的 2.5 倍。

（二）滚筒上必须设有带绳槽的衬垫。

（三）钢丝绳由下层转到上层的临界段（相当于绳圈 1/4 长的部分）必须经常检查，并应在每季度将钢丝绳移动 1/4 绳圈的位置。

对现有不带绳槽衬垫的在用绞车，只要在滚筒板上刻有绳槽或用 1 层钢丝绳作底绳，就可继续使用。

第四百二十一条　钢丝绳绳头固定在滚筒上时，应符合下列要求：

（一）必须有特备的容绳或卡绳装置，严禁系在滚筒轴上。

（二）绳孔不得有锐利的边缘，钢丝绳的弯曲不得形成锐角。

（三）滚筒上应经常缠留 3 圈绳，用以减轻固定处的张力，还必须留有作定期检验用的补充绳。

第四百二十二条　通过天轮的钢丝绳必须低于天轮的边缘，其高差：提升用天轮不得小于钢丝绳直径的 1.5 倍；悬吊用天轮不得小于钢丝绳直径的 1 倍。天轮的各段衬垫磨损达到 1 根钢丝绳直径的深度时，或沿侧面磨损达到钢丝绳直径的 1/2 时，必须更换。

第四百二十三条　摩擦提升装置的绳槽衬垫磨损剩余厚度不得小于钢丝绳直径，绳槽磨损深度不得超过 70mm，任一根提升钢丝绳的张力与平均张力之差不得超过 ±10%。更换钢丝绳时，必须同时更换全部钢丝绳。

第四百二十四条　立井中用罐笼升降人员时的加速度和减速度，都不得超过 0.75m/s²，其最大速度，不得超过用下列公式所求得的数值，且最大不得超过 12m/s。

$$v = 0.5\sqrt{H}$$

式中　v——最大提升速度，m/s；

　　　H——提升高度，m。

立井中用吊桶升降人员时的最大速度：在使用钢丝绳罐道时，不得超过上述公式求得数值的 1/2；无罐道时，不得超过 1m/s。

第四百二十五条　立井升降物料时，提升容器的最大速度，不得超过用下列公式所求得的数值：

$$v = 0.6\sqrt{H}$$

式中　v——最大提升速度，m/s；

　　　H——提升高度，m。

立井中用吊桶升降物料时的最大速度：在使用钢丝绳罐道时，不得超过用上述公式求得数值的 2/3；无罐道时，不得超过 2m/s。

第四百二十六条　斜井提升容器的最大速度和最大加、减速度应符合下列要求：

（一）升降人员时的速度，不得超过 5m/s，并不得超过人车设计的最大允许速度。升降人员时的加速度和减速度，不得超过 0.5m/s²。

（二）用矿车升降物料时，速度不得超过 5m/s。

（三）用箕斗升降物料时，速度不得超过 7m/s；当铺设固定道床并采用大于或等于 38kg/m 钢轨时，速度不得超过 9m/s。

后同任务 18 技能拓展二中第四百二十七~四百三十六条。

任务考评

本任务考评的具体要求见表 21-1。

表 21-1　任务考评表

任务 21　矿井提升机提升容器的构造及维护			评价对象：　　　　学号：		
评价项目	评价内容	分值	完成情况	参考分值	
1	矿井提升机提升容器的构造	10		每组 2 问，1 问 5 分	
2	防坠器的运行与维护方法	5		每组 1 问，1 问 5 分	
3	防坠器的相关试验方法	5		每组 1 问，1 问 5 分	
4	提升容器与罐道等的间隙检查方法	5		每组 1 问，1 问 5 分	
5	罐道和罐耳的检查方法	5		每组 1 问，1 问 5 分	
6	井口安全作业规定	5		错 1 个或少一个扣 5 分	
7	安装或更换提升容器的安全作业规定	5		错 1 个或少一个扣 5 分	
8	对斜井串车提升安全运行的要求	5		错 1 个或少一个扣 5 分	
9	对防坠器的技术要求	5		错 1 个或少一个扣 5 分	
10	罐笼乘人的安全注意事项	5		错 1 个或少一个扣 5 分	
11	装卸罐笼的注意事项	5		错 1 个或少一个扣 5 分	
12	过卷问题及相关规定	5		错 1 个或少一个扣 5 分	
13	《煤矿安全规程》对提升装置、提升容器等的相关规定	5		每组 1 问，1 问 5 分	
14	分组制定矿井提升机防坠器的试验方案	10		方案完整 5 分，步骤正确 5 分	
15	完整的任务实施笔记	10		有笔记 4 分，内容 6 分	
16	团队协作完成任务情况	10		协作完成任务 5 分，按要求正确完成任务 5 分	

能 力 自 测

21-1　井口作业需要注意哪些安全事项?

21-2　《煤矿安全规程》对罐笼的结构有何要求?

21-3　简述装卸罐笼时的注意事项。

21-4　罐笼载人时应注意哪些问题?

任务 22　矿井提升机的常见故障分析

任务描述

矿井提升机是提升设备的重要组成部分。适时对提升机检修，发现和及时排除故障，确保提升安全、延长提升机使用寿命和经济运行，是提升机操作、维护和检修的关键。

通过本任务学习，要求学生掌握提升机故障的诊断方法，了解故障检修安全措施的编写要求。

任务实施

一、矿井提升机的检修

（一）检修的主要任务

矿井提升机检修的主要任务是：

（1）消除设备缺陷和隐患。设备的某些运转部件经过一段时间后会产生点蚀、磨损、振动、松动、异响、窜动等现象，虽未发展到故障停机的程度，但对继续安全经济运行会有所威胁，必须及时进行处理，消除其隐患。

（2）对设备的隐蔽部件进行定期检查。矿井主要设备的隐蔽件较多，日常检查不仅时间不够，而且实际上不解体也无法进行。要有计划地利用矿井停产检修时间，对隐蔽件进行彻底解体检查，例如轴瓦、齿轮、绳卡等，以预先发现问题，争取当场处理，或做好准备后在下次停产检修时给予处理。

（3）对关键部件进行无损探伤，如对主要的传动、制动、承重、紧固件等进行表面裂纹或内部伤、杂质的探测，避免缺陷发展，造成重大事故。

（4）对安全装置、安全设施进行试验。按有关规程规定的周期，对反风装置、防坠装置等进行预防性试验，检查其动作的可靠性和准确性。

（5）对设备的性能、出力进行全面测定与鉴定。由于测定与鉴定的工作量大、时间长，所以有些测定与鉴定的内容必须在停产检修时才能进行。

（6）对设备的技术改造工程，可以有计划地安排在矿井停产检修时一并完成。

（7）进行全面彻底的清扫、换油、除锈、防腐等。

（8）处理故障或进行事故性检修。设备在使用过程中突然出了故障，在缺少备件、材料和没有做好检修准备工作之前，可根据设备的状态，在确保安全的前提下，允许降低出力，暂时继续使用。待材料、备件准备好后，立即安排停产检修，处理故障，恢复设备的正常性能。

（二）检修的内容

煤炭工业企业《设备管理规定》规定：设备检修按不同检修内容和工作量，分为日常检修、一般检修和大修理三种。

1. 日常检修（小修）

按定期维修的内容或针对日常检查发现的问题，部分拆卸零部件进行检查、修整、更换或修复少量磨损件，基本上不拆卸设备的主体部分。通过检查、调整、紧固机件等技术手段，恢复设备使用性能，如调整机构的窜量和间隙，局部恢复其精度，更换油脂、填料，清洗或清扫油垢、灰尘，检修或更换电器的易损件等，并做好全面检查记录，为大、中修提供依据。

2. 一般检修（中修、项修、年修）

根据设备的技术状态，对设备精度、功能达不到工艺要求的项目按需要进行针对性的检修，一般要部分解体、修复或更换磨损机件，必要时进行局部刮研，更换油脂，校正坐标，以恢复设备的精度和性能。更换电动机个别线圈和部分绝缘，进行涂漆、烘干。在检修过程中，充分利用镀、喷、镶、钻等技术手段，以恢复其精度。

3. 大修理

为使设备完全恢复正常状态而进行的全部解体的彻底修理。对所有零部件进行清洗检查，更换或加固重要的零部件。恢复设备应有的精度和性能，调整机械和电气操作系统，处理设备基础或更换设备外壳，配齐安全装置和必要的附件，重新喷漆或补漆及电镀，对整个设备进行调整和校正后，按设备出厂或部颁大修标准进行验收。

二、矿井提升机的常见故障分析及处理

（一）主轴装置常见故障原因及排除方法

主轴装置常见故障原因及排除方法如表 22-1 所示。

表 22-1　主轴装置常见故障原因及排除方法

故障现象	故 障 原 因	排 除 方 法
主轴断裂或弯曲	1. 各支撑轴承的同心度和水平度偏差过大，使轴局部受力过大，反复疲劳折断； 2. 经常超载运转和重负荷冲击，使轴局部受力过大产生弯曲； 3. 加工装配质量不符合要求； 4. 材质不佳或疲劳	1. 调整同心度和水平度； 2. 防止重负荷冲击； 3. 保证加工质量； 4. 更换合乎要求的材质
滚筒产生异响	1. 连接件松动或断裂，产生相对位移和振动； 2. 滚筒筒壳产生裂纹或强度不够，产生变形； 3. 焊接滚筒开焊； 4. 游动滚筒衬套与主轴间隙过大； 5. 离合器有松动； 6. 键松动	1. 进行紧固或更换； 2. 焊接处理或在筒内用型钢加补强筋； 3. 焊接处理； 4. 更换衬套，适当加油； 5. 调整、紧固连接件； 6. 背紧键或更换键

续表 22-1

故障现象	故 障 原 因	排 除 方 法
滚筒筒壳发生裂缝	1. 筒壳钢板太薄； 2. 局部受力过大，连接零件松动或断裂； 3. 衬木磨损或断裂	1. 按精确计算结果更换筒壳； 2. 筒壳内部加立筋或支环，拧紧螺栓； 3. 更换衬木
轴承发热、烧坏	1. 缺润滑油或油路堵塞； 2. 润滑油脏，混进杂物； 3. 间隙小或瓦口垫磨轴； 4. 与轴颈接触面积不够； 5. 油环卡塞	1. 补充润滑油或疏通油路； 2. 清洗过滤器、换油； 3. 调整间隙和瓦口垫； 4. 刮瓦研磨； 5. 检查修理油环

（二）减速器常见故障原因及排除方法

减速器常见故障原因及排除方法如表 22-2 所示。

表 22-2　减速器常见故障原因及排除方法

故障现象	故 障 原 因	排 除 方 法
齿轮有异响和振动过大	1. 齿轮装配啮合间隙超限或点蚀剥落严重； 2. 轴向窜量过大； 3. 各轴水平度及平行度偏差太大； 4. 轴瓦间隙过大； 5. 键松动； 6. 齿轮磨损过大	1. 调整齿轮啮合间隙，限定负荷，更换润滑油； 2. 调整窜量； 3. 重新调整各轴的水平度及平行度； 4. 调整轴瓦间隙或更换； 5. 背紧键或更换键； 6. 进行修理或更换齿轮
齿轮磨损过快	1. 装配不好，齿轮啮合不好； 2. 润滑不良或油有杂质； 3. 加工精度不符合要求； 4. 负荷过大或材质不佳； 5. 疲劳	1. 调整装配； 2. 加强润滑； 3. 适当检修处理； 4. 调整负荷或更换齿轮； 5. 修理或更换
齿轮打牙断齿	1. 齿间掉入金属异物； 2. 突然重载荷冲击或反复载荷冲击； 3. 材质不佳或疲劳	1. 检查取出，更换齿轮； 2. 采取相应措施，杜绝超负荷运转； 3. 更换齿轮
传动轴弯曲或折断	1. 材质不佳或疲劳； 2. 断齿进入另一齿轮齿间空隙，齿顶顶撞； 3. 齿间掉入金属物，轴受弯曲应力过大； 4. 加工质量不符合要求，使轴产生大的应力集中	1. 改进材质； 2. 发现断齿及时停车，及早处理断齿； 3. 杜绝异物掉入； 4. 改进加工方法，保证加工质量

（三）制动装置常见故障原因及排除方法

制动装置常见故障原因及排除方法如表 22-3 所示。

表 22-3　制动装置常见故障原因及排除方法

故障现象	故障原因	排除方法
制动器和制动手把跳动或偏摆，制动或松闸不灵活	1. 闸座销轴及各铰接轴松动或销轴缺油； 2. 传动杠杆有卡塞地方； 3. 制动油缸卡缸； 4. 制动器安装不正； 5. 压力油脏，油路阻滞	1. 更换销轴，定期注润滑油脂； 2. 检查安装卡塞之处； 3. 检查并调整制动缸； 4. 重新调整找正； 5. 更换压力油
闸瓦过热及烧伤闸轮	1. 用闸过多、过猛； 2. 闸瓦螺栓松动或闸瓦磨损过度，螺栓触及闸轮； 3. 闸瓦接触面积小于 60%	1. 改进操作方法，调整； 2. 更换闸瓦，紧固螺栓； 3. 调整闸瓦的接触面积
制动油缸卡缸	1. 活塞皮碗老化变硬； 2. 活塞皮碗在油缸中太紧； 3. 压力油脏，过滤器失效； 4. 活塞底部的压环螺钉松动或脱落； 5. 制动油缸磨损不均	1. 更换； 2. 调整； 3. 换油，清洗； 4. 定期检查，增加防松装置； 5. 修理油缸或更换
蓄压器柱塞明显自动下降	1. 管路接头及油路漏油； 2. 柱塞的密封不好	1. 检查管路，处理漏油； 2. 更换密封圈
盘形闸闸瓦断裂，制动盘磨损	1. 闸瓦材质不好； 2. 闸瓦接触面不平，有杂物	1. 更换质量好的闸瓦； 2. 清扫，调整
制动缸漏油	密封圈磨损或破裂	更换密封圈
溢流阀定压失调	1. 辅助弹簧失效； 2. 阀座或阀球接触面磨损； 3. 油泵损坏	1. 更换弹簧； 2. 更换已磨损的零件； 3. 更换
正常运行时油压突然下降	1. 电液调压装置的控制杆和喷嘴的接触面磨损； 2. 动线圈的引线接触不好或自整角机无输出； 3. 溢流阀的密封不好，漏油； 4. 管路漏油	1. 用油石磨平喷嘴，调整弹簧； 2. 检查线路； 3. 检查溢流阀或更换； 4. 检查管路
开动油泵后不产生油压，溢流阀没有油流	1. 油泵内进入空气； 2. 油泵卡塞； 3. 滤油器堵塞； 4. 滑阀失灵，高压油路和回油路接通； 5. 节流孔堵死或滑阀卡住	1. 排出油泵中的空气； 2. 检修油泵； 3. 清洗或更换滤油器； 4. 清洗或更换滑阀、溢流阀； 5. 调整节流孔和滑阀
液压站残压过大	1. 电流调压装置的控制杆端面离喷嘴太近； 2. 溢流阀的节流孔过大	1. 将十字弹簧上端的螺母拧紧； 2. 更换节流孔元件
油压高频振动	1. 油泵、溢流阀、十字弹簧发生共振； 2. 油压系统中进入空气	1. 更换液压元件； 2. 排出空气
制动力矩不足	1. 制动重锤重量不够或者是碟形弹簧弹力不够； 2. 闸瓦与闸轮接触面积小，粗糙度不好，使摩擦系数降低	1. 验算制动力矩是否符合要求，检查碟形弹簧的弹力是否符合要求； 2. 提高粗糙度，增加接触面积

（四）联轴器常见故障原因及排除方法

联轴器常见故障原因及排除方法如表 22-4 所示。

表 22-4　联轴器常见故障原因及排除方法

故障现象	故障原因	排除方法
联轴器发出异响，连接螺栓切断	1. 缺润滑油脂，漏油； 2. 齿轮间隙超限； 3. 键松动； 4. 同心度及水平度偏差超限； 5. 齿轮磨损超限； 6. 外壳松动切断螺栓； 7. 蛇形弹簧折断	1. 补润滑剂，换密封圈； 2. 调整间隙； 3. 背紧切向键； 4. 调整找正； 5. 更换； 6. 处理外壳，更换螺栓； 7. 更换

（五）深度指示器常见故障原因及排除方法

深度指示器常见故障原因及排除方法如表 22-5 所示。

表 22-5　深度指示器常见故障原因及排除方法

故障现象	故障原因	排除方法
深度指示器的丝杠晃动，指示失灵	1. 丝杠弯曲或安装不当，螺母磨损； 2. 传动齿轮磨损，跳牙； 3. 传动齿轮脱键； 4. 摩擦式提升机的电磁离合器黏滞，不调零	1. 调整或更换； 2. 更换； 3. 修理，背紧键； 4. 检修电磁离合器及调整装置

（六）调绳离合器常见故障原因及排除方法

调绳离合器常见故障原因及排除方法如表 22-6 所示。

表 22-6　调绳离合器常见故障原因及排除方法

故障现象	故障原因	排除方法
离合器发热	离合器沟槽口处有金属碎屑或其他脏物	用煤油清洗、擦净，并加润滑油
活动滚筒卡在轴上	活动滚筒的轴套润滑不良，或尼龙套黏结	改善并加强润滑，油管避免用直角接头，更换轴套
离合器不能很好地合上	内齿圈和外齿轮的轮齿上有毛刺	进行检查，清除毛刺
离合器油缸内有敲击声	1. 活塞安装不正确； 2. 活塞与缸盖间的间隙太小	1. 进行检查，重新安装； 2. 进行调整，一般此间隙不应小于 2~3mm

（七）钢丝绳、天轮、提升容器常见故障原因及排除方法

钢丝绳、天轮、提升容器常见故障原因及排除方法如表 22-7 所示。

表 22-7　钢丝绳、天轮、提升容器常见故障原因及排除方法

故障现象	故 障 原 因	排除方法
钢丝绳磨损和断丝过快	1. 冲击载荷大，次数多； 2. 选用钢丝绳规格不符合要求，或材质不佳； 3. 无衬木或衬木损坏； 4. 钢丝绳缺油； 5. 钢丝绳排列不整齐，无顺序地乱绕； 6. 双层缠绕时，临界段位置未及时窜换或没设过渡块； 7. 倒头使用不及时	1. 采取措施，防止冲击； 2. 按标准选择，或更换钢丝绳； 3. 增设或更换衬木； 4. 定期涂油； 5. 调整钢丝绳的偏角，加设导向轮； 6. 定期调整窜换位置，或增设过渡块； 7. 要及时倒头
钢丝绳折断	1. 已断丝的情况下又磨损严重，未及时更换； 2. 外力突然冲击提升钢丝绳或提升容器； 3. 突然卡罐，急剧停机	1. 及时检查更换； 2. 加强检查，避免冲击； 3. 采取措施，防止发生这类现象
在运转中出现钢丝绳振动或由天轮槽中脱槽	1. 绳弦过大； 2. 偏角过大	1. 增加导轮； 2. 进行调整，使偏角符合规定
天轮磨损过大、过快	1. 材质不好； 2. 安装偏斜，偏摆量过大，天轮与滚筒中心线不平行； 3. 钢丝绳偏角过大	1. 更换天轮，采用符合要求的材质； 2. 进行检查调整； 3. 进行调整，使偏角符合规定
天轮轴断	1. 材质不好； 2. 加工质量不符合要求； 3. 突然卡住，急剧停车； 4. 发生过卷事故	1. 改进材质或更换； 2. 对加工质量严格把关； 3. 采取措施，防止这类现象出现； 4. 防止发生过卷事故，对天轮轴进行更换

技能拓展

一、断绳事故案例分析

（一）案例介绍

某矿主井，箕斗在卸载位置被卡住，造成松绳、断绳事故，损坏提升钢丝绳 1 根，摔坏 8t 箕斗 1 个，砸坏信号电缆 1 根、箕斗蹲座 1 台和部分罐道梁及 38kg/m 钢轨罐道。停产 3 天，影响产量 6000t，造成经济损失 20 余万元。

（1）自然情况：该井服务水平-320m，金属井架高 32.5m。提升机为前苏联制造 26M4×1.8D 型提升机，配套电动机为 YR173/44-24 型，功率为 500kW；提升钢丝绳为 6×19+1-ϕ40mm；提升高度为 387m，提升最大速度为 4.4m/s，提升容器为 8t 底卸式箕斗。

（2）事故发生经过：某日早班，该井车房有值班司机 3 人（正、副司机和学员）。中午，因正司机去食堂吃饭，由学员接替开车、副司机监护。当煤仓满仓后，煤位指示灯发亮，停运 7~8min。待煤仓的煤放空之后又继续开车。大约提了 7~8 钩时，活动卷筒侧的

箕斗在卸载位置因煤仓满仓，其卸载闸门未能定位，导致箕斗被卡住，操作者未发觉，继续开车。这时操作者突然发现电动机电流增大，误以为是水煤，没有停车，继续上提。当听到滚筒响时才停车，向副司机询问："滚筒发响是怎么回事？"副司机回答："你开车，我听听，检查一下再说。"操作者又启动提升机运行，副司机去活卷动筒侧检查，发现滚筒上的钢丝绳因松跑偏而出绳槽，并告诉操作者立即停车。停车后操作者离开操作台跑到活动卷筒出绳处向外看，发现出绳口至天轮间的大部分绳坠落至地面，卷筒下面余绳较多。当即回到操作台与副司机一起开动提升机反方向运行，把重箕斗往下放，空箕斗的余绳向卷筒上缠，当缠到第七圈时，由于箕斗受到振动，其卸载闸门收回原位，因余绳较多，造成箕斗猛然下落，拉断钢丝绳而坠入井底。

（二）事故原因

（1）操作者的技术水平低，缺乏实践经验，操作时思想又不集中，没有注意煤位指示器的红灯信号。在箕斗提到卸载位置时，因煤仓满仓，箕斗被卡住而不能复位，松绳继电器虽发出电笛警报，但由于绳粗，继续松绳后，钢丝绳弯曲窝了起来，使钢丝绳与松绳继电器的触发钢丝脱开，电笛报警声极短，操作者又未听到，仍继续开车，造成松绳，以致发生断绳、箕斗坠落事故。

（2）副司机没有起到应有作用。当操作者发现电动机电流突然增大时，误认为是水煤，没有停车，既未提醒操作者注意，又未令其停车进行认真的检查、分析，仍继续开车，造成箕斗断绳坠落。

（三）事故教训

（1）关键岗位的特殊工种技术培训工作不落实，对司机没有进行专门的培训，司机缺乏判断事故隐患的能力。

（2）贯彻《煤矿安全规程》不力，现有松绳信号装置不符合《煤矿安全规程》关于"缠绕式提升绞车必须设置松绳保护装置并接入安全回路，在钢丝绳松弛时能报警或自动断电"的规定。

二、提升过卷事故案例分析

（一）案例介绍

某矿主井，过卷断绳事故，损坏直径 28mm 的提升钢丝绳 1 根、楔形罐道木 4 根、防撞梁缓冲木 7 块，撞坏工字钢梁 4 根，2 个 9t 箕斗严重变形，影响生产 6.3 天，影响产量 9600t，直接经济损失 1.67 万元。

（1）自然情况：该井为主、副井混合井，混凝土井塔，服务水平-600m，提升高度为686m。主井采用 JKM2.8×4 型多绳摩擦式提升机，采用 2 台 800kW 电动机拖动，并装备 100kW 低频机组一台作为爬行阶段使用。提升容器为 JDS-110/4-9 型 9t 底卸式箕斗，最大绳速 9.8m/s，爬行速度 0.5m/s，过卷高度 9.72m。

（2）事故发生经过：某日早班，当班司机 4 人，接班后由正司机操作，无人监护。根据本班司机自行规定半小时轮换开车一次，第一副司机接替了正司机的操作，而接替工作是在提升机全速运行的情况下进行的，未作详细交接。当重载箕斗上提至卸载位置后，司机离开操作台去巡查自动停车的原因，正司机去电控室检查，副司机去检查闸瓦磨损开关，并向机电值班室汇报。正司机在检查过程中发现安全回路的保险丝熔断，即自行更换，然后发出信号告诉副司机故障已排除。未等正司机回来，副司机即启动提升机，由于没辨清运转方向，而误操作反向运行，将重载箕斗下放。当重载箕斗下放到接近减速点时，副司机才发现运转方向不对。一时惊慌失措，又误将主令开关拉回到零位，切断了主电动机的电源，提升机失控，高速下放，超速 15%，继电器动作，提升机投入二级制动。由于重载箕斗下行速度快，惯性大，速度减不下来，再者闸瓦与制动盘高速摩擦，表面温度急剧升高，使摩擦系数降低，致使空箕斗直冲过卷，空、重箕斗分别进入上、下楔形罐道，空箕斗撞在防撞梁上，拉断 1 根提升钢丝绳。

（二）事故原因

（1）正、副司机违反《操作规程》中"提升机运转中及调绳期间严禁司机替换操作"的规定。在交替操作时，又没有交接清楚。副司机接替操作后没辨清运转方向，在安全回路的故障排除后，造成反向误操作。

（2）副司机的技术素质差，不了解低频机组的性能和作用，发现运转方向不对时，误将主令开关拉回零位，切断电源，又没能强行脚踏投入低频制动配合刹车，从而使提升机完全失控。

（3）该提升机的制动力矩达不到 3 倍静力矩的要求。该提升机共有 4 对闸，箕斗的载重量为 9t，另外煤的水分较大，矸石较多，散煤密度达 $1300kg/m^3$，故制动力矩不能满足《煤矿安全规程》的要求。闸瓦摩擦系数设计为 0.45，实际只有 0.4，再加上高速下放时闸瓦与闸盘的摩擦使温度高达 $200\sim300℃$，又使摩擦系数下降到 $0.2\sim0.3$，所以未能有效制动。

（三）事故教训

（1）应加强要害场所管理，严格执行岗位责任制和换班制度，并保证提升机各参数符合《煤矿安全规程》。

（2）应加强对提升机司机的技术培训，使司机了解并掌握提升机的机械和电气设备的性能、故障原因及各项保护的作用。提高司机排除故障的技术能力和应急、应变能力。

（3）应对司机进行深入细致的思想教育工作。该班正、副司机不团结，在工作上不协调，导致交替操作出现违章现象，而留下了事故隐患。

（4）应完善提升机的保护、闭锁，如防止反向误操作的"单方向闭锁"保护。

三、提升碰罐事故案例分析

（一）案例 1

1. 案例介绍

某矿副井碰罐伤人事故，造成重伤 6 人，轻伤 1 人。

（1）自然情况：该副井服务 -330m 水平，井口标高 +62.6m。提升高度 362.6m。井筒直径 4.5m，井筒内装备木罐道，提升容器为 1t 双层单车罐笼，提升机型号为 2KJ300/1520，电动机型号为 JRQ257-8，容量为 320kW，转速为 745r/min，电控系统为 TKD-1286 型，配有动力制动（闭环运行方式）。

（2）事故发生经过：某日早班接班后，由一名司机操作，另一名司机监护。提升第一钩时正常，在提升第二钩（上升侧罐笼内乘有 23 人，下放侧罐笼内乘有 14 人）加速运行约 10m 时，发生了紧急制动，司机在未查明原因的情况下，又再次送电开车。

当罐笼过了减速点后，提升机仍在高速运行。此时动力制动无制动电流输出，限速保护也没有动作。由于操作司机和监护司机未注意到这一不正常情况，未能及时采取有效的措施，致使上升侧的罐笼过卷 7m，下放侧的罐笼礅罐，造成 6 人重伤、1 人轻伤的事故。

2. 事故原因

（1）提升机运行过减速点后，动力制动和限速保护不能起作用，是因为方向继电器 ZJ 在断电后没有释放，仍处于吸合状态；ZJ 不释放则使其串在 FJ 回路中的动断触点 ZJ 不能闭合，因而提升机在反向提升时的方向继电器 FJ 不能吸合；此外，ZJ 不释放，自整角机 GD^2 输出的电压则作用在反向提升时的速度给定。

故提升机在反向提升加速时，出现紧急制动现象，使限速保护动作，当速度给定自整角机 GD^2 退出限速板后，速度给定已达到最大值。当提升机运行过减速点后，GD^2 的输出仍然是最大值，此时测速发电机 CSF 所发出的电压与自整角机 GD^2 给定的电压相比较，不能产生偏差控制信号，提升机在最大给定速度下运行，所以动力制动无制动电流输出，不能产生制动力矩，限速保护不动作，起不到保护作用。

（2）操作司机和监护司机的精力不集中，对提升机运行过减速点后的不正常车速未能及时发现，没有利用手闸或脚踏紧急制动将车停住。

（3）违反《煤矿安全规程》规定，井底既没有同过卷高度相适应的过放距离，又没有装置防止过放时礅罐的设施，以致过放时礅罐。

3. 事故教训

（1）有关领导对矿井提升系统重视不够，执行《煤矿安全规程》不力，以致井底安全设施不全。

（2）工程技术人员对电控系统检查分析不够，未能发现问题，采取改进措施，排除隐患。

（3）应加强对职工的安全思想教育，使每个职工认识到自己工作的重要性和发生事故的严重后果，增强责任感和在关键时刻处理问题的能力，做到上班集中精力、精心操作、尽职尽责搞好本职工作。

（二）案例 2

1. 案例介绍

某矿主井提升系统采用 JKM-2.25/4（Ⅱ）560kW 多绳摩擦轮提升机，15t 矿车双层双车四绳罐笼提升，担负全矿主要提升任务，提升煤炭、矸石，下放材料等。该提升系统设计静张力差为 3t。提升载荷确定：提升每次两车煤或者一车矸，下放一车料石，按照配重原则，配好重，提升两车煤或一车矸，另一侧配两辆空车，制动力符合《煤矿安全规程》要求。有一次提升，是在更换新绳的情形下，同样是按以上配重原则，结果当重罐到达井口平层时，重罐（主罐）出现下滑，制动无效，最终重罐下滑至井底，副罐出现过卷，造成主井副罐侧防撞平台钢梁变形，楔形罐道木损坏，影响生产达 16h。

2. 事故原因

（1）更换新绳后，未反复对罐笼悬挂装置上的调绳油缸进行打压调整其各绳的张力，使之达到平衡。

（2）原绳槽踏面直径在旧绳使用两年后，各绳因张力不同，磨损程度也不同，各绳槽踏面几何尺寸不可能一致。在未进行车削绳槽的情况下更换新绳，靠人工打压调节各绳的张力使之平衡难度极大。因为人工打压调节油缸是一种静态调节，它无法克服运行过程中的张力不平衡的状况。

（3）当时主罐所装载的两车煤，装载量较满，并且煤的含矸量较高，提升机承受的实际张力差大于规定的 3t。

（4）更换新绳后，还更换了提升机制动系统的制动闸瓦，新闸瓦磨合时间不够，与制动盘的接触面积变小，实际摩擦系数降低了，随之提升机实际的制动力矩也变小了。

3. 事故教训

（1）多绳摩擦轮提升机更换新绳时，必须车削绳槽，使之踏面几何尺寸尽量保持一致。

（2）罐笼的悬挂装置要改用新型张力自动平衡装置。

（3）井底、井口推车工，必须严把主、副罐笼的配重关。

（4）建议换新绳与更换制动闸瓦不安排在同一次检修内。

（5）建议在主导轮下方，增设一套钢丝绳制动机构，该系统既能消除钢丝绳在提升机制动的滑动，又能克服提升机制动力矩的瞬间不足。

【任务考评】

本任务考评的具体要求见表 22-8。

表 22-8 任务考评表

任务 22 矿井提升机的常见故障分析			评价对象： 学号：		
评价项目	评价内容	分值	完成情况		参考分值
1	矿井提升机检修的主要任务	10			每组 2 问，1 问 5 分
2	矿井提升机检修的内容	10			每组 1 问，1 问 5 分
3	分组分析矿井提升机的故障原因及处理方法	50			事故原因分析 25 分，防范措施分析 25 分
4	完整的任务实施笔记	15			有笔记 4 分，内容 6 分
5	团队协作完成任务情况	15			协作完成任务 5 分，按要求正确完成任务 5 分

能 力 自 测

22-1 矿井提升机检修的主要任务是什么?

22-2 矿井提升机检修的内容有哪些?

22-3 矿井提升机使用中常见的故障有哪些? 试分析其产生的原因和处理方法。

22-4 你从事故案例中得到什么启示?

参 考 文 献

［1］国家煤矿安全监察局. 煤矿安全规程［S］. 2011.

［2］徐从清. 矿山机械［M］. 徐州：中国矿业大学出版社，2008.

［3］舒斯洁. 矿山机械［M］. 徐州：中国矿业大学出版社，2009.

［4］国家安全生产监督管理总局，国家煤矿安全监察局. 煤矿安全规程（2016年修订版）［M］. 北京：煤炭工业出版社，2016.

［5］王任远. 机电设备管理与质量标准［M］. 徐州：中国矿业大学出版社，2008.

［6］王志甫. 固定机械与运输设备［M］. 徐州：中国矿业大学出版社，2006.

［7］刘胜利. 矿山机械［M］. 北京：煤炭工业出版社，2005.

［8］（原）煤炭工业部生产司. 空压机司机［M］. 司机培训读本.

［9］煤矿机电设备安装与检修质量标准［S］. 北京：煤炭工业出版社，2005.

［10］本书编委会. 最新煤矿工人职业技能操作标准与安全规范全书［M］. 北京：中国知识出版社，2007.

［11］张复德. 矿井提升设备［M］. 北京：煤炭工业出版社，2008.

［12］齐允平. 煤矿大型设备维修与安装［M］. 太原：山西人民出版社，1986.

［13］通风机司机［M］. 煤炭安全技术培训教材，2007.

［14］主扇风机操作工［M］. 劳动部技能鉴定教材，2006.

［15］主提升机司机［M］. 煤矿安全技术培训教材，2007.

［16］毋虎城. 矿山运输与提升设备［M］. 北京：煤炭工业出版社，2006.

［17］马新尼. 矿山机械［M］. 徐州：中国矿业大学出版社，1999.

冶金工业出版社部分图书推荐

书 名	作 者		定价（元）
采矿工程师手册（上、下册）	于润沧	主编	395.00
现代采矿手册（上、中、下册）	王运敏	主编	1000.00
现代金属矿床开采科学技术	古德生	等著	260.00
带式输送机实用技术	金丰民	等著	59.00
中厚矿体卸压开采理论与实践	王文杰	著	36.00
深井开采岩爆灾害微震监测预警及控制技术	王春来	等著	29.00
采矿学（第2版）（本科国规教材）	王 青	主编	58.00
地质学（第4版）（本科国规教材）	徐九华	等编	40.00
矿山安全工程（本科国规教材）	陈宝智	主编	30.00
工程爆破（第3版）（高职国教教材）	翁春林	主编	35.00
露天矿开采技术（第2版）（高职国规教材）	夏建波	等编	35.00
井巷设计与施工（第2版）（高职国规教材）	李长权	等编	35.00
采矿工程CAD绘图基础教程（本科教材）	徐 帅	主编	42.00
矿山充填力学基础（第2版）（本科教材）	蔡嗣经	编著	30.00
高等硬岩采矿学（第2版）（本科教材）	杨 鹏	编著	32.00
现代机械设计方法（第2版）（本科教材）	臧 勇	主编	36.00
机械振动学（第2版）（本科教材）	闻邦椿	等编著	28.00
碎矿与磨矿（第3版）（本科教材）	段希祥	主编	35.00
矿山充填理论与技术（本科教材）	黄玉诚	编著	30.00
矿产资源综合利用（本科教材）	张 佶	主编	30.00
矿井通风与除尘（本科教材）	浑宝炬	等编	25.00
新编选矿概论（本科教材）	魏德洲	等编	26.00
矿山岩石力学（本科教材）	李俊平	主编	49.00
选矿厂设计（本科教材）	冯守本	主编	36.00
采掘机械（本科教材）	李晓豁	等编	36.00
岩石力学（高职高专教材）	杨建中	等编	26.00
采掘机械（高职高专教材）	苑忠国	等编	38.00
矿井通风与防尘（高职高专教材）	陈国山	主编	25.00
矿山企业管理（高职高专教材）	戚文革	等编	28.00
金属矿山环境保护与安全（高职高专教材）	孙文武	主编	35.00
金属矿床开采（高职高专教材）	刘念苏	主编	53.00
矿山地质（高职高专教材）	刘兴科	主编	39.00
矿山爆破（高职高专教材）	张敢生	主编	29.00
矿山提升与运输（高职高专教材）	陈国山	主编	39.00
机械基础知识（职业技术培训教材）	马保振	等编	26.00
凿岩爆破技术（职业技能培训教材）	刘念苏	主编	45.00